高职高专“十二五”规划教材

机械制图

阎 霞 主编

北 京
冶 金 工 业 出 版 社
2015

内 容 提 要

本教材是为适应“工学结合、校企合作”人才培养模式改革，根据中高职衔接“五年一贯制”机械类专业培养目标及教学大纲编写的。全书共分11章，主要内容有：机械制图国家标准的有关规定、正投影的基本知识，组合体视图的绘制与识读、零件图、装配图以及有关计算机绘图的基本知识等。此外，为方便使用，书后附录摘要列举了常用零件的相关标准。

本书可作为职业技术院校机械专业教材，也可作为职工培训教材，还可供有关技术人员参考。

图书在版编目(CIP)数据

机械制图/阎霞主编．—北京：冶金工业出版社，2013.1（2015.8重印）
高职高专“十二五”规划教材
ISBN 978-7-5024-5932-1

Ⅰ.①机…　Ⅱ.①阎…　Ⅲ.①机械制图—高等职业教育—教材　Ⅳ.①TH126

中国版本图书馆CIP数据核字(2012)第316774号

出版人　谭学余
地　　址　北京市东城区嵩祝院北巷39号　邮编　100009　电话　(010)64027926
网　　址　www.cnmip.com.cn　电子信箱　yjcbs@cnmip.com.cn
责任编辑　陈慰萍　美术编辑　李　新　版式设计　葛新霞
责任校对　石　静　责任印制　牛晓波
ISBN 978-7-5024-5932-1
冶金工业出版社出版发行；各地新华书店经销；三河市双峰印刷装订有限公司印刷
2013年1月第1版，2015年8月第2次印刷
787mm×1092mm　1/16；15.25印张；367千字；232页
30.00元

冶金工业出版社　投稿电话　(010)64027932　投稿信箱　tougao@cnmip.com.cn
冶金工业出版社营销中心　电话　(010)64044283　传真　(010)64027893
冶金书店　地址　北京市东四西大街46号(100010)　电话　(010)65289081(兼传真)
冶金工业出版社天猫旗舰店　yjgycbs.tmall.com
（本书如有印装质量问题，本社营销中心负责退换）

前　言

本书是根据现行国家标准《技术制图》和《机械制图》，并结合近几年职业院校“五年一贯制”教学改革的具体情况，本着“实用、够用”的原则，从培养学生绘图、读图能力以及解决生产实际问题能力的角度编写的。

编者在总结提炼自身多年的机械制图教学与研究工作经验的基础上，针对职业院校学生基础薄弱、理解和认识能力不足的特点，按照学生的认知规律及教学活动的实施过程，精选本书内容，对学生普遍认为“深、难”的内容未做安排，特别介绍了“第三角画法”和“计算机绘图”的知识，以使学生更好地适应国际间技术交流，满足对外开放的需要。

全书共分11章。第1章为制图的基本知识，主要介绍了国家标准《机械制图》和《技术制图》中的有关规定；第2章为点、直线和平面的投影，主要讲解了点、直线和平面的投影规律；第3章为轴测图，重点讲解了正等轴测和斜二轴测图的画法；第4章为基本几何体的投影与尺寸标注，主要讲解了平面立体和曲面立体的投影规律及三视图画法；第5章为立体表面的交线，通过实例讲解了截交线和相贯线的绘制方法；第6章为组合体视图，重点介绍了组合体三视图的绘制方法及步骤；第7章为机件常用的表达方法，主要介绍了六个基本视图、局部视图、斜视图及剖视图、剖面等几种机件常用的表达方法；第8章为标准件和常用件，主要介绍了标准件和常用件的类型、各部分参数、规定画法及用途；第9章和第10章分别为零件图和装配图，这两章通过实例分析讲解了识读零件图和装配图的方法及步骤；第11章为计算机绘图，介绍了常用工具栏中各按钮的功能，并通过实例讲解了平面图形的绘制方法。

本书第1、2章由刘文革编写，第3、6章由葛汝坤编写，第4、5章由李永忠编写；第7、8、11章由阎霞编写，第9、10章由杨宏编写，全书由阎霞统稿。在本书的编写过程中，许多老师提出了宝贵的意见并给予了大力的支持和帮助，书中参考和引用了许多学者和专家的著作及研究成果，在此一一表示深深的感谢。

由于作者的水平有限，书中不妥之处，恳请广大读者批评指正。

编　者

2012年9月于天津

目 录

1 制图的基本知识

【教学目标】

(1) 掌握绘图工具的正确使用方法。

(2) 掌握线段、圆的等分，正多边形及圆弧连接的各种画法及斜度和锥度的画法与标注。

(3) 学会对平面图形进行尺寸分析，掌握作图步骤。

1.1 常用绘图工具

常用的绘图工具有铅笔、图板、丁字尺、三角板、圆规、分规等。掌握绘图工具的正确使用方法，不仅能够提高图样质量，而且还能够加快绘图速度。虽然目前工程图样已逐步由计算机绘制，但尺规绘图仍是技术人员的必备基本技能，必须熟练掌握。

(1) 图板。图板主要用来固定图纸。图板的工作表面应平整，左右两导边应光滑平直。绘图时用胶带把图纸固定在图板的左下方，并应在图纸下方留出丁字尺的宽度，如图1－1所示。

(2) 丁字尺。丁字尺由相互垂直的尺头和尺身组成。尺头和尺身的工作边都应光滑平直。丁字尺主要用来画水平线。使用时，左手握住尺头，使其工作边紧靠图板的导边，上下移动，由左至右画水平线，如图1－2所示。

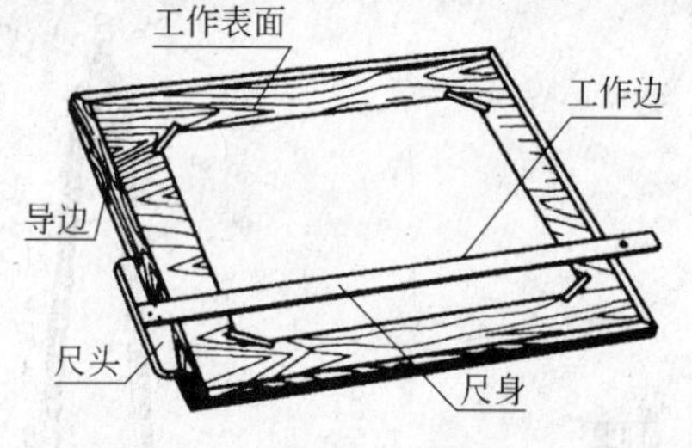

图1－1 图板和丁字尺

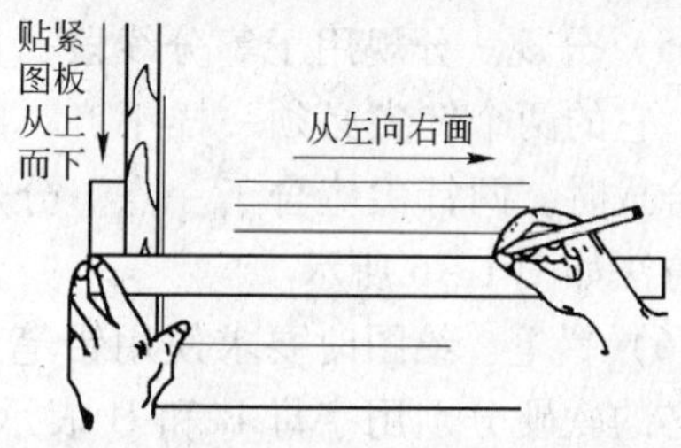

图1－2 画水平线

(3) 三角板。一副三角板由两块组成，一块是45°的等腰三角形，另一块是30°(60°)的直角三角形。三角板和丁字尺配合使用，可画垂直线及与水平线成15°角整数倍的斜线，如图1－3所示。两块三角板配合使用，还可画已知直线的平行线和垂直线，如图1－4所示。

(4) 圆规。圆规主要用于画圆及圆弧。圆规的一条腿上装铅芯，另一条腿上装钢针。钢针的两端形状不同，较尖的一端是把圆规当分规用的；带台阶的一端是在画圆或圆弧时定心用，可以保护图纸，避免圆心扩大。画圆时，将针尖全部扎入图板，台阶接触纸面，然后使圆规向前进方向微微倾斜画出圆形。画较大直径的圆时，应调整圆规两脚，使铅芯

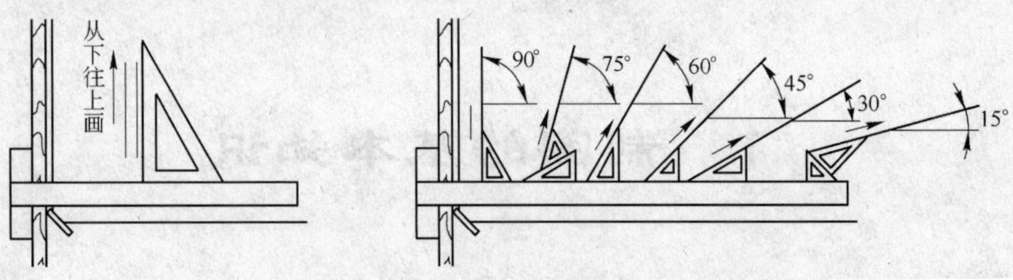

图 1－3　用三角板和丁字尺配合画垂直线和 15°角整数倍的斜线

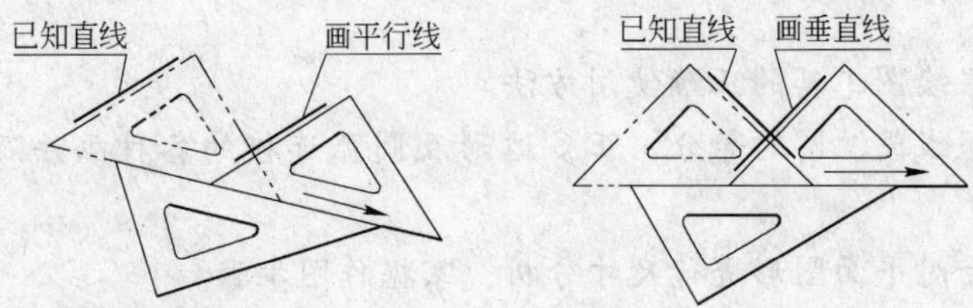

图 1－4　用两块三角板配合画已知直线的平行线和垂直线

和钢针都垂直纸面，如图 1－5 所示。

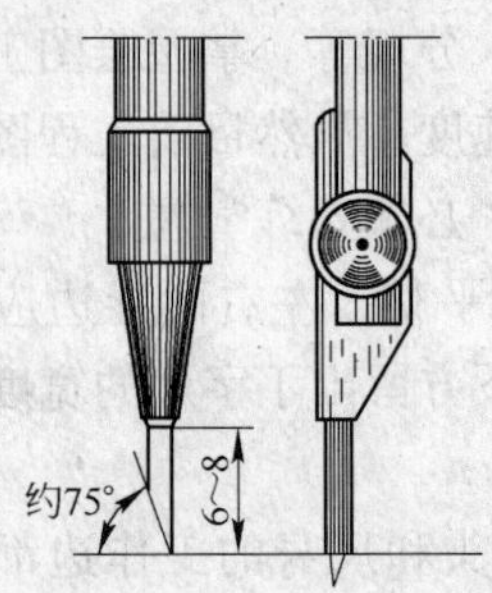

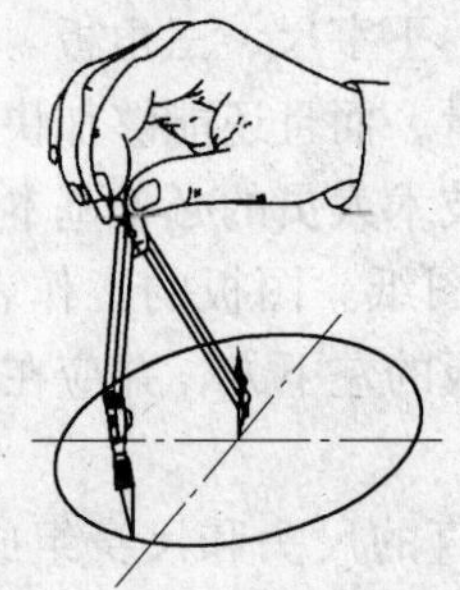
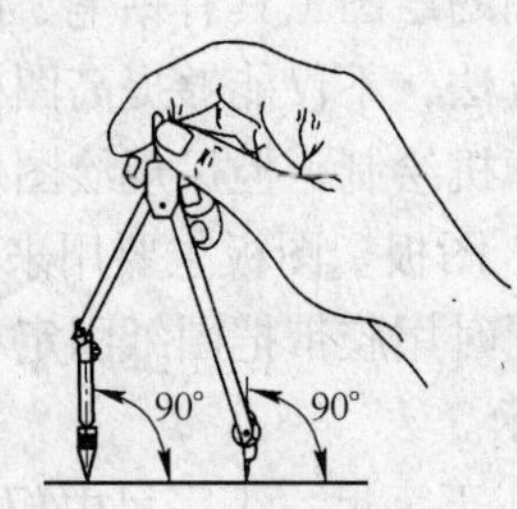

图 1－5　圆规的使用方法

（5）分规。分规用于等分线段、量取尺寸。它的两个针尖必须一样平齐，且当分规合拢时，两针尖应合于一点。分规的使用方法如图 1－6 所示。

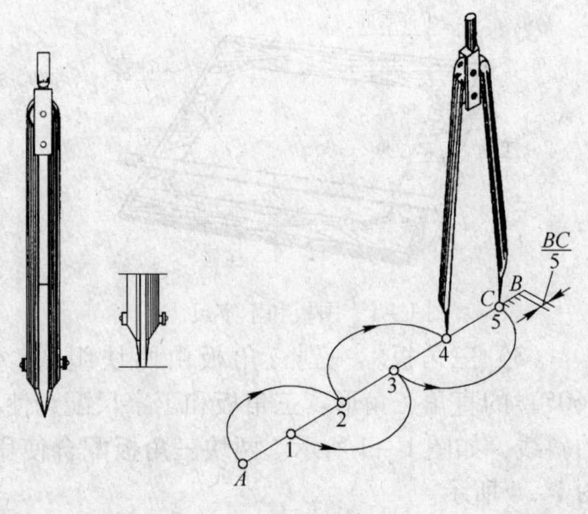

图 1－6　分规的用法

（6）铅笔。绘图时要求使用铅笔。铅笔铅芯的软硬分别用字母 B 和 H 表示。B 前的数值越大，表示铅芯越软（黑）；H 前的数字越大，表示铅芯越硬。根据使用要求不同，可以选用硬度不同的铅笔：一般画底稿用 2H 或 H；画虚线、细实线、细点画线及写字用 HB 或 H；加深粗实线用 B 或 2B。描深图线时，画圆的铅芯应比画直线的铅芯软一号，这样才能保证图线浓淡一致。绘图时，铅笔的削法直接影响所画图线的粗细和光滑程度。粗实线的铅笔，铅芯磨削成宽度为 d（粗实线的线宽）的四棱柱形，其余铅芯磨削成锥形，如图 1－7 所示。

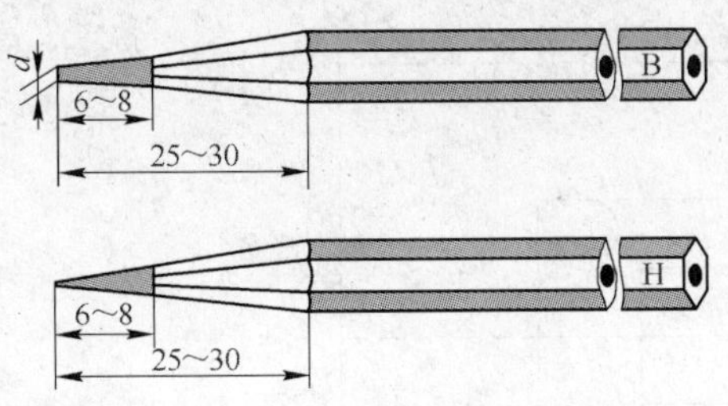

图1-7　铅笔的削法

绘图时除用到上述主要工具外，一般还用到一些辅助的工具，如小刀、砂纸、橡皮、小刷、胶带、量角器和擦图片等。此外，还有比例尺、鸭嘴笔和墨线笔（用于描图）、曲线板、多功能模板等，绘图机也经常使用。

1.2　国家标准《机械制图》和《技术制图》中的一般规定

机械图样被称作工程界的“技术语言”，为了正确绘制和阅读机械图样，必须熟悉有关标准和规定。国家标准《机械制图》和《技术制图》是工程界的技术标准，是绘制和阅读技术图样的准则和依据，必须严格遵守。其中，国家标准《机械制图》适用于机械图样，国家标准《技术制图》则适用于工程界的各种专业图样。

本节摘要介绍国标中有关图幅、标题栏、比例、字体、图线等基本规定，其余部分将在后续章节中叙述。

1.2.1　图纸幅面及格式（GB/T 14689—2008）

（1）图纸幅面。绘制图样时，优先采用表1-1中规定的基本幅面尺寸。必要时，允许按基本幅面的短边成整数倍增加幅面，如图1-8所示。

表1-1　基本幅面尺寸　　mm

幅面代号	A0	A1	A2	A3	A4
$B \times L$	841×1189	594×841	420×594	297×420	210×297
a	25				
c	10			5	
e	20		10		

（2）图框格式。图框是图纸上限定绘图区域的线框，用粗实线画出。其格式分为留有装订边（见图1-9）和不留装订边（见图1-10）两种，其周边尺寸a、c、e按表1-1的规定选用。同一产品的图样只能采用一种格式。

（3）对中符号和看图方向。图框右下角必须画出标题栏，标题栏中的文字方向为看图方向。为了使图样复制时定位方便，在各边长的中点处分别画出对中符号（从周边画入图框内约5mm的一段粗实线）。如果使用预先印制的图纸，需要改变标题栏的方位时，必须将其旋转至图纸的右上角。此时，为了明确绘图与看图的方向，应在图纸的下边对中符号处画一个方向符号，如图1-11所示。

（4）标题栏。标题栏的位置应配置在图幅的右下方，通常看图方向与看标题栏方向一致。GB/T 10609.1—2008中对标题栏的内容、格式及尺寸作了规定，如图1-12所示。

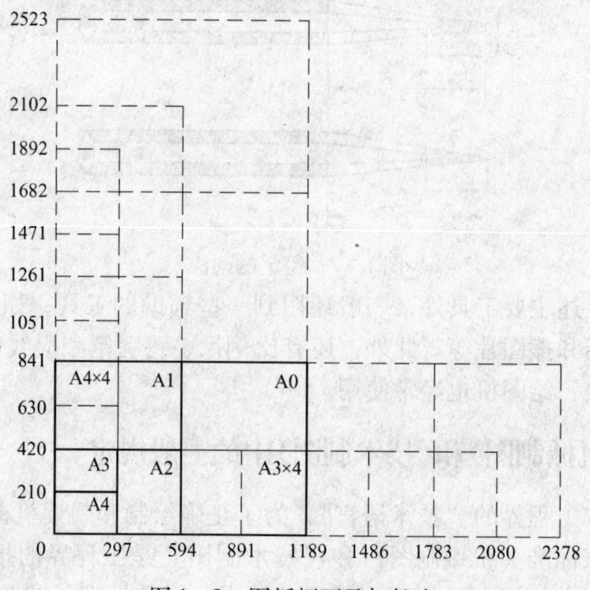

图 1-8　图纸幅面及加长边

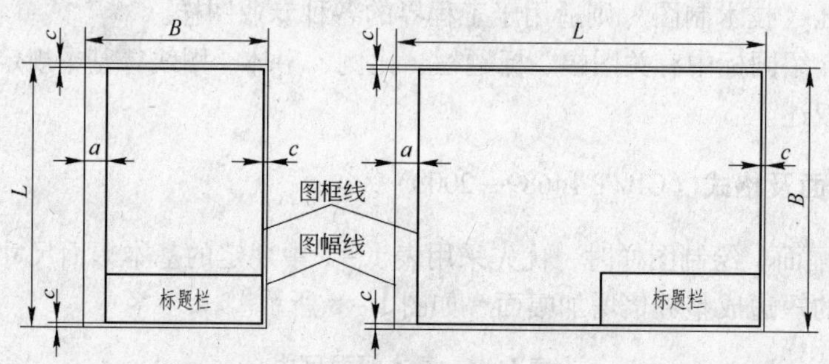

图 1-9　留有装订边的图框格式

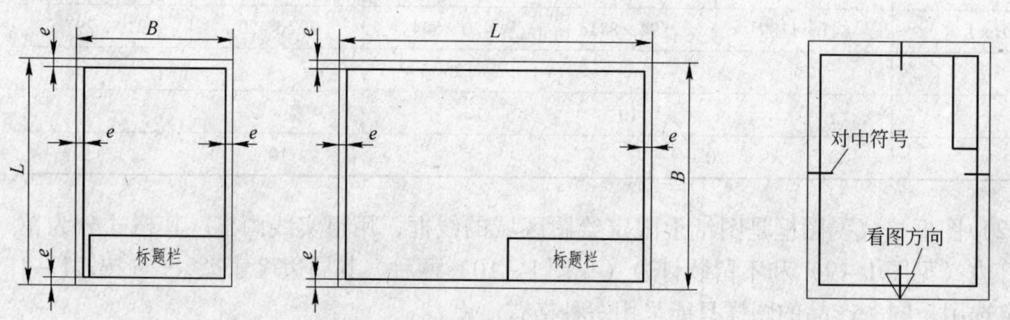

图 1-10　不留装订边的图框格式　　图 1-11　对中符号和看图方向

制图作业的标题栏建议采用简化的标题栏，如图 1-13 所示。

1.2.2　比例（GB/T 14690—1993）

图形与其实物相应要素的线性尺寸之比称为比例。绘图时，应尽可能按机件实际大小采用 1:1 的原值比例画出，以便反映机件的真实大小。若机件太大或太小，可采用缩小或

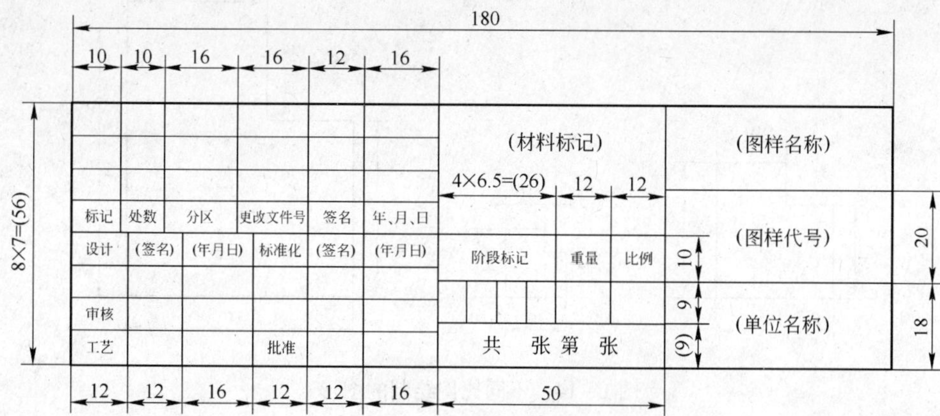

图 1-12 标准标题栏的格式及尺寸

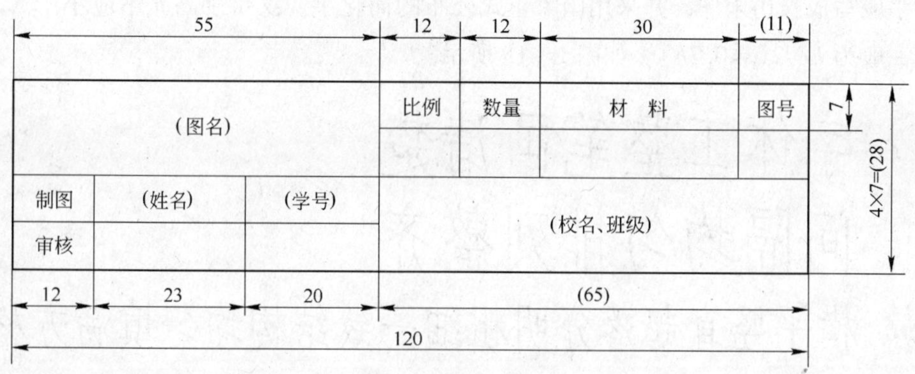

图 1-13 标题栏格式（制图作业中使用）

放大比例绘制。选用比例的原则是有利于图形的清晰表达和图纸幅面的有效利用。需要按比例绘图时，应从表 1-2 规定的系列中选取。

表 1-2 常用比例系列

种 类	比 例
原值比例	1:1
放大比例	2:1、2.5:1、4:1、5:1、10:1
缩小比例	1:1.5、1:2、1:2.5、1:3、1:4、1:5

不论采用何种比例，图形中所注的尺寸数值均指表示对象设计要求的大小，与图形的比例无关，如图 1-14 所示。同一机件的各个视图如无特别说明应采用相同比例，并填写在标题栏中。

1.2.3 字体（GB/T 14691—1993）

字体是指图样中汉字、数字、字母等的书写形式。书写时必须做到：字体工整、笔画清楚、间隔均匀、排列整齐。

字体的高度（用 h 表示）称为字号，其公称尺寸系列有：1.8mm、2.5mm、3.5mm、

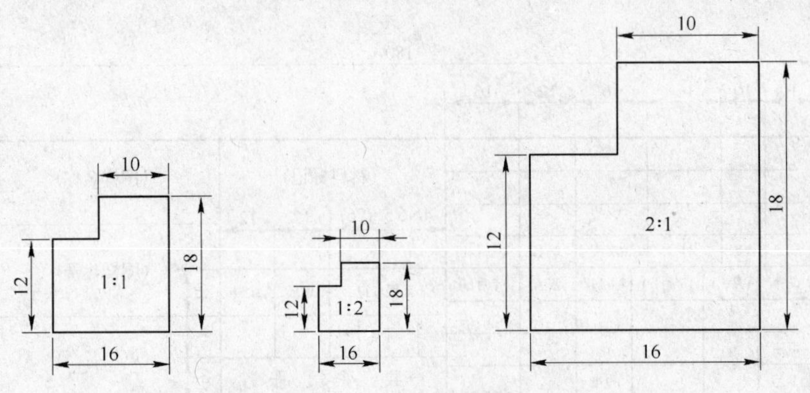

图 1－14　不同比例绘制的图形

5mm、7mm、10mm、14mm、20mm。

汉字应写成长仿宋体，并采用国家正式公布的简化字。汉字字高 h 不应小于 3.5mm，其字宽一般为 $h/\sqrt{2}(\approx 0.7h)$，如图 1－15 所示。

10号字：字体工整笔画清楚
间隔均匀排列整齐

7号字：横平竖直起落分明粗细一致结构均匀填满方格

5号字：技术制图设计加工机械汽车自动化电子交通建筑纺织服装零件装配

3.5号字：螺纹齿轮弹簧阀闸轴盘箱体端子接线标准热处理喷涂沉孔轮廓画法视图剖面折断计算机点线面

图 1－15　长仿宋体汉字示例

字母和数字分为 A 型和 B 型。A 型字体的笔画宽度为字高的 1/14；B 型字体的笔画宽度为字高的 1/10。字母和数字可写成斜体或直体，常用的是斜体。斜体字的字头向右倾斜，与水平基线成 75°。在同一图样上，只允许选用一种形式的字体，A 型斜体字母和数字如图 1－16 所示。

ABCDEFGHIJKLMNOPQRSTUVWXYZ
abcdefghijklmnopqrstuvwxyz

(a)

0 1 2 3 4 5 6 7 8 9　　*I II III IV V VI VII VIII IX X*

(b)　　(c)

图 1－16　A 型斜体字母及数字示例

用作指数、分数、脚注、尺寸偏差的字母和数字，一般采用比基本尺寸数字小一号的字体。

1.2.4　图线（GB/T 17450—1998、GB/T 4457.4—2002）

1.2.4.1　图线的形式和应用

绘制机械图样时，应采用国家标准规定的图线形式和画法。国家标准规定了 15 种基本线型，常用线型及一般应用见表 1-3，应用示例见图 1-17。

表 1-3　图线的线型及应用

图线名称	图线形式	图线宽度	一般应用举例
粗实线	————————	d	可见轮廓线
细实线	————————	$d/2$	尺寸线及尺寸界线 剖面线 重合断面的轮廓线 过渡线
细虚线	— — — — — —	$d/2$	不可见轮廓线
粗虚线	— — — — — —	d	允许表面处理的表示线
细点画线	——— · ———	$d/2$	轴线 对称中心线 轨迹线
粗点画线	——— · ———	d	限定范围表示线
细双点画线	——— ·· ———	$d/2$	相邻辅助零件的轮廓线 极限位置的轮廓线
波浪线	～～～～～～	$d/2$	断裂处的边界线 视图与剖视的分界线
双折线	——∧/——∧/——	$d/2$	同波浪线

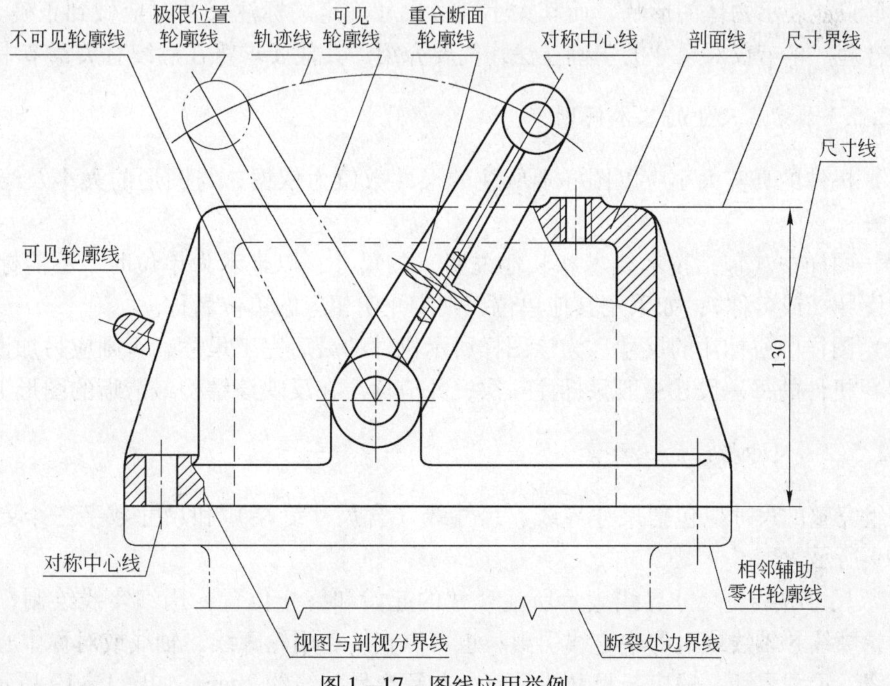

图 1-17　图线应用举例

1.2.4.2　图线宽度

图线的宽度 d 应按图样的类型和尺寸大小在标准图线宽度中选取，标准图线宽度的公称尺寸系列为：0.13mm、0.18mm、0.25mm、0.35mm、0.5mm、0.7mm、1mm、1.4mm、2mm。粗线宽度通常采用0.5mm或0.7mm。机械图样中粗线和细线的宽度比率约为2∶1。

1.2.4.3　图线画法注意事项

图线画法的注意事项如图1－18所示。

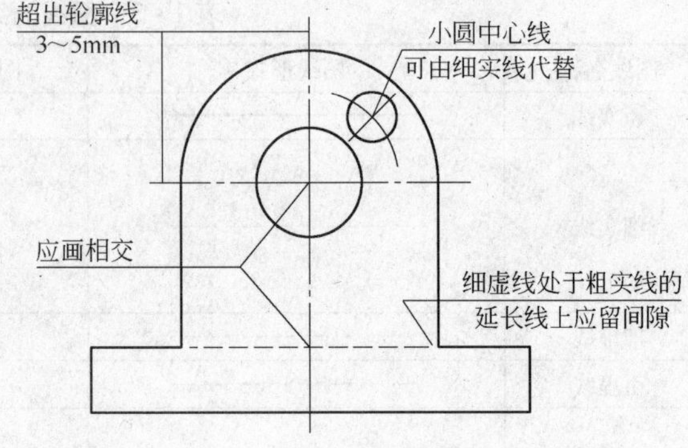

图1－18　图线画法注意事项

（1）同一图样中，同类图线的宽度应一致。虚线、点画线及双点画线的线段长度和间隔应各自大致相等。点画线和双点画线的首末端一般应是长画而不是点。

（2）绘制圆的对称中心线时，圆心一般应为长画的交点。点画线两端应超出轮廓线2～5mm。当在较小图形上绘制点画线时，可用细实线代替。

（3）当虚线是粗实线的延长线时，虚线与粗实线之间应留出空隙。当虚线、细点画线与其他图线相交时，都应画成相交，即相交处不留间隙。

1.2.5　尺寸注法（GB/T 16675.2—1996、GB/T 4458.4—2003）

图形只能表示物体的形状，而其大小则由尺寸确定。标注尺寸时应做到正确、齐全、清晰、合理。本节仅对尺寸的正确注法作简要介绍，其他要求将在后续有关章节中介绍。

1.2.5.1　标注尺寸的基本规则

（1）机件的真实大小应以图样上所注的尺寸数值为依据，与图形的大小及绘图的准确度无关。

（2）图样中（包括技术要求和其他说明）的尺寸，以毫米为单位时，不需标注计量单位的代号（或名称）；如采用其他单位，则应注明相应的单位名称。

（3）图样中所标注的尺寸，为该图样所示机件的最后完工尺寸，否则应另加说明。

（4）机件的每一尺寸一般只标注一次，并应标注在反映该结构最清晰的图形上。

1.2.5.2　尺寸标注的三要素

一组完整的尺寸应包括尺寸界线、尺寸线（含尺寸终端）和尺寸数字三个要素，如图1－19所示。

（1）尺寸界线。尺寸界线表示所注尺寸的起始和终止位置，用细实线绘制，并应从图形的轮廓线、轴线或对称中心线引出；也可以直接利用轮廓线、轴线或对称中心线作为尺寸界线。尺寸界线一般应与尺寸线垂直，并超出尺寸线约2mm，如图1－19所示。

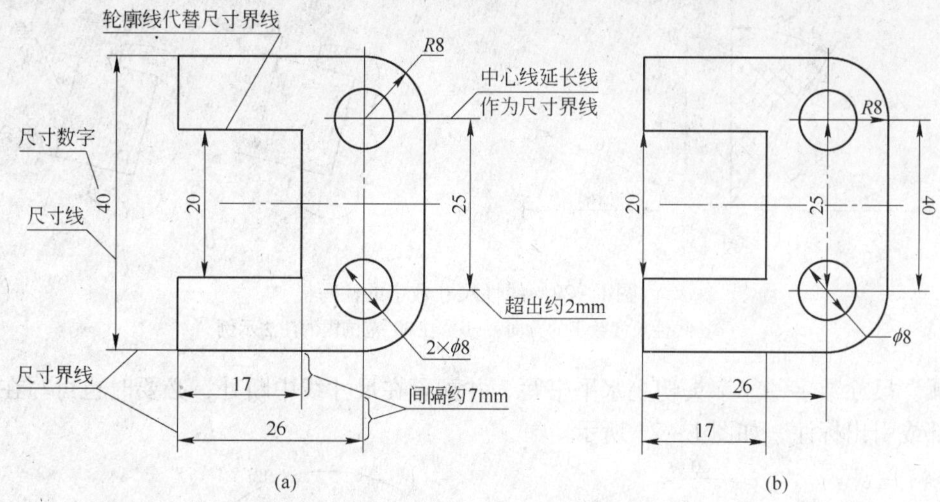

图 1－19　标注尺寸的要素

（a）正确注法；（b）错误注法

（2）尺寸线。尺寸线用细实线绘制，应平行于被标注的线段，相同方向的各尺寸线之间的间隔约 7mm。尺寸线一般不能用图形上的其他图线代替，也不能与其他图线重合或画在其延长线上，并应尽量避免与其他的尺寸线或尺寸界线相交，如图 1－19 所示。

尺寸线终端有箭头和斜线两种形式，如图 1－20（a）、（b）所示。通常，机械图样的尺寸线终端画箭头，其尖端应与尺寸界线相接触，且尽量画在两尺寸界线的内侧。当没有足够的位置画箭头时，允许将箭头画在尺寸线外边；连续两个以上小尺寸相接处，允许用小圆点或斜线代替，如图 1－20（c）、（d）所示。

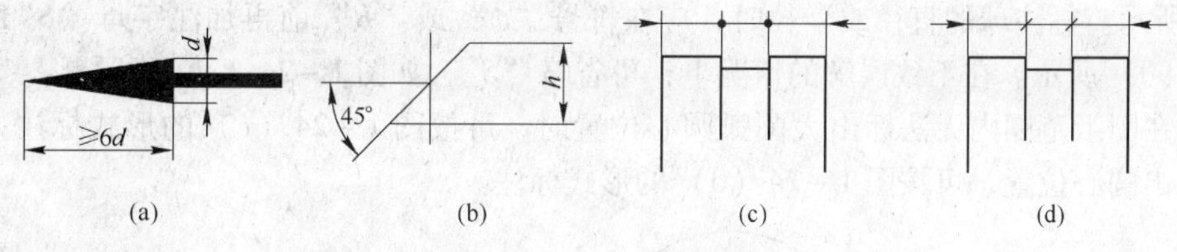

图 1－20　尺寸线终端

（3）尺寸数字。尺寸数字一般注在尺寸线的上方，也允许写在尺寸线的中断处。尺寸数字不得被任何图线穿过，否则应将该图线断开，如图 1－21 所示。

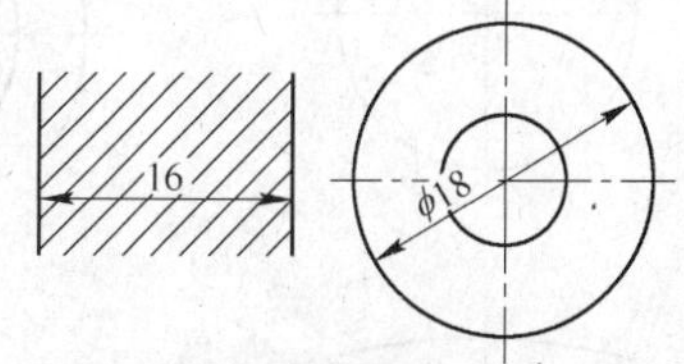

图 1－21　图线穿过尺寸数字时应断开

1.2.5.3　常用的尺寸注法

（1）线性尺寸。线性尺寸数字的方向以标题栏为准，水平尺寸数字字头朝上，写在尺寸线的上边；垂直尺寸数字字头朝左，写在尺寸线的左边；倾斜尺寸数字字头应保持朝上的趋势。应尽量避免在图 1－22（a）所示 30°范围内标注尺寸，无法避免时可引出标注，如图 1－22（b）所示。同一张图样上字高应一致，一般采用 3.5 号字。

（2）角度尺寸。角度尺寸的尺寸界线沿径向引出，尺寸线是以该角顶点为圆心的一

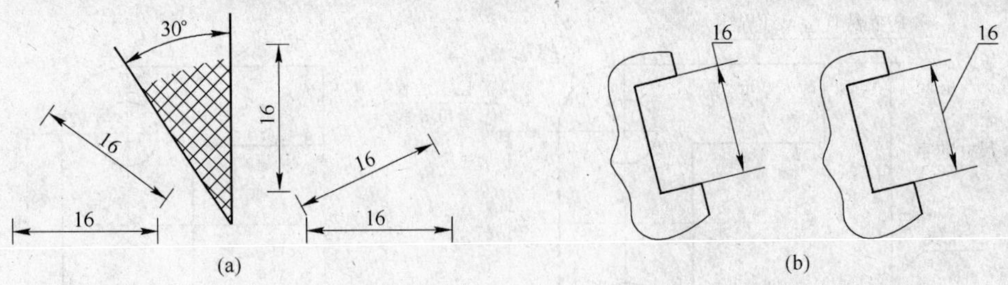

图 1 - 22　线性尺寸数字的注写

（a）线性尺寸数字的方向；（b）在 30°范围内的注法示例

段圆弧。尺寸数字一律字头朝上水平书写，并配置在尺寸线中断处，必要时也可写在尺寸线外部或引出标注，如图 1 - 23 所示。

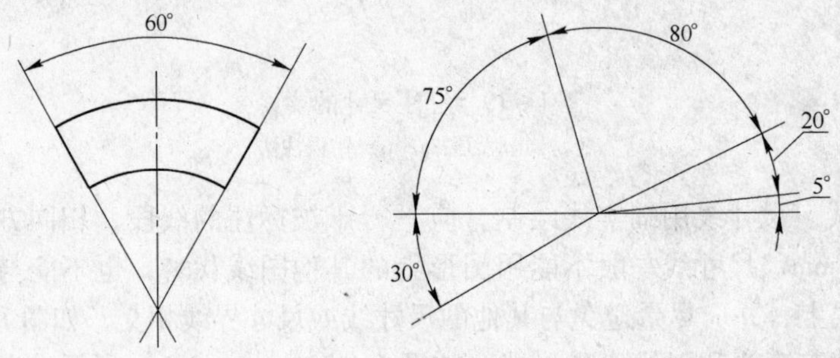

图 1 - 23　角度尺寸注法

（3）直径和半径尺寸。整圆或大于半圆的圆弧一般标注直径，并在尺寸数字前加注字母“ϕ”；小于或等于半圆的圆弧一般标注半径，并在尺寸数字前加注字母“R”，如图 1 - 24 所示。标注球的直径或半径时，应在符号“ϕ”或“R”前再加注字母“S”，如图 1 - 24（d）所示。在不致误解的情况下，可省略“S”，如图 1 - 24（e）所示。

当在图纸范围内无法标出大圆弧圆心位置时，可按图 1 - 24（c）的形式标注；若不需要标出圆心位置，可按图 1 - 24（d）的形式标注。

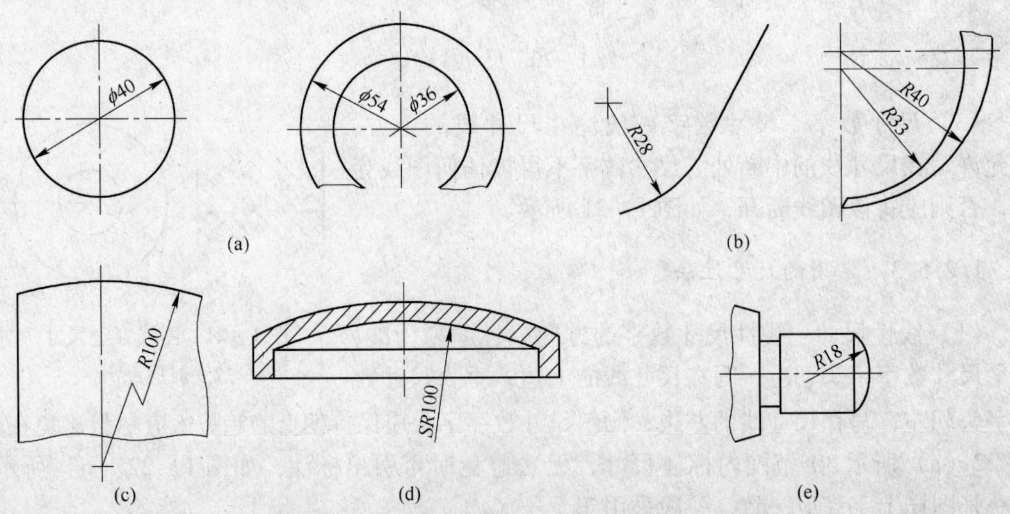

图 1 - 24　直径和半径尺寸的注法

（4）小图形尺寸。没有足够的位置画箭头或注写数字时，可按图 1－25 形式标注。

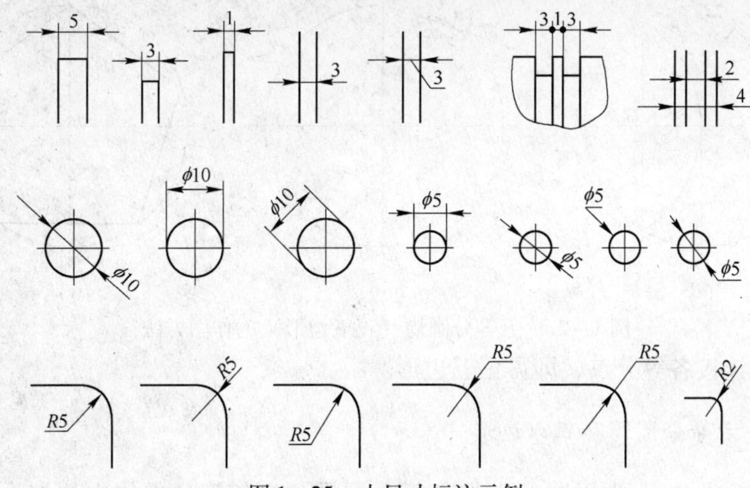

图 1－25 小尺寸标注示例

1.3 几何作图

线段的等分、圆周的等分、斜度、锥度、椭圆、圆弧连接等几何作图方法，是绘制机械图样的基础，应当熟练掌握。

1.3.1 等分线段

将线段 AB 任意等分（如四等分），具体作图步骤如图 1－26 所示。

（1）已知线段 AB。

（2）过 A 作任意射线，以任意大小在射线上截取四等分，得 C 点。

（3）连接射线上的等分终点 C 与已知直线另一端点 B，并过射线上各等分点作 BC 的平行线与已知直线段相交，交点即为所求之等分点。

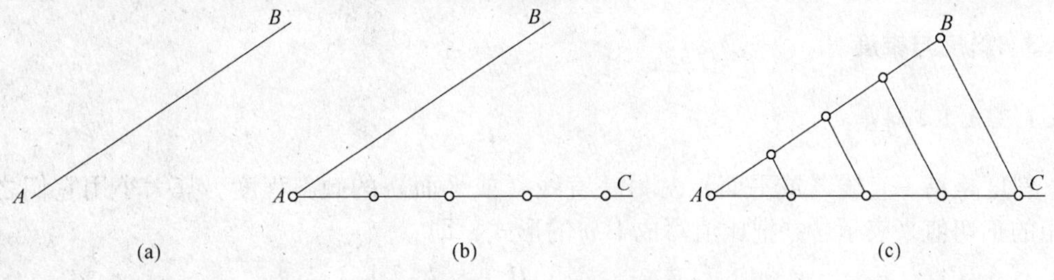

图 1－26 四等分直线段 AB

1.3.2 等分圆周与正多边形

1.3.2.1 五等分圆周和正五边形

五等分圆周（正五边形）的作图步骤如图 1－27 所示。

（1）作半径 OF 的等分点 G，以点 G 为圆心，AG 长为半径画弧，交对称中心线于 H 点。

（2）以 AH 长为等分长度，分圆周为五等份。

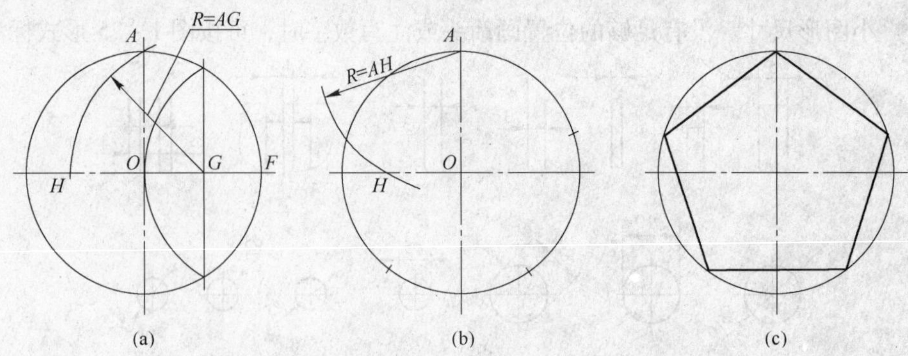

(a)　(b)　(c)

图1－27　五等分圆周（正五边形）的作图方法

（3）依次连接各等分点，即得正五边形。

1.3.2.2　六等分圆周和正六边形

图1－28（a）所示为用圆的半径六等分圆周。把各等分点依次连接，即得一正六边形。

用三角板配合丁字尺，也可作圆的内接正六边形或外切正六边形，如图1－28（b）、（c）所示。因此，给出正六边形两对边的距离 S（即内接圆直径）尺寸也可绘出正六边形。

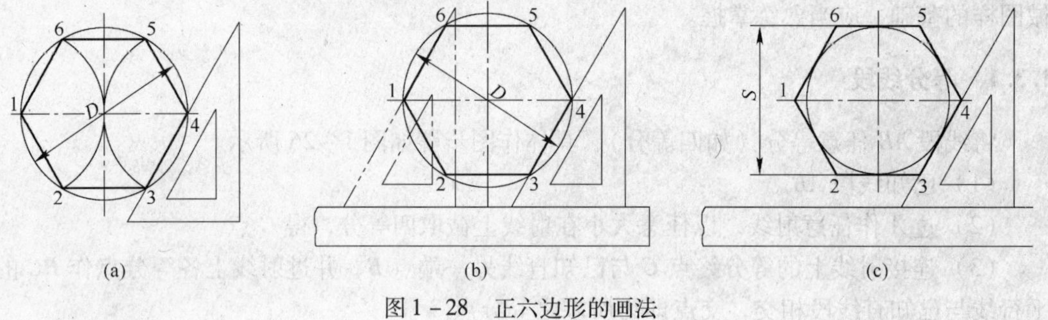

(a)　(b)　(c)

图1－28　正六边形的画法

1.3.3　斜度与锥度

1.3.3.1　斜度

斜度是指一直线（或平面）对另一直线（或平面）的倾斜程度。其大小用它们之间夹角的正切值来表示，并把比值写成 1∶n 的形式，即

$$斜度 = \tan\alpha = \frac{H}{L} = 1: \frac{L}{H} = \frac{1}{n}$$

斜度的表示符号、画法与标注如图1－29所示。

注意：标注时斜度符号的倾斜方向应与斜度方向一致。

1.3.3.2　锥度

锥度是指正圆锥体的底圆直径与其高度之比，若为圆台则为两底圆直径之差与圆台高之比。其表示方法同样是将比值化为 1∶n 的形式。即

$$锥度 = \frac{D}{L} = \frac{D-d}{l} = 2\tan\frac{\alpha}{2}$$

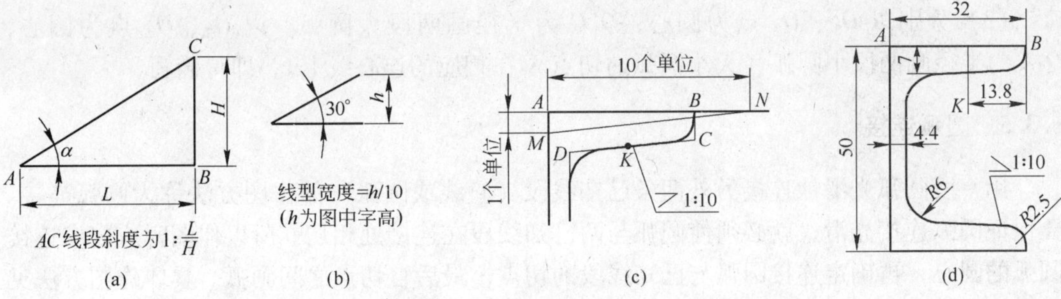

图 1-29 斜度的定义、标注及画法

（a）定义；（b）符号；（c）画法；（d）标注示例

锥度的表示符号、画法与标注如图 1-30 所示。

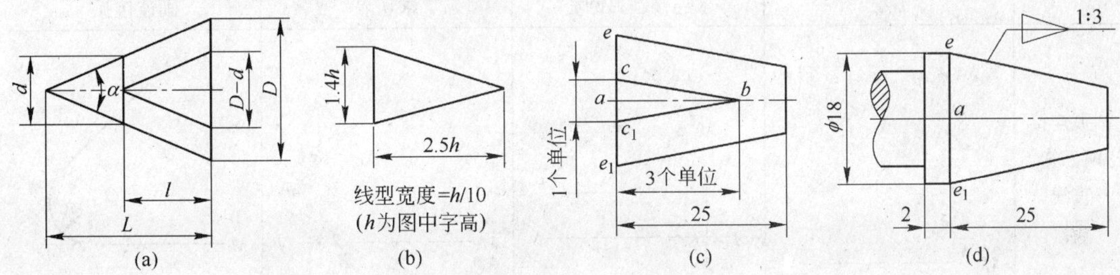

图 1-30 锥度的定义、画法及标注

（a）定义；（b）符号；（c）画法；（d）标注示例

注意：标注时锥度符号的倾斜方向应与锥度方向一致。

1.3.4 椭圆的画法

椭圆曲线在机械图样中较常见到。椭圆的画法很多，这里仅介绍最常用的一种画法——四心法，如图 1-31 所示。

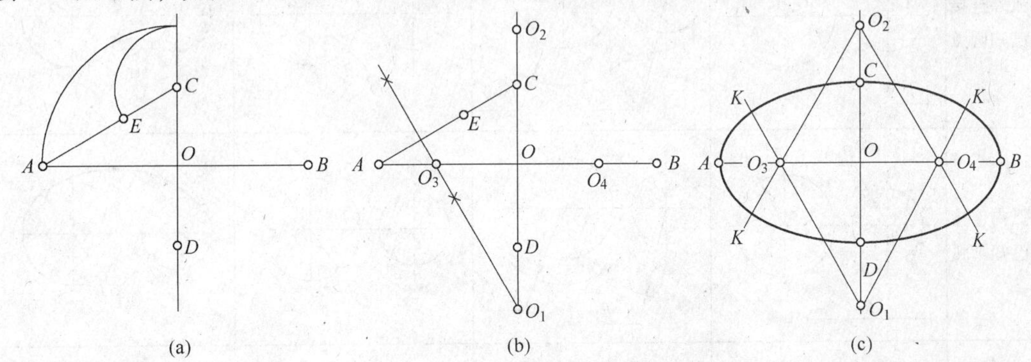

图 1-31 椭圆的画法

（1）画出长、短轴 AB、CD。连接 AC，以点 C 为圆心，长半轴与短半轴之差为半径画弧，交 AC 于 E 点。

（2）作 AE 的垂直平分线并与长、短轴分别交于 O_3、O_1 点，然后作出二者的对称点 O_4 和 O_2。

（3）分别以 O_1、O_2 点为圆心，O_1C 为半径画两段大圆弧，以 O_3、O_4 点为圆心，O_3A 为半径画两段小圆弧（大小圆弧的切点 K 在相应的连心线上），即得椭圆。

1.3.5　圆弧连接

用一段圆弧光滑地连接另外两条已知线段（直线或圆弧）的作图方法称为圆弧连接。要保证圆弧连接光滑，就必须使圆弧与两已知线段在连接处相切。所以作图时应先求连接圆弧的圆心，再确定连接圆弧与已知线段的切点，最后自切点之间画弧。具体作图方法见表 1－4。

表 1－4　圆弧连接

圆弧连接	已知条件	作图方法和步骤		
		求连接圆弧圆心	求切点	画连接弧
圆弧连接两已知直线	R; E, F; M, N	E, F, R, R; M, N	E, A, F, O, M, B, N	E, A, F, O, R, M, B, N
圆弧内连接已知直线和圆弧	R_1, O_1; R; M, N	$R-R_1$, O_1, R; M, N	A, O_1, O; M, B, N	O_1, O, R; M, B, N
圆弧外连接两已知圆弧	R_1, R_2, O_1, O_2; R	O_1, O_2, $R+R_1$, $R+R_2$	O_1, O_2, A, B, O	O_1, O_2, A, R, B, O
圆弧内连接两已知圆弧	R_1, R_2, O_1, O_2; R	O_1, O_2, $R-R_1$, $R-R_2$	O_1, O_2, A, B, O	O_1, O_2, A, B, O
圆弧分别内外连接两已知圆弧	R_1, R, O_1, O_2, R_2	O_1, $R+R_1$, O_2, R_2-R	O_1, A, O_2, B, O	O_1, A, O_2, R, B, O

1.4 平面图形的分析与作图

平面图形是由若干直线和曲线封闭连接组合而成的。画平面图形时，通过对这些直线或曲线的尺寸及连接关系的分析，确定平面图形的作图步骤。下面以图1－32所示手柄为例说明平面图形的分析方法和作图步骤。

1.4.1 尺寸分析

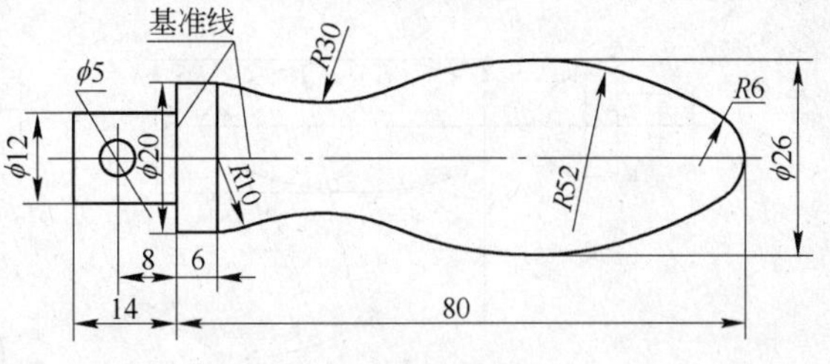

图 1－32 手柄

平面图形中所注尺寸按其作用可分为定形尺寸和定位尺寸两类。

（1）定形尺寸。定形尺寸是确定平面图形中各线段形状大小的尺寸，如直线长度、角度大小以及圆弧的直径或半径等。图 1－32 中的尺寸 ϕ12、ϕ5、*R*30、*R*52、14 等均是定形尺寸。

（2）定位尺寸。定位尺寸是确定平面图形中线段间相对位置的尺寸。如图 1－32 中的尺寸 8 确定了小圆 ϕ5 的位置。

有的尺寸既有定形作用，又有定位作用，如图 1－32 中的尺寸 80，既是确定手柄长度的定形尺寸，又是 *R*6 圆弧的定位尺寸。

（3）尺寸基准。尺寸基准是图形中用以确定尺寸位置的点、线、面，是标注尺寸的起点。对于二维图形，需要长度和宽度两个方向的尺寸基准。手柄的尺寸基准如图 1－32 所示。

1.4.2 线段分析

平面图形线段分析的实质是通过分析线段的尺寸来区分不同类型的线段，并由此确定各线段的作图顺序。根据线段在图形中所给的定形尺寸和定位尺寸是否齐全，可以将其分为三类。

（1）已知线段：指定形尺寸和定位尺寸标注齐全，作图时根据所给尺寸可直接画出的线段，如图 1－32 中的尺寸 ϕ5、*R*6 和 *R*10。

（2）中间线段：指注出定形尺寸和一个方向的定位尺寸，必须依靠作图确定另一方向的定位尺寸才能画出的线段，如图 1－32 中的尺寸 *R*52。

（3）连接线段：指只有定形尺寸而无定位尺寸的线段，作图时需借助其他条件方可确定其位置，如图 1－32 中的尺寸 *R*30。

1.4.3 平面图形的作图步骤

通过以上对平面图形的尺寸分析和线段分析，可归纳出作图步骤如图 1－33 所示。

（1）画出图形基准线及已知线段的定位线，如图 1－33（a）所示。

（2）画出已知线段，如图 1－33（b）所示。

（3）画出中间线段，如图 1－33（c）所示。

（4）画出连接线段，如图 1－33（d）所示。

（5）检查、整理，按规定描深图形，如图 1－33（e）所示。

（6）标注尺寸，完成全图，如图 1－33（f）所示。

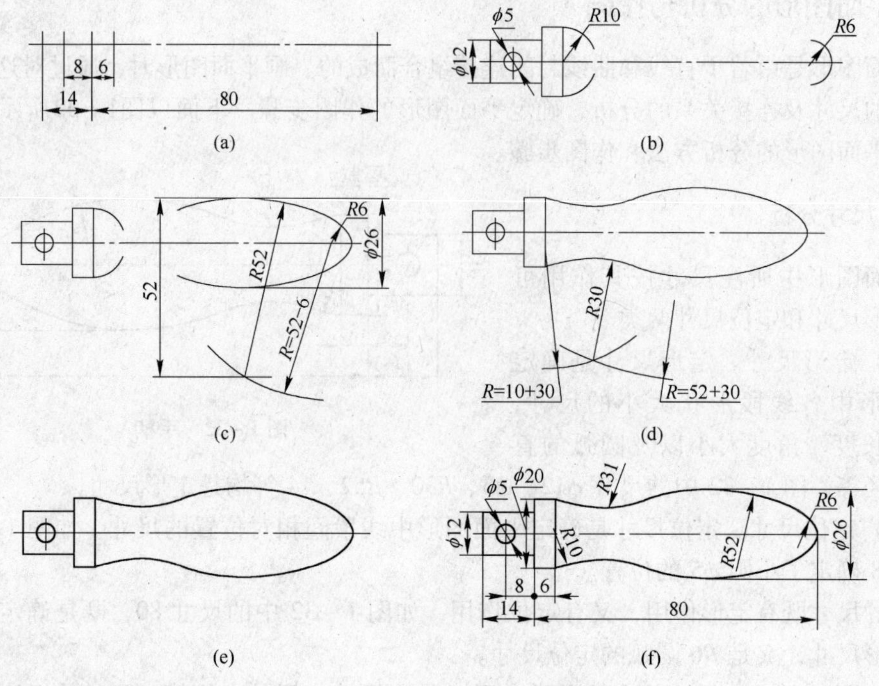

图 1－33　手柄的作图步骤

1.4.4　尺规绘图的方法与步骤

绘制图样时，为使图形画得又快又好，除了必须熟悉制图标准，掌握几何作图方法和正确使用绘图工具外，还需按照一定的方法和步骤去做。

（1）做好画图前的准备工作。

1）准备好必需的绘图工具和仪器。

2）确定图形采用的比例和图纸幅面大小。

3）将裁好的图纸固定在图板的适当位置。

4）用细线画图框和标题栏，标题栏可采用图 1－13 所示的格式。

（2）确定各视图在图框中的位置，并考虑到标注尺寸的位置。布局应匀称、美观。

（3）进行图形分析后，画底稿。底稿应用较硬的铅笔（H 或 2H）轻画，线条要细，但应清晰。底稿画好后应仔细校核，修正错误并擦去多余作图线。

（4）铅笔描深。加深图形时，常用 H 铅笔描各种细线，HB 或 B 铅笔描深粗实线；但圆规的铅芯应比铅笔软一号为宜。应按先细后粗、先曲后直、由上而下、由左而右、所有图形同时描深的原则进行。

（5）画箭头，注尺寸，填写标题栏及技术要求。

2 点、直线、平面的投影

【教学目标】

(1) 了解投影的基本概念及分类。

(2) 掌握点、线、面的投影。

(3) 掌握投影面的变换方法。

2.1 投影的基本知识

2.1.1 投影法的概念

当灯光或日光照射物体时，在地面上或墙壁上就会出现物体的影子，这就是日常生活中经常遇到的投影现象。这种投影现象经过人们的科学抽象，逐步总结归纳，形成了投影方法。

在图2-1中，把光源抽象为一点S，称其为投射中心，把点S与物体上任一点之间的连线（如SA、SB…）称为投射线，平面P称为投影面。延长SA、SB、SC与投影面P相交，其交点a、b、c称为点A、B、C在P面上的投影。$\triangle abc$就是$\triangle ABC$在P面上的投影。这种用投射线投射物体，在选定投影面上得到物体投影的方法，称为投影法。

2.1.1.1 投影法的分类

根据投射线是否平行，投影法又分为中心投影法和平行投影法两种。

(1) 中心投影法。投射线汇交一点的投影法称为中心投影法，如图2-1所示。采用中心投影法时，物体投影的大小是随投射中心距离物体的远近或物体离投影面的远近而变化的，因此，中心投影不能反映原物体的真实形状和大小。

(2) 平行投影法。投射线相互平行的投影法称为平行投影法，如图2-2所示。根据投射方向与投影面所成角度不同，平行投影法又分为斜投影法和正投影法两种：

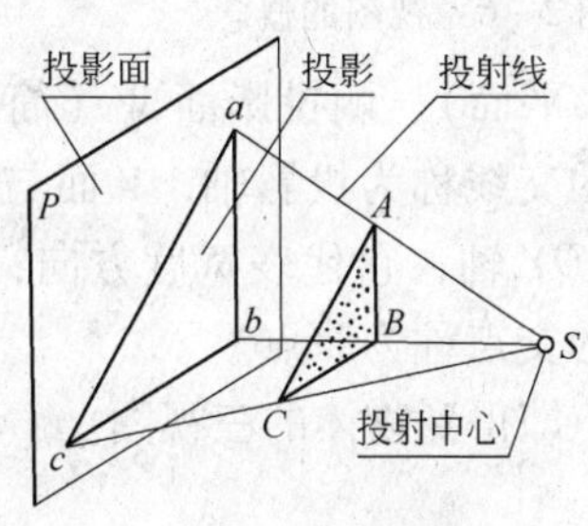

图2-1 中心投影法

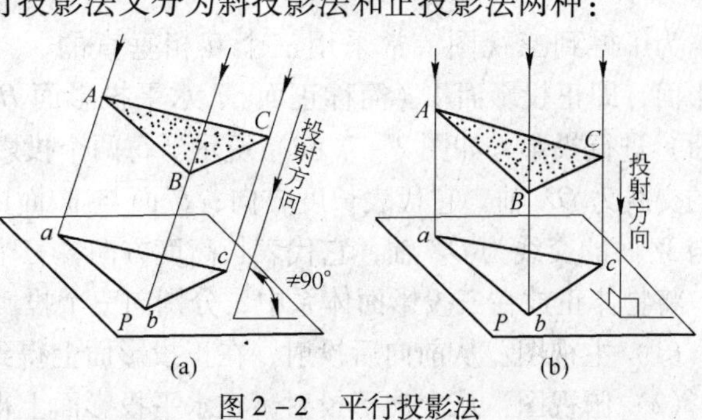

图2-2 平行投影法

(a) 斜投影法；(b) 正投影法

1）斜投影法——投射线与投影面倾斜的平行投影法，如图2－2（a）所示。

2）正投影法——投射线与投影面垂直的平行投影法，如图2－2（b）所示。

采用正投影法得到的正投影能够反映物体的真实形状和大小，且作图简便，度量性好，因此是绘制机械图样主要采用的投影法。

2.1.1.2　正投影的基本特质

（1）真实性。当直线或平面与投影面平行时，直线的投影反映实长，平面的投影反映实形。这种投影特性称为真实性，如图2－3所示。

（2）积聚性。当直线或平面与投影面垂直时，直线的投影积聚为一点，平面的投影积聚成一条直线。这种投影特性称为积聚性，如图2－4所示。

（3）类似性。当直线或平面与投影面倾斜时，则直线的投影为小于直线段实长的直线，平面的投影是小于平面实形的类似形。这种投影特性称为类似性，如图2－5所示。

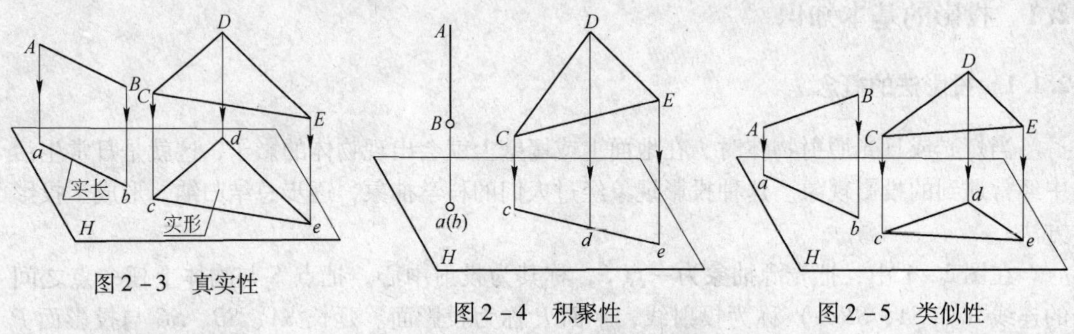

图2－3　真实性　　图2－4　积聚性　　图2－5　类似性

2.1.2　三视图概述

用正投影法将物体向投影面投射所得图形称为视图，如图2－6所示。但从图2－6中可以看出，两个不同的物体在同一投影面上的视图相同，这说明仅用一个视图是不能准确完整地表达物体的结构形状的，通常采用三个视图来表达。

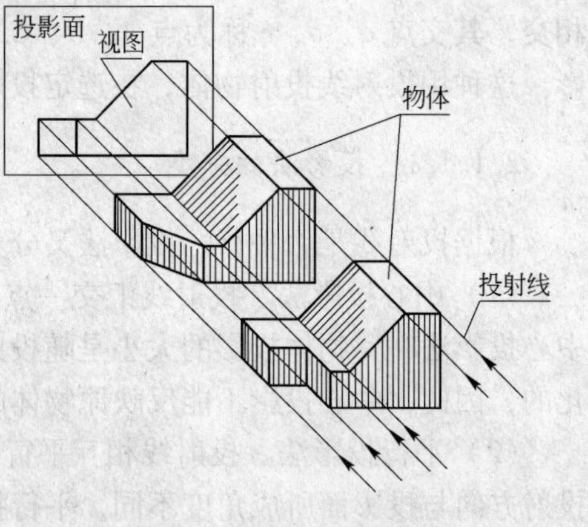

图2－6　视图的概念

2.1.2.1　三视图的形成

为了得到三视图，常采用三个互相垂直的投影面，即正投影面 V（简称正面）、水平投影面 H（简称水平面）、侧投影面 W（简称侧面）进行投影，如图2－7（a）所示。每两个投影面之间的交线称为投影轴，V 面与 H 面的交线为 OX 轴，它代表长度方向；H 面与 W 面的交线为 OY 轴，它代表宽度方向；V 面与 W 面的交线为 OZ 轴，它代表长高度方向；三个坐标轴的交点称为原点。

将物体正放在三投影面体系中，分别向三个投影面投影，即得到物体的三视图。

（1）主视图：从前向后投射，在正投影面上得到的视图。

（2）俯视图：从上向下投射，在水平投影面上得到的视图。

（3）左视图：从左向右投射，在侧投影面上得到的视图。

在三视图中，规定物体的可见轮廓线画成粗实线，不可见轮廓画成虚线。

为了使三个视图能画在同一图纸上，常将三个投影面展开成同一平面。国家标准规定正投影面保持不动，水平投影面下旋转90°，侧投影面向右旋转90°，如图2-7（b）所示。展开后的三视图如图2-7（c）所示。为了简化作图，在三视图中不画投影面的边框线和投影轴，视图之间的距离可根据具体情况确定，如图2-7（d）所示。

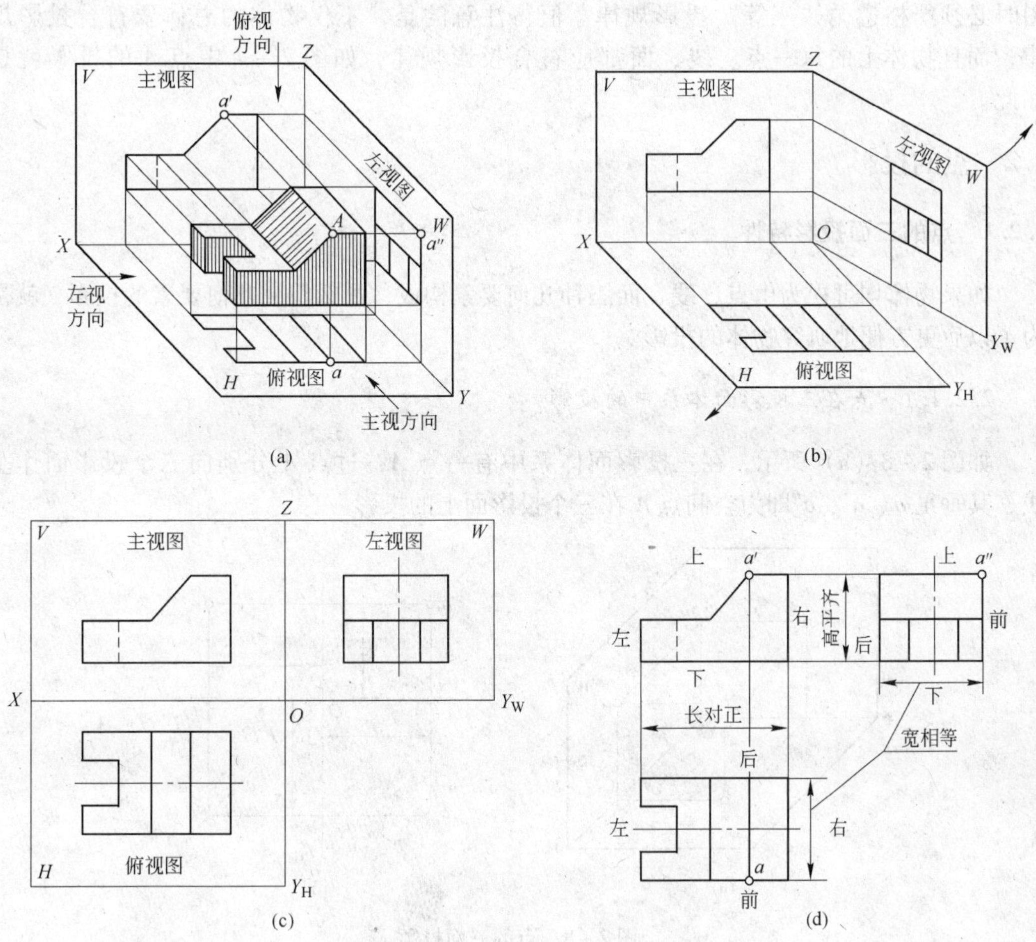

图2-7 三视图的形成和投影规律

（a）物体在三投影面体系中的投影；（b）三投影面的展开方法；（c）展开后的三视图；（d）三视图之间的投影规律

2.1.2.2 三视图的投影规律

（1）三视图间的位置关系。以主视图为准，俯视图在主视图正下方，左视图在主视图的正右方。画图时，三个视图必须按上述位置关系配置。

（2）物体与三视图之间的方位关系。主视图反映物体上、下、左、右四个方位关系，俯视图反映前、后、左、右四个方位关系，左视图反映上、下、前、后四个方位关系，如图2-7（d）所示。

（3）三视图的投影规律。从图2-7（d）中还可以看出主视图和俯视图同时反映物体的长度，主视图和左视图同时反映物体的高度，俯视图和左视图同时反映物体的宽度。

因而，三视图之间存在如下投影规律：

主、俯视图长对正；

主、左视图高平齐；

俯、左视图宽相等。

简单地说，就是“长对正、高平齐、宽相等”的“三等”投影规律。在画图或看图时必须严格遵循“三等”投影规律。值得注意的是，不仅物体的总体要符合投影规律，而且物体上的每一点、线、面都应符合投影规律，如图2-7中点A的投影就是如此。

2.2　点的投影

2.2.1　点的三面投影特性

如果物体均可视为由点、线、面三种几何要素构成，那么研究几何要素的投影，就是为了以后更方便地研究物体的投影。

2.2.1.1　点在三投影面体系中的投影

如图2-8（a）所示，在三投影面体系中有一点A，过点A分别向三个投影面作垂线，其垂足a、a'、a''即为空间点A在三个投影面上的投影。

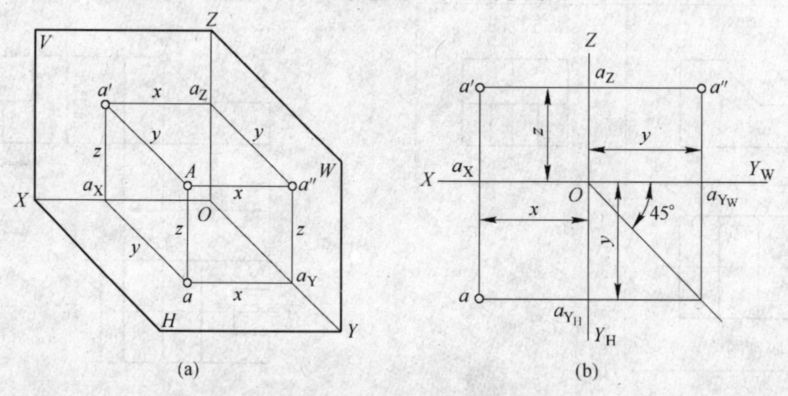

图2-8　点的三面投影

空间点及其投影的标记规定为：空间点用大写字母如A、B、C…表示，V面投影用相应的小写字母加一撇如a'、b'、c'…表示，H面投影用相应的小写字母如a、b、c…表示，W面投影用相应的小写字母加两撇如a''、b''、c''…表示。

将点A向三投影面投射得到其三面投影a'、a、a''后，移去空间点A，将投影面展成同一平面，去掉投影边框，便成为图2-8（b）所示的形式。由此可以得出点的三面投影规律：

（1）点的正面投影和水平面投影的连线垂直于OX轴，即$a'a \perp OX$。

（2）点的正面投影和侧面投影的连线垂直于OZ轴，即$a'a'' \perp OZ$。

（3）点的水平面投影到OX轴的距离等于点的侧面投影到OZ轴的距离，即$aa_X = a''a_Z$。

2.2.1.2 点的三面投影与直角坐标

由图2-8（a）可以看出点 A 的坐标 x、y、z 与其三个投影的关系：

（1）点 A 到 W 面的距离 $Aa''=a'a_Z=aa_Y=a_XO=x$。

（2）点 A 到 V 面的距离 $Aa'=aa_X=a''a_Z=a_YO=y$。

（3）点 A 到 H 面的距离 $Aa=a'a_X=a''a_Y=a_ZO=z$。

用坐标来表明空间点的位置比较简单，可以写成 $A(x、y、z)$ 的形式。

由图2-8可知，坐标 x 和 z 决定点 A 的正面投影 a'，坐标 x 和 y 决定点 A 的水平投影 a，坐标 y 和 z 决定点 A 的侧面投影 a''，若用坐标表示，则为 $a(x、y)$，$a'(x、z)$，$a''(y、z)$。因此，已知点的三面投影，就可以确定该点的三个坐标；相反地，已知点的三个坐标，就可以作出该点的三面投影。

【例2-1】 已知点 $A(20、10、18)$，求作其三面投影。

解： 作图步骤如图2-9所示。

（1）画出坐标轴。在 OX 轴上自 O 向左量取20，定出 a_X 点。

（2）过 a_X 点作 OX 轴的垂线，并从 a_X 点向下量取 $a_Xa=10$ 得 a 点，从 a_X 向上取 $a_Xa'=18$，得 a'点。

（3）自 a'点作 OZ 轴的垂直线，得交点 a_Z，从 a_Z 点向右量取 $a_Za''=10$，得 a''点。

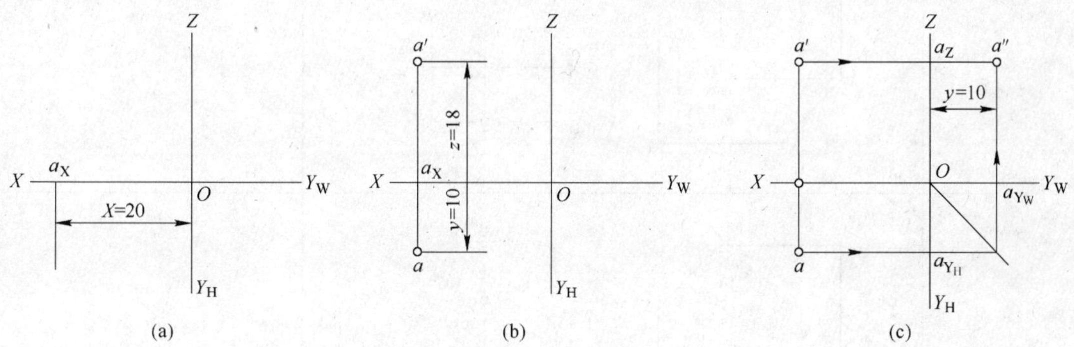

图2-9 由点的坐标求作点的三面投影

2.2.2 点在三投影面体系中的几种情况

空间点根据其在三投影面体系中的位置，可分为四种情况：

（1）空间任意点；

（2）投影面上的点；

（3）投影轴上的点；

（4）与原点重合的点。

空间点的投影特性如表2-1所示。

2.2.3 两点的相对位置

两点的相对位置就是指两点间左右、前后、上下的位置关系，可以通过三面投影中各组同面投影的坐标差来确定。判断方法如下。

表 2-1　各种位置点的投影图例及投影特性

点的位置	投影图例	投影特性
一般位置	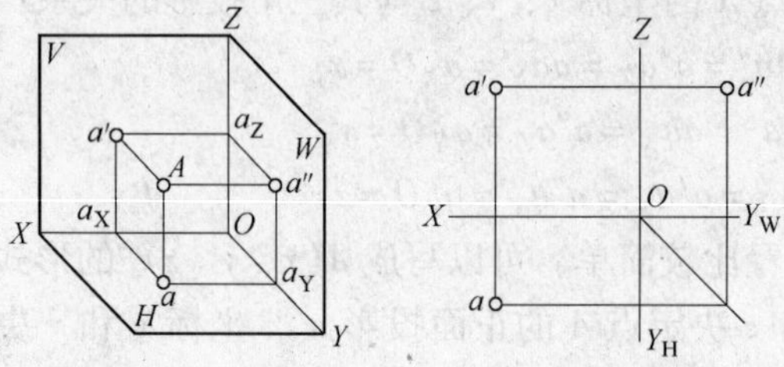	点的三个坐标值均不为零，点的三面投影都在相应投影面上
在投影面上	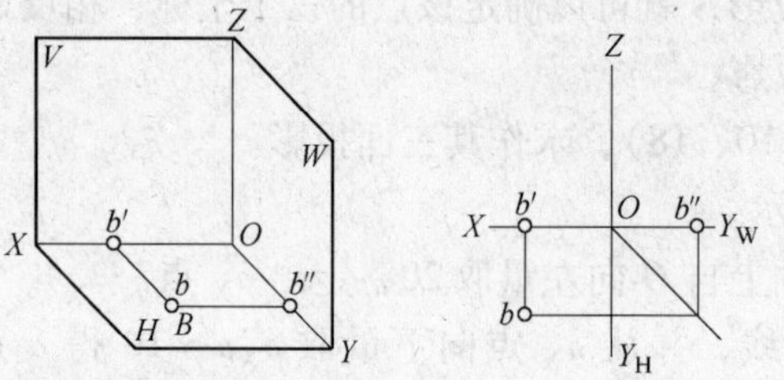 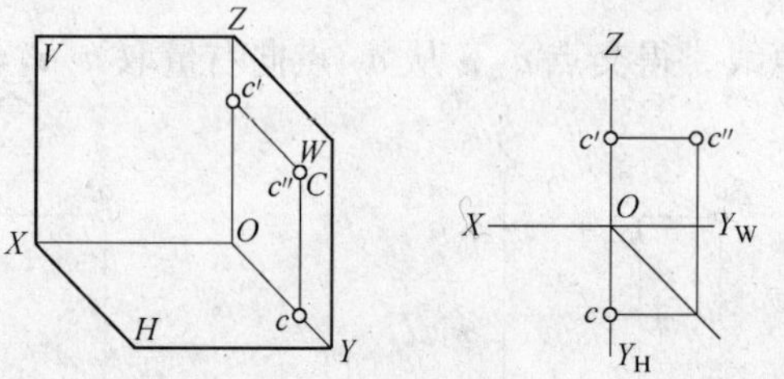	点的一个坐标为零，点的一面投影在点所在的投影面上，另两面投影在相应的投影轴上
在投影轴上	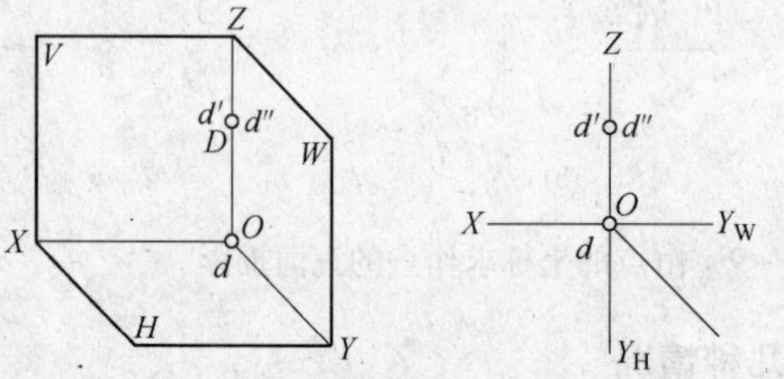 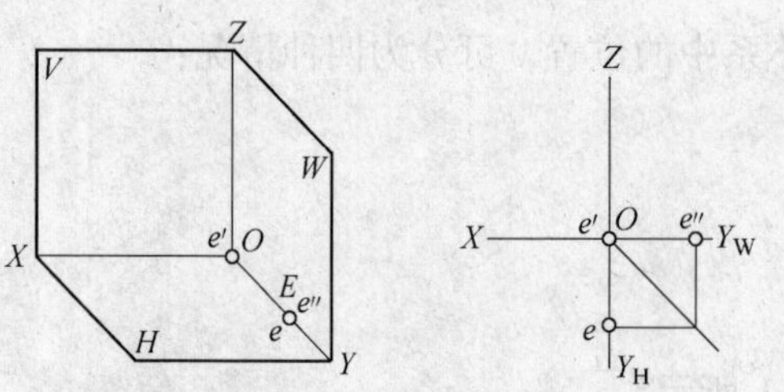	点的两个坐标值为零，点的两面投影在投影轴上，另一面投影与原点重合
与原点重合		点的三个坐标值都为零，点的三个投影与空间点都重合在原点上

（1）两点间的左、右位置关系，由 X 坐标值来确定，坐标大者在左边。

（2）两点间的前、后位置关系，由 Y 坐标值来确定，坐标大者在前边。

（3）两点间的上、下位置关系，由 Z 坐标值来确定，坐标大者在上边。

如图 2－10 所示的空间点 A、B，由 V 面投影可判断出点 A 在点 B 的左、上方，由 H 面投影可判断出点 A 在点 B 的左、前方，由 W 面投影可判断出点 A 在点 B 的前、上方，因此，由点的三面投影就可以判断出点 A 在点 B 的左、前、上方。

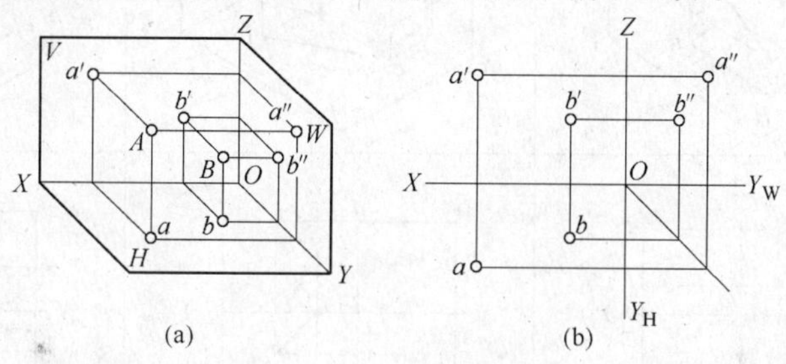

图 2－10　两点的相对位置

2.2.4　重影点

如果空间两点有两个坐标相等，一个坐标不相等，则两点在一个投影面上的投影就重合为一点，这两点称为对该投影面的重影点。如图 2－11 所示，点 B 在点 A 的正前方，则 A、B 两点是对 V 面的重影点。

判别重影点可见性的方法是：比较两点不相同的那个坐标，其中坐标大的可见。例如 A、B 两点的 X 和 Z 坐标相同，Y 坐标不等，因为 $Y_B > Y_A$，所以，b' 可见，a' 不可见（加括号表示）。

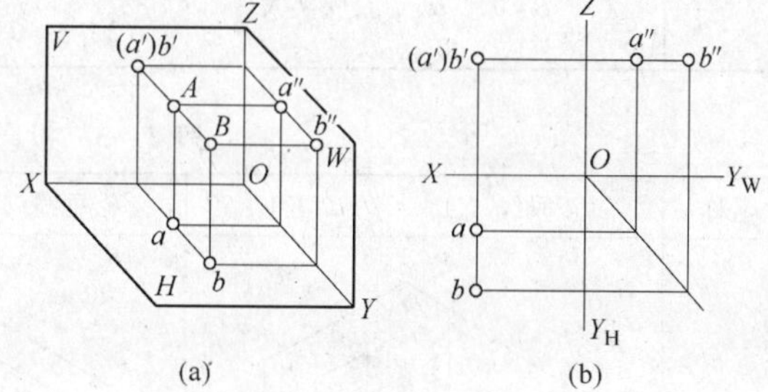

图 2－11　重影点及可见性

2.3　直线的投影

两点确定一条直线，连接直线上两端点的各组同面投影，就得到该直线的投影。直线的投影一般仍是直线。

2.3.1　各种位置直线的投影特性

按照直线对三个投影面的相对位置，可以把直线分为三类：投影面平行线、投影面垂直线、一般位置直线，前两类直线又称为特殊位置直线。

（1）投影面平行线。平行于一个投影面与另两个投影面倾斜的直线称为投影面平行线。其投影特性如表 2－2 所示，其中直线与 H、V、W 三面倾斜的倾角分别用字母 α、β、γ 表示。

（2）投影面垂直线。垂直于一个投影面与另两个投影面平行的直线称为投影面垂直线。其投影特性如表 2－3 所示。

（3）一般位置直线。与 H、V、W 三个投影面都倾斜的直线称为一般位置直线。其投影特性如表 2－4 所示。

表 2-2　投影面平行线

名称	正平线（//V，与 H、W 倾斜）	水平线（//H，与 V、W 倾斜）	侧平线（//W，与 H、V 倾斜）
立体图	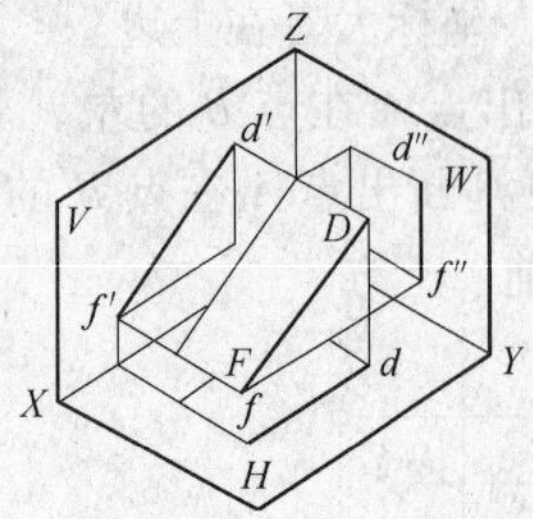	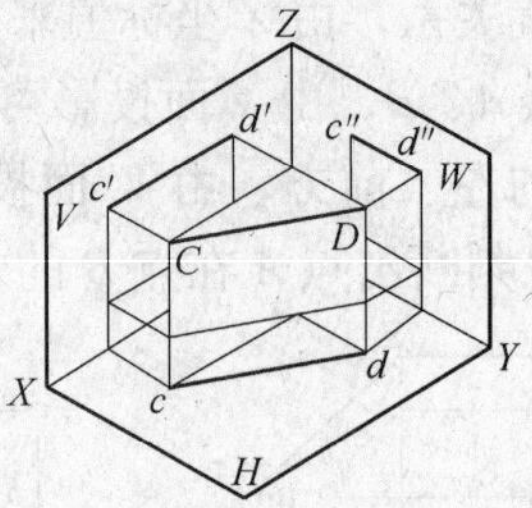	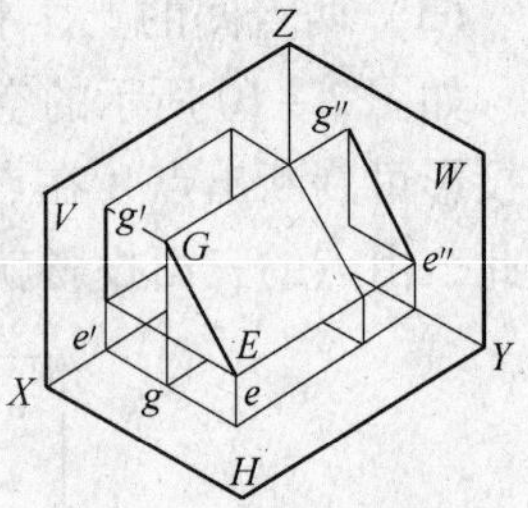
投影图	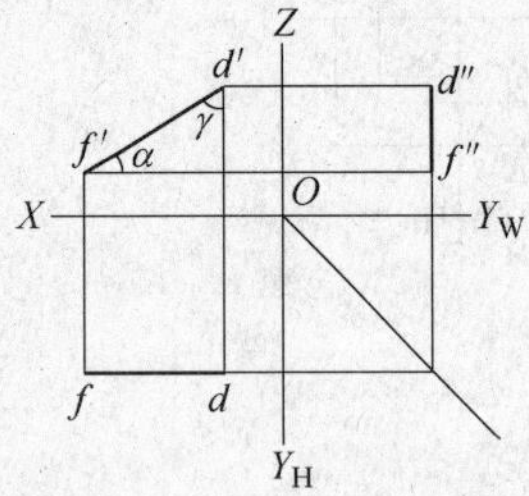	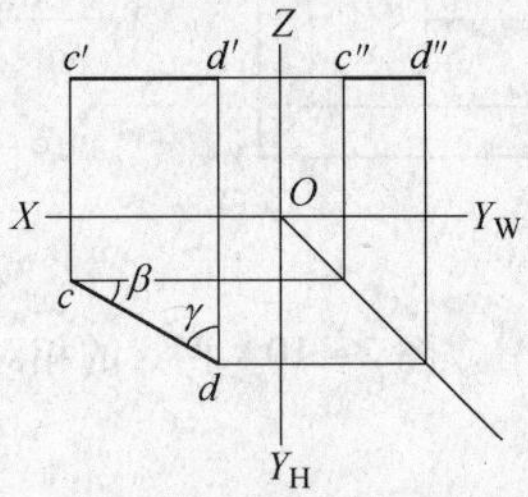	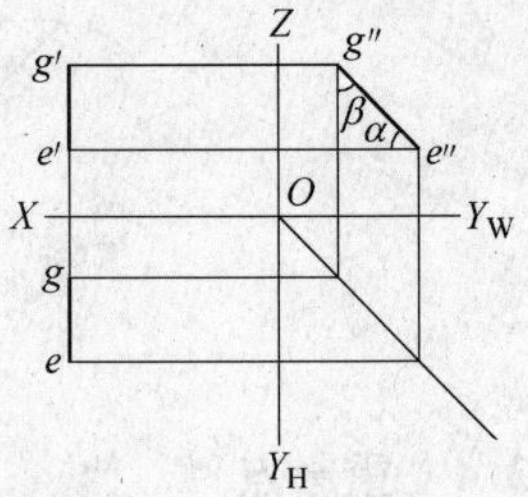
投影特性	（1）$d'f'=DF=$实长； （2）df // OX 轴，$d''f''$ // OZ 轴； （3）$\beta=0°$，α、β 反映实大	（1）$cd=CD=$实长； （2）$c'd'$ // OX 轴，$c''d''$ // OY_W 轴； （3）$\alpha=0°$，β、γ 反映实大	（1）$e''g''=EG=$实长； （2）$e'g'$ // OZ 轴，eg // OY_H 轴； （3）$\gamma=0°$，α、β 反映实大

表 2-3　投影面垂直线

名称	正垂线（⊥V、//H、W）	铅垂线（⊥H、//V、W）	侧垂线（⊥W、//H、V）
立体图	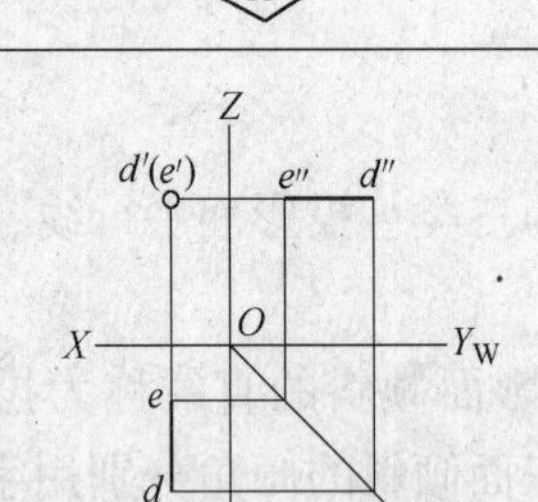	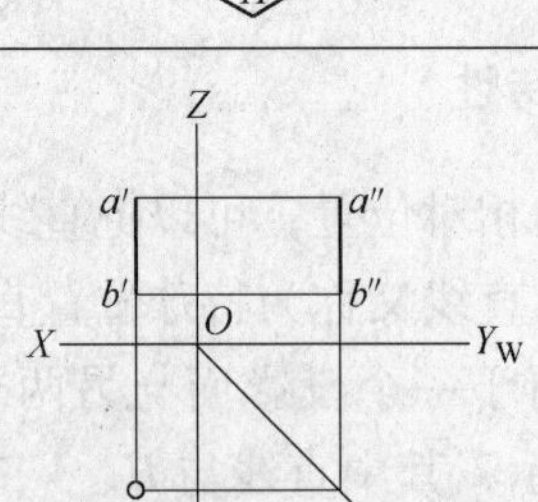	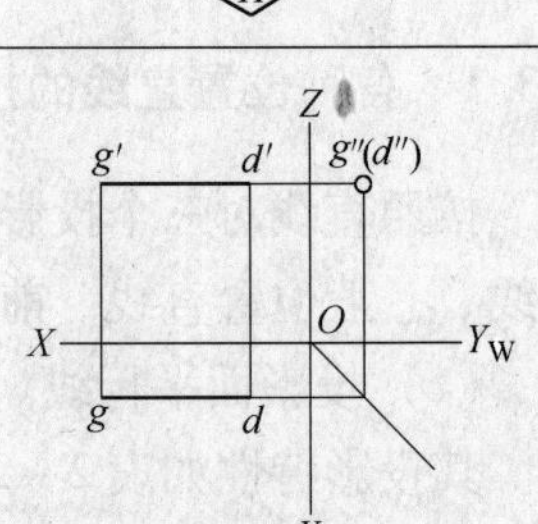
投影图	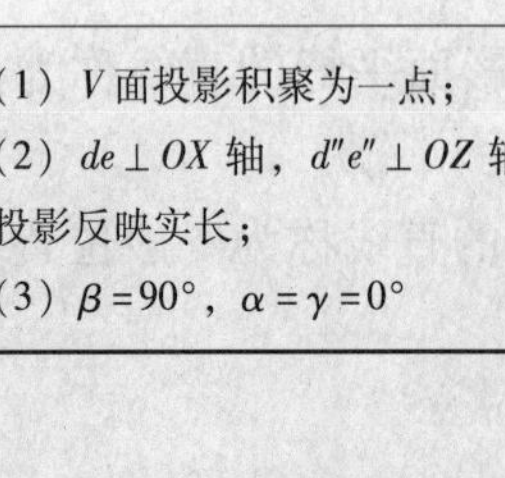	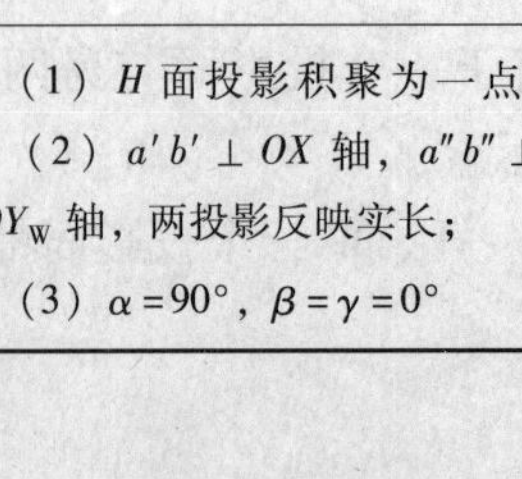	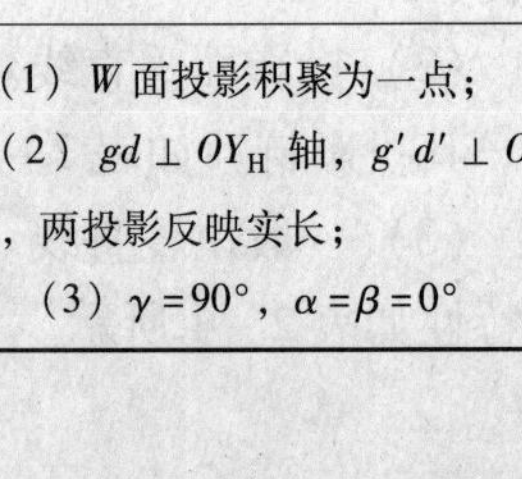
投影特性	（1）V 面投影积聚为一点； （2）$de\perp OX$ 轴，$d''e''\perp OZ$ 轴，两投影反映实长； （3）$\beta=90°$，$\alpha=\gamma=0°$	（1）H 面投影积聚为一点； （2）$a'b'\perp OX$ 轴，$a''b''\perp OY_W$ 轴，两投影反映实长； （3）$\alpha=90°$，$\beta=\gamma=0°$	（1）W 面投影积聚为一点； （2）$gd\perp OY_H$ 轴，$g'd'\perp OZ$ 轴，两投影反映实长； （3）$\gamma=90°$，$\alpha=\beta=0°$

表 2-4 一般位置直线

立 体 图	一般位置直线的投影图	投 影 特 性
		（1）$a'b' < AB$ 实长，$ab < AB$ 实长，$a''b'' < AB$ 实长； （2）投影图上不反映 α、β、γ 实际大小

2.3.2 直线上的点

直线上的点具有以下两个基本特性：

（1）从属性。直线上的点，其投影必在该直线的同面投影上且符合点的投影规律；反之亦然。

（2）定比性。点分割的线段之比，等于点的各面投影分割线段的同面投影之比。

【例 2-2】 判别图 2-12（a）中的点 C 是否在侧平线 AB 上。

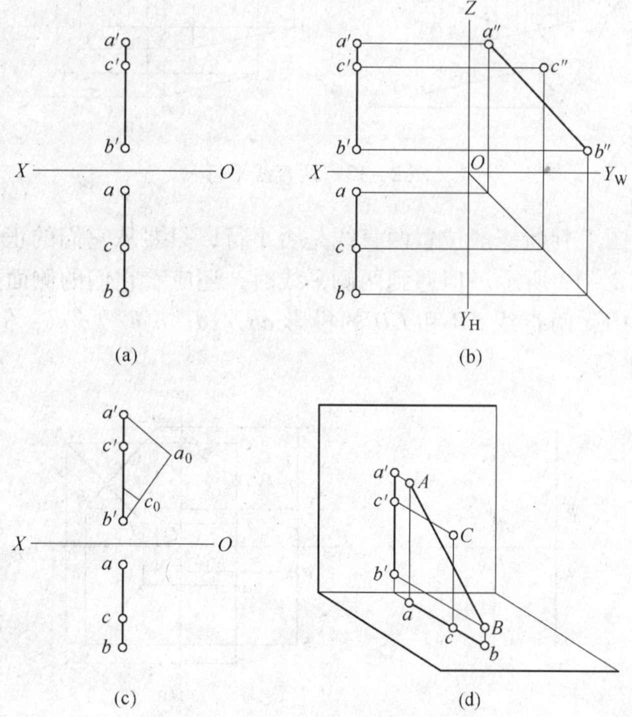

图 2-12 判别点与直线的相对位置

（a）已知条件；（b）解法 1；（c）解法 2；（d）立体图

解法 1：作出点 C 和直线 AB 的侧面投影 c'' 和 $a''b''$，由于点 c'' 不在 $a''b''$ 上，所以点 C 不在直线 AB 上，如图 2-12（b）所示。

解法 2： 根据直线上点分割线段的定比性，过 b' 作任意直线段 $b'a_0$，使线段 $b'a_0 = ab$，并取 $b'c_0 = bc$，连 a_0a'，过 c_0 点作一条平行于 a_0a' 的直线。从图 2－12（c）中可以看出 $ac:cb \neq a'c':c'b'$，故点 C 不在直线 AB 上，如图 2－12（d）所示。

2.3.3　两直线的相对位置

两直线的相对位置可以分为三种情况：平行、相交和交叉。前两种又称为同面直线；后一种又称为异面直线。

2.3.3.1　两直线平行

若空间两直线相互平行，则其同面投影必然相互平行。反之，如果两直线的各个同面投影相互平行，则这两条直线在空间也一定相互平行。

如图 2－13 所示，设 $AB /\!/ CD$，则由其投影线形成的平面 $ABba /\!/ CDdc$，所以它们与 H 面的交线 $ab /\!/ cd$，同理 $a'b' /\!/ c'd'$、$a''b'' /\!/ c''d''$。

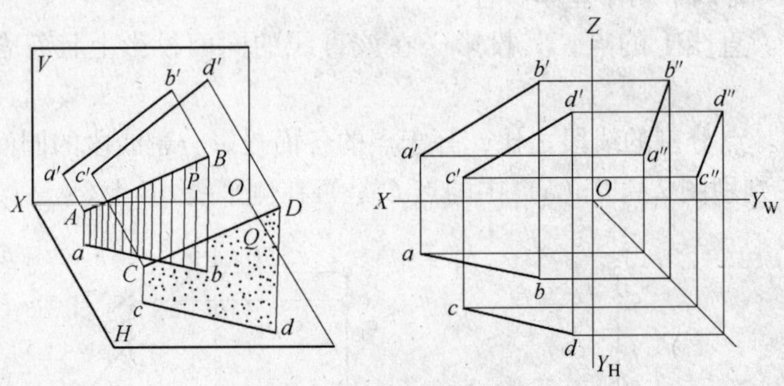

图 2－13　两直线平行

如果要从投影图上判断一般位置两直线是否平行，只要从它们的正面投影和水平投影就能确定了，如图 2－13 所示。但遇到两侧平线时，还应看它们的侧面投影是否平行才能判断。在图 2－14 中，两直线 AB 和 CD 的投影 $ab /\!/ cd$、$a'b' /\!/ c'd'$，但 $a''b''$ 不平行 $c''d''$，所以 AB 和 CD 不平行。

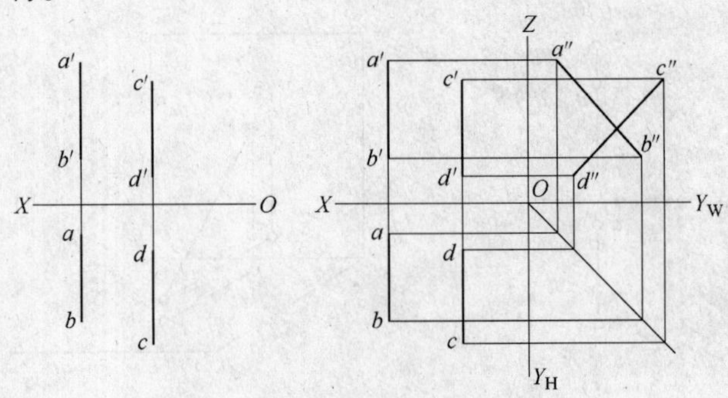

图 2－14　判断两直线是否平行

2.3.3.2　两直线相交

当两直线相交时，它们在各投影面上的投影也必然相交，且其交点符合点的投影规律。反之，若两直线的各个同面投影都相交，且交点符合点的投影规律，则这两条直线在空间必相交。

如图 2-15 所示，AB、CD 两直线相交于点 K，此点为两直线所共有，它们的投影 $a'b'$ 与 $c'd'$、ab 与 cd 必然相交，并且它们的交点 k' 与 k 的连线必然垂直于 OX 轴。

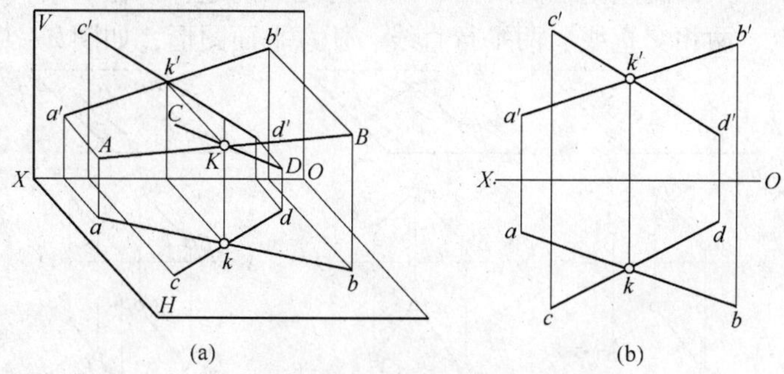

图 2-15 两直线相交

当相交的两直线中有一条为侧平线时，通常需要画出侧面投影，才能判断它们是否相交。如图 2-16 所示的两直线 AB 和 CD 不相交。

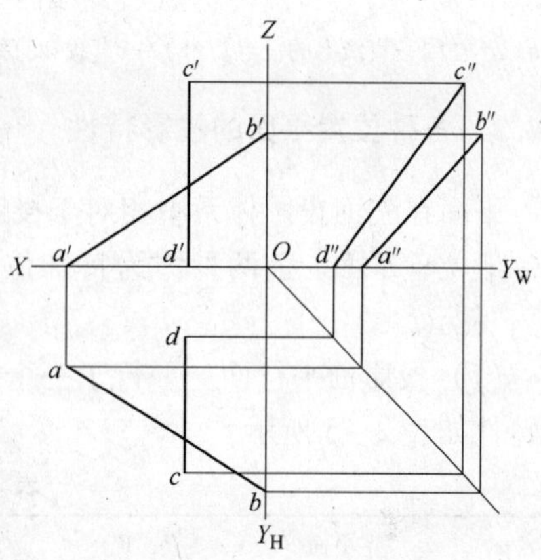

图 2-16 两直线不相交

2.3.3.3 两直线交叉

当空间两直线既不平行又不相交时，称为两直线交叉，如图 2-17（a）所示。一般情况下，在两面投影中，它们的同面投影可能相交或不相交，如果同面投影相交，其交点也不符合点的投影规律，如图 2-17（b）所示。

两直线 AB 和 CD 的水平投影的交点，实际上是空间两点在水平投影面上的一对重影点，其中点 M 在 AB 上，点 N 在 CD 上。同样正面投影的交点也是一对重影点，其中点 K 在 CD 上，点 L 在 AB 上。利用重影点和可见性，可以很方便地判别两直线在空间的相对位置。

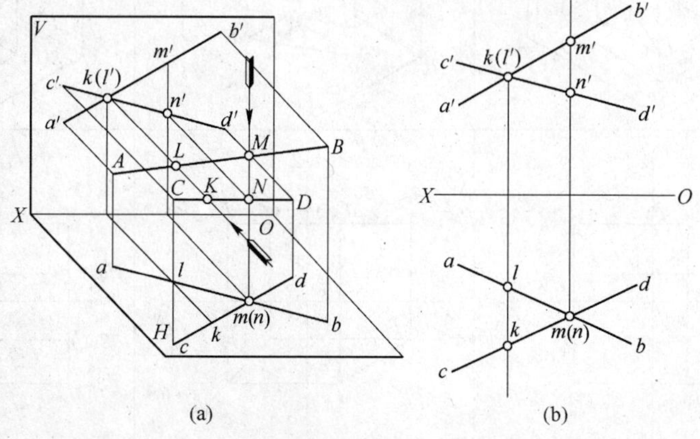

图 2-17 两直线不相交

2.4　平面的投影

2.4.1　平面表示法

由几何学可知，平面的空间位置可由下列几何元素确定：不在一条直线上的三点、一直线及直线外一点、两相交直线、两平行直线、任意平面图形，如图 2－18 所示。

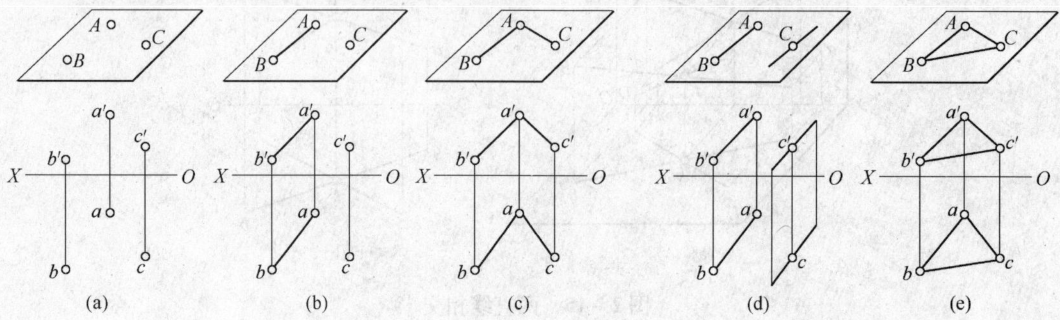

图 2－18　平面的表示方法

（a）不在同一直线上的三点；（b）一直线和直线外一点；（c）相交两直线；（d）平行两直线；（e）任意平面图形

2.4.2　各种位置平面的投影特性

平面在三面投影体系中相对于投影面的位置分为三类：投影面平行面、投影面垂直面和一般位置平面。前两种称为特殊位置平面。规定平面对 H、V、W 面的倾角分别用 α、β、γ 表示。

（1）投影面平行面。平行于一个投影面与另两个投影面垂直的平面称投影面平行面，其特性如表 2－5 所示。

表 2－5　投影面平行面

名称	正平面（$//V$，$\perp H$、W）	水平面（$//H$，$\perp V$、W）	侧平面（$//W$，$\perp H$、V）
立体图			
投影图			

续表 2-5

名称	正平面（//V，⊥H、W）	水平面（//H，⊥V、W）	侧平面（//W，⊥H、V）
投影特性	（1）V 面投影反映实形； （2）H 面、W 面投影积聚成直线，且分别平行于 OX 轴和 OZ 轴	（1）H 面投影反映实形； （2）V 面、W 面投影积聚成直线，且分别平行于 OX 轴和 OY_W 轴	（1）W 面投影反映实形； （2）V 面、H 面投影积聚成直线，且分别平行于 OZ 轴和 OY_H 轴

（2）投影面垂直面。垂直于一个投影面，与另两个投影面平行的平面称投影面垂直面。其投影特性如表 2-6 所示。

表 2-6　投影面垂直面

名称	正垂面（⊥V，与 H、W 倾斜）	铅垂面（⊥H，与 V、W 倾斜）	侧垂面（⊥W，与 H、V 倾斜）
立体图	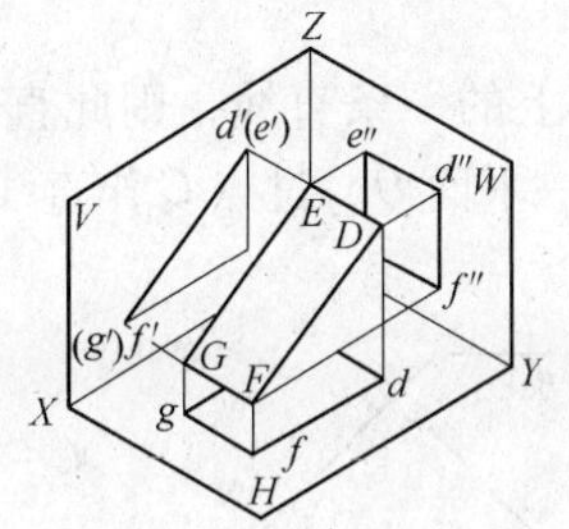	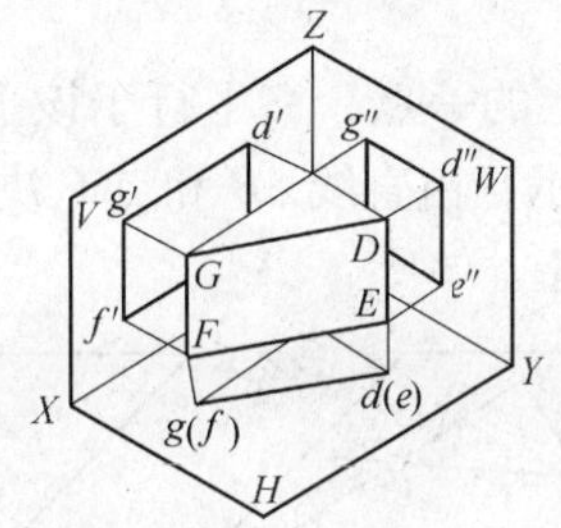	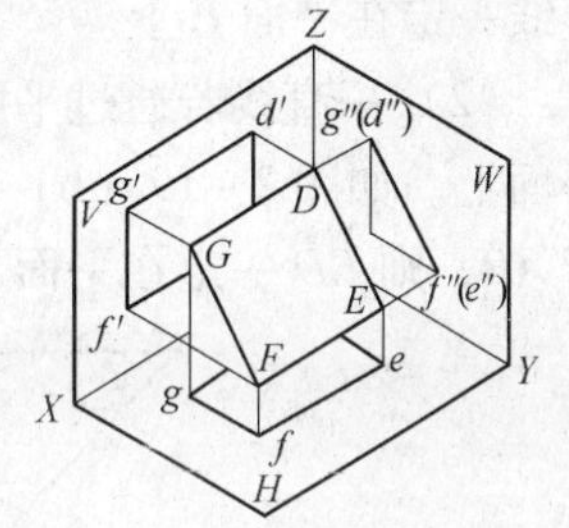
投影图	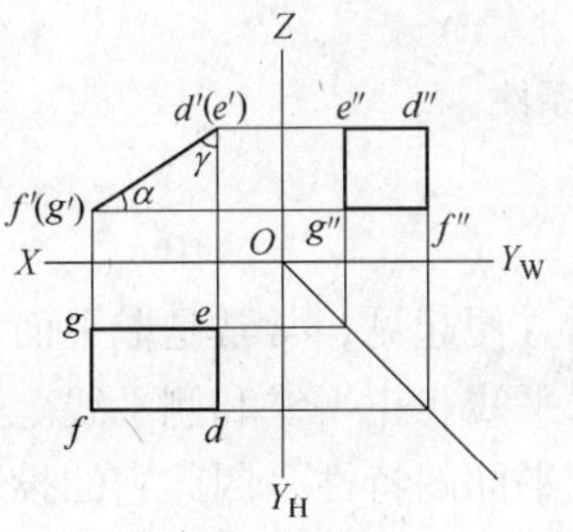	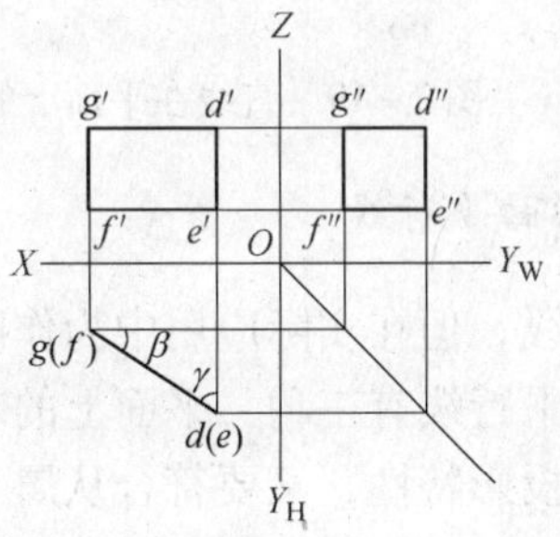	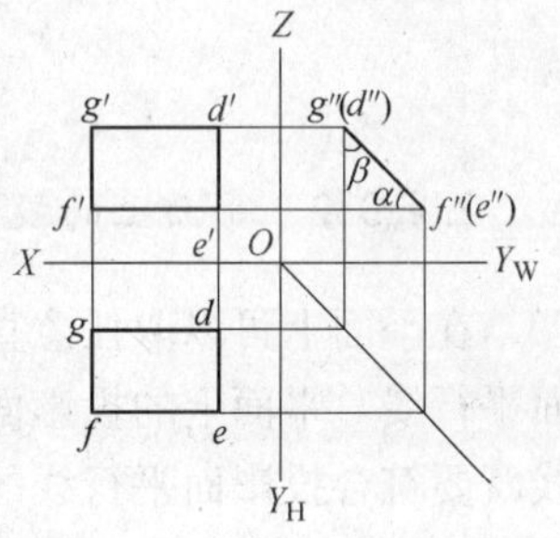
投影特性	（1）V 面投影积聚成一条与 OX、OZ 轴倾斜的直线，且反映 α 角和 γ 角实大，β=90°； （2）H、W 面投影均为平面原形的类似形	（1）H 面投影积聚成一条与 OX、OY_H 轴倾斜的直线，且反映了 β 角和 γ 角实大，α=90°； （2）V、W 面投影均为平面原形的类似形	（1）W 面投影积聚成一条与 OZ、OY_W 轴倾斜的直线，且反映 α 角和 β 角实大，γ=90°； （2）V、H 面投影均为平面原形的类似形

（3）一般位置平面。与三个投影面都倾斜的平面称为一般位置平面。其投影特性如表 2-7 所示。

2.4.3　平面上的直线和点

2.4.3.1　平面上的直线

直线在平面上的几何条件是：

（1）一直线若通过平面上的两点，则此直线必在该平面上。如图 2-19（a）所示，

表 2－7　一般位置平面

立 体 图	投 影 图	投 影 特 性
		（1）三面投影 $a'b'd'c'$、$abdc$、$a''b''d''c''$ 均为类似形，且面积小于实形 $ABDC$； （2）三面投影中不反映 α、β、γ 的实际大小

由两相交直线 AB 和 BC 决定一平面 P。在 AB 和 BC 上各取点 D 和 E，则过 D、E 两点的直线一定在平面 P 上。

（2）一直线若通过平面上的一点，又平行于该平面上的一条直线，则此直线必在该平面上。如图 2－19（b）所示，由直线 AB 和点 C 决定一平面 Q，过点 C 作直线 CD 平行于 AB，则 CD 一定在平面 Q 上。

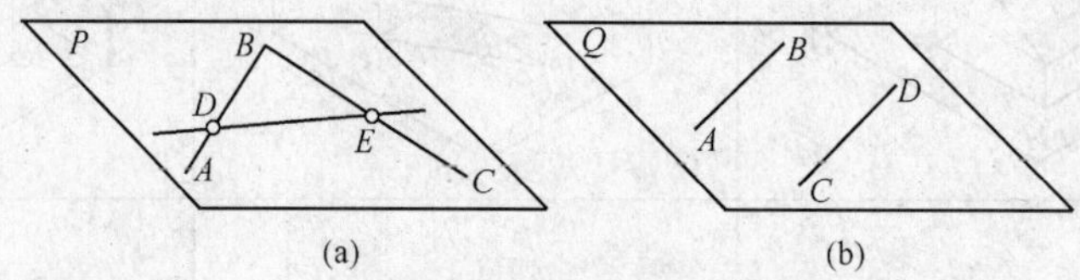

图 2－19　直线在平面上的条件

2.4.3.2　平面上的投影面平行线

在平面上可以取任意直线，但在实际应用中为作图方便起见，常常是取平面上的投影面平行线。平面上的投影面平行线有三种：平面上的水平线、正平线和侧平线。这些平行线既要符合投影面平行线的投影特性，又要符合从属于平面的特性，因此它的投影特点具有双重性。

例如，若要在 △ABC 平面上作水平线 MN 时，应根据水平线的正面投影平行 OX 轴的投影特点，又要使其通过 △ABC 上的两个点，所以作图时先在 △$a'b'c'$ 上作直线 $m'n'$ // OX 轴，然后由 m'、n' 求出水平投影 m、n，连接 m、n 即为所求，如图 2－20 所示。

同理，根据正平线的水平投影平行 OX 轴的投影特点，即可在 △ABC 上作出正平线。具体作图方法如图 2－21 所示。

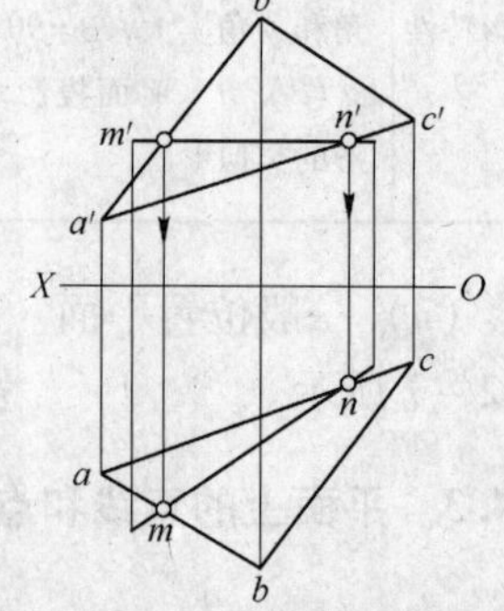

图 2－20　平面上的水平线

2.4.3.3　平面上的点

由初等几何可知：如果点位于平面内的任一直线上，则此点位于该平面内。因此，若在平面上取点，必须先在平面内取一直线，然后再在此直线上取点。

如图 2－22（a）所示，在由两相交直线 AB、AC 所确定的平面上，取一直线 MN（$m'n'$、mn），再在 MN 上取一点 E（e'、e），则点 E 必在此平面上。

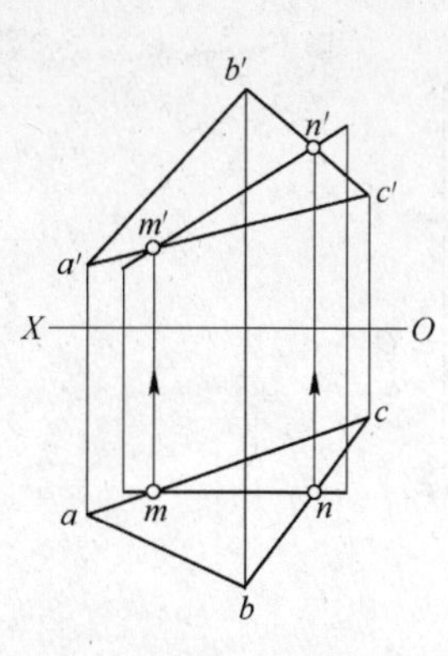

图 2－21 平面上的正平线

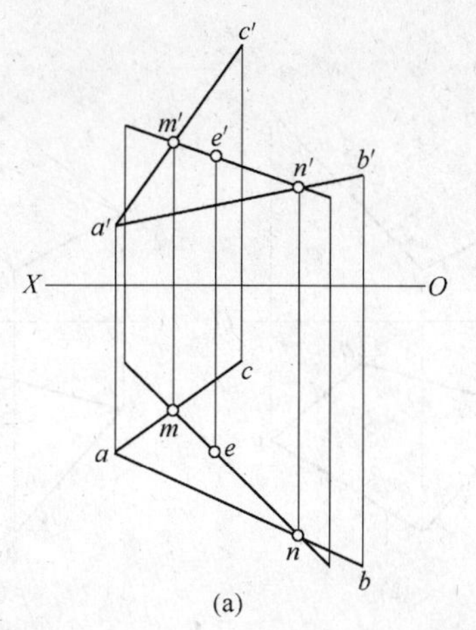

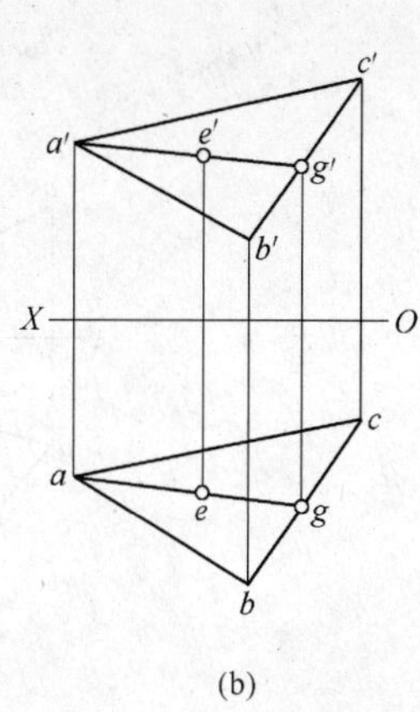

图 2－22 在平面上取点

【**例 2－3**】 如图 2－22（b）所示，已知△*ABC* 上一点 *E* 的正面投影 *e'*，求其水平投影 *e*。

分析：因已知点 *E* 是△*ABC* 上的点，故若连接 *AE*，并延长使其与 *BC* 相交于点 *G*，则 *AG* 必是△*ABC* 平面上的直线。因此，只要作出直线 *AG* 的投影，即可根据点、线从属性求出点 *E* 的水平投影。

作图步骤：

（1）在投影图上连接 *a'e'*，并延长使其与 *b'c'* 交于 *g'*。

（2）求出其水平投影 *ag*，过 *e'* 作投影连线与 *ag* 的交点 *e* 即为所求，如图 2－22（b）所示。

【**例 2－4**】 如图 2－23 所示，判断点 *D* 是否在△*ABC* 平面上。

分析：若点 *D* 是△*ABC* 上的点，则点 *D* 必在△*ABC* 的任一条直线上。现连接 *a'd'*，设它与 *b'c'* 的交点为 *f'*，由 *f'* 可求得 *f*，则 *af*、*a'f'* 为△*ABC* 上直线 *AF* 的投影，若 *AF* 通过点 *D*，则 *af* 应通过点 *d*，而作图结果点 *d* 不在 *af* 上，即点 *D* 不在 *AF* 线上，故可断定点 *D* 不在△*ABC* 平面内，如图 2－23 所示。

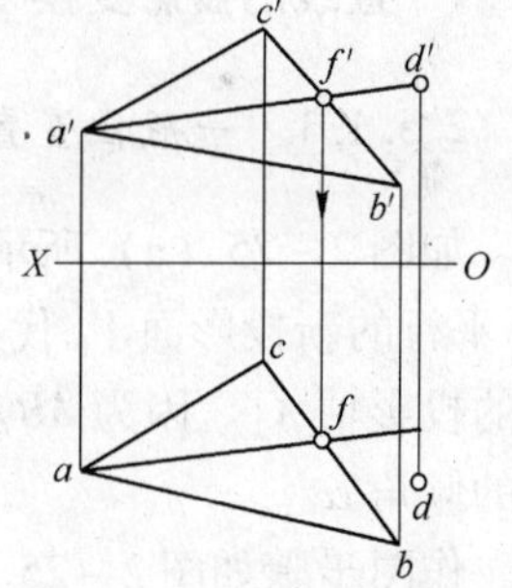

图 2－23 断点是否在平面上

【**例 2－5**】 如图 2－24（a）所示，四边形 *ABCD* 为一平面，已知其水平投影 *abcd* 和正面投影 *a'b'c'*，试完成此四边形的正面投影。

分析：只要求出点 *D* 的正面投影 *d'* 即可作出四边形的正面投影，因为 *A*、*B*、*C* 三个点已决定了一个平面，*D* 点是四边形 *ABCD* 的一个顶点，所以它一定在△*ABC* 所决定的平面内。因此，已知 *d*，应能作出 *d'*。

作图步骤：如图 2－24（b）所示。

（1）连接 *ac* 及 *bd*，得交点 *m*。

（2）连接 *a'c'*。由 *m* 可在 *a'c'* 上定出 *m'*。

（3）连接 *b'm'* 并延长。

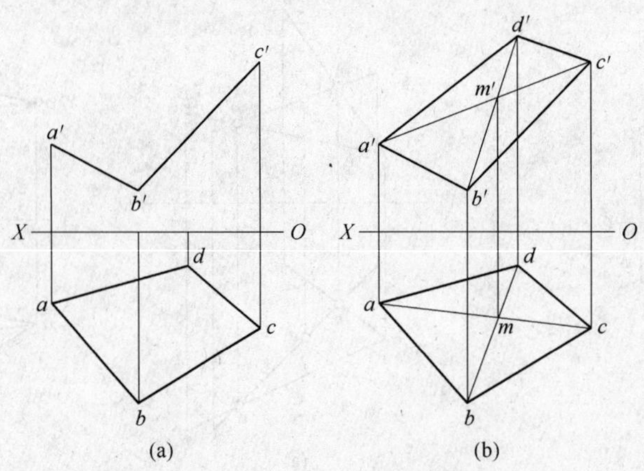

图 2-24　完成四边形的投影

（4）由 d 作 OX 轴垂直线与 $b'm'$ 的延长线交于 d'，d' 即为点 D 的正面投影。

（5）连接 $a'd'$ 和 $c'd'$，即得四边形的正面投影。

2.5　换面法

当直线或平面对投影面处于一般位置时，在投影图上不能直接反映它们的实长和实形，如果空间几何元素的位置保持不动，用一个新的投影面代替原来的一个投影面，构成新的投影面体系，使空间几何要素对新投影面处于有利于解题的特殊位置，这种方法称为变换投影面法，简称换面法。

2.5.1　直线的投影变换

2.5.1.1　一般位置直线变换成投影面的平行线

如图 2-25（a）所示，直线 AB 在 V/H 投影面体系中是一般位置直线，现设立一与 AB 平行的新投影面 V_1 代替 V 面，使 $V_1 \perp H$ 构成新投影面体系 V_1/H，V_1 与 H 面的交线为新的投影轴 X_1。因为 $AB /\!/ V_1$，所以 AB 在 V_1 面上的投影反映实长，同时反映 AB 相对 H 面的倾角 α。

作图步骤如图 2-25（b）所示。

（1）平行于水平投影 ab 作 X_1 轴。

（2）自 a、b 作投影线垂直于 X_1 轴。在投影线上量取 $a'_1a_{x1} = a'a_x$，$b'_1b_{x1} = b'b_x$，得新投影 $a'_1b'_1$。

（3）连接 a'_1 和 b'_1 点，$a'_1b'_1$ 即为 AB 的实长。$a'_1b'_1$ 与 X_1 轴的夹角即为 AB 对 H 面的倾角 α。

若求直线 AB 对 V 面的倾角 β，则保留 V 面，设立新投影面 H_1 替换 H 面，作图时保留正面投影 $a'b'$，作 $X_1 /\!/ a'b'$，求得新投影 a_1b_1 与 X_1 轴的夹角即为 β 角。

2.5.1.2　投影面平行线变换成投影面垂直线

如图 2-26（a）所示，在 V/H 两投影面体系中有一正平线 AB。因为垂直于 AB 的平

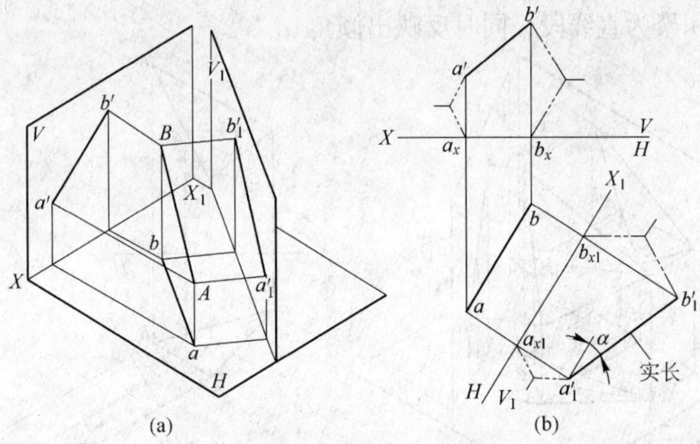

图 2-25 把一般位置直线变换成投影面平行线

（a）立体图；（b）投影图

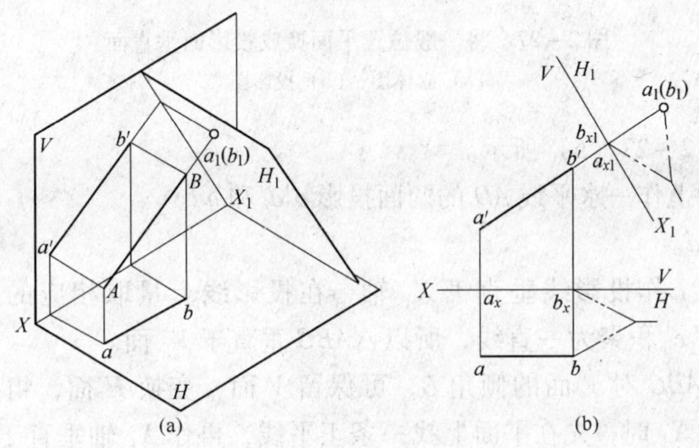

图 2-26 将投影面平行线变换成投影面垂直线

（a）立体图；（b）投影图

面也垂直于 V 面，所以用 H_1 面来代替 H 面，使 AB 成为 V/H_1 中 H_1 面的垂线。

作图步骤如图 2-26（b）所示。

（1）作新投影轴 $X_1 \perp a'b'$。

（2）自 a'、b'点作投影线垂直于 X_1 轴，在投影线上量取 $a_1a_{x1}=aa_x$，$b_1b_{x1}=bb_x$，得新投影 $a_1(b_1)$。因 $a_1(b_1)$ 积聚为一点，所以 AB 垂直于 H_1 面。

2.5.2 平面的投影变换

2.5.2.1 一般位置平面变换成投影面垂直面

如图 2-27（a）中的△ABC 是 V/H 两投影面体系中的一般位置平面，现设立一新投影面 V_1 与△ABC 垂直。根据初等几何知识，当一平面垂直于另一平面上的任一直线时，则这两个平面互相垂直。据此，只需在△ABC 上任取一直线，使新设的投影面与其垂直，则△ABC 就变成新投影面的垂直面。对于一般位置平面，最简单的方法是在其上任取一条投影面平行线，新设的投影面可依据此平行线直接确定方位。在图 2-27（a）中，△ABC 上取的是一条水平线 AD。因为 $AD \perp V_1$，$V_1 \perp$△ABC，且 $V_1 \perp H$，这样，△ABC 在

V_1 面上的投影便积聚为直线段，同时反映出倾角 α。

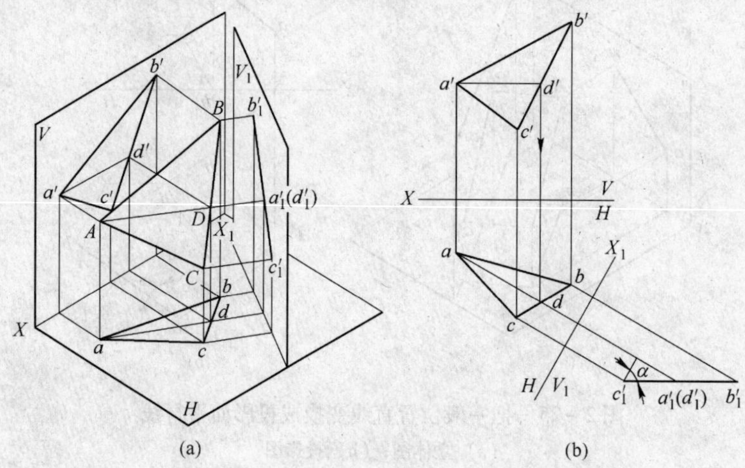

图 2－27　将一般位置平面换成投影面垂直面

（a）立体图；（b）投影图

作图步骤如图 2－27（b）所示。

（1）在△*ABC* 上作一水平线 *AD* 的两面投影 $a'd'$ 和 ad。

（2）作 $X_1 \perp ad$。

（3）自 *a*、*b*、*c* 作投影线垂直于 X_1 轴，在投影线上量取相应的距离，得新投影 $a'_1b'_1c'_1$。因为 $a'_1b'_1c'_1$ 积聚为一直线，所以△*ABC* 垂直于 V_1 面。

同理，若求△*ABC* 对 *V* 面的倾角 β，可保留 *V* 面，变换 *H* 面，组成新投影面体系 V/H_1，作新投影轴 X_1 时，先在平面上找一条正平线，再作 X_1 轴垂直于该正平线的正面投影。

2.5.2.2　投影面垂直面变换成投影面平行面

如图 2－28（a）中△*ABC* 是 *V*/*H* 两投影面体系中的铅垂面，要将它变成投影面平行

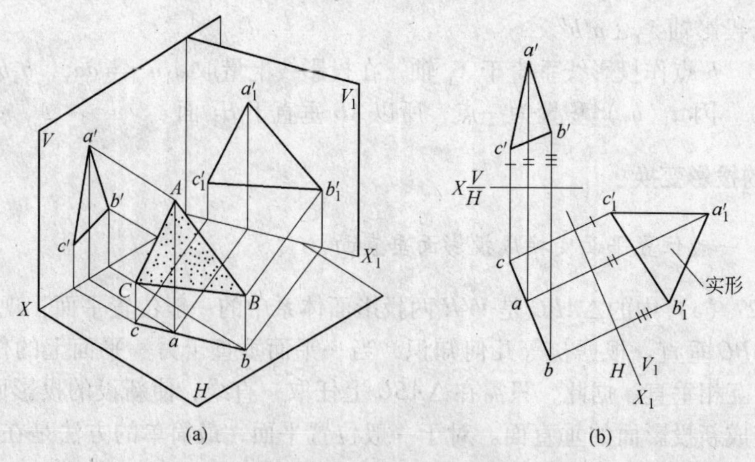

图 2－28　将投影面垂直面换成投影面平行面

（a）立体图；（b）投影图

面，必须更换 V 面，使新设置的 V_1 面与△ABC 平行并与 H 面垂直，这样在 V_1 面上就反映出△ABC 的实形。

作图步骤如图 2－28（b）所示。

（1）作新投影轴 $X_1 /\!/ cab$。

（2）在 V_1/H 体系中，分别过投影点 a、b、c 作垂直于 X_1 轴的垂线并延长到 V_1 面区域。按图示方法截取距离，得△$a_1'b_1'c_1'$，即为△ABC 实形。

若要将正垂面换成投影面平行面，则需变换 H 面，使 H_1 面与△ABC 平行，即可得到投影面的平行面，请读者思考。

3 轴 测 图

【教学目标】

(1) 了解轴测图的作用和形成过程。

(2) 了解轴测图的分类。

(3) 掌握轴测图的基本性质和轴测图的画法。

3.1 轴测图的基本知识

三视图能完整、准确地反映物体的形状和大小，且度量性好、作图简单，但立体感不强，只有具备一定读图能力的人才能看懂。因此，有时工程上还需采用一种立体感较强的图来表达物体，即轴测图。

轴测图是用轴测投影的方法绘制的富有立体感的图形，它接近人们的视觉习惯，但不能表达物体的真实形状，因此轴测图常用作三视图的辅助图样，帮助人们正确方便地画图和读图。

3.1.1 轴测图的概念和形成过程

(1) 轴测图的概念。将物体连同其直角坐标系，沿不平行于任一坐标平面的方向，用平行投影法投射在单一投影面上所得到的具有立体感的图形，称为轴测投影图（简称轴测图）。

(2) 轴测图的形成过程。正投影的每一个视图，只能表达物体的一个方面的形状，缺乏立体感。如果仍然在平行投影的条件下，适当改变物体与投影面的相对位置（见图3－1a），或者另外选择倾斜的投影方向（见图3－1b），就能在一个投影面中同时反映物

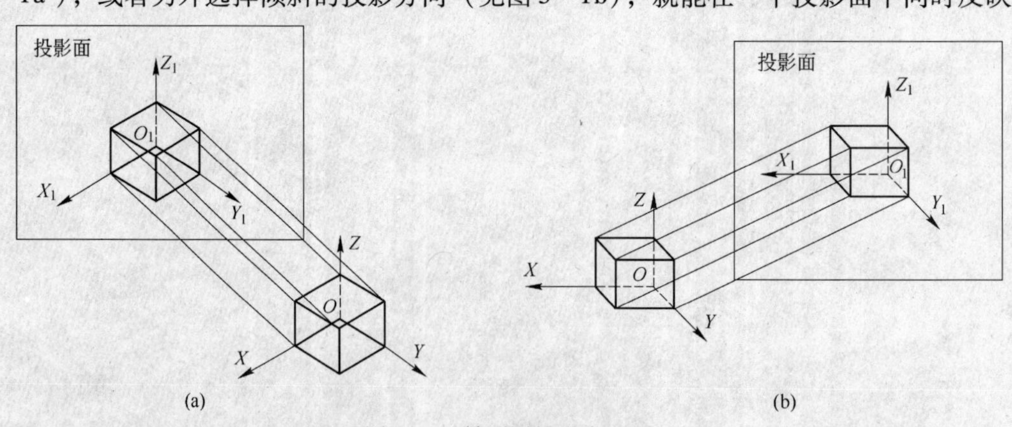

图3－1 轴测图的形成过程

体的长、宽、高三个方向的尺寸和其前面、上面、侧面的形状，从而得到具有立体感的图形。轴测图是单面投影，这个投影面就称为轴测投影面。

3.1.2 轴间角和轴向伸缩系数

（1）轴间角。空间直角坐标系的三根坐标轴 OX、OY 和 OZ 在轴测投影面上的投影 O_1X_1、O_1Y_1 和 O_1Z_1 称为轴测投影轴，简称轴测轴。每两根轴测轴之间的夹角 $\angle X_1O_1Y_1$、$\angle X_1O_1Z_1$ 和 $\angle Z_1O_1Y_1$ 称为轴间角，如图 3－2（a）所示。三条轴测轴的交点 O_1 称为原点。

（2）轴向伸缩系数。轴测轴 O_1X_1、O_1Y_1 和 O_1Z_1 上的线段长度与空间坐标轴 OX、OY 和 OZ 上的对应线段长度的比值称为轴向伸缩系数。X 方向的轴向伸缩系数用 p 表示，Y 方向的轴向伸缩系数用 q 表示，Z 方向的轴向伸缩系数用 r 表示，如图 3－2（b）所示。

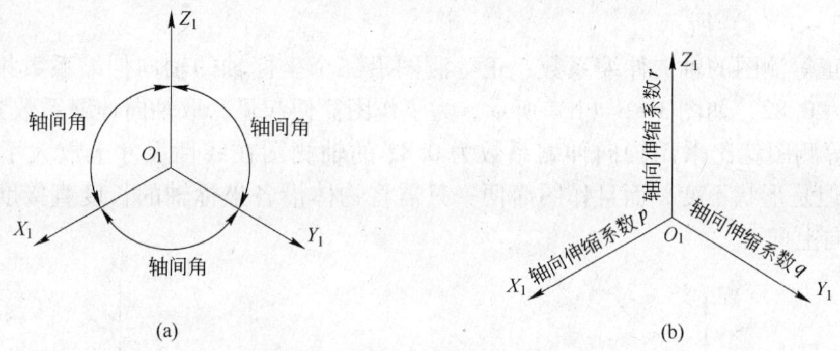

图 3－2 轴间角和轴向伸缩系数

3.1.3 轴测图的分类和基本性质

3.1.3.1 分类

轴测图分为正轴测图和斜轴测图两类。

（1）正轴测图：投射方向垂直于轴测投影面。

（2）斜轴测图：投射方向倾斜于轴测投影面。

3.1.3.2 轴测图的投影特性

由于轴测图是用平行投影法得到的，因此必然具有平行投影的投影规律：

（1）物体上互相平行的线段，在轴测图中仍互相平行。

（2）物体上平行于坐标轴的线段，在轴测图中仍平行于相应的轴测轴，且同一轴向所有线段的轴向伸缩系数相同。物体上平行于轴测轴的线段，在轴测轴上的长度等于沿该轴的轴向伸缩系数与该线段的长度之积。

（3）物体上不平行于坐标轴的线段，可以用坐标法确定其两个端点然后连线画出。

（4）物体上平行于轴测投影面的直线和平面，在轴测图上反映其实际形状和大小。

（5）物体上不平行于轴测投影面的平面图形，在轴测图中变成原形的类似形。例如，长方形的轴测投影为平行四边形，圆形的轴测投影为椭圆等。

由上可知，在轴测图中只有沿着轴测轴方向测量的长度才与原坐标轴方向的长度有成定比的对应关系，"轴测投影"也由此得名。轴间角和轴向伸缩系数是绘制轴测图的两个重要参数，因此在画轴测图时，只需将与坐标轴平行的线段乘以相应的轴向伸缩系数，再沿相应的轴测轴方向上量画即可。用的最多的轴测图是正等轴测图和斜二轴测图。

3.2 正等轴测图

当直角坐标系的三个坐标轴与轴测投影面的倾角相等时所得的轴测图称为正等轴测图，简称正等测图。

3.2.1 正等测图的特点

（1）正等测图的轴间角：由于三个坐标轴与轴测投影面倾斜的角度相同，因此，三个轴间角$\angle X_1O_1Y_1$、$\angle Y_1O_1Z_1$和$\angle Z_1O_1X_1$相等，都是120°，并规定O_1Z_1轴画成铅垂方向，如图3－3（a）所示。

（2）正等测图的轴向伸缩系数：正等测图沿三个坐标轴的轴向伸缩系数相等，根据计算，约为0.82，如图3－3（b）所示。为了作图简便起见，取轴向伸缩系数为1，这样画出的正等测图就比采用轴向伸缩系数为0.82的轴测图在线性尺寸上放大了1/0.82≈1.22倍，但是形状不变，而且作图简便，只需将物体沿各坐标轴的长度直接度量到相应轴测轴方向上即可。

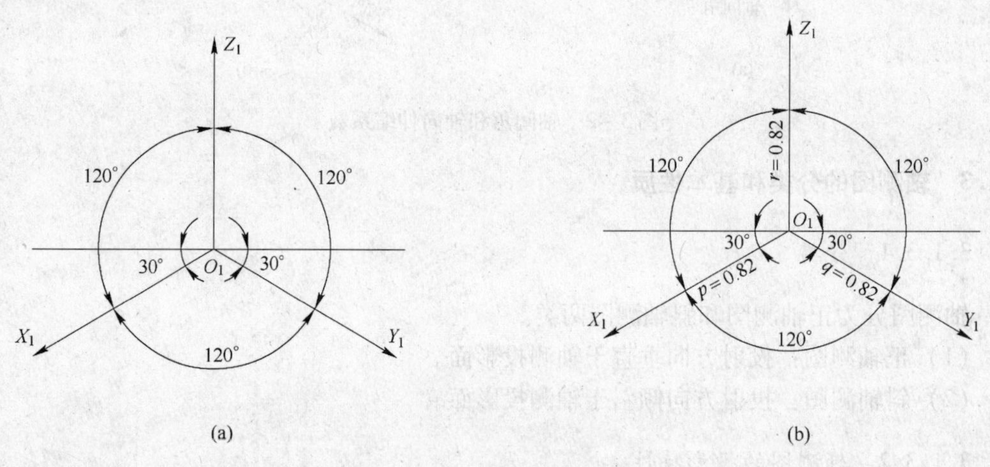

图3－3 正等测图的特点

3.2.2 正等测图的画法

3.2.2.1 平面立体正等测图的画法

平面立体正等测图常用的画图方法有坐标法和切割法。

（1）坐标法：根据物体表面上各顶点的坐标，分别画出它们的轴测投影，然后依次连接成物体表面的轮廓线，这种方法称为坐标法。坐标法是绘制轴测图的基本方法。

（2）切割法：对于由长方体切割形成的平面立体，先画出完整长方体的轴测图，然后用切割方法逐步画出被切去的部分，这种方法称为切割法，也称为方箱法。

【例3－1】 根据图3－4所示正六棱柱的两面视图，用坐标法画出其正等测图。

作图步骤如下：

（1）在两视图中确定空间直角坐标系如图 3－4 所示。（根据图形的对称性及作图的简便选择）。

（2）画出轴测轴。

（3）确定六棱柱各顶点。在俯视图中先测量 3 点和 6 点到 O 点的距离，在 X_1 轴上定出 3_1 和 6_1 两点；根据 12 边和 45 边到 O 点的距离，在 Y_1 轴上定出 a_1 和 b_1 点；过 a_1 点和 b_1 点分别作两条平行于 X_1 轴的平行线，根据俯视图中 1、2、4、5 点的位置，在两条平行线上分别截取 $1_12_1=12$、$4_15_1=45$，确定出 1_1、2_1、4_1、5_1 点的位置，如图 3－5（a）所示。

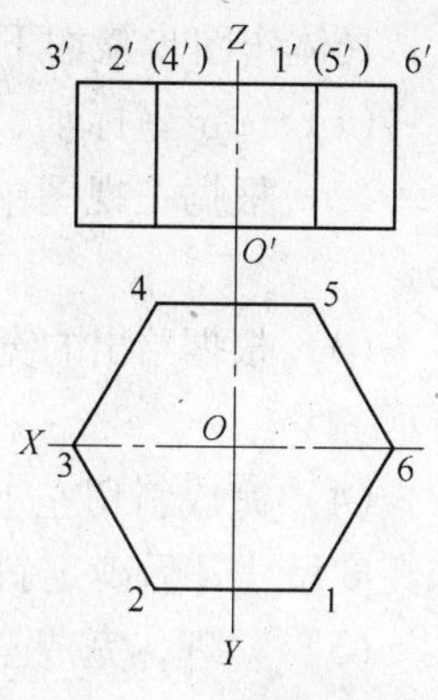

图 3－4 正六棱柱两面视图

（4）连接 1_1、2_1、3_1、4_1、5_1、6_1 六点，得出六棱柱顶面的投影，如图 3－5（b）所示。

（5）过顶面各点向下作 Z_1 轴的平行线，根据六棱柱的高度在平行线上截得棱线长度，定出六棱柱底面各可见点的位置，如图 3－5（b）所示。

（6）连接底面各点，得出六棱柱投影。

（7）擦去多余的图线，整理描深，完成作图，如图 3－6 所示。

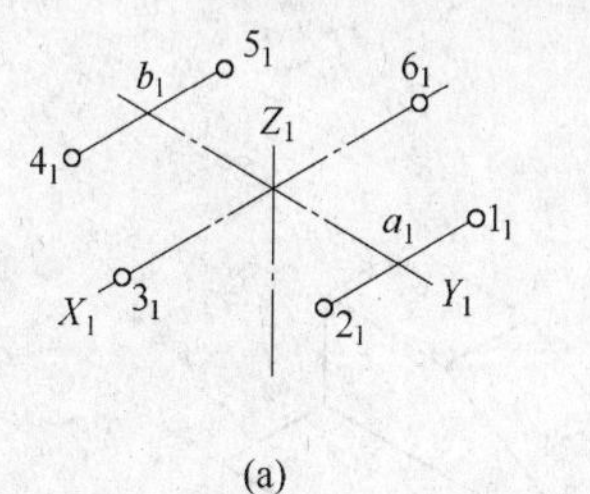

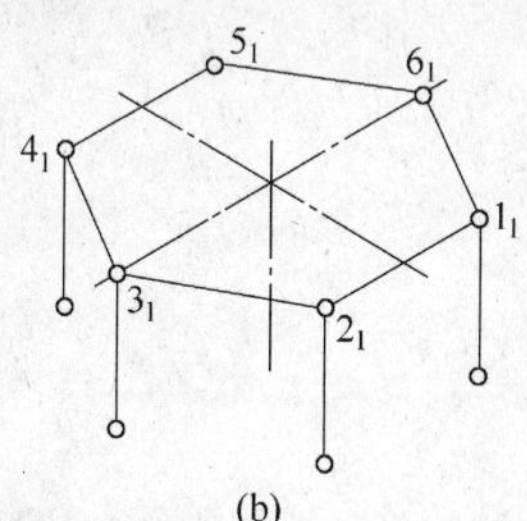

图 3－5 作图步骤

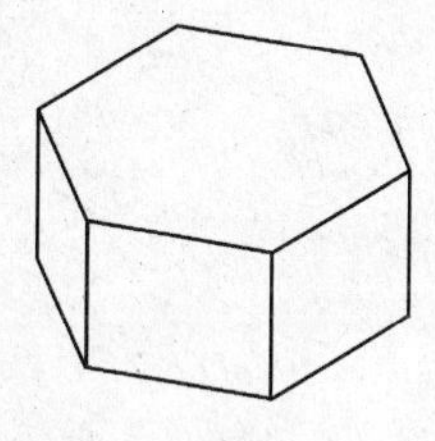

图 3－6 六棱柱轴测图

【例 3－2】 根据图 3－7 所示的三视图，用切割法画出其正等测图。

从图 3－7 所示的三视图可知，该物体是由一个长方体切去前方的小长方体，再切去左上角后形成的。绘图时先用坐标法画出完整的长方体，然后逐步切去各个部分。

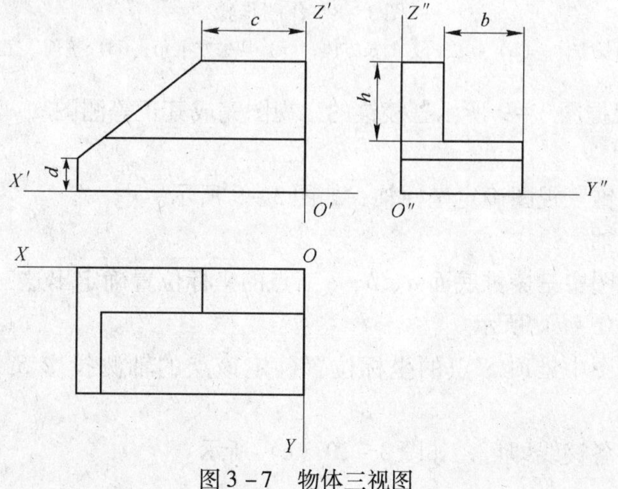

图 3－7 物体三视图

具体作图步骤如下：

（1）选定坐标轴、坐标原点，如图3－7所示。

（2）根据三视图中的长、宽、高尺寸画出完整长方体的正等测图，如图3－8（a）所示。

（3）根据给出的宽度尺寸 b 和高度尺寸 h 完成切去前方长方体的投影，如图3－8（b）所示。

（4）完成斜切左上角后的投影。由于斜面的尺寸不能直接量取，可先量取长度尺寸 c 和高度尺寸 d 后确定斜面的投影位置，如图3－8（c）所示。

（5）整理，完成全图，如图3－8（d）所示。

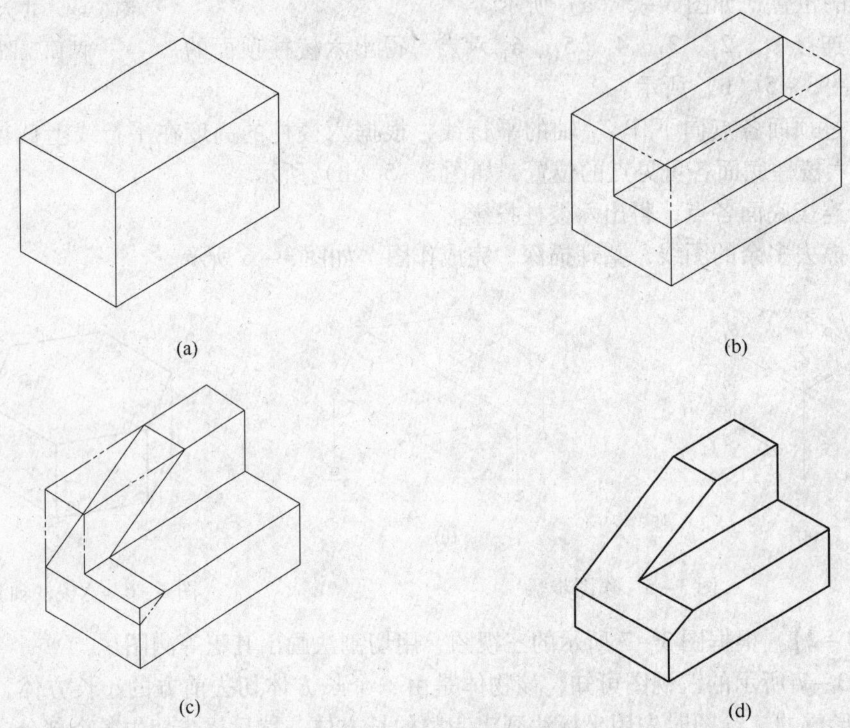

(a)　(b)　(c)　(d)

图3－8　作图步骤

（a）画长方体；（b）切去前方的长方体；（c）切去左上角；（d）整理，完成全图

【例3－3】 根据图3－9所示三棱锥的三视图完成其正等测图。

作图步骤如下：

（1）根据三棱锥三视图确定坐标轴，如图3－9所示。

（2）画出轴测轴。

（3）根据俯视图中三棱锥底面 a、b、c 三点的坐标位置确定出这三点的轴测投影 A_1、B_1、C_1，如图3－10（a）所示。

（4）根据主视图中锥顶 S' 点的坐标位置确定该点的轴测投影 S_1，如图3－10（b）所示。

（5）依次连接各棱线即可，如图3－10（c）所示。

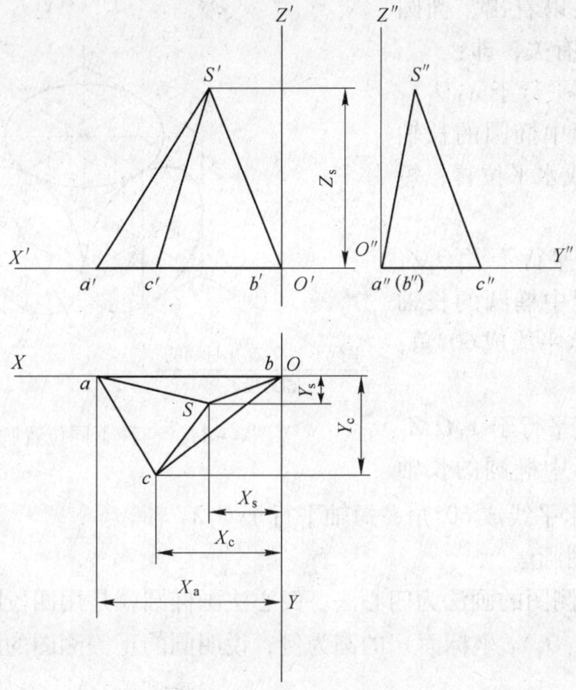

图 3-9 三棱锥三视图

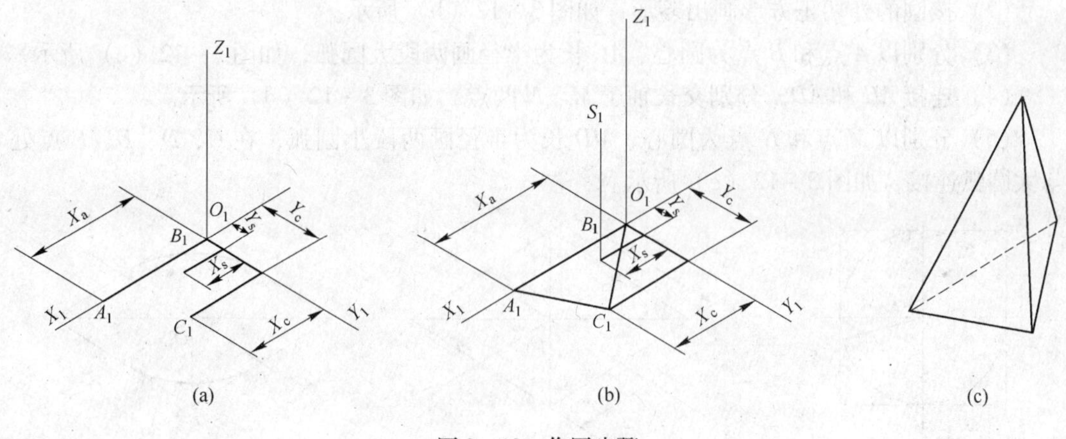

图 3-10 作图步骤

3.2.2.2 曲面立体正等测图的画法

A 圆的正等测图

a 平行于不同坐标面的圆的正等测图的特点

平行于坐标面的圆的正等测图都是椭圆，除了长、短轴的方向不同外，画法都是一样的。图 3-11 所示为三种不同位置圆的正等测图。

作圆的正等测图时，必须弄清椭圆的长、短轴的方向。分析图 3-11 所示的图形（图中的菱形为与圆外切的正方形的轴测投影）即可看出，椭圆长轴的方向与菱形的长对角线重合，椭圆短轴的方向垂直于椭圆的长轴，即与菱形的短对角线重合。

通过分析，还可以看出，椭圆的长、短轴和轴测轴有关，即：

（1）圆所在平面平行于 $X_1O_1Y_1$ 面时，它的轴测投影中椭圆的长轴垂直于 O_1Z_1 轴，即成水平位置，短轴平行于 O_1Z_1 轴。

（2）圆所在平面平行于 $X_1O_1Z_1$ 面时，它的轴测投影中椭圆的长轴垂直于 O_1Y_1 轴，与水平线成60°角，短轴平行于 O_1Y_1 轴。

（3）圆所在平面平行于 $Y_1O_1Z_1$ 面时，它的轴测投影中椭圆的长轴垂直于 O_1X_1 轴，与水平线成60°角，短轴平行于 O_1X_1 轴。

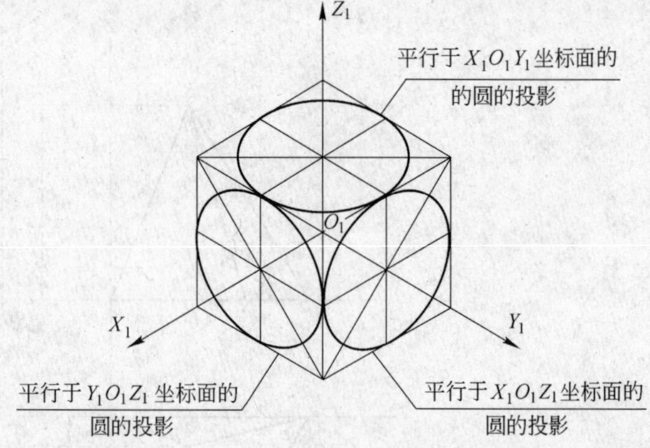

图 3－11　三种不同位置圆的正等测图

b　圆的正等测图画法

常用的圆的正等测图的画法为四心法。四心法画椭圆就是用四段圆弧代替椭圆。下面以平行于 H 面（即 $X_1O_1Y_1$ 坐标面）的圆为例，说明圆的正等测图的画法。

作图步骤如下：

（1）作圆的外切正方形，如图 3－12（a）所示。

（2）按圆的外切正方形画出菱形，如图 3－12（b）所示。

（3）分别以 A 点和 B 点为圆心、AC 长为半径画两段大圆弧，如图 3－12（c）所示。

（4）连接 AC 和 AD，分别交长轴于 M、N 两点，如图 3－12（d）所示。

（5）分别以 M 点和 N 点为圆心、MD 长为半径画两段小圆弧；在 C、D、E、F 点处与大圆弧连接，如图 3－12（e）所示。

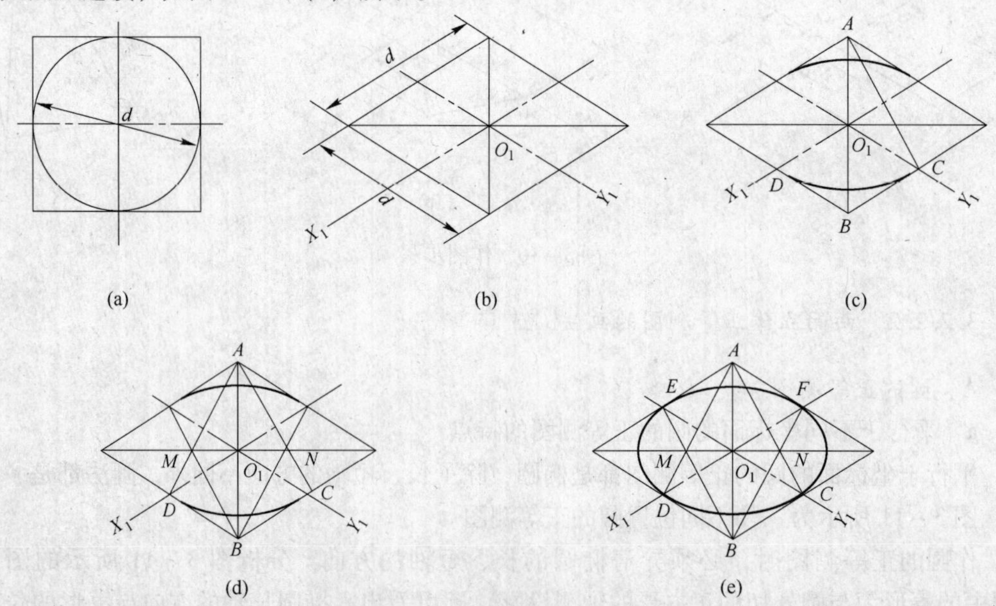

图 3－12　四心法作圆的正等测图

B 圆柱的正等测图

圆柱的顶面和底面皆为圆，作图时可先画出一个面的椭圆投影，再用面的平移法作出另一面的椭圆，最后作出两椭圆公切线即可。

【例3-4】 根据图3-13（a）所示圆柱的两面视图，画出其正等测图。

作图步骤如下：

（1）根据圆柱的两面视图，画出轴测轴。

（2）根据顶面的位置用四心法画出顶面的椭圆。

（3）根据圆柱高度确定底面椭圆的中心并画出长、短轴。

（4）用平移法将顶面椭圆四段圆弧的圆心沿轴线方向向下平移，作出底面的椭圆，如图3-13（b）所示。

（5）作上、下两椭圆的公切线。

（6）擦去多余的线条，加深图线，完成全图，如图3-13（c）所示。

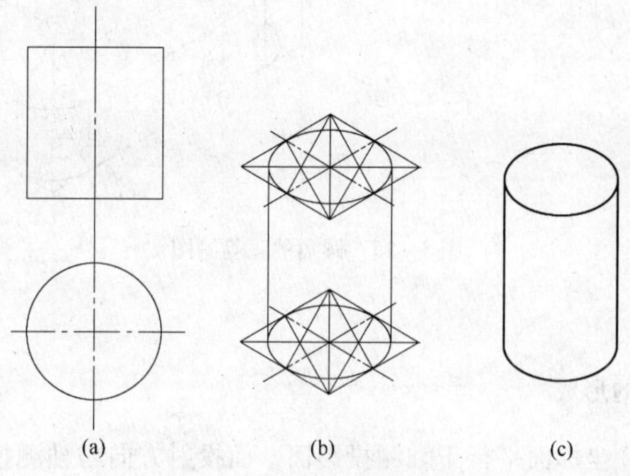

图3-13 圆柱的正等测图

C 圆台的正等测图

由于圆台的顶面和底面大小不等，所以须分别画出各面的椭圆投影。

【例3-5】 根据图3-14（a）所示圆台的两面视图，画出其正等测图。

作图步骤如下：

（1）根据圆台的两面视图，画出轴测轴。

（2）画出圆台顶面的椭圆。

（3）根据圆台的高度确定圆台底面椭圆的中心，并作出底面椭圆，如图3-14（b）所示。

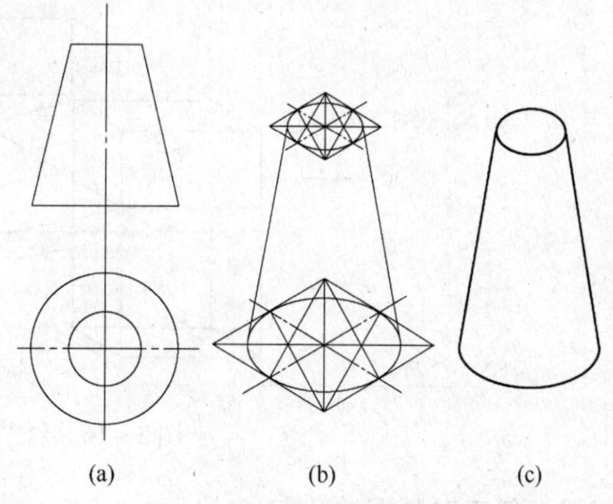

图3-14 圆台的正等测图

（4）作两椭圆的公切线，擦去多余的线条，加深图线即得圆台的正等测图，如图3-14（c）所示。

D　圆角的正等测图

圆角相当于四分之一的圆周，因此，圆角的正等测图正好是近似椭圆的四段圆弧中的一段。作图时，可简化成如图 3－15 所示的画法。

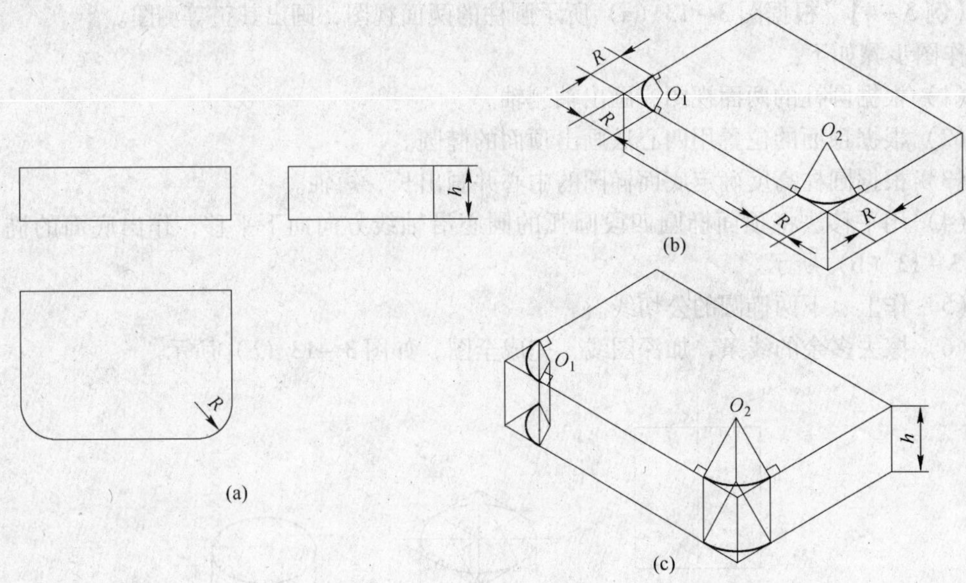

图 3－15　圆角的正等测图

3.3　斜二轴测图

3.3.1　斜二轴测图的形成

当物体上的 XOZ 坐标面平行于轴测投影面，而投射方向与轴测投影面倾斜时，所得到的轴测投影图称斜二轴测图，简称斜二测图，如图 3－16 所示。

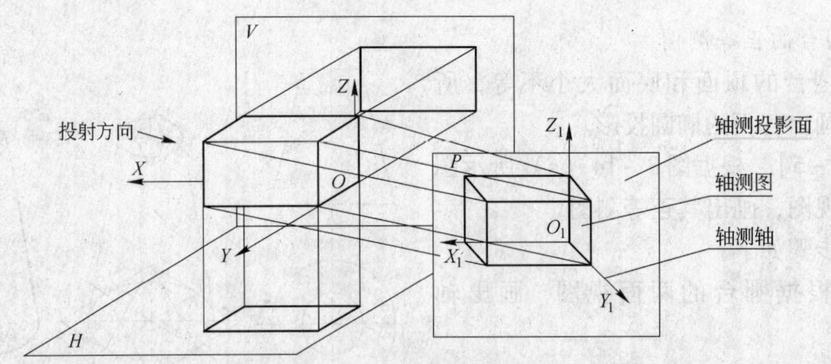

图 3－16　斜二轴测图的形成

3.3.2　斜二轴测图的特点

斜二轴测图的特点是：

（1）由于斜二测图的 $X_1O_1Z_1$ 面与物体参考坐标系的 XOZ 面平行，所以物体上与正面平行的平面的轴测投影均反映实形。

（2）斜二测图的轴间角$\angle X_1O_1Y_1=\angle Y_1O_1Z_1=135°$，$\angle Z_1O_1X_1=90°$。

（3）在沿 O_1X_1、O_1Z_1 方向上，其轴向伸缩系数是 1，沿 O_1Y_1 方向其轴向伸缩系数是 0.5，如图 3-17 所示。

（4）当物体仅在某一方向上有圆时，采用斜二测图表达比较方便。

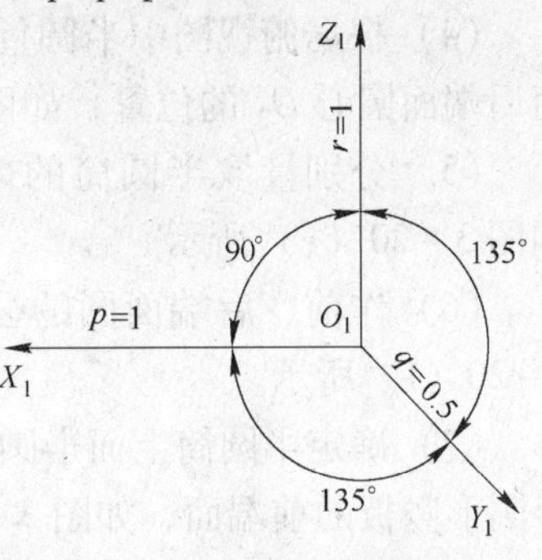

图 3-17　斜二测图的轴间角及轴向系数

【例 3-6】　根据图 3-18（a）所示长方体的主、俯视图画出其斜二测图。

作图步骤如下：

（1）画出轴测轴 O_1X_1、O_1Z_1、O_1Y_1，如图 3-18（b）所示。

（2）在 $X_1O_1Z_1$ 坐标面内，根据给定长方体的长度 L 和高度 H，画出长方体后面的投影，如图 3-18（c）所示。

（3）过后面各顶点作 O_1Y_1 轴的平行线，并截取宽度 $B/2$，确定出长方体前面各顶点的位置，如图 3-18（d）所示。

（4）依次连接各顶点，画出长方体前面的投影，如图 3-18（e）所示。

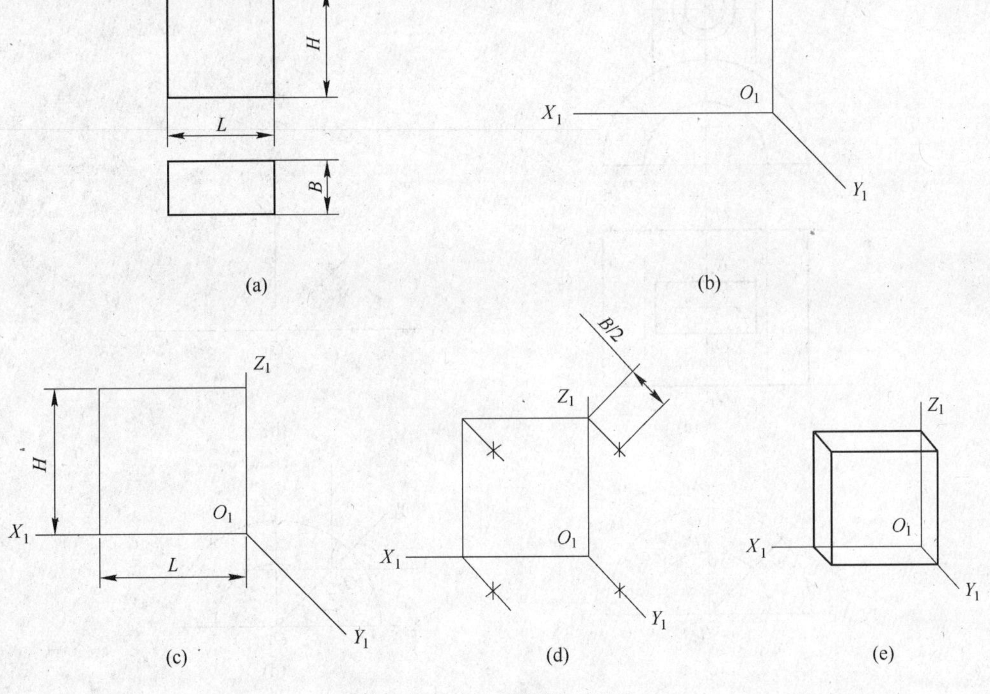

图 3-18　长方体斜二测图

【例 3-7】　根据图 3-19 所示机件的主、俯视图画出其斜二测图。

作图步骤如下：

（1）根据图形特点，在主视图和俯视图中分别确定坐标原点 O，坐标轴 OX、OY 的投影及圆心 O_2、O_3、O_4、O_5 的位置，如图 3-20（a）所示。

（2）绘制轴测轴 O_1X_1、O_1Y_1 和 O_1Z_1，如图 3-20（b）所示。

(3) 根据主视图绘制半圆筒的前端面，如图 3-20 (c) 所示。

(4) 根据俯视图中半圆筒的宽度，量取宽度的一半确定半圆筒后端面圆心 O_2 的位置，如图 3-20 (d) 所示。

(5) 分别量取半圆筒的内、外半径，绘制半圆筒的后端面，如图 3-20 (e) 所示。

(6) 作前、后端面圆的公切线，完成半圆筒的轴测图，如图 3-20 (f) 所示。

(7) 确定半圆筒上面半圆形竖板前端面圆心 O_3 的位置，绘制半圆形竖板的前端面，如图 3-20 (g) 所示。

(8) 量取俯视图中半圆形竖板宽度尺寸的一半 ($O_3O_4/2$) 确定半圆形竖板后端面圆心 O_4 的位置；量取阶梯孔宽度尺寸的一半 ($O_3O_5/2$)，确定阶梯孔后端面圆心 O_5 的位置。绘制半圆形竖板的后端面及阶梯孔的投影，如图 3-20 (h) 所示。

(9) 擦去多余的图线，加深图线，完成作图，如图 3-20 (i) 所示。

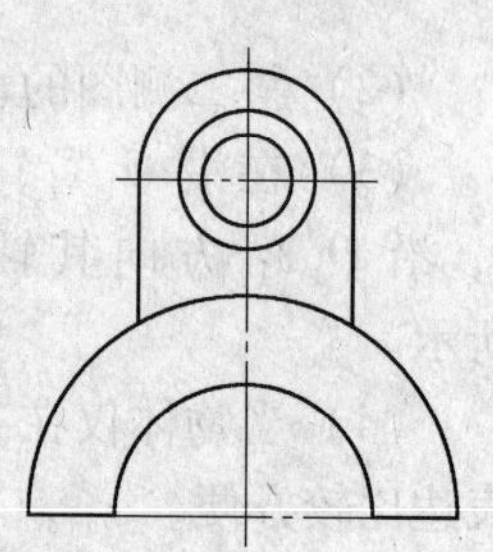

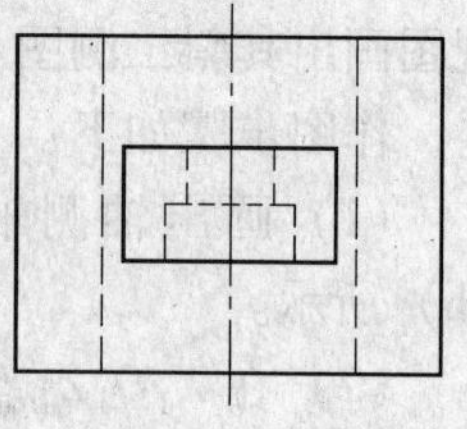

图 3-19　机件的主、俯视图

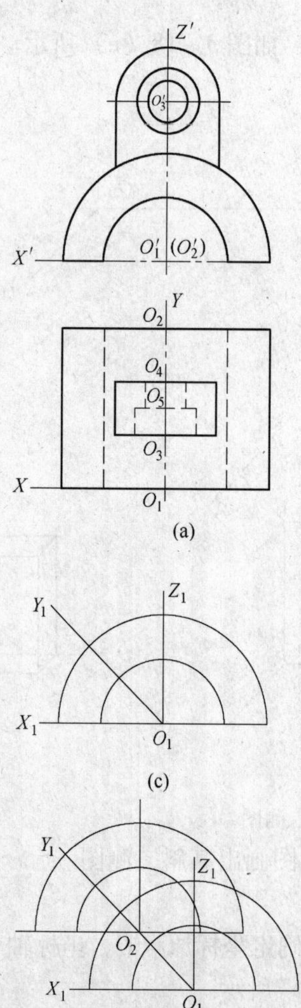

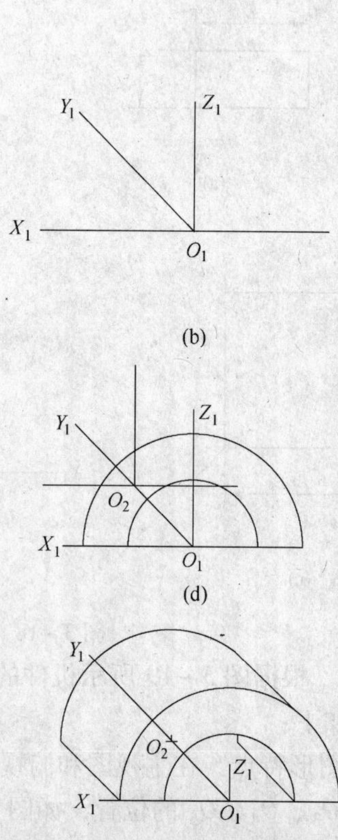

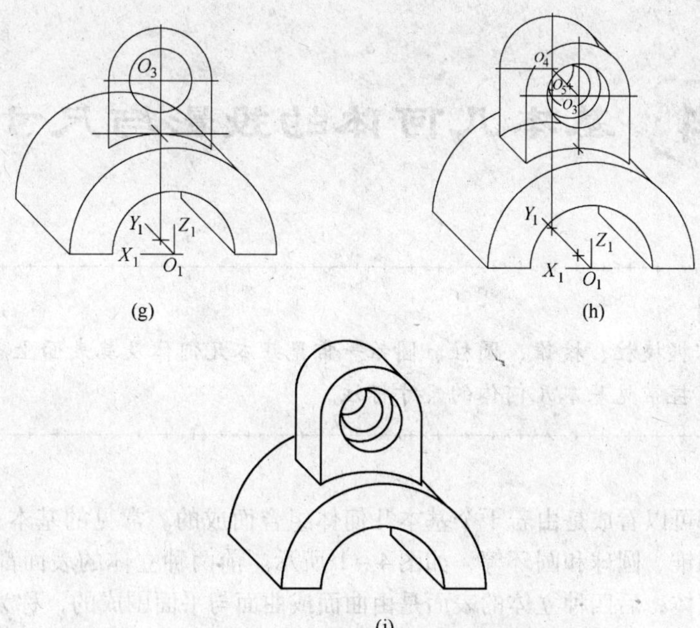

图 3－20　机件斜二测图的作图步骤

4 基本几何体的投影与尺寸标注

【教学目标】

（1）掌握棱柱、棱锥、圆柱、圆锥等常见基本几何体及其表面上点的投影。

（2）掌握常见基本几何体的尺寸标注。

一般机件都可以看成是由若干个基本几何体组合而成的。常见的基本几何体有棱柱、棱锥、圆柱、圆锥、圆球和圆环等，如图4－1所示。前两种立体的表面都是由平面围成的，称为平面立体；后四种立体的表面是由曲面或曲面与平面围成的，称为曲面立体。

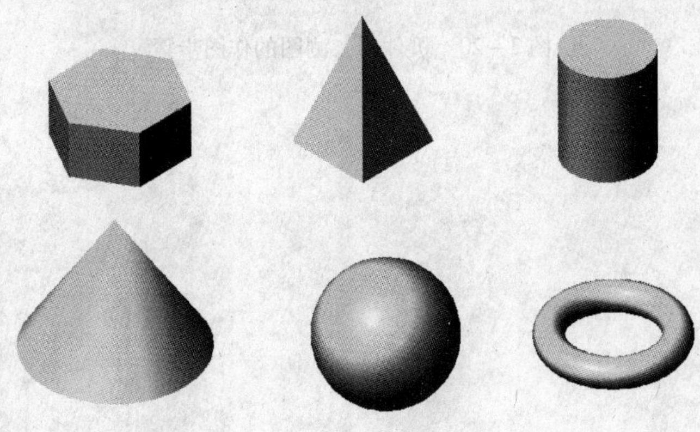

图4－1 基本几何体

4.1 平面立体的投影

4.1.1 棱柱

棱柱通常是由顶面、底面和棱面围成，顶面和底面是两个形状相同且相互平行的多边形，各棱面都是矩形或平行四边形。正棱柱的顶面和底面都是正多边形，棱线互相平行且垂直于顶面和底面。常见的棱柱有三棱柱、四棱柱、五棱柱、六棱柱等。下面以正六棱柱为例分析其投影特征及作图方法。

4.1.1.1 投影分析

如图4－2所示，将一正六棱柱置于三投影面体系中，使其顶面和底面平行于H面，前后两个棱面平行于V面。正六棱柱的投影特征是：顶面和底面为水平面，其水平投影反映实形——正六边形，正面和侧面投影分别积聚成两条直线；前后两个棱面均为正平面，故其正面投影反映实形——矩形，侧面和水平投影积聚成两条直线；其余四个棱面均为铅垂面，其水平投影积聚成直线，正面和侧面投影均为类似形——缩小了的矩形。

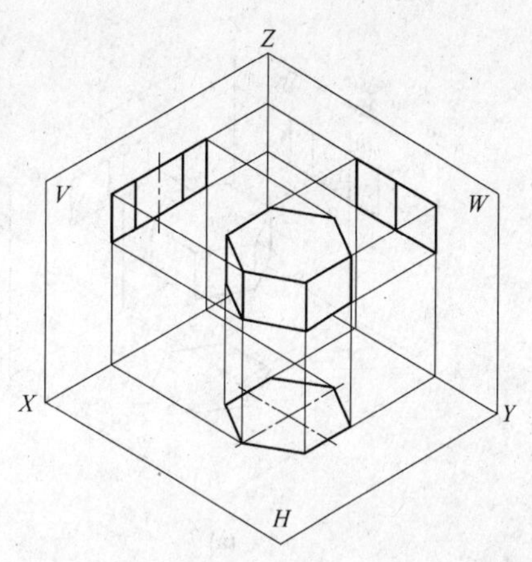

图 4-2 正六棱柱的投影

4.1.1.2 作图步骤

正六棱柱三视图的作图步骤如图 4-3 所示。

（1）作出对称中心线和底面基线，确定各视图的位置。

（2）画出反映其形状特征的俯视图——正六边形。

（3）根据棱柱的高度及三视图的投影规律，完成主、左视图。

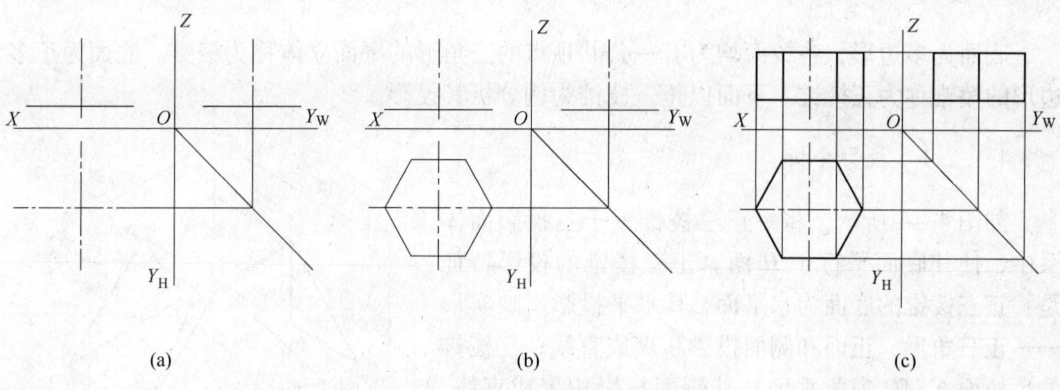

图 4-3 正六棱柱三视图的作图步骤

4.1.1.3 棱柱表面上点的投影

当点位于几何体的表面上时，该点的各投影必位于它所在表面的各同面投影内。若该表面的投影可见，则该面上点的投影也可见；若该表面的投影不可见，则该面上点的投影也不可见，此时规定在不可见点的投影标记上加一括号，以示区别。

如图 4-4 所示，已知正六棱柱表面上点 M 的水平面投影 m，点 N 的正面投影 n'，求作 M、N 点的其余两面投影。

作图分析：首先确定点所在的表面，根据平面的投影特性确定该表面的三面投影；其次根据点的投影规律求出该表面上点的投影。

由图 4-4 可知，点 m 位于正六边形内且可见，说明点 M 位于正六棱柱的顶面上。因顶面是水平面，其正面投影积聚成一条直线，故点 M 的正面投影 m' 必在此直线上。根据点的投影规律：m 与 m' 点的连线垂直于 OX 轴，即可求出 m' 点。然后由点的两面投影 m 和 m'，求出其第三投影 m''。同理可知，N 点所在的棱面为铅垂面，其水平投影积聚成一条直线，所以 N 点的水平投影 n 必位于该直线上。再根据点的两面投影 n' 和 n 求其第三投影 n''。由于此棱面的侧面投影不可见，故 n'' 点需加一括号。

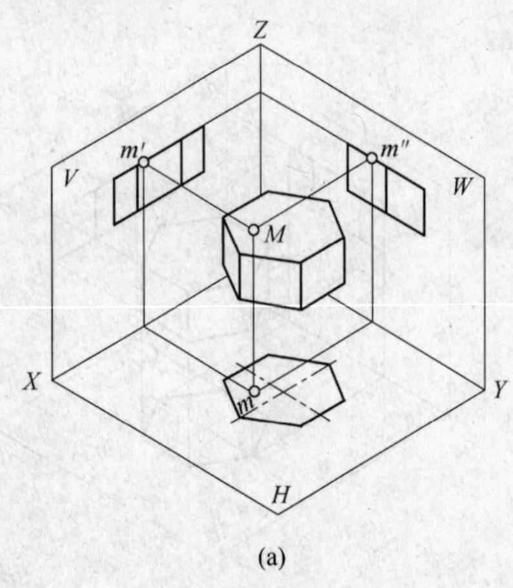

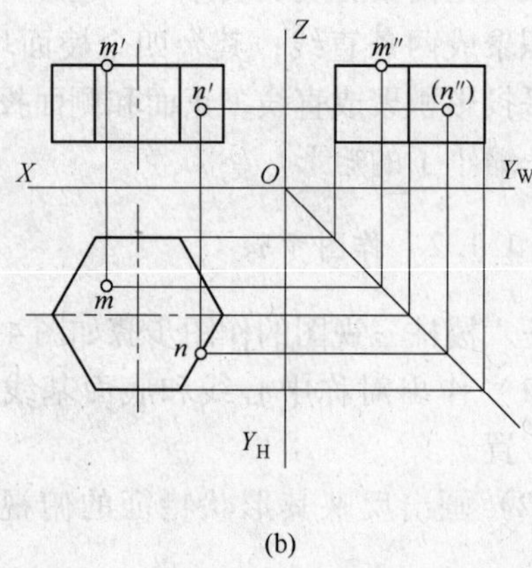

图 4－4　正六棱柱表面上点的投影

4.1.2　棱锥

底面为多边形，各棱面均为有一公共顶点的三角形的平面立体称为棱锥。底面为正多边形的棱锥称为正棱锥。下面以正三棱锥为例分析其投影。

4.1.2.1　投影分析

如图 4－5 所示，将一正三棱锥置于三投影面体系中，使其底面平行于 *H* 面。正三棱锥的投影特征是：正三棱锥的底面为水平面，其水平投影反映实形——正三角形，正面和侧面投影积聚成直线；三棱锥的后棱面△*SAC* 为侧垂面，其侧面投影积聚成直线，正面和水平投影为类似形——缩小了的三角形；前面两个棱面△*SAB* 和△*SBC* 为一般位置平面，其三面投影均为类似形。

图 4－5　正三棱锥的投影

4.1.2.2　作图步骤

正三棱锥三视图的作图步骤如图 4－6 所示。

（1）确定中心线和底面基线。

（2）画出底面的水平投影及正面和侧面投影。

（3）根据锥高定出锥顶点的三面投影，自锥顶点向底面三角形各顶点的同面投影连线，完成棱锥的三视图。

4.1.2.3　棱锥表面上点的投影

棱锥表面上的点，如果位于特殊位置的平面上，如投影面的垂直面，其投影可利用积聚性的投影特点直接求出。在一般位置平面上的点，需要通过作辅助线的方法求得。

如图 4－7 所示，已知正三棱锥表面上点 *M* 的水平投影 *m* 和点 *N* 的正面投影 *n*′，求作 *M*、*N* 点的其余两面投影。

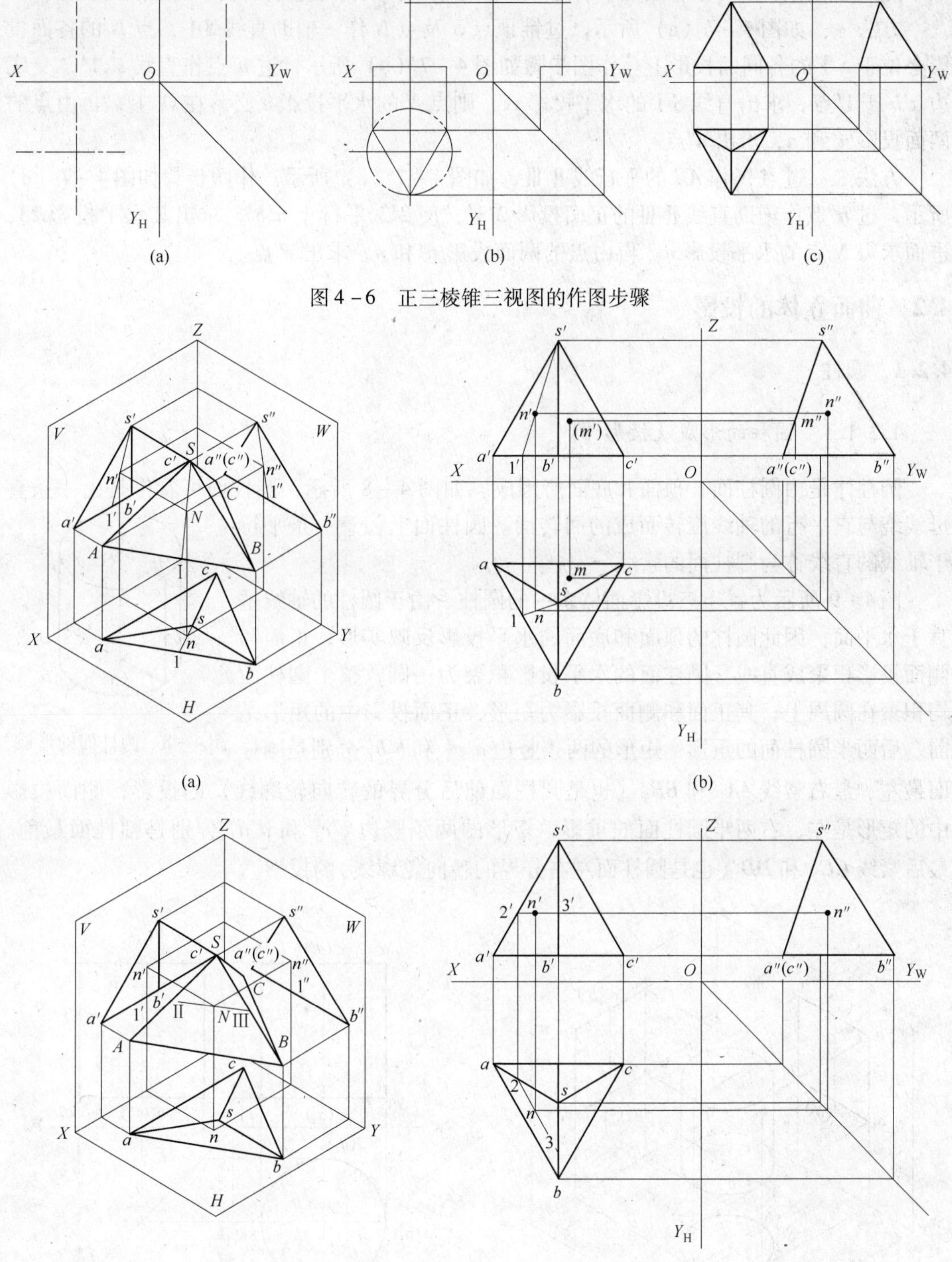

图 4-6 正三棱锥三视图的作图步骤

图 4-7 三棱锥表面上点的投影

作图分析：因点 m 可见，故点 M 应在后棱面△SAC 上。棱面△SAC 为侧垂面，利用其积聚性投影特点可直接求得点 M 的侧面投影 m''，再由点的两面投影 m 和 m''，求出 m'点。

点 N 在棱面△SAB 上，因△SAB 为一般位置平面，故需通过辅助线求其上点的投影。

方法一：如图 4－7（a）所示，过锥顶点 S 及点 N 作一辅助直线 SⅠ，点 N 的各面投影必位于 SⅠ的各同面投影上。作图步骤如图 4－7（b）所示，过 n'点作直线 $s'1'$，交底边 $a'b'$于 $1'$点，求出直线 SⅠ的水平投影 $s1$，则点 N 的水平投影 n 必落在 $s1$ 上，再由点的两面投影 n'和 n，求出 n''点。

方法二：过点 N 作 AB 的平行线ⅡⅢ，如图 4－7（c）所示。作图步骤如图 4－7（d）所示，过 n'点作辅助直线ⅡⅢ的正面投影 $2'3'$，使 $2'3'$平行于 $a'b'$，求出其水平投影 23，进而求得 N 点的水平投影 n。再由点的两面投影 n'和 n，求出 n''点。

4.2　曲面立体的投影

4.2.1　圆柱

4.2.1.1　圆柱的形成及投影

圆柱体是由圆柱面、顶面和底面所围成。如图 4－8 所示，圆柱面可看作是由一条直母线绕与它平行的轴线旋转而成的回转面。圆柱面上任意一条平行于轴线的直线称为圆柱面的素线。

图 4－8　圆柱面的形成

图 4－9 所示为置于三投影面体系中的圆柱。由于圆柱的轴线垂直于水平面，因此圆柱的顶面和底面的水平投影反映实形，正面和侧面投影积聚成直线。圆柱面的水平投影积聚为一圆，整个圆柱面均积聚在圆周上；其正面和侧面投影为矩形，正面投影中的矩形是前、后两半圆柱面的重影，矩形的两条竖边 $a'a_1'$ 和 $b'b_1'$ 分别是圆柱面最左、最右素线 AA_1 和 BB_1（也是圆柱面前后分界的转向轮廓线）的投影；侧面投影中的矩形是左、右两半圆柱面的重影，矩形的两条竖边 $c''c_1''$ 和 $d''d_1''$ 分别是圆柱面最前、最后素线 CC_1 和 DD_1（也是圆柱面左右分界的转向轮廓线）的投影。

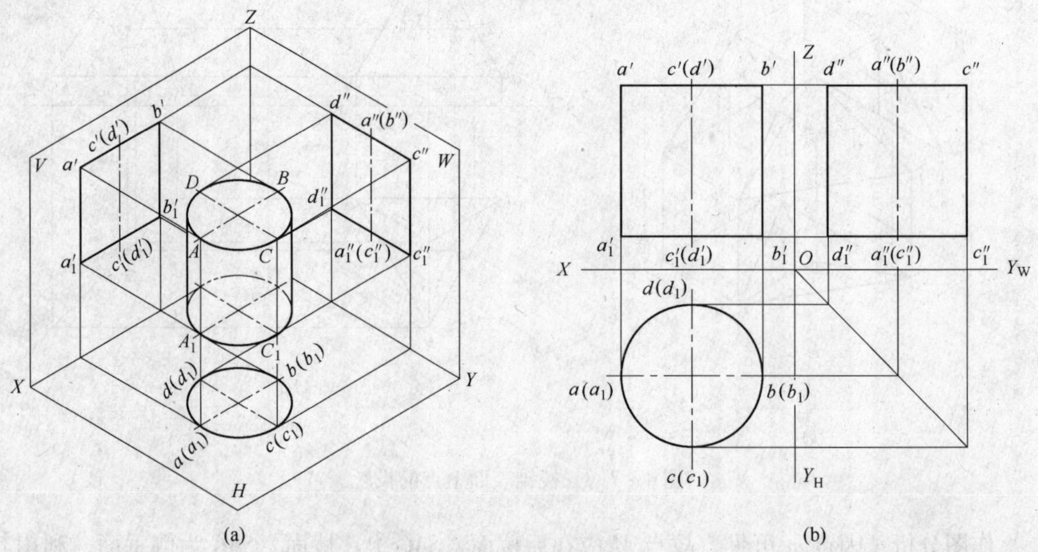

图 4－9　圆柱的投影

4.2.1.2　作图步骤

圆柱三视图的作图步骤如图 4－10 所示。

（1）作圆的中心线、圆柱轴线及底面基线。

（2）画出俯视图的圆。

（3）确定圆柱高度，根据三视图投影规律完成主、左视图。

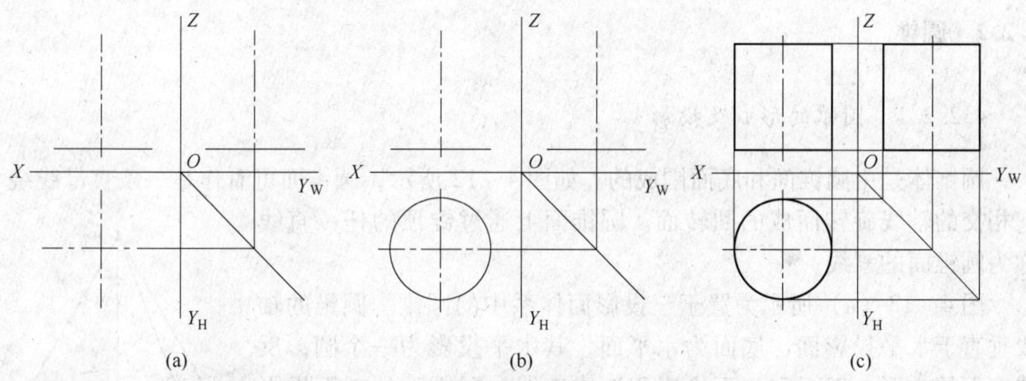

图 4－10　圆柱三视图的作图步骤

4.2.1.3　圆柱表面上点的投影

圆柱的顶面和底面都是投影的平行面，圆柱面为投影的垂直面。因此，圆柱表面上点的投影可利用积聚性的投影特点直接求出。

如图 4－11 所示，已知圆柱表面上点 M 的正面投影 m'，点 N 的水平投影 n，求作点 M、N 的其余两面投影。

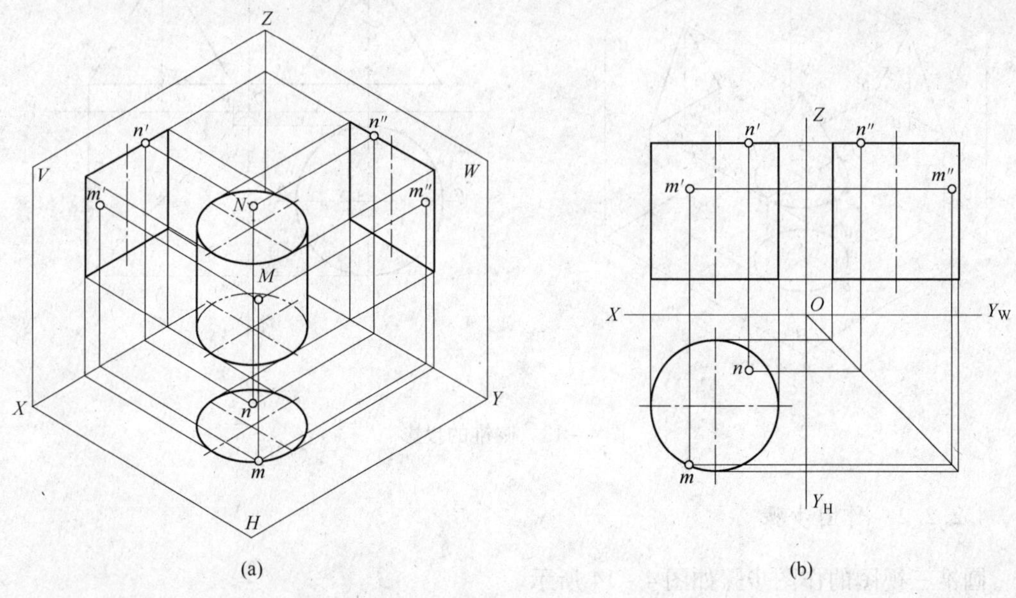

图 4－11　圆柱表面上点的投影

作图分析：由 m'点可知，M 点位于前半个圆柱面上。圆柱面的水平投影积聚成圆，M 点的水平投影一定落在圆周上。根据点的投影规律：m'与 m 点的连线垂直于 OX 轴，得 m 点；再由点的两面投影 m' 和 m，求得 m''点。N 点位于圆柱的顶面上，圆柱顶面的正面和侧面投影均积聚成直线段，N 点的正面和侧面投影一定在这两条直线段上。根据点的投影规律：n 与 n'点的连线垂直于 OX 轴，得 n'点，再由点的两面投影 n' 和 n，求得 n''点。作图步骤如图 4－11(b)所示。

4.2.2　圆锥

4.2.2.1　圆锥的形成及投影

圆锥体是由圆锥面和底面围成的。如图 4－12 所示，圆锥面可看作是一条直母线绕与它相交的轴线旋转而成的回转面。圆锥面上通过锥顶的任一直线称为圆锥面的素线。

图 4－13（a）所示为置于三投影面体系中的圆锥。圆锥的轴线垂直于水平投影面，底面为水平面，其水平投影为一个圆，反映底面的实形；正面和侧面投影积聚成直线。圆锥面的三面投影都没有积聚性，其水平投影与底面圆的水平投影重合，正面和侧面投影均为大小相等的等腰三角形。正面投影中三角形的两腰 $s'a'$ 和 $s'b'$分别为圆锥面最左、最右轮廓素线 SA 和 SB 的投影；侧面投影中三角形的两腰 $s''c''$和 $s''d''$为圆锥面最前、最后素线 SC 和 SD 的投影。

图 4－12　圆锥面的形成

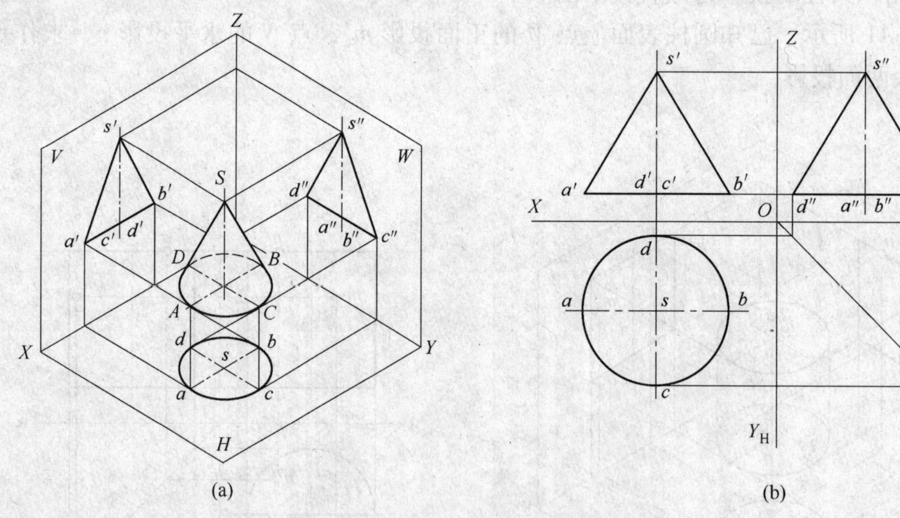

图 4－13　圆锥的投影

4.2.2.2　作图步骤

圆锥三视图的作图步骤如图 4－14 所示。

（1）画圆的中心线、圆锥轴线及底面基线。

（2）画出俯视图的圆。

（3）确定锥高，根据三视图的投影规律完成主、左视图。

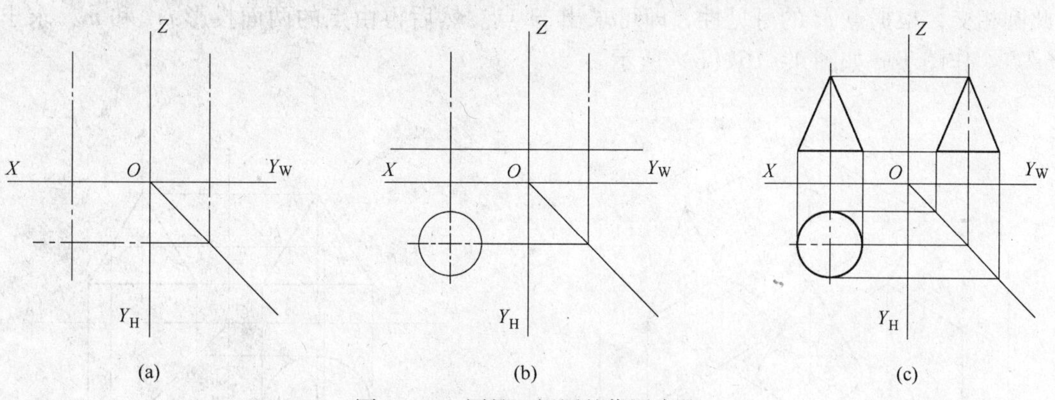

图4-14　圆锥三视图的作图步骤

4.2.2.3　圆锥表面上点的投影

如图4-15所示，已知圆锥表面上点 M 的正面投影 m'，求点 M 的其余两面投影。

作图分析：因为圆锥面的三面投影都没有积聚性，求圆锥表面上点的投影应采用辅助线法或辅助平面法。

（1）辅助线法。如图4-15（a）所示，过锥顶 S 和点 M 作辅助素线 SA，与底面交于点 A，则点 M 的三面投影必落在素线 SA 的各同面投影上。据此，首先求出素线 SA 的正面投影 $s'a'$ 及水平投影 sa，然后用在线上求点的方法在 sa 上求得点 m，再根据点的两面投影 m 和 m'，求出 m''。作图步骤如图4-15（b）所示。

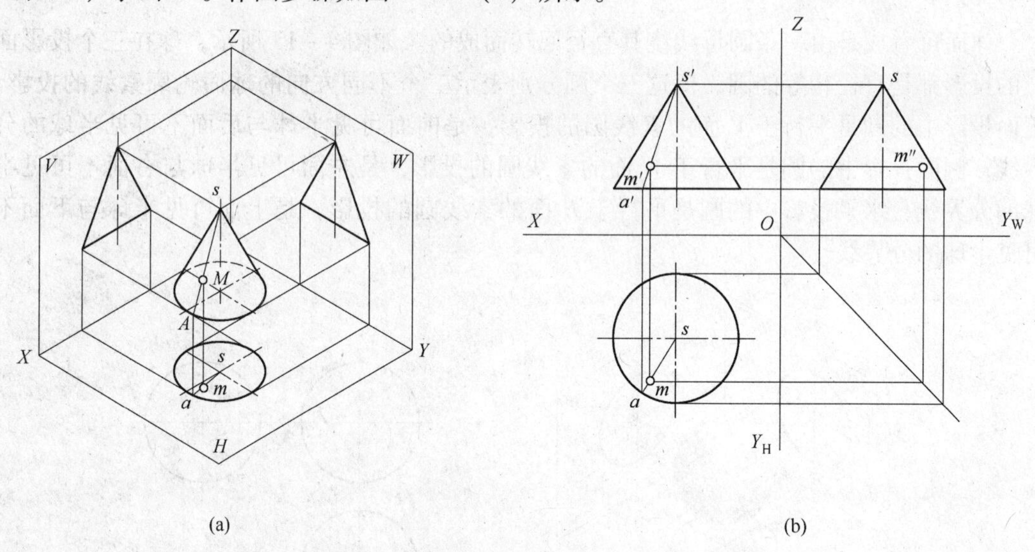

图4-15　圆锥面上点的投影——辅助线法

（2）辅助圆法。由于垂直于圆锥轴线的截面与圆锥面的交线均为圆，因此，可过已知点 M 作一垂直于圆锥轴线的辅助圆，则点 M 的各投影必位于辅助圆的各同面投影上，如图4-16（a）所示。

过 m' 点作圆锥轴线的垂线，交圆锥最左、最右素线的投影于 a'、b' 点，直线 $a'b'$ 即为辅助圆的正面投影。辅助圆的水平投影为一直径等于 $a'b'$ 的圆，由 m' 点向下引垂线与此圆相交，根据点 M 的可见性，即可求出 m 点。然后再由点的两面投影 m' 和 m，求出 m'' 点。作图步骤如图 4－16（b）所示。

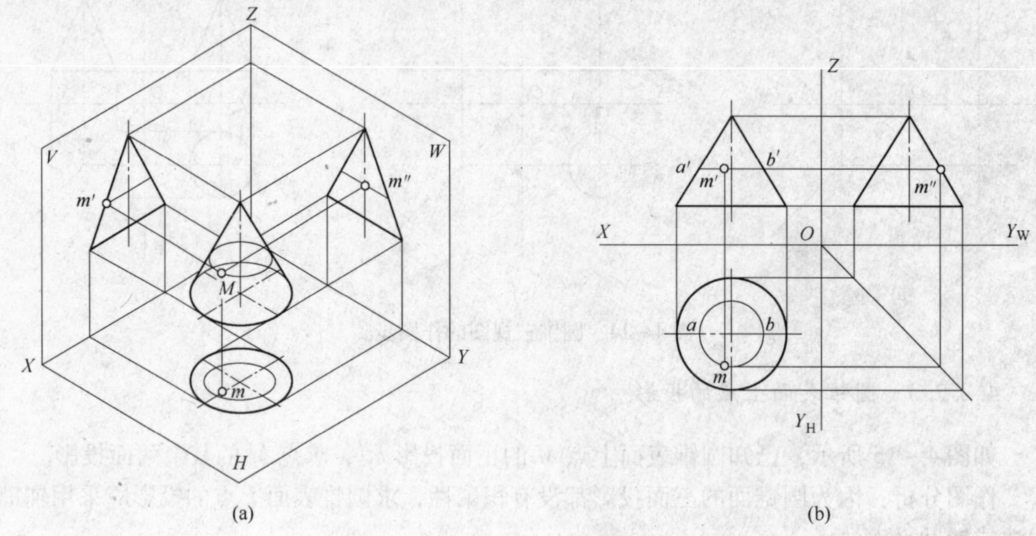

图 4－16　圆锥面上点的投影——辅助圆法

4.2.3　圆球

4.2.3.1　圆球的形成及投影

球面可看成是由一条圆母线绕其直径回转而成的。如图 4－17 所示，球在三个投影面上的投影都是直径相等的圆，但这三个圆分别表示三个不同方向的球面轮廓素线的投影。正面投影中的圆是平行于 V 面的素线圆的投影，是前面可见半球与后面不可见半球的分界线；侧面投影中的圆是平行于 W 面的素线圆的投影，是左面可见半球与右面不可见半球的分界线；水平投影中的圆是平行于 H 面的素线圆的投影，是上面可见半球与下面不可见半球的分界线。

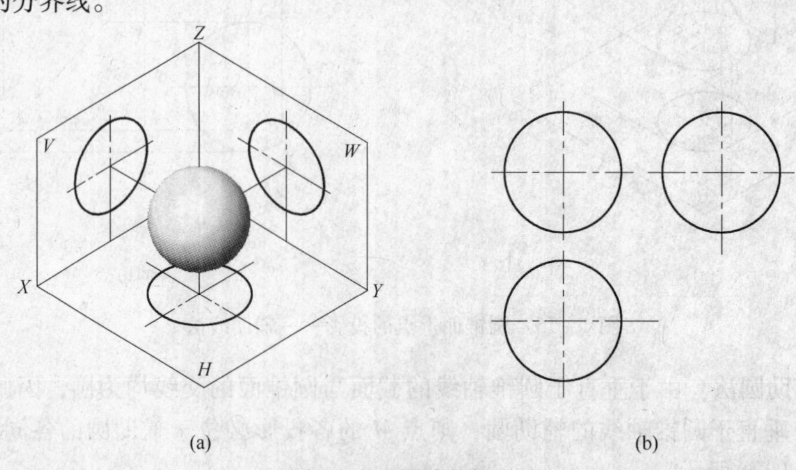

图 4－17　圆球的投影

4.2.3.2　作图步骤

圆球三视图的作图步骤如图 4－18 所示。

（1）画出三个圆的对称中心线。

（2）作三个直径相等的圆。

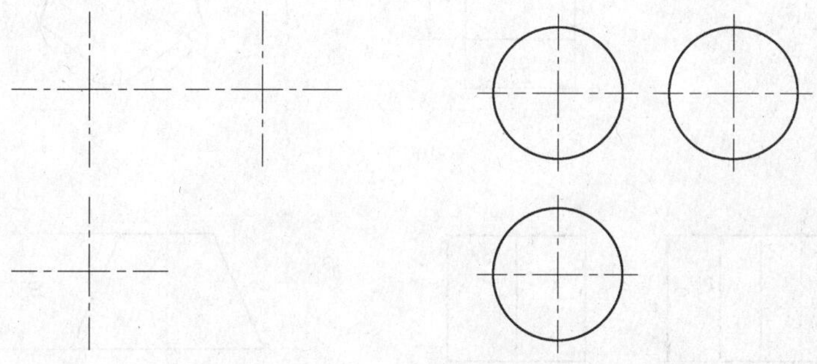

图 4－18　圆球三视图的作图步骤

4.2.3.3　圆球表面上点的投影

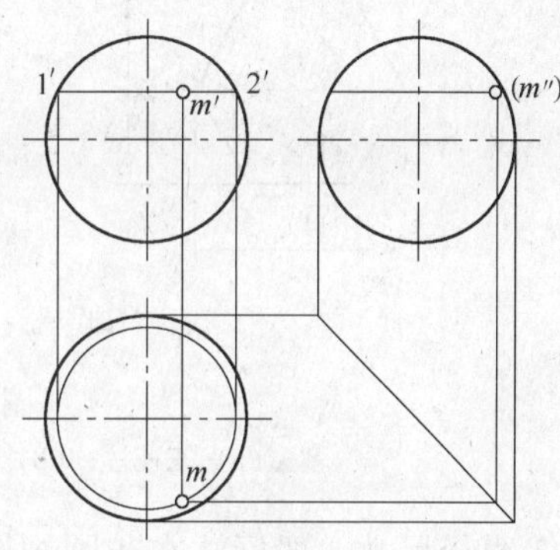

图 4－19　圆球表面上点的投影

如图 4－19 所示，已知球面上一点 M 的正面投影 m'，求作其余两面投影 m 和 m''。

作图分析：因球面的投影没有积聚性，求其表面上点的投影需采用辅助圆法，即过该点在球面上作平行于任一投影面的辅助圆，在此圆上的各面投影上便可求得其上点的相应投影。

如图 4－19 所示，过 m' 点引一水平线交圆于 1′和 2′点，则直线 1′2′即为平行于 H 面的辅助圆的正面投影，以 1′2′长为直径在 H 面上画圆，该圆为辅助圆的水平投影。自 m' 点向下作垂线与辅助圆的水平投影交于两点，因 m' 点可见，故 m 点应落在前半个圆球面上。再由点的两面投影 m' 和 m，求出其第三投影 m'' 点。

4.3　基本几何体的尺寸标注

4.3.1　平面立体的尺寸标注

平面立体一般需要注出其长、宽、高三个方向的尺寸。如图 4－20（a）、（b）所示的三棱柱和四棱柱需注出其底面尺寸和高度尺寸；图 4－20（c）所示的五棱柱，其底面为与圆内接的正五边形，可直接注出外接圆的直径和五棱柱的高度尺寸；图 4－20（d）所示的六棱柱，底面尺寸有两种注法：一种是注出正六边形的对角线尺寸，另一种是注出对边尺寸，常用后一种注法，而将对角线尺寸作为参考；图 4－20（e）所示的四棱台必须注全上、下底面的长、宽尺寸及棱台的高度尺寸。

4.3.2　曲面立体的尺寸标注

如图 4－21 所示，圆柱和圆锥应注出其底圆直径和高度尺寸，圆锥台还应加注顶圆直

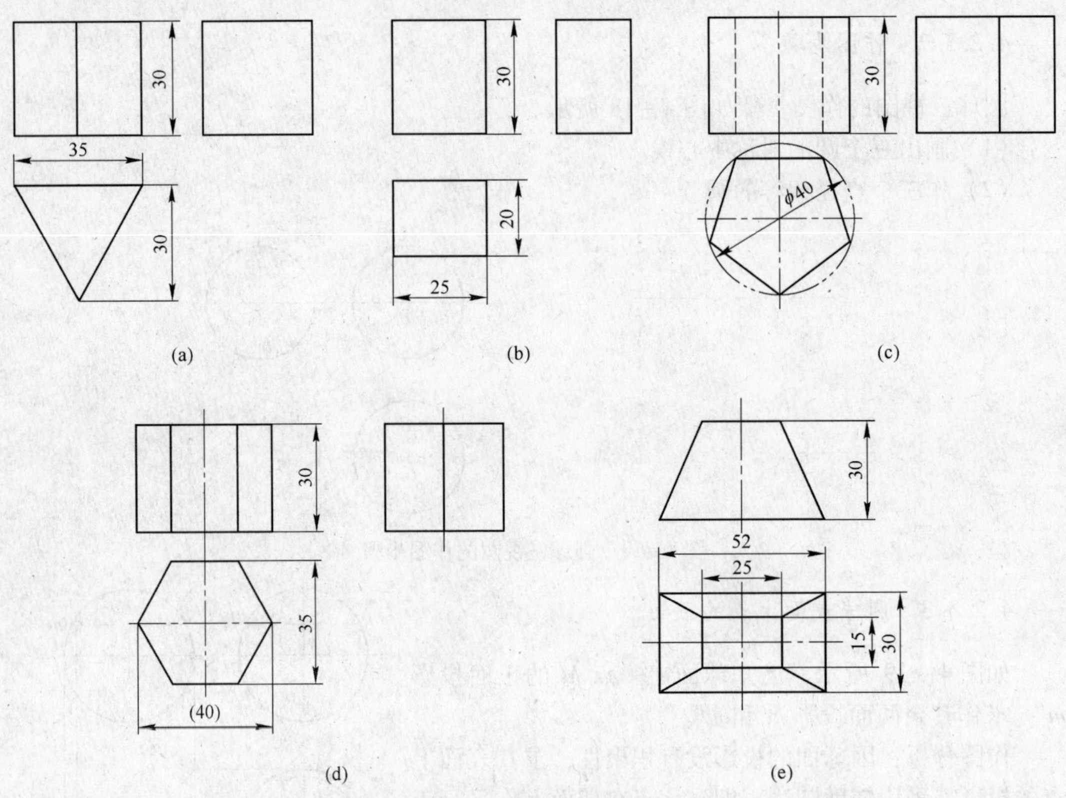

图 4－20　平面立体的尺寸标注

（a）三棱柱；（b）四棱柱；（c）五棱柱；（d）六棱柱；（e）四棱台

径。直径尺寸一般标注在非圆视图中，并在尺寸数字前加注字母“ϕ”。球只需注出球面的直径，并在直径尺寸前加注字母“$S\phi$”。

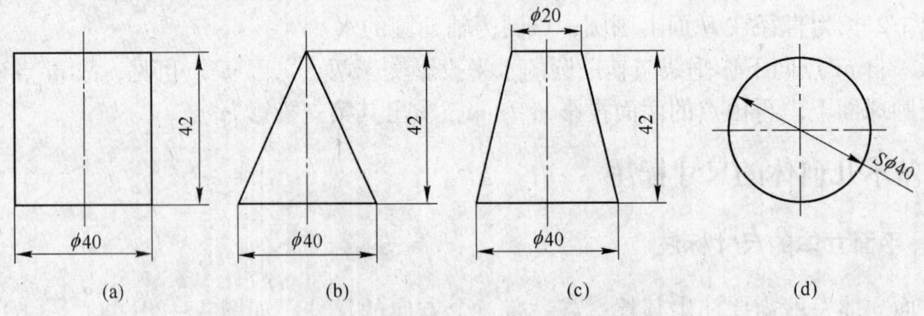

图 4－21　曲面立体的尺寸标注

（a）圆柱；（b）圆锥；（c）圆锥台；（d）球

5 立体表面的交线

【教学目标】

了解截交线和相贯线的基本性质，掌握其画法。

机器中的零件，往往不是单一的基本几何体，而是若干个基本几何体经过不同方式的截割或组合形成的组合体。因此，零件的表面经常会出现平面与平面、平面与曲面或曲面与曲面相交后产生的交线。平面与立体表面相交产生的交线称为截交线，平面称为截平面，如图5－1（a)、（b）所示；两立体表面相交后产生的表面交线称为相贯线，如图5－1(c)所示。

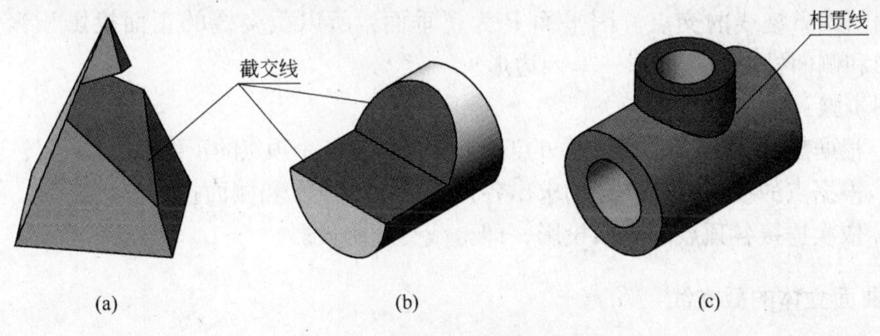

图5－1　截交线和相贯线实例

5.1　截交线

5.1.1　截交线的性质

截平面与立体间的位置不同，其截交线的形状也不同。但任何截交线都具有以下两个基本性质：

（1）截交线是一个封闭的平面图形。

（2）截交线是截平面和立体表面的共有线。

因截交线是截平面与立体表面的共有线，截交线上的点便是截平面与立体表面上的共有点，因此求作截交线的实质就是求截平面与立体表面的共有点和共有线。

5.1.2　平面立体的截交线

平面立体的表面都是由平面组成的，截平面截切平面立体后产生的截交线为封闭的平面多边形。多边形的各个顶点是截平面与平面立体的棱线的交点，多边形的各条边是截平面与棱面的交线。

【例 5 -1】　如图 5 -2 所示，求作正四棱锥被正垂面 *P* 截切后的截交线。

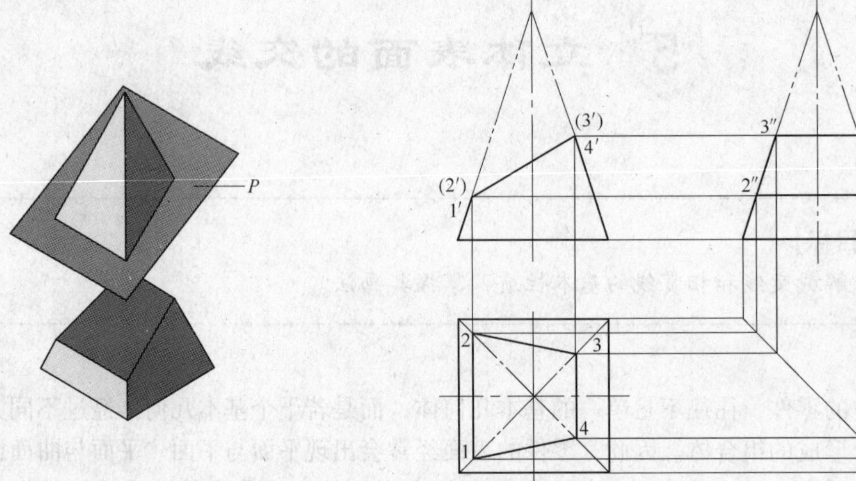

图 5 -2　正四棱锥截交线

分析：截平面 *P* 与正四棱锥的四个棱面相交，故截交线为四边形，其四个顶点分别是截平面与四条棱线的交点。因平面 *P* 为正垂面，所以截交线的正面投影积聚为直线，水平投影和侧面投影为类似形——四边形。

作图步骤：

（1）根据截切位置，确定截交线的正面投影及其上四个顶点的正面投影 1′、2′、3′、4′。

（2）根据点的投影规律，分别求出各顶点的水平投影和侧面投影。

（3）依次连接各顶点的同面投影，即得截交线的投影。

5.1.3　曲面立体的截交线

截平面截切曲面立体后产生的截交线一般是封闭的平面曲线，特殊情况下是直线，也可能是由曲线与直线围成的平面图形，其形状取决于截平面与曲面立体的相对位置。

5.1.3.1　圆柱的截交线

根据截平面与圆柱轴线的相对位置，截交线有圆、矩形和椭圆三种不同的形状，如表 5 -1 所示。

【例 5 -2】　绘制如图 5 -3 所示接头的三视图。

分析：如图 5 -3 所示，接头是由一个圆柱体上端切肩、下端开槽后形成的。上端切肩是由两个正平面和两个水平面对称地切去前后两块。正平面平行于圆柱轴线，截切圆柱后得矩形截交线，其水平投影和侧面投影均积聚成直线，正面投影反映实形；水平面垂直于圆柱轴线，截切圆柱后得弓形截交线，其正面投影和侧面投影分别积聚成两段直线，水平投影反映实形。

图 5 -3　接头

下端开槽是由两个侧平面和一个水平面截切圆柱体中间

部分而成。侧平面截切圆柱体后所得矩形截交线的正面投影和水平投影分别积聚成两段直线，其侧面投影反映实形，但水平投影不可见；水平面截切圆柱后其截交线的正面投影和侧面投影均积聚成线，水平投影反映实形，但侧面投影和水平投影均有一部分不可见。

表 5 -1 圆柱的截交线

截平面的位置		垂直于圆柱轴线	平行于圆柱轴线	倾斜于圆柱轴线
截交线形状		圆	矩 形	椭 圆
图例	立体图	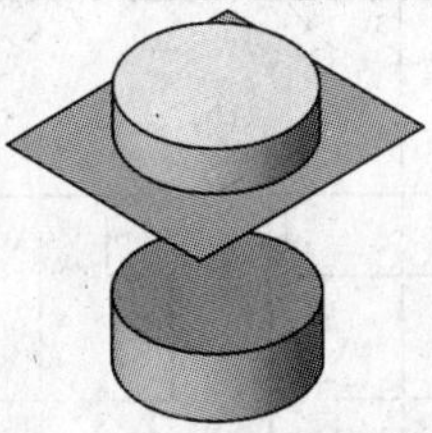	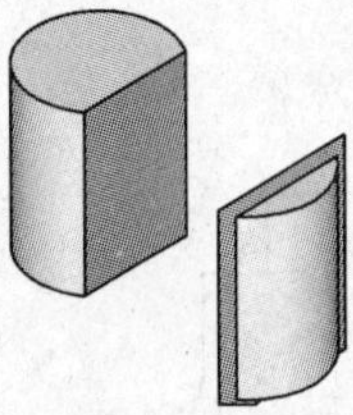	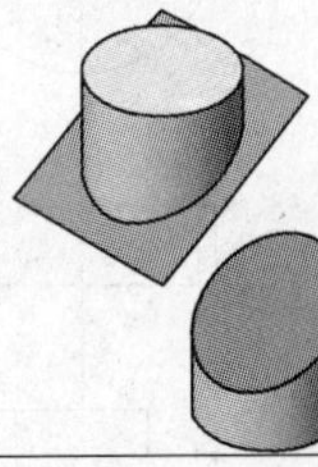
	三视图	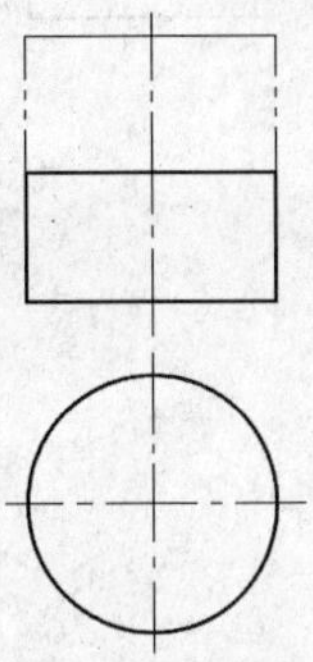	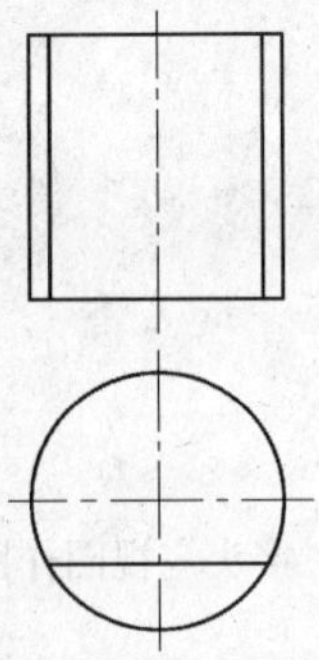	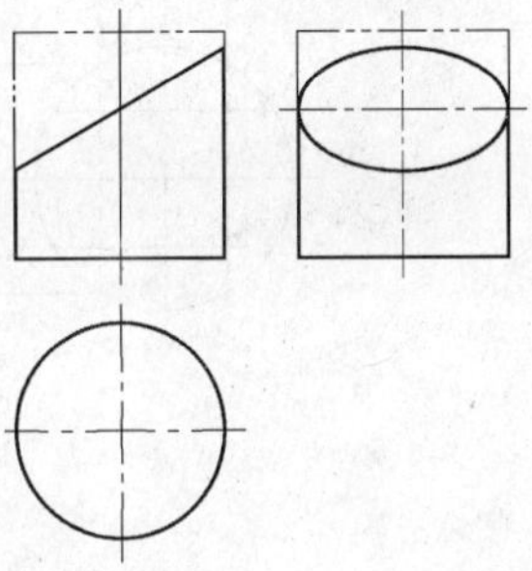

作图步骤如下：

（1）画出完整圆柱的三视图，如图 5 -4（a）所示。

（2）确定上端切肩后截交线的水平投影及侧面投影并求作其正面投影，如图 5 -4（b）所示。

（3）确定下端开槽后截交线的水平投影及正面投影并求作其侧面投影，如图 5 -4（c）所示。

（4）整理，描深，如图 5 -4（d）所示。

【例 5 -3】 绘制如图 5 -5（a）所示斜切圆柱的三视图。

分析：绘制斜切圆柱的三视图，主要是求作斜切圆柱后的截交线。圆柱被正垂面 P 截切，因平面 P 与圆柱轴线倾斜，故截交线为椭圆，其正面投影积聚成直线，水平投影与圆柱面的投影重合为圆，侧面投影为椭圆。

作图步骤如下：

（1）画出完整圆柱的三视图，并根据截平面的位置作出截交线的正面投影。

（2）求作截交线上点的投影。

1）特殊位置点。确定出截交线上最低、最高、最前、最后四个特殊位置点Ⅰ、Ⅱ、Ⅲ、Ⅳ的水平投影 1、2、3、4 和正面投影 1′、2′、3′、4′，并根据点的投影规律求出其侧面投影 1″、2″、3″、4″。

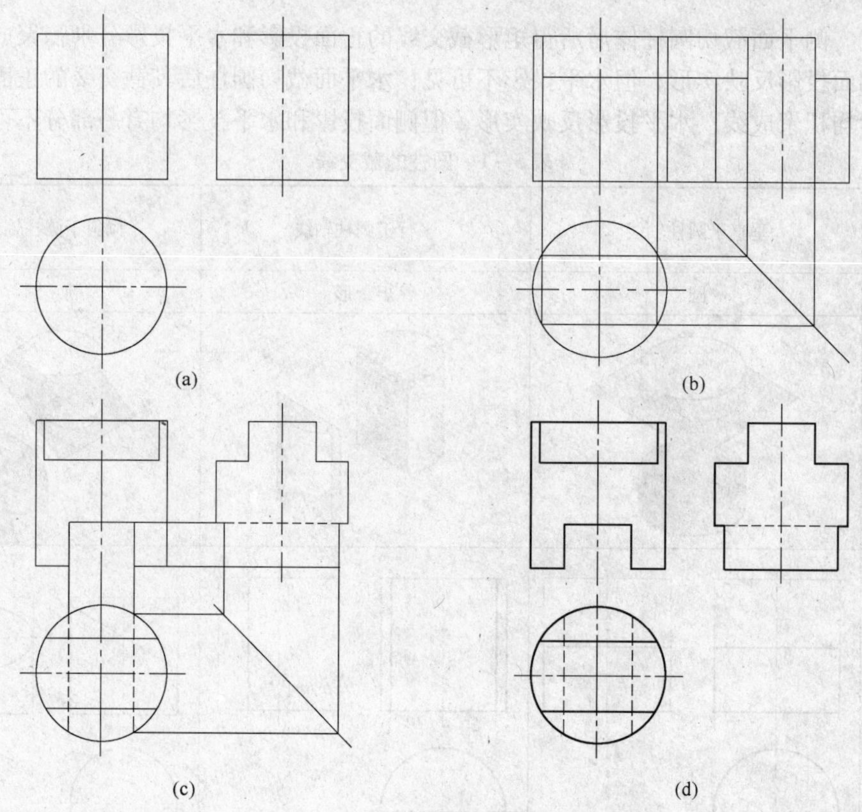

图 5 – 4　接头三视图作图步骤

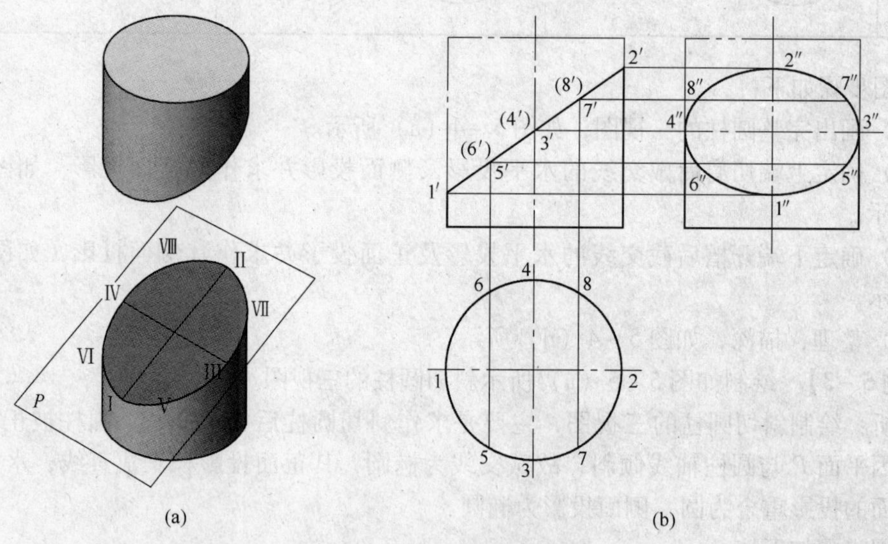

图 5 – 5　斜切圆柱

2）一般位置点。为使作图准确，再取Ⅴ、Ⅵ、Ⅶ、Ⅷ四个一般位置点。在圆周上对称地取四个点 5、6、7、8 为Ⅴ、Ⅵ、Ⅶ、Ⅷ点的水平投影，并求出其正面投影 5′、6′、7′、8′及侧面投影 5″、6″、7″、8″。

（3）依次光滑地连接 1、5、3、7、2、8、4、6 点，即得截交线的侧面投影。

（4）整理，去掉多余图线，描深，如图 5-5（b）所示。

5.1.3.2 圆锥的截交线

平面截切圆锥时，根据截平面与圆锥轴线的相对位置，其截交线有五种不同的情况，如表 5-2 所示。

表 5-2 圆锥的截交线

截平面位置	与轴线垂直（$\theta=90°$）	与轴线倾斜（$\theta>\alpha$）	平行于一条素线（$\theta=\alpha$）	与轴线平行（$\theta=0$）或倾斜（$\theta<\alpha$）	过圆锥顶点
截交线形状	圆	椭 圆	抛物线	双曲线	三角形
图例					

【例 5-4】 如图 5-6（a）所示，求作正平面截切圆锥后的截交线。

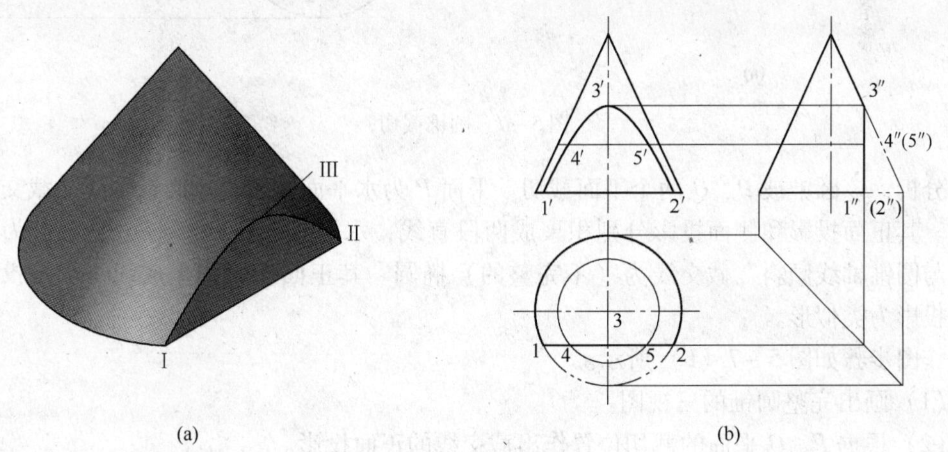

图 5-6 圆锥截切

分析：因截平面平行于圆锥轴线，所以截交线为双曲线。又因截平面 P 为正平面，所以截交线的正面投影反映实形，侧面投影和水平投影均积聚成直线。

作图步骤如下：

（1）画出完整圆锥的三视图，并根据截切位置作出截交线的水平投影和侧面投影。

（2）求作截交线上点的投影。

1）特殊位置点。Ⅰ、Ⅱ两点是截平面与圆锥底面的交点，是截交线上最低的两个点，Ⅲ点是截平面与圆锥最前轮廓素线的交点，也是截交线上的最高点。根据Ⅰ、Ⅱ、Ⅲ点的水平投影 1、2、3 和侧面投影 1″、2″、3″求出其正面投影 1′、2′、3′。

2）一般位置点。采用辅助平面法。在俯视图中作一辅助圆与截交线的水平投影交于 4、5 两点，4 点和 5 点便是垂直于圆锥轴线的辅助平面与截平面的交点Ⅳ、Ⅴ点的水平投影。根据点的投影规律求出其正面投影 4′点和 5′点。

（3）依次光滑连接 1′、4′、3′、5′、2′点，即得截交线的正面投影，如图 5－6（b）所示。

【例 5－5】 绘制如图 5－7（a）所示截切后圆锥的三视图。

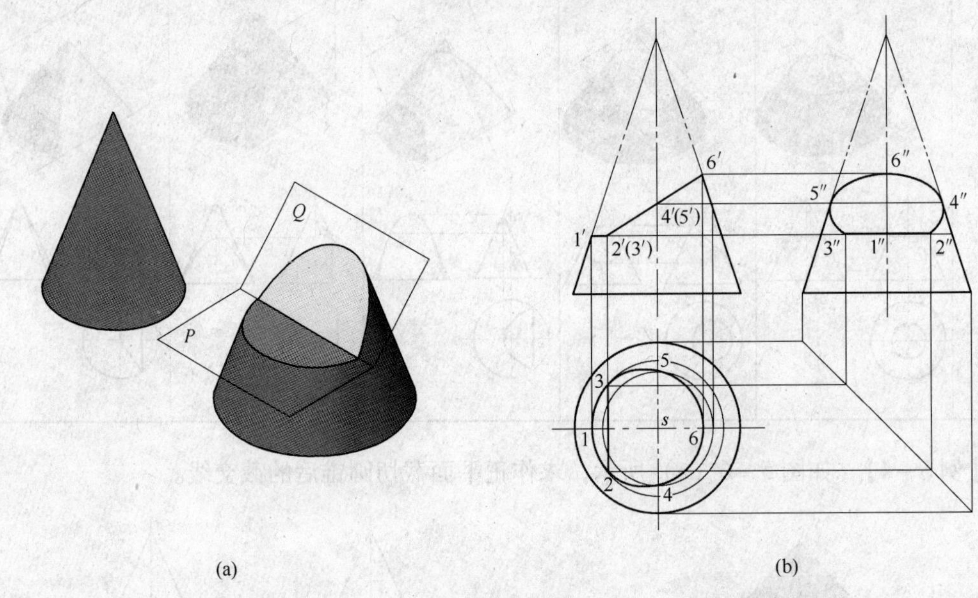

图 5－7　圆锥截切

分析：该圆锥被 P、Q 两个平面截切。平面 P 为水平面，垂直于圆锥轴线，截交线为弓形。其正面投影和侧面投影分别积聚成两段直线，水平投影反映实形。平面 Q 为正垂面，与圆锥轴线倾斜，截交线为（不完整的）椭圆。其正面投影积聚成线，水平投影和侧面投影为类似形。

作图步骤如图 5－7（b）所示。

（1）画出完整圆锥的三视图。

（2）根据 P、Q 平面的截切位置作出截交线的正面投影。

（3）求作平面 P 的截交线的水平投影及侧面投影：以 $s1$ 为半径画弧交两截平面的交线的水平投影于 2、3 两点，得弓形。再求得 2″、3″点得直线 2″3″。

（4）求作平面 Q 的截交线的水平投影及侧面投影：根据点 4′、5′、6′求出点 4、5、6 及点 4″、5″、6″。分别将 3、5、6、4、2 点及 3″、5″、6″、4″、2″点顺次光滑连接得到两个（不完整的）椭圆。

（5）擦去多余图线，描深。

5.1.3.3 圆球的截交线

任何位置的平面截切圆球得到的截交线都是圆，但其投影随截平面的位置不同而不同。当截平面平行于某一投影面时，截交线在该投影面上的投影为圆，在另外两投影面上的投影都积聚成直线段，线段长度等于截交线圆的直径，如图5－8所示。

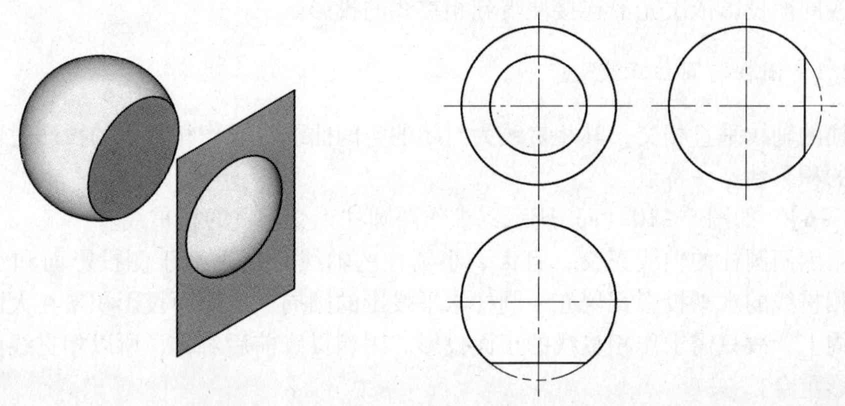

图5－8 圆球的截切——截平面平行于投影面

当截平面垂直于一投影面而与另外两投影面倾斜时，截交线在该投影面上的积聚为一段直线，在另外两投影面上的投影为椭圆，如图5－9所示。

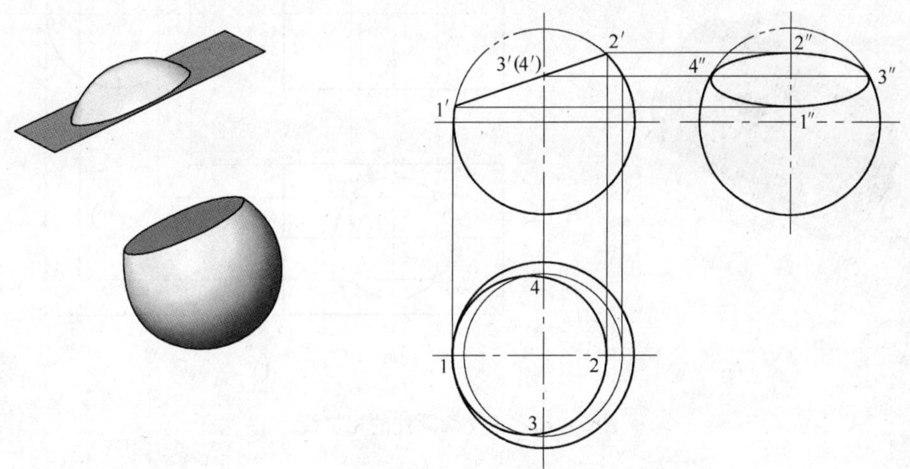

图5－9 圆球的截切——截平面垂直于投影面

5.2 相贯线

5.2.1 相贯线的性质

相贯线随相交两立体的形状、大小及相对位置的不同而不同。但所有相贯线都有以下两个基本性质：

（1）相贯线是两个立体表面的共有线，也是两个立体表面的分界线。相贯线上的点是两个立体表面的共有点。

（2）相贯线一般为封闭的空间曲线，特殊情况下可能是平面曲线或直线。

5.2.2　相贯线的画法

根据相贯线的性质可知，求作相贯线的实质就是求相交两立体表面的共有点，将这些共有点的各同面投影依次光滑连接便得到相贯线的投影。

5.2.2.1　圆柱与圆柱正交

两圆柱的轴线垂直相交，其相贯线为封闭的空间曲线。求作相贯线的投影时可利用圆柱面投影的积聚性这一特点。

【例 5－6】 如图 5－10（a）所示，求作两圆柱正交相贯的相贯线。

分析：因两圆柱的轴线正交，且大、小圆柱的轴线分别垂直于侧投影面和水平投影面，所以相贯线的水平投影积聚在小圆柱水平投影的圆周上，侧面投影积聚在大圆柱侧面投影的圆周上，故只需求作相贯线的正面投影。因相贯线前后对称，所以相贯线前后部分的正面投影重合。

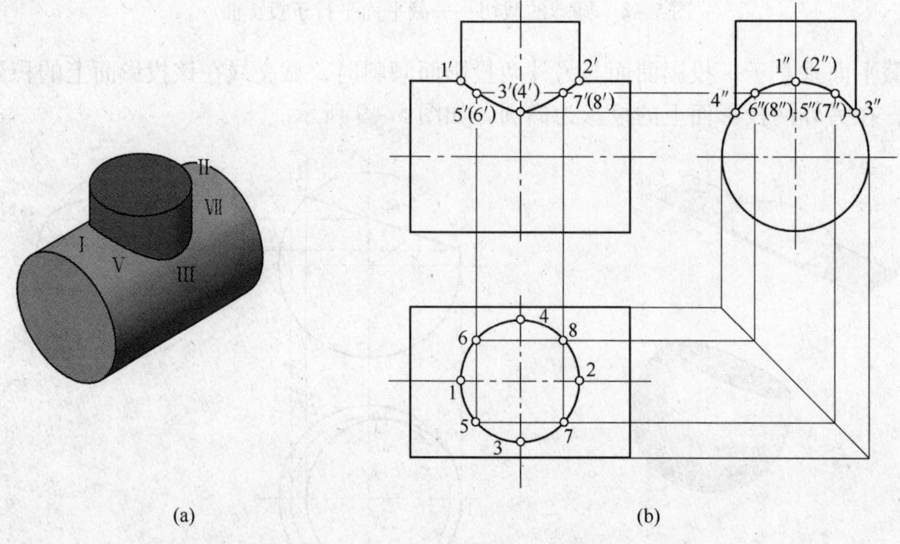

图 5－10　正交两圆柱的相贯线

作图步骤（见图 5－10b）：

（1）求特殊位置点。相贯线上的最高点Ⅰ、Ⅱ是大圆柱最高素线与小圆柱最左、最右两条素线的交点，也是相贯线的最左点和最右点，可直接确定其正面投影 1′、2′点。Ⅲ、Ⅳ两点是相贯线上的最低点，位于小圆柱最前、最后两条素线上，可确定 3″、4″和 3、4 后再求得 3′、4′点。

（2）求一般位置点。利用积聚性，在水平投影和侧面投影中确定出 5、6、7、8 点和 5″、6″、7″、8″点，再根据点的投影规律求出 5′、6′、7′、8′点。

（3）依次光滑连接 1′、5′(6′)、3′(4′)、7′(8′)、2′点，得相贯线的正面投影。

为作图简便，在实际画图时，对于两个直径不等的圆柱正交相贯的相贯线常采用近似画法，即用圆弧来代替非圆曲线。作图方法如图 5－11 所示。

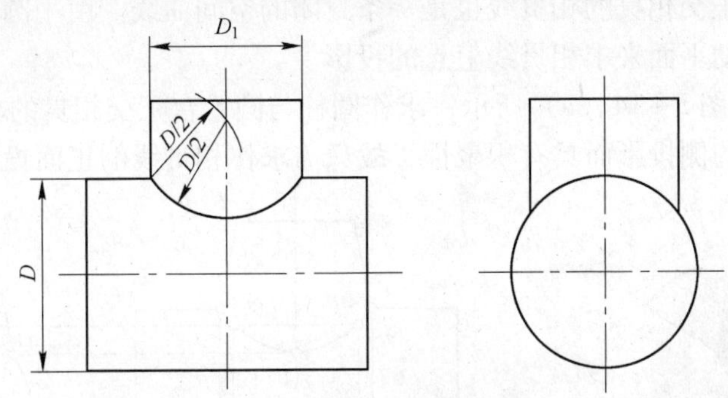

图 5－11 相贯线的近似画法

当正交两圆柱的直径发生变化时，相贯线的形状也随之发生变化，如图 5－12 所示。

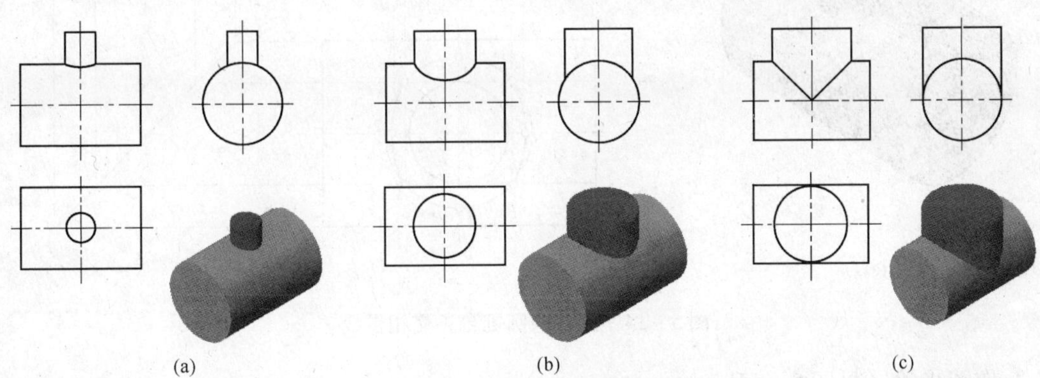

图 5－12 两圆柱正交相贯时相贯线的变化趋势

从图 5－12 中可以看出，当小圆柱的直径逐渐增大时，相贯线的弯曲趋势逐渐向大圆柱的轴线靠近，但此时的相贯线仍是空间曲线。当两圆柱的直径相等时，相贯线由空间曲线变成平面曲线——椭圆，其正面投影为两相交的直线，如图 5－12（c）所示。

图 5－13 所示为机件上常见的穿孔相贯的相贯线。

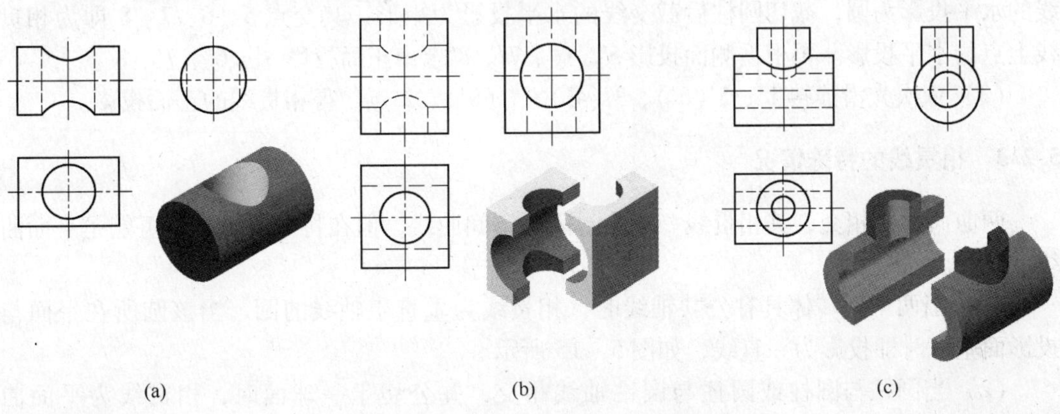

图 5－13 圆柱穿孔相贯的相贯线

5.2.2.2　圆柱与圆锥台正交

圆柱与圆锥台正交相贯的相贯线也是一条封闭的空间曲线。由于圆锥面的投影没有积聚性，所以需做辅助平面来求相贯线上点的投影。

【例 5－7】 如图 5－14（a）所示，求作圆柱与圆锥台正交相贯的相贯线。

分析：因圆柱的侧投影面具有积聚性，故只需求作相贯线的正面投影和水平投影。

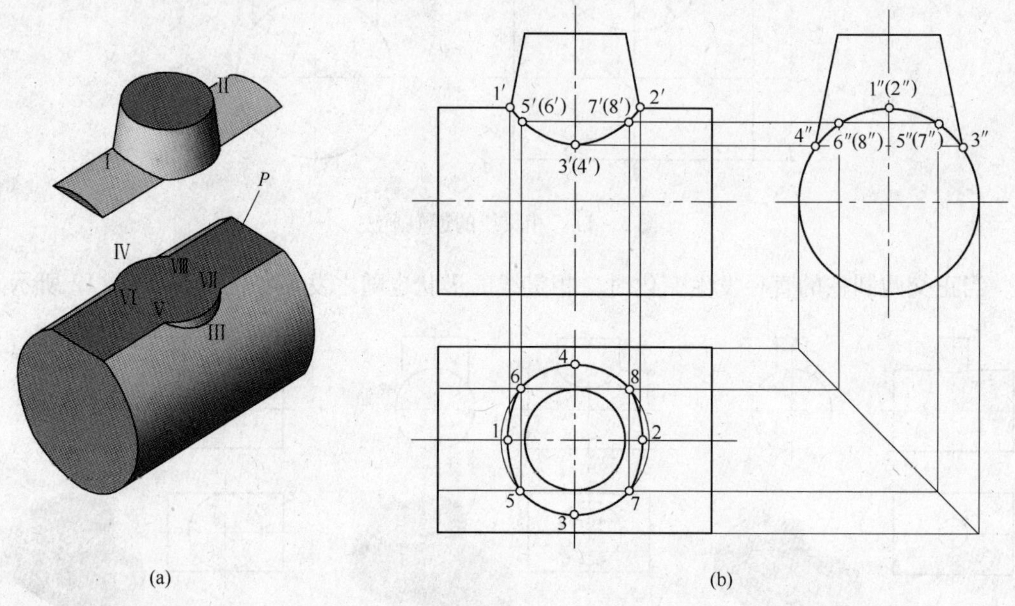

图 5－14　圆柱与圆锥台正交相贯线

作图步骤（见图 5－14b）：

（1）求特殊位置点：相贯线上的最高点Ⅰ、Ⅱ是圆柱最高素线与圆锥最左、最右两条素线的交点，也是相贯线的最左点和最右点，可直接确定其正面投影 1′和 2′点。Ⅲ、Ⅳ两点是相贯线上的最低点，位于圆锥最前、最后两条素线上，可确定 3″、4″点和 3、4 点后再求得 3′、4′点。

（2）求一般位置点：在最高点和最低点之间做一辅助水平面 P，P 面截切圆锥后截交线的水平投影为圆，截切圆柱后截交线的水平投影为矩形，其交点 5、6、7、8 即为相贯线上点的水平投影。再根据侧面投影 5″、6″、7″、8″求出正面投影 5′、6′、7′、8′。

（3）依次光滑连接 1′、5′(6′)、3′(4′)、7′(8′)、2′点，得相贯线的正面投影。

5.2.3　相贯线的特殊情况

两曲面立体相交，其相贯线一般为封闭的空间曲线，但在特殊情况下也可能是平面曲线或直线。

（1）当两个回转体具有公共轴线时，相贯线为垂直于轴线的圆。当该圆所在平面与投影面垂直时即投影为一直线，如图 5－15 所示。

（2）当圆柱与圆柱或圆柱与圆锥轴线相交，并公切于一球面时，相贯线为平面曲线——两个相交的椭圆；当两相交的圆柱或圆锥的轴线均平行于正面时，椭圆的正面投影为一直线，水平投影为类似形，如图 5－16 所示。

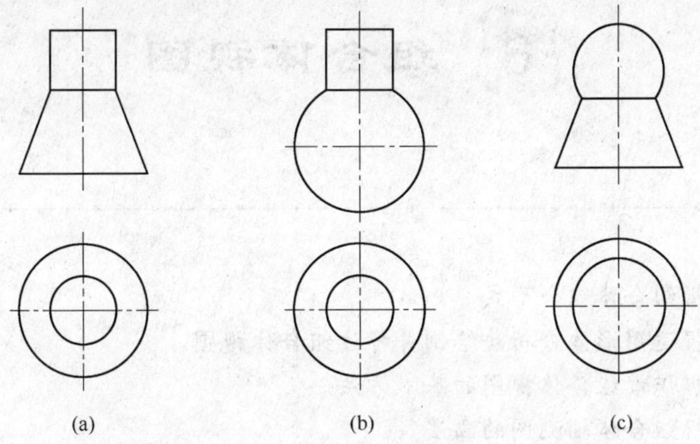

图 5－15 相贯线的特殊情况（一）

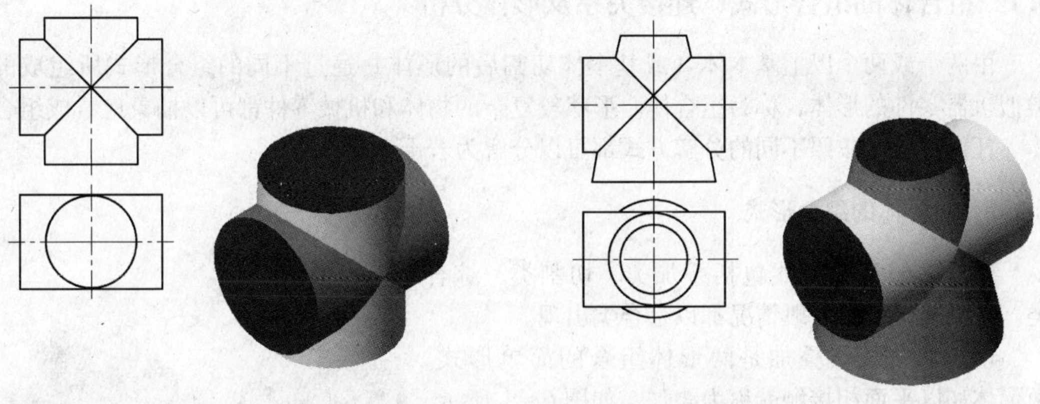

图 5－16 相贯线的特殊情况（二）

（3）当两圆柱轴线平行或两圆锥共顶相交时，相贯线为直线，如图 5－17 所示。

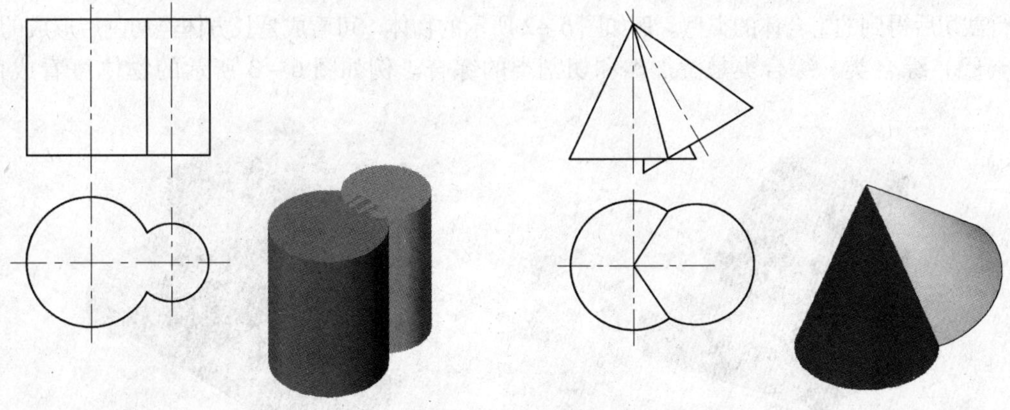

图 5－17 相贯线的特殊情况（三）

6 组合体视图

【教学目标】

(1) 掌握组合体组合形式。

(2) 掌握运用形体分析法绘制并标注组合体视图。

(3) 掌握识读组合体视图的基本方法。

(4) 掌握组合体轴测图的画法。

6.1 组合体的组合形式、连接关系及形体分析

由两个或两个以上基本体（或基本体切割后的形体）通过不同的组合形式所组成的类似机器零件的形体，称为组合体。形状较复杂的物体和机械零件都可以抽象地看成组合体。任何组合体按照不同的分解方式都可以分解为若干个基本体。

6.1.1 组合体的组合形式

组合体的组合形式包括叠加类、切割类、综合类。常见的组合体一般情况都以综合类出现。

(1) 叠加类。叠加是两形体组合的简单形式。两形体如以平面相接触就称为叠加，如图 6－1 所示。形体之间的分界线为直线或平面曲线。因此，只要知道分界线所在的平面，就可以画出它们的投影来。

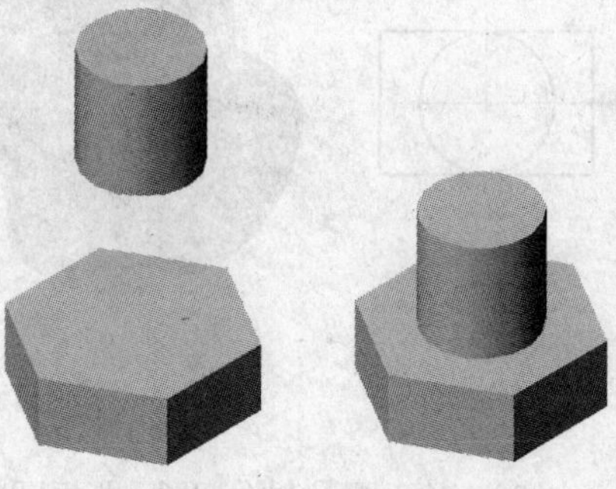

图 6－1　叠加类

(2) 切割类。切割类是指基本体用不同的切割方法进行截切后得到的组合体的类型。例如图 6－2 所示的物体，可看成是长方体经切割后形成的。

(3) 综合类。综合类是叠加类和切割类的综合。例如图 6－3 所示的物体可看成由

图 6－2　切割类

图 6－3　综合类

圆柱、长方体经切割后叠加而形成的。

6.1.2 组合体的表面连接关系及画法

组合体不论是叠加类、切割类还是综合类，其基本几何体之间都存在一定的连接关系——相贴、相切、相交。

（1）相贴。相贴是指两个基本体以平面相互接触而形成的一种连接方式。根据两基本体的相对位置，相贴又分为共面和不共面（或平齐和不平齐）两种，如图 6-4 和图 6-5所示。画图时，对两形体表面之间的接触处，应注意以下两点：

1）当两形体的表面不共面（不平齐）时，中间应该画线，如图 6-4（a）所示。图 6-4（b）中的错误是漏画了线。

2）当两形体的表面共面（平齐）时，中间不应该画线，如图 6-5（a）所示。图 6-5（b）中的错误是多画了线。

还应指出，将物体分解成几个基本形体，是为了有次序地作图。这种分解是假想的，而实际物体是一个整体，切勿认为是由几个形体拼起来的。因此，两形体的表面共面（平齐）时，相接触处的“缝”是不能画线的。

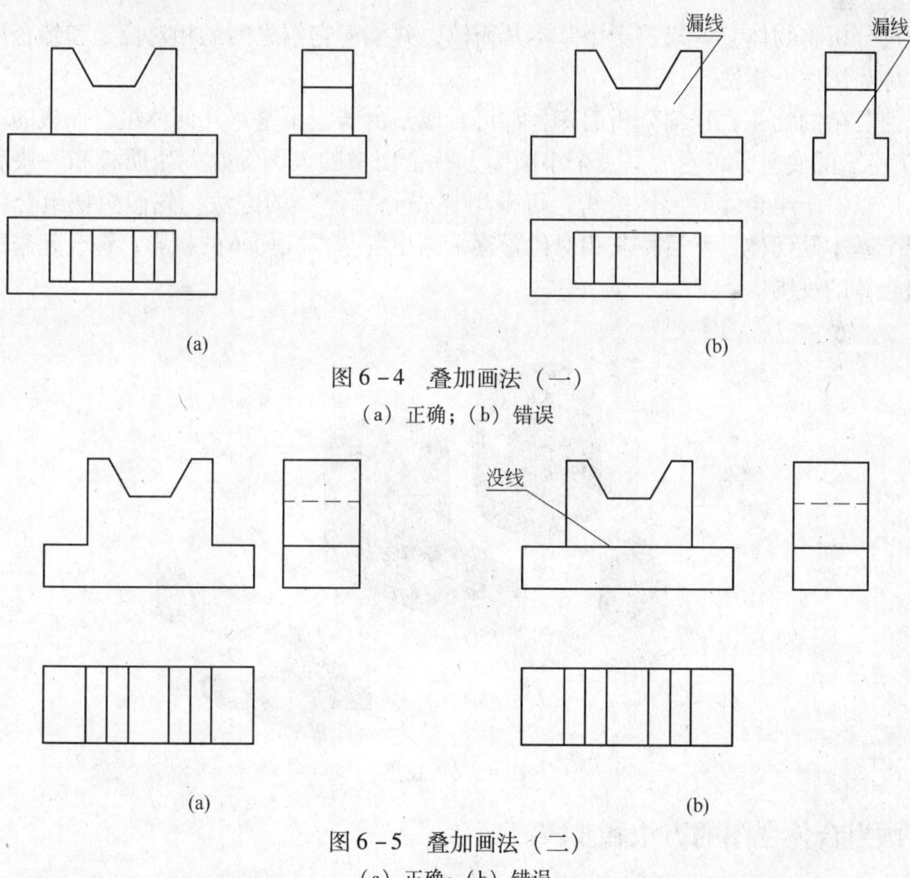

图 6-4 叠加画法（一）

（a）正确；（b）错误

图 6-5 叠加画法（二）

（a）正确；（b）错误

（2）相切。相切是指平面与曲面或曲面与曲面相接触，接触位置平滑过渡。两形体表面相切时，相切处无交线，作图时该处不画线，如图 6-6 所示。

（3）相交。相交是指两物体平面与曲面相交，表面相交处有线，如图 6－6 所示。

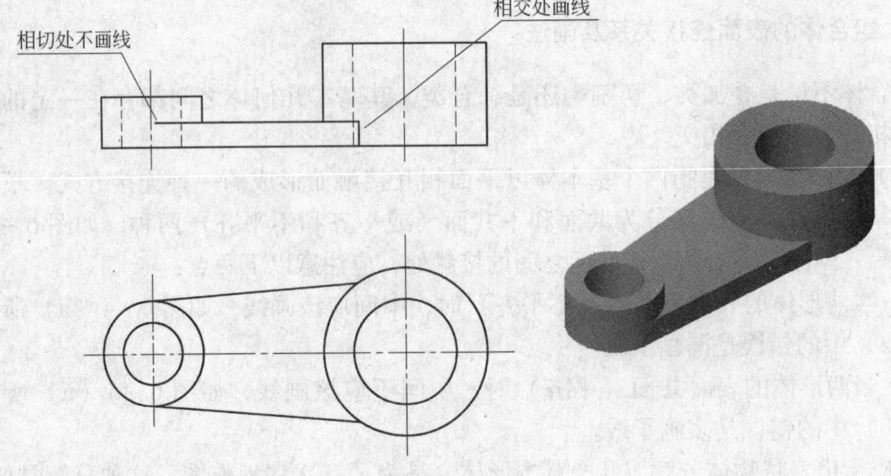

图 6－6　相切与相交

6.1.3　组合体的形体分析

通过分析将物体分解成若干个基本几何体，并搞清它们之间的相对位置和组合形式的方法，称为形体分析法。

任何复杂的物体，仔细分析起来，都可看成是由若干个基本几何体组合而成的。例如图 6－7 所示的底座，可看成是一个小圆筒、一个切槽的大圆筒、一块肋板和一块底板组成的。所以对于组合体的形体分析，可采用“先分后合”的方法，先假想把组合体分解成若干个基本几何体，然后按其相对位置逐个画出各基本几何体的投影，综合起来即得到整个组合体的视图。

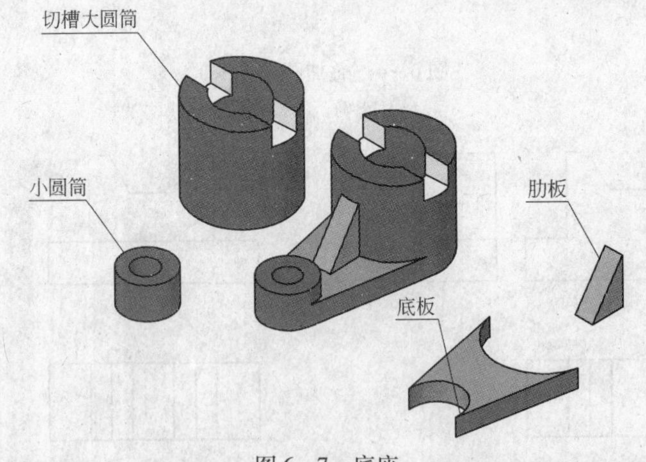

图 6－7　底座

6.2　画组合体视图的方法和步骤

6.2.1　综合类组合体视图的画法

画组合体的三视图时，首先要对组合体进行形体分析，逐个画出每个基本几何体的三视图，然后分析各形体之间的表面连接关系，最后绘制完成组合体三视图。

下面以轴承座为例说明用形体分析法画组合体三视图的方法及步骤。

(1) 进行形体分析。图6-8所示轴承座是由底板、空心大圆筒、空心小圆筒、肋板和支承板组成的，也就是说可分为图6-8所示的5个组成部分。底板、肋板和支承板之间的组合形式为叠加；支承板的左、右侧面与大圆筒外表面相切；肋板和大圆筒属于相交；小圆筒和大圆筒属于相贯；底板上钻出两个圆孔。分析后可知轴承座为综合类的组合体。

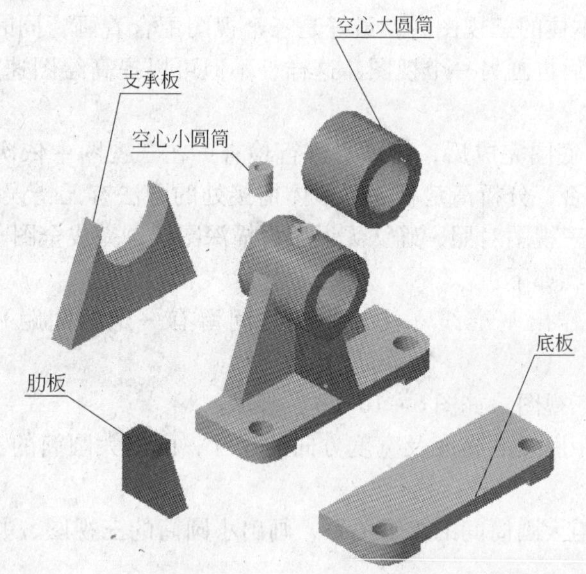

图6-8 组合体形体分析

(2) 选择视图。选择视图时首先是确定主视图。主视图的投射方向确定以后，俯视图和左视图的投射方向也就随之确定了。

主视图一般应能明显地反映出物体形状的主要特征，也就是说要尽量将组合体各组成部分的主要形状及各部分间的相对位置关系在主视图上反映出来。从图6-9中箭头的方向看去所得的视图，满足了上述基本要求，可作为主视图的投射方向。

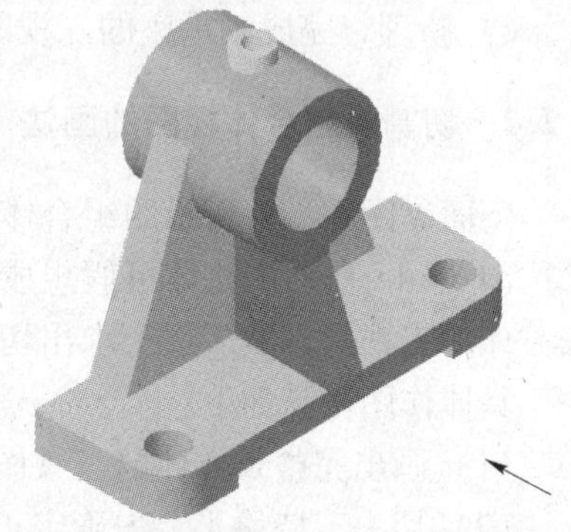

图6-9 主视图方向

选择主视图时应注意：

1) 应把反映出组合体较多的结构形状特征及各基本几何体之间相对位置关系的方向作为主视图的投视方向。

2) 组合体的放置位置为使用或加工的位置，也就是自然稳定的位置。

3) 选择组合体的安放位置和投视方向时，应使主视图中虚线尽量少，同时要兼顾其他视图。

(3) 选择作图比例和图幅。视图确定以后，便要根据物体的大小和复杂程度选定作图比例和图幅。应注意，所选的幅面要比绘制视图所需的面积大一些，即留有余地，以便标注尺寸和画标题栏等。

（4）布置视图。布图时，应将视图匀称地布置在幅面上，视图间的空当应保证能注全所需的尺寸。

（5）绘制底图。为了迅速而正确地画出组合体的三视图，画底图时，应注意以下两点：

1）画图的先后顺序，一般应从形状特征明显的视图入手。先画主要部分，后画次要部分；先画看得见的部分，后画看不见的部分；先画圆或圆弧，后画直线。

2）画每一个基本体的三视图时，最好是三个视图配合着画，同时完成。就是说，不要先把一个视图画完后再画另一个视图。这样，不但可以提高绘图速度，还能避免漏线、多线。

（6）检查描深。底图完成后，应认真进行检查：在三视图中依次核对各组成部分的投影对应关系正确与否，分析清楚相邻两形体衔接处的画法有无错误，是否多线或漏线；再将模型或轴测图与三视图对照，确认无误后再描深图线，完成全图。

轴承座的作图步骤如下：

1）布置视图并作出基准线（注意视图之间留有一定的间距），如图 6－10（a）所示。

2）画出底板的三视图，如图 6－10（b）所示。

3）根据大圆筒距底板的高度及宽度方向的尺寸，画出大圆筒的三视图，如图 6－10（c）所示。

4）根据小圆筒与大圆筒间的位置关系，画出小圆筒的三视图，并完成相贯线，如图 6－10（d）所示。

5）根据支承板、肋板与底板及大圆筒间的位置关系，画出支承板和肋板的三视图，如图 6－10（e）所示。注意支承板的两侧面与大圆筒相切，相切处没有投影线；肋板上表面与大圆筒相交，要画出交线的投影。

6）整理，完成轴承座的三视图，如图 6－10（f）所示。

6.2.2　切割类组合体视图的画法

下面以图 6－11 所示的组合体为例，对切割类组合体三视图的画法加以说明。

图 6－11 所示的物体可假想成由长方体经几次切割后形成的。画图时，可先画出完整长方体的三视图，然后逐个求出切割后截平面的投影。

具体作图步骤如下：

（1）画出完整长方体的三视图，如图 6－12（a）所示。

（2）切去三棱块Ⅰ。先确定正垂面 S 的正面投影，然后画出其水平投影和侧面投影，完成被 S 面切去三棱块Ⅰ后的三视图，如图 6－12（b）所示。

（3）切去梯形块Ⅱ。组合体上部的槽是被两个正平面和一个水平面截切，因这三个平面在左视图中都积聚成线，所以先确定槽的侧面投影，然后求出其正面投影和水平投影，完成切去梯形块Ⅱ后的三视图，如图 6－12（c）所示。

（4）切去梯形块Ⅲ。组合体左端的槽是被两个正平面和一个侧平面截切，这三个平面的水平投影都有积聚性，所以先画出其水平投影，然后求出其正面投影和侧面投影，完

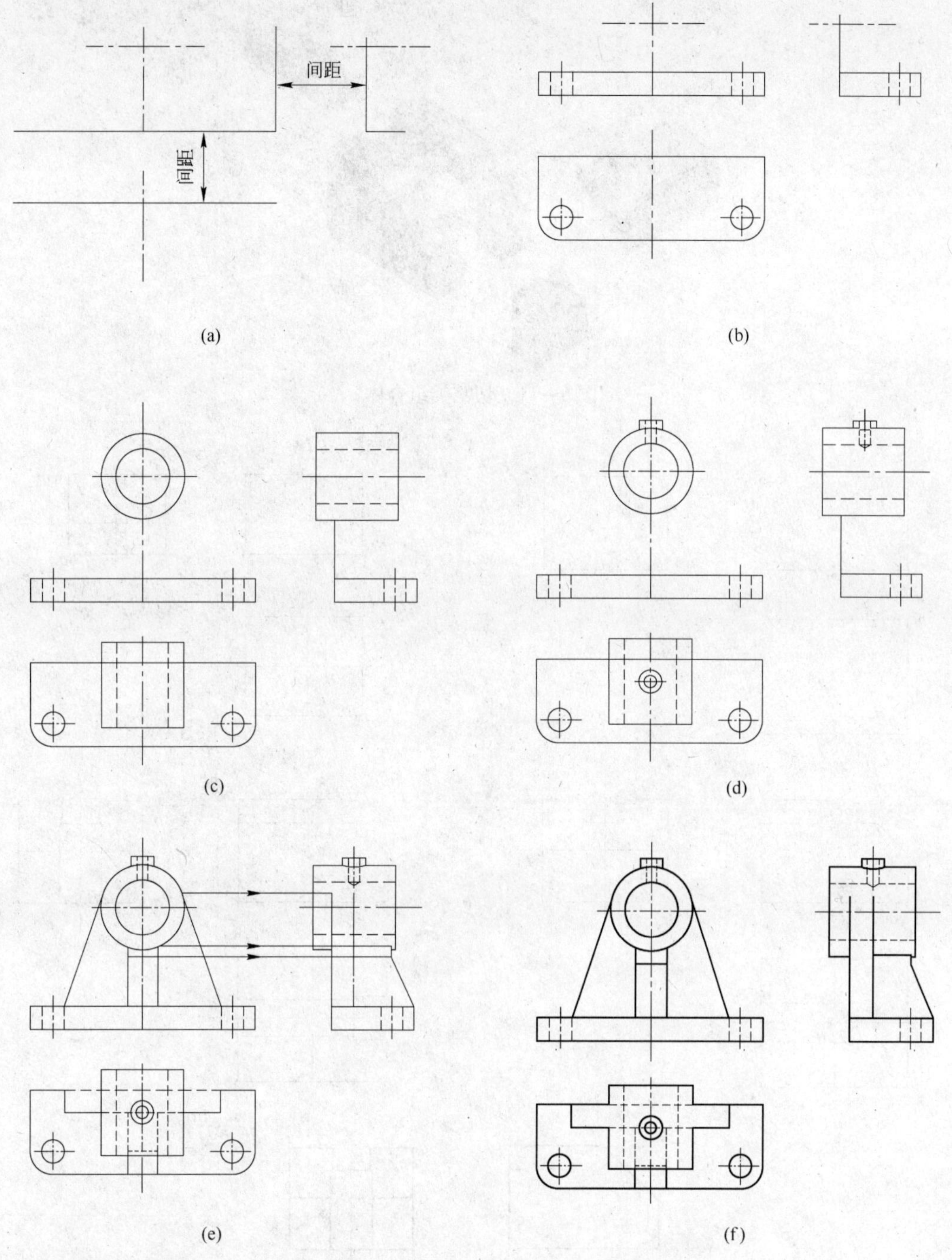

(a)　(b)　(c)　(d)　(e)　(f)

图6-10　轴承座的作图步骤

成切去梯形块Ⅲ后的三视图，如图6-12（d）所示。

（5）整理，加深图线，完成全图，如图6-12（e）所示。

画切割类组合体应注意：

（1）画切割类组合体的关键在于求截平面与物体表面的截交线，以及截平面与截平面之间的交线。

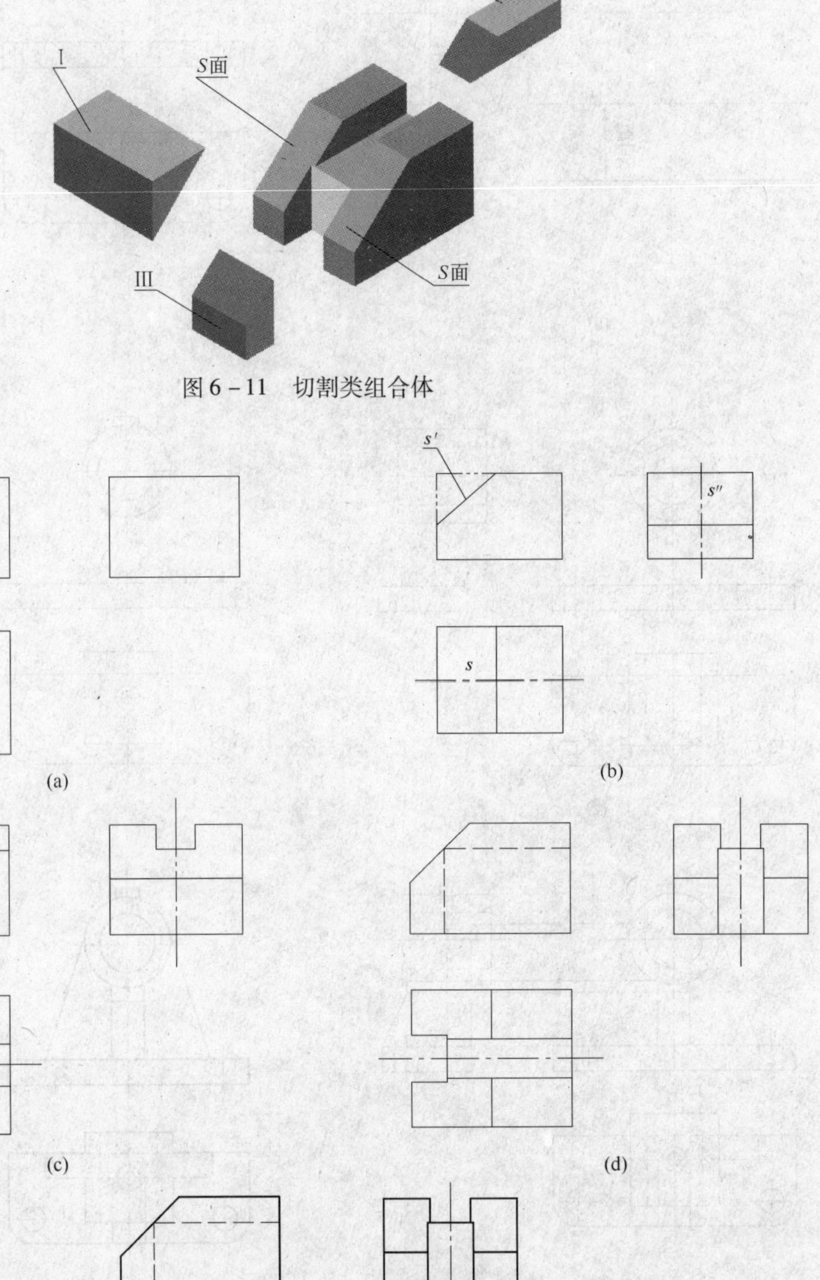

图 6 - 11　切割类组合体

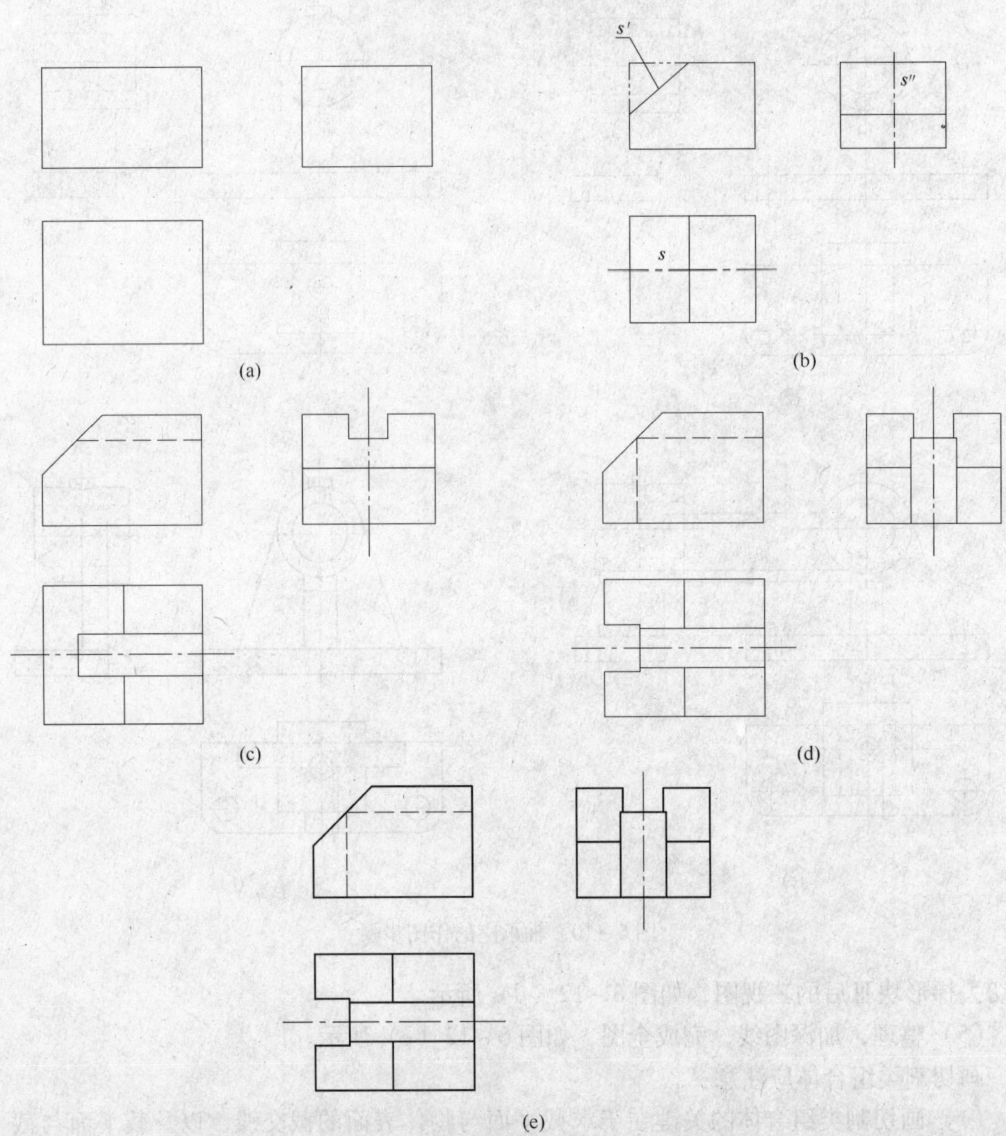

图 6 - 12　切割类组合体作图步骤

（2）画截平面的投影时，应先画出其具有积聚性的投影，再根据该平面的投影特性求出它在另外两面的投影。

总之，画组合体的视图时，要通过形体分析搞清各相邻形体表面之间的连接关系和组合形式，然后选择适当的表达方案，按正确的作图方法和步骤画图。当然，在实际画图时，往往会遇到一个物体上同时存在几种组合形式的情况，这就要求我们更要注意分析。无论物体的结构怎样复杂，其相邻两形体之间的组合形式都是单一的，只要善于观察和正确地运用形体分析法作图，问题总是不难解决的。

6.3　组合体的尺寸标注

绘制的视图只能表达物体的形状，不表示它的大小。物体的大小由物体的尺寸表达，所以所画图形必须标注尺寸。

6.3.1　尺寸标注的基本知识

6.3.1.1　组合体尺寸标注的基本要求

组合体的尺寸标注要做到：正确、完整、清晰、合理。正确是指要符合国家标准的有关规定；完整是指要标注制造零件所需要的全部尺寸，不遗漏，不重复；清晰是指尺寸布局整齐，便于看图；合理是指标注的尺寸要符合设计要求及工艺要求。

6.3.1.2　尺寸基准

组合体是一个空间形体，有长、宽、高三个方向的尺寸，每个方向至少要有一个尺寸基准，即长度方向尺寸基准、宽度方向尺寸基准和高度方向尺寸基准。如果同一方向有几个尺寸基准，则其中一个为主要基准，其余为辅助基准，且两基准间必须有尺寸联系。通常以零件的底面、端面、对称平面和轴线作为尺寸基准。

6.3.1.3　尺寸分类

尺寸有定形尺寸、定位尺寸和总体尺寸三类。

（1）定形尺寸：确定各基本体形状和大小的尺寸。该类尺寸只确定图形的大小，不确定图形的位置。

（2）定位尺寸：确定各基本体之间相对位置的尺寸。组合体和基本形体尺寸基准之间的距离。该类尺寸只确定图形的位置，不确定图形的大小。

（3）总体尺寸：确定组合体总长、总宽、总高的外形尺寸，有时兼为定形尺寸或定位尺寸最大尺寸。

6.3.2　尺寸标注实例

下面以轴承座为例说明尺寸标注的方法和步骤。

（1）确定尺寸基准。首先按形体分析法将组合体分解为若干个基本体，明确每一基本体应标注哪些定形尺寸，然后确定尺寸基准。如图 6－13（a）所示，轴承座的尺寸基准是：以左右对称面为长度方向的尺寸基准；以底板和支承板的后面作为宽度方向的尺寸基准；以底板的底面作为高度方向的尺寸基准。

（2）标注定形尺寸。根据形体分析，逐个注出各基本体的定形尺寸。如图 6 – 13（b）所示，圆筒应标注的尺寸有：外圆直径 ϕ22、内孔直径 ϕ14 和宽度 28 三个尺寸；底板应标注的尺寸有：长 60、宽 32 和高 6 三个尺寸。其他基本体的尺寸如图 6 – 13（b）所示。

（3）标注确定各基本体之间相对位置的定位尺寸。如图 6 – 13（c）所示，确定圆筒与底板的相对位置需标注圆筒轴心线距底板底面的高度 32 和圆筒在支承板后面伸出的宽度 5 这两个尺寸；底板上四个 ϕ6 孔的定位尺寸为 48、14 和 12。

（4）标注总体尺寸。如图 6 – 13（d）所示，底板的长度 60 即为轴承座的总长；总宽为底板宽 32 和圆筒在支承板后面伸出的宽度 5 两个尺寸之和；总高由圆筒轴线高 32 与圆

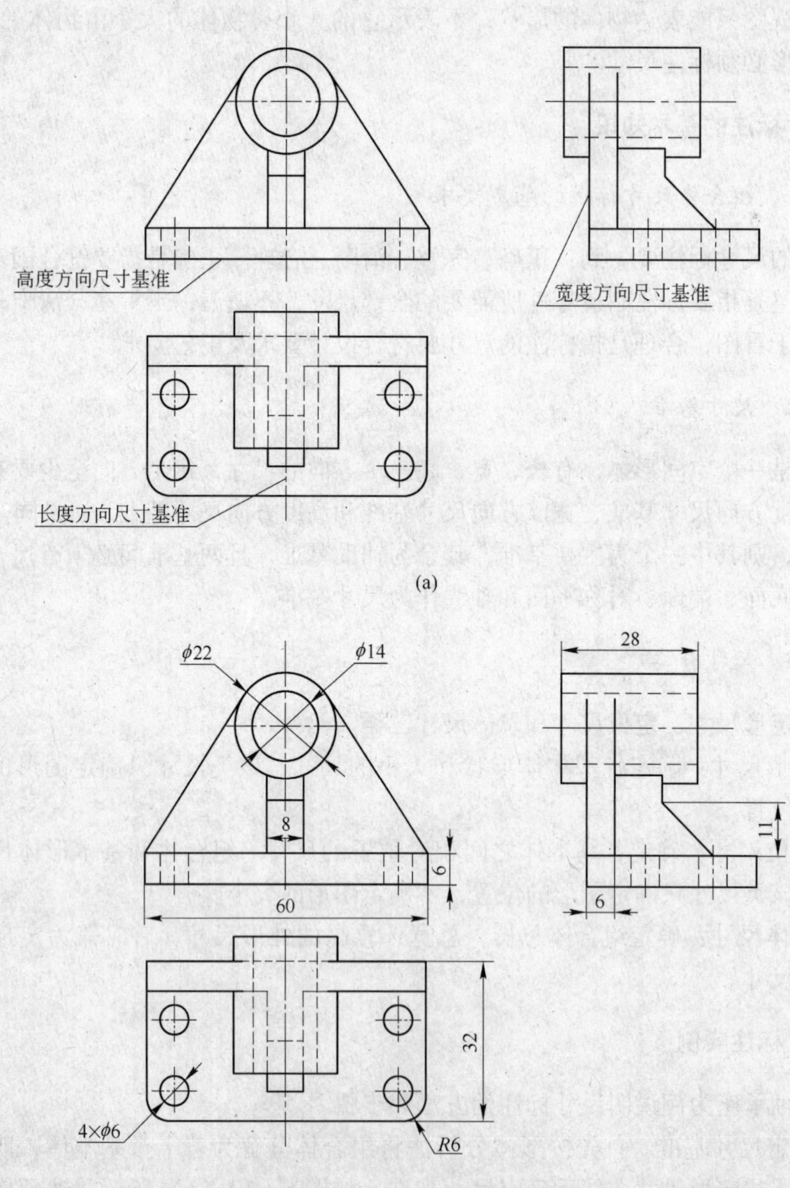

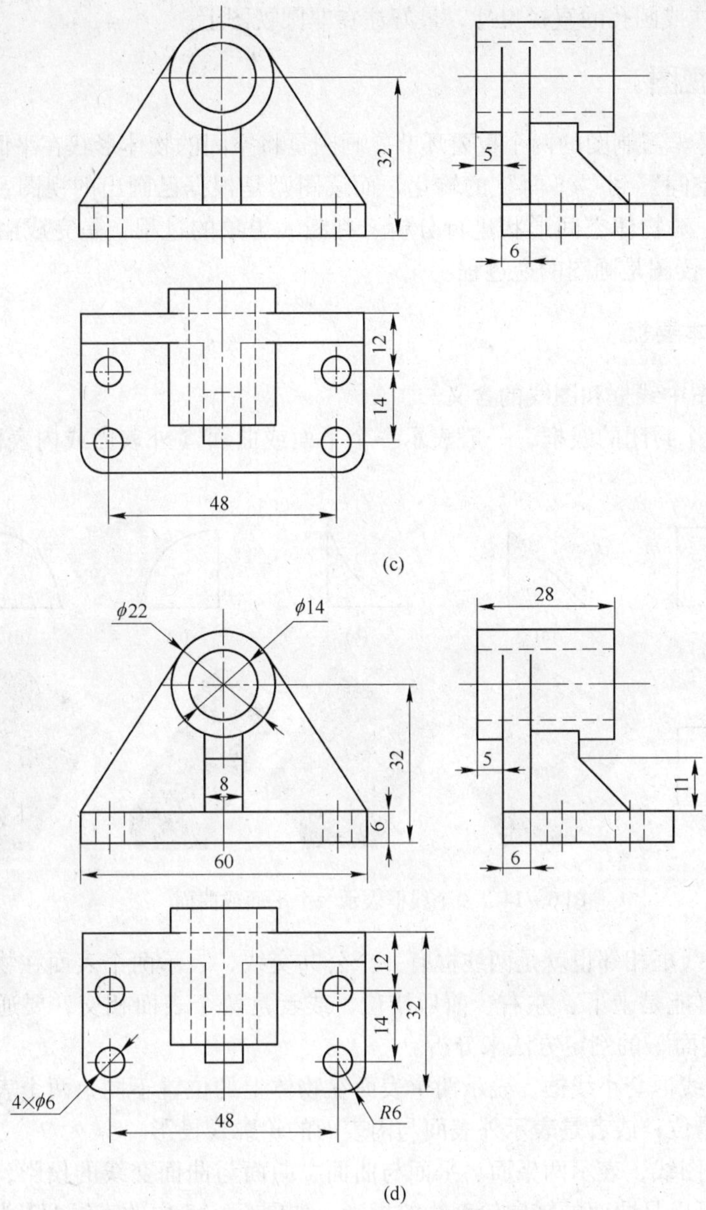

图 6-13　组合体的尺寸标注

筒的外圆半径 11 决定。三个总体尺寸已全，不必再另行标注。需要说明的是，轴承座的总高没有直接标注，而是间接得到的尺寸。即当组合体的一端或两端为回转体时，一般采用这种标注形式，否则就会出现重复尺寸。

此外，标注尺寸时还应注意：

（1）各基本形体的定形、定位尺寸不要分散，要尽量集中标注在一个或两个视图上，以方便看图。

（2）尺寸应注在表达形体特征最明显的视图上，并尽量避免在虚线上标注尺寸。

（3）为了使图形清晰，应尽量将尺寸注在视图外面，以免尺寸线、尺寸数字与轮廓线相交。与两视图有关的尺寸，最好注在两视图之间，以便于看图。

(4) 同心圆柱或圆孔的直径尺寸，最好注在非圆视图上。

6.4　读组合体视图

画图和读图是学习制图的两个重要环节。画图是将空间的物体形状在平面上绘制成视图，是完成由“空间”到“平面”的转化。而读图则是根据已画出的视图，运用投影规律和读图的方法，对物体空间形状进行分析、判断、想象的过程，是完成由“平面”到“空间”的转化。读图是画图的逆过程。

6.4.1　读图的基本要领

(1) 理解视图中线框和图线的含义。

1) 视图中一个封闭的线框，一般表示一个平面或曲面（外表面或内表面）的投影，如图 6－14 所示。

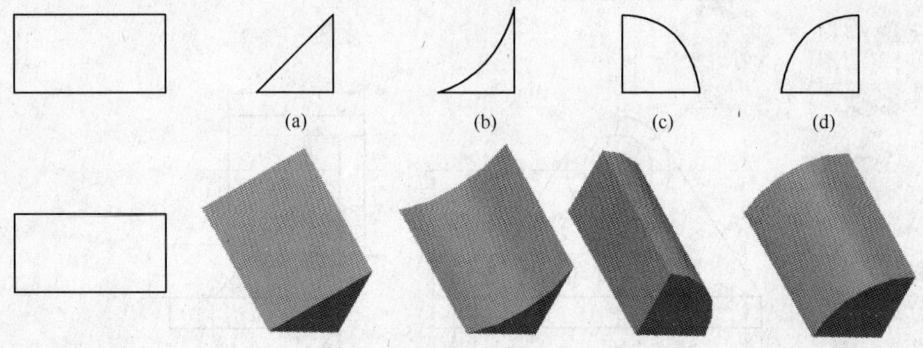

图 6－14　一个线框表示一个平面或曲面

2) 视图中两线框相邻也就是两线框有一个公共交线，表示两个表面在物体上的位置不同，两个表面可能是上下、左右、前后错位，或者是两个表面相交，要通过前面讲的“共面”和“不共面”的判定方法来分析。

3) 视图中大线框套小线框，表示两个表面在物体上的位置不同，两个表面可能是上下、左右、前后错位；或者是表示外表面与内表面的轮廓线投影。

4) 视图中的图线，表示两平面、平面与曲面、曲面与曲面交线的投影，或者是面的积聚性投影，还可以是曲面的转向轮廓线的投影。如图 6－15 中的直线 $1'2'$ 为 C 面的积聚性投影；直线 $2'3'$ 是左侧三棱柱的侧面与底板上表面的交线，直线 $4'5'$ 是 A 面和 B 面的交线，三个视图中的虚线表示的是底板和竖板上圆孔内表面转向轮廓线的投影。

(2) 将几个视图联系起来进行读图。一个组合体通常需要几个视图才能表达清楚，一个视图不能确定物体的形状。如图 6－16 所示的四组视图，它们的俯视图都相同，但由于主视图不同，因此表达的是四个不同的物体。

有时即使有两个视图相同，若视图选择不当，也不能确定物体的形状。如图 6－17 所示的三组视图，它们的主、俯视图都相同，但由于左视图不同，所表达的物体也不同。

所以在读图时，一般应从反映物体特征形状最明显的视图入手，联系其他视图进行对照分析，这样才能确定物体的形状，切忌只看一个视图就下结论。

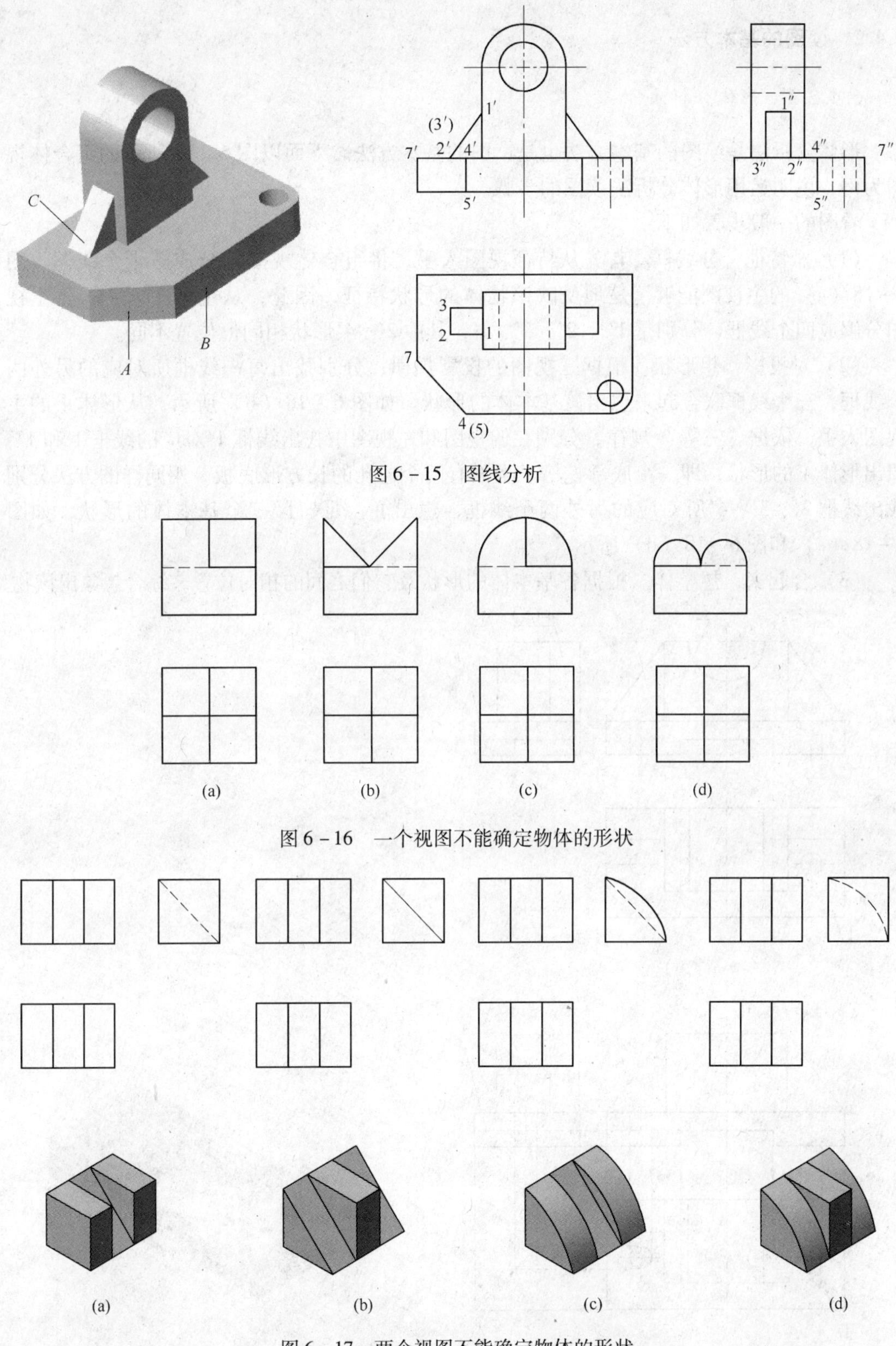

图 6-15 图线分析

图 6-16 一个视图不能确定物体的形状

图 6-17 两个视图不能确定物体的形状

6.4.2　读图的基本方法

6.4.2.1　形体分析法

形体分析法是绘图的基本方法也是读图的基本方法。下面以图 6 - 18 所示的组合体视图为例，说明运用形体分析法读图的步骤。

看图的一般步骤如下：

（1）抓特征，分线框。首先从特征视图入手，将组合体视图划分成若干个线框。图 6 - 18（a）的主视图能够清楚地反映该物体的形状特征，因此，从主视图入手，将主视图分解成四个线框，分别是 1′、2′、3′、4′，其中 2′、4′形状相同但位置不同。

（2）对投影，想形状。根据三视图的投影规律，分别找出每一线框所对应的另外两个线框，三个线框联合起来想出该基本体的形状。如图 6 - 18（b）所示，从形体Ⅰ的主视图入手，依据“三等”规律，分别在俯视图和左视图中找出线框 1′对应的线框 1 和 1″，想出形体Ⅰ的形状，即一个底部挖槽、上面有两个通孔的长方形底板。用同样的方法分别找出线框 2′、3′、4′所对应的另外两个线框，想出Ⅱ、Ⅲ、Ⅳ三个基本体的形状，如图 6 - 18（c）和图 6 - 18（d）所示。

（3）合起来，想整体。根据各基本体的形状及它们之间的相对位置，综合想象出该物

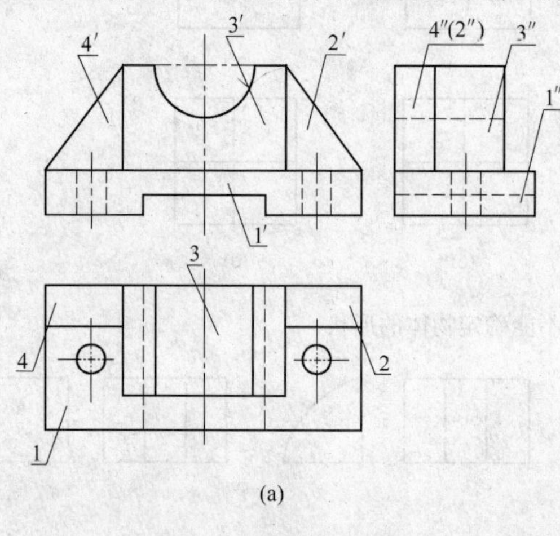

(a)

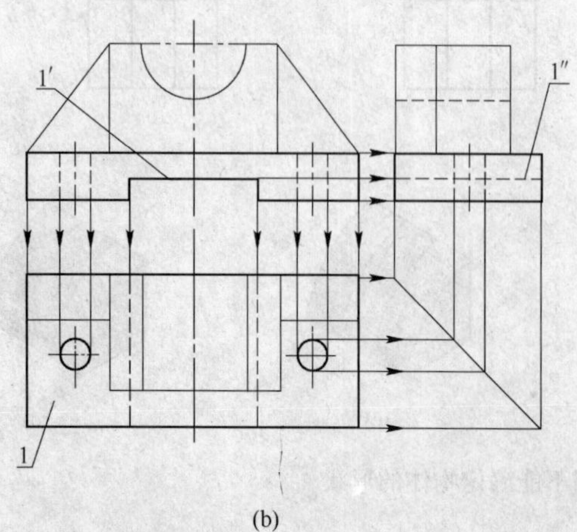

(b)

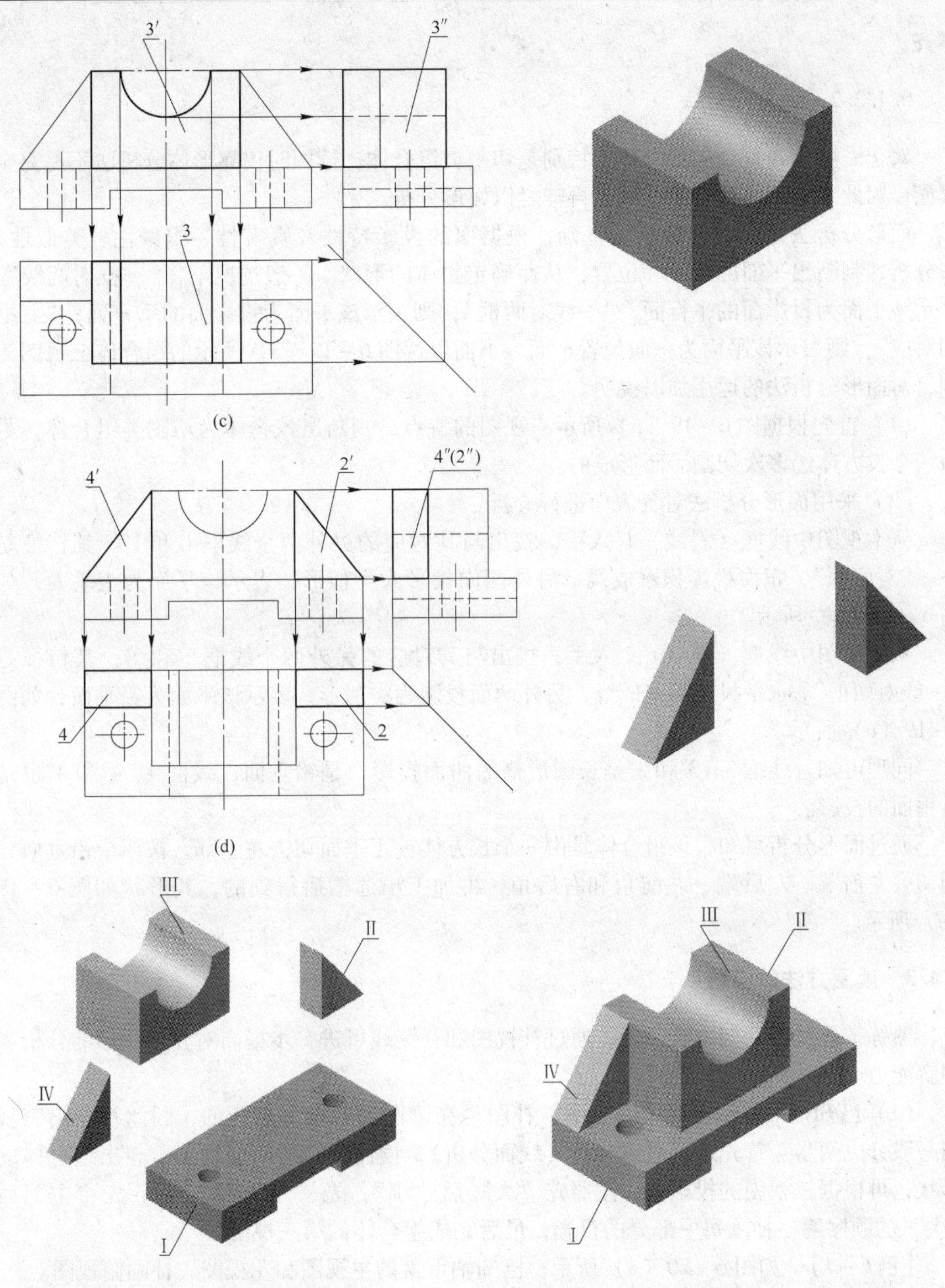

图 6－18　轴承座的读图步骤

(a) 组合体的三视图；(b) 形体Ⅰ的三视图；(c) 形体Ⅲ的三视图；
(d) 形体Ⅱ、Ⅳ的三视图；(e) 组合体立体图

体的整体形状。如图 6－18（e）所示，带半圆孔的长方体Ⅲ在底板Ⅰ的上面，两形体的对称面重合且后面靠齐；三棱柱Ⅱ和Ⅳ分别在带半圆孔长方体Ⅲ的左、右两侧，后面

靠齐。

6.4.2.2　面形分析法

对于一些比较复杂的组合体，特别是切割类组合体，读图时仅靠形体分析法不易完全读懂，因此常在形体分析的基础上再辅之以面形分析。

面形分析法是以线框分析为基础，根据面的投影特性（真实性、积聚性、类似性）来分析、判断出平面的形状和位置，从而确定物体的形状。一般情况下，“一框对两线”，表示该平面为投影面的平行面；“一线对两框”，则表示该平面为投影面的垂直面；“三框相对应”，则表示该平面为一般位置平面。下面以读图 6－19（a）所示的组合体三视图为例，对面形分析法的运用加以说明。

（1）首先根据图 6－19（a）所示三视图的特点，判断出该物体为切割类组合体，是由一个长方体经多次切割后而形成的。

（2）采用面形分析法对各表面进行分析。

从主视图中线框（斜线）1′入手，找出与其对应的另外两个线框 1 和 1″。其特征是“一线对两框”，正面投影积聚成线，另外两面投影为类似形，表示该平面为正垂面，如图 6－19（b）所示。

从俯视图中线框（斜线）2 入手，找出与其对应的另外两个线框 2′和 2″。其特征是“一线对两框”，水平投影积聚成线，另外两面投影为类似形，表示该平面为铅垂面，如图 6－19（c）所示。

同理可知，线框 3、3′和 3″是长圆形槽的曲面投影，是铅垂面；线框 4、4′和 4″也是铅垂面的投影。

通过面形分析可知，该组合体是由一个长方体被正垂面切去左上部，被四个铅垂面分别切去左前端、左后端、左前角和右后角，再加工出通槽后得到的，其形状如图 6－19（e）所示。

6.4.3　读图方法的应用

熟练掌握读图的基本要领后，通过补视图和补漏线可进一步提高对复杂图形的分析和理解能力。

（1）已知两面视图补画第三视图。补图是在读图的基础上进行的，因此补画第三视图一般分成两步：首先进行形体分析（线面分析），读懂已知的两面视图，想出组合体的形状；再根据三视图的投影规律按照先“大”后“小”，先“外”后“内”，先“主”后“次”的顺序逐一补画每一部分的投影，最后完成组合体的第三视图。

【例 6－1】　如图 6－20（a）所示，已知轴承盖的主视图和左视图，补画俯视图。

作图分析：根据已知的两面视图，通过形体分析可知该组合体是由长方形竖板Ⅰ和半圆筒Ⅱ叠加而成的。再进行面形分析可知，半圆筒经过了两次切割：被正平面和正垂面分别切去了形体Ⅲ和形体Ⅳ，被水平面和正平面切去了形体Ⅴ。其结构形状如图 6－20（b）所示。

作图步骤：

（1）由线框 1′和 1″，补画线框 1，完成长方形竖板Ⅰ的俯视图，如图 6－20（c）所示。

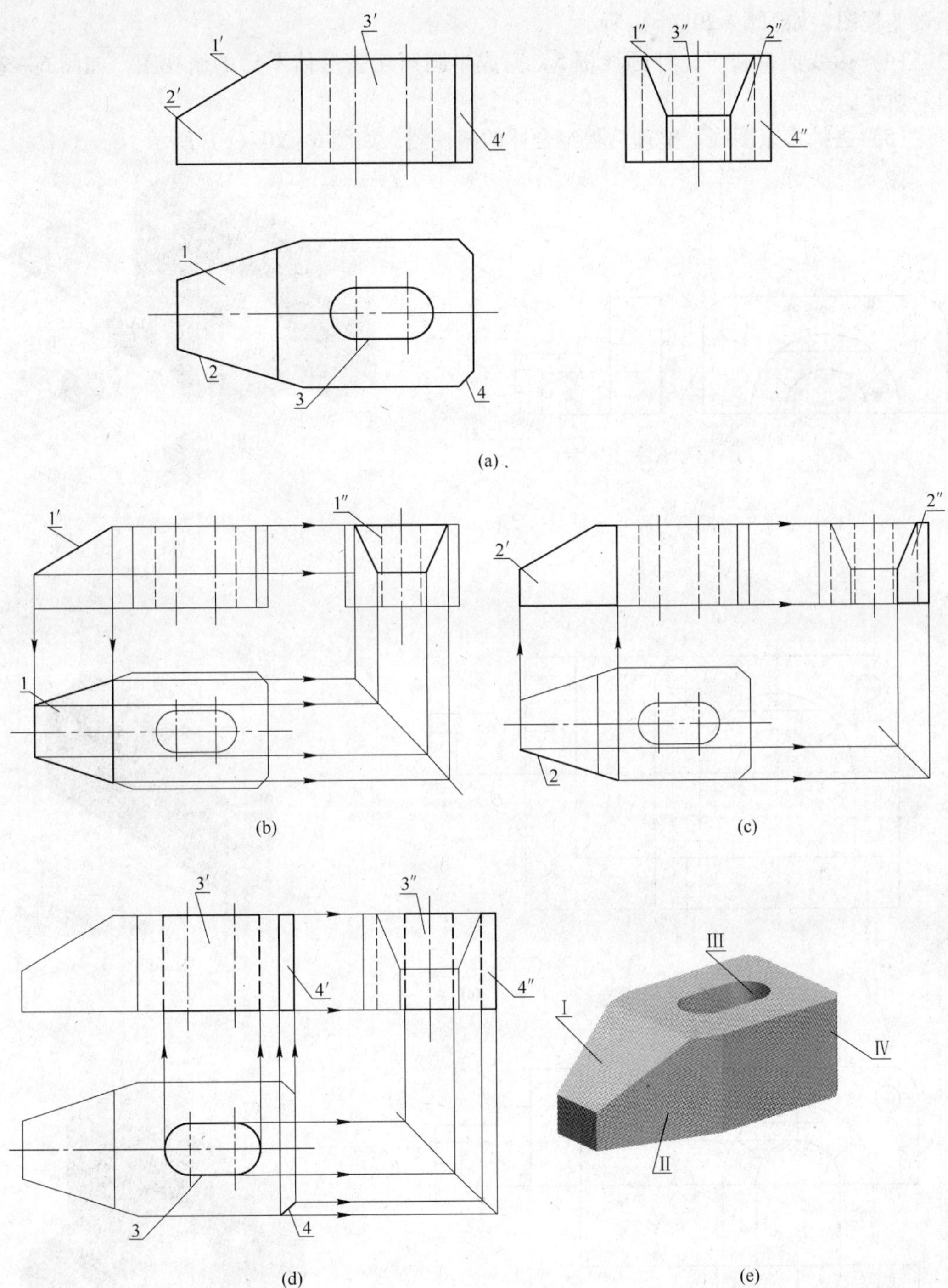

图 6 - 19 面形分析法读图

(a) 组合体的三视图；(b) 平面Ⅰ为正垂面；(c) 平面Ⅱ为铅垂面；(d) 曲面Ⅲ和平面Ⅳ都为铅垂面；(e) 组合体

(2) 由线框 2′和 2″，补画线框 2，完成完整半圆筒Ⅱ的俯视图，如图 6 - 20 (d) 所示。

(3) 由线框 3′、3″和线框 4′、4″，补画线框 3 和线框 4，完成半圆筒切去形体Ⅲ、Ⅳ

后的俯视图，如图 6－20（e）所示。

（4）由线框 5′和 5″，补画线框 5，完成半圆筒切去形体Ⅴ后的俯视图，如图 6－20（f）所示。

（5）去掉多余图线，整理后得组合体的俯视图，如图 6－20（g）所示。

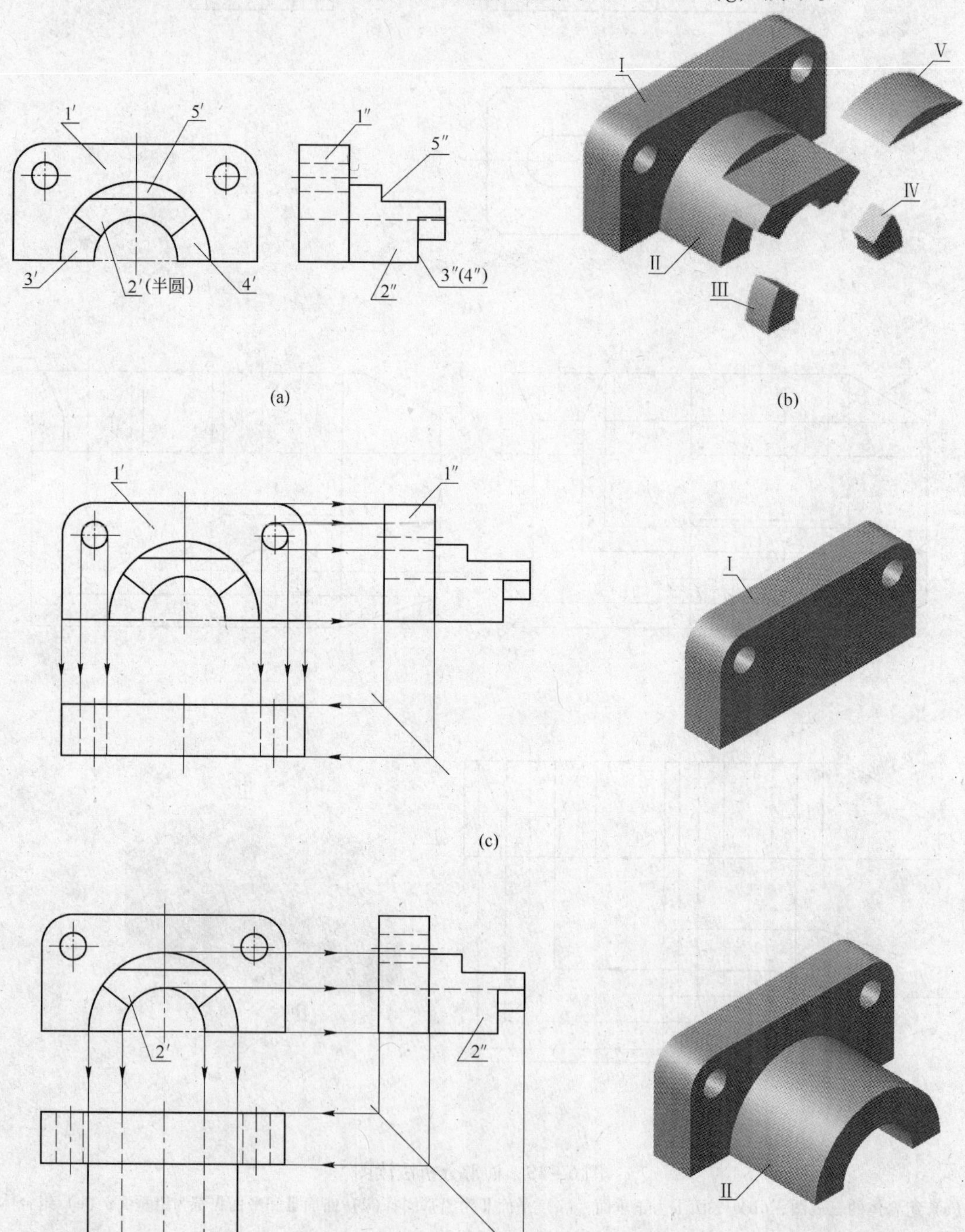

(a)　(b)

(c)

(d)

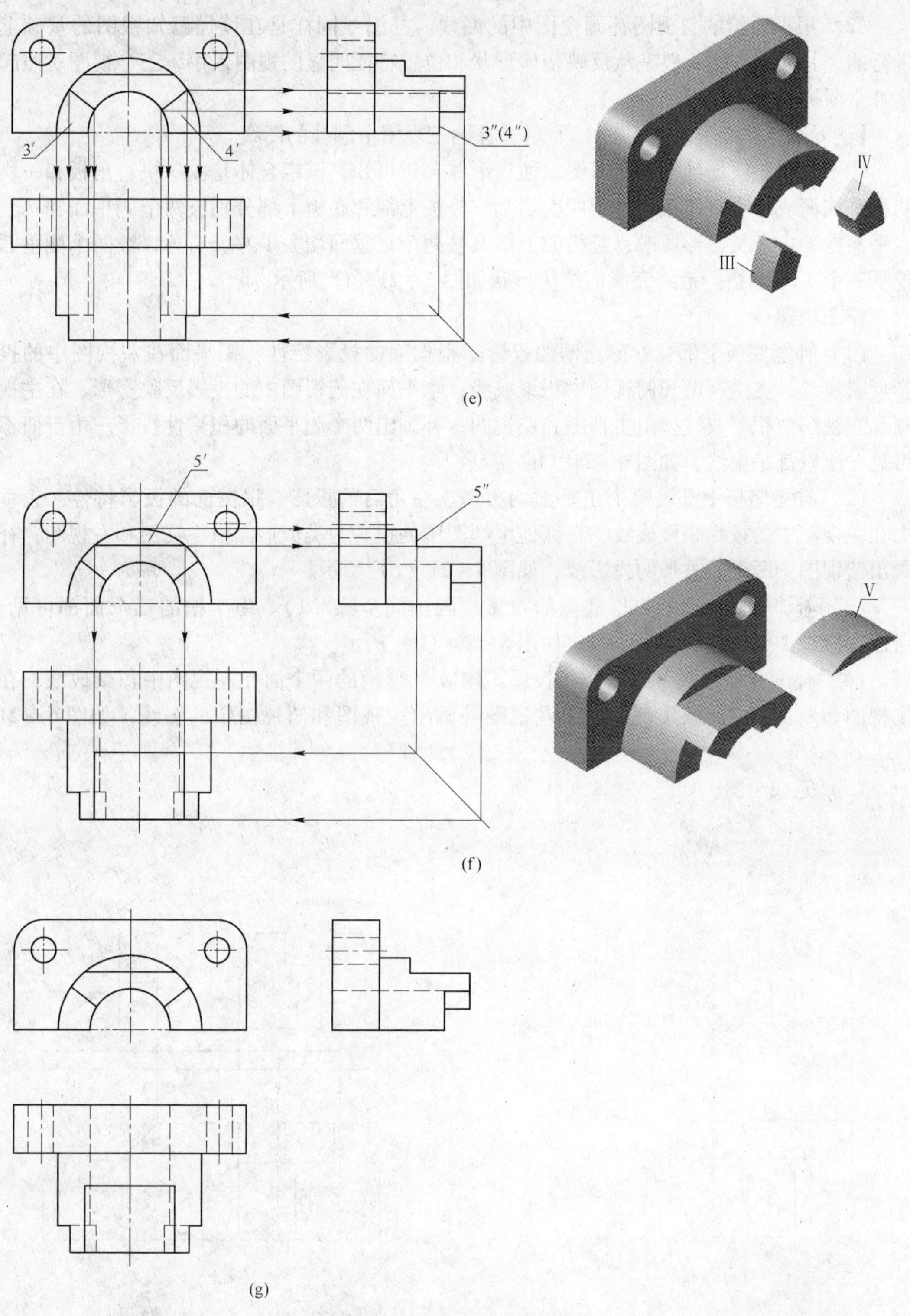

图 6－20 补画轴承盖俯视图

（a）组合体两面视图；（b）组合体；（c）补画长方形竖板Ⅰ的俯视图；（d）补画完整半圆筒Ⅱ的俯视图；（e）补画半圆筒切去形体Ⅲ、Ⅳ后的俯视图；（f）补画半圆筒切去形体Ⅴ后的俯视图；（g）补画的俯视图

（2）根据所给的三视图补画视图中的漏线。补漏线同样是在读懂已知视图的基础上进行的。其作图方法一般是从反映物体形状和位置特征明显的视图入手，三个视图对照起来补全漏掉的图线。

【例 6－2】 如图 6－21（a）所示，补画三视图中漏掉的图线。

作图分析：根据已知的三视图，通过形体分析可知，该组合体是由一块直角板和一块肋板叠加而成的。直角板经过了四次切割：竖板上部和底板下部分别被两个侧平面和一个水平面挖了一个长方形通槽；竖板的上部又被两个正垂面切去了左、右角，被两个侧垂面挖了一个 V 形通槽。最终完成的结构形状如图 6－21（f）所示。

作图步骤：

（1）补画底板下部长方形通槽的投影。根据面的投影特性：侧平面在左视图中的投影反映实形，在主视图和俯视图中积聚成线；水平面在俯视图中的投影反映实形，在主视图和左视图中积聚成线。由主视图和左视图，补画出两个侧平面的积聚性投影。由于面不可见，所以都是虚线，如图 6－21（b）所示。

（2）补画竖板上部被两个正垂面切去左、右角后的投影。根据面的投影特性：正垂面在主视图中的投影积聚成线，在其他两视图中的投影为类似形。由主视图和左视图，补画出俯视图中两个长方形的投影线，如图 6－21（c）所示。

（3）补画竖板上部长方形通槽的投影。画法同步骤（1）。由于槽的三个面都可见，所以在俯视图中的投影都是实线，如图 6－21（d）所示。

（4）补画竖板上部 V 形通槽的投影。构成 V 形槽的两个面在左视图中积聚成线，在主视图和俯视图中反映类似形。由左视图补画出主视图和俯视图中的漏线，如图 6－21（e）所示。

（5）完成全图，如图 6－21（f）所示。

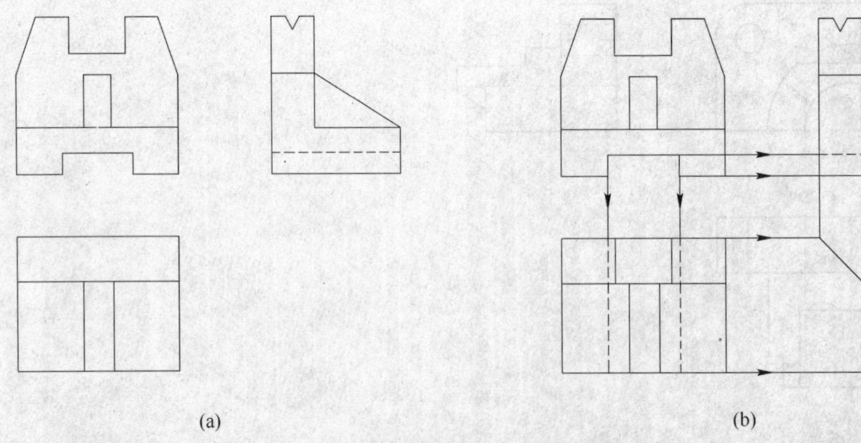

(a)　　(b)

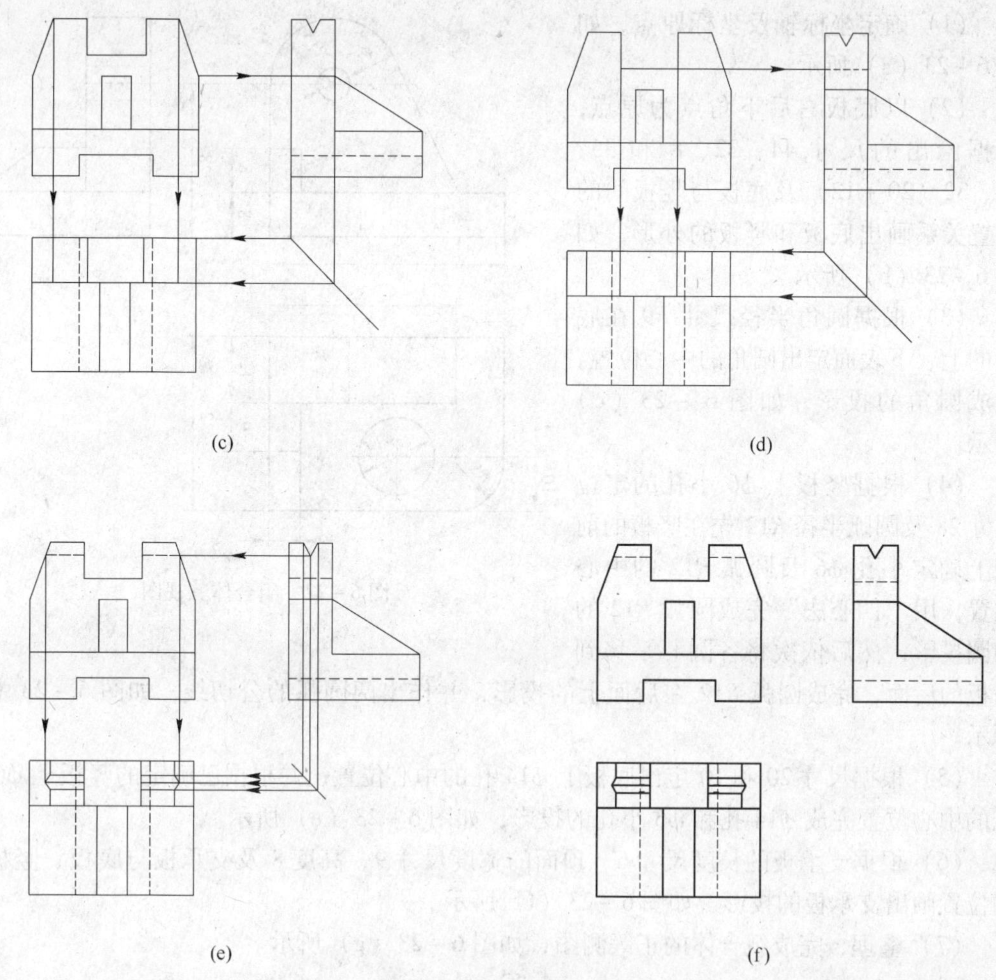

图 6－21　补漏线作图步骤

(a) 三视图；(b) 补画底板下部通槽的投影；(c) 补画竖板上部切去左、右角后的投影；
(d) 补画上部通槽的投影；(e) 补画 V 形槽的投影；(f) 完成全图

6.5　组合体轴测图的画法

画组合体的轴测图通常采用叠加法和切割法。

(1) 叠加法：将组合体分解成若干个基本几何体，根据各基本体间的相对位置，逐个画出每个基本体的轴测图，最终完成整个组合体的轴测图。

(2) 切割法：先画出切割前完整基本体的轴测图，然后按其结构特点逐个切除多余的部分，进而完成组合体的轴测图。

【例 6－3】　根据图 6－22 所示的三视图，画组合体的正等测图。

作图分析：由图 6－22 可知，该组合体由底板、竖板和支承板三部分组成。竖板在底板的上面，与底板后面平齐；支承板在底板的上面、竖板的前面，与底板的右面平齐。底板与竖板上各有一通孔，但不在同一方向上，因此采用正等测图。

作图步骤：

（1）确定坐标轴及坐标原点，如图 6－23（a）所示。

（2）以底板右后下角点为原点，根据给出的尺寸 44、32、8 和 35、12、32（20＋12）及底板与竖板间的位置关系画出底板和竖板的外形，如图 6－23（b）所示。

（3）根据圆角半径尺寸 $R9$ 在底板的上、下表面定出圆角的中心位置，完成圆角的投影，如图 6－23（c）所示。

（4）根据竖板上 $\phi6$ 小孔的定位尺寸 28 及圆弧半径 $R12$ 先在竖板的前面上确定小孔 $\phi6$ 及圆弧 $R12$ 的中心位置，用“四心法”完成圆弧 $R12$ 的椭圆投影；然后依次将各圆心平移到竖板的后面，完成圆弧 $R12$ 在后面上的投影，并作出两圆弧的公切线，如图 6－23（d）所示。

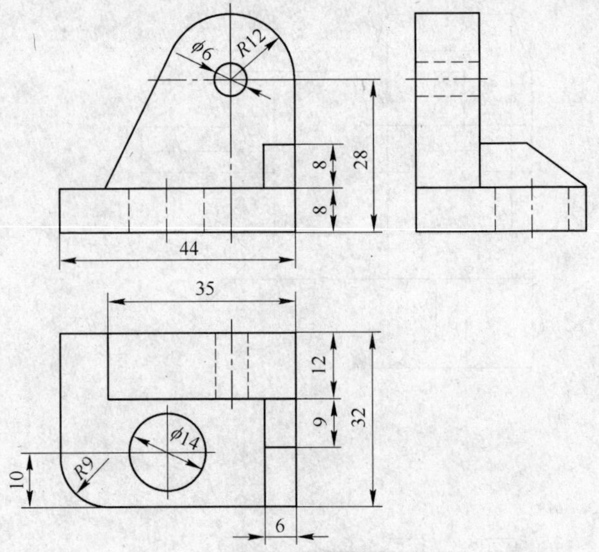

图 6－22　组合体三视图

（5）根据尺寸 20 和 10 定出底板上 $\phi14$ 孔的中心位置，并根据已确定的竖板上 $\phi6$ 小孔的中心位置完成 $\phi14$ 孔和 $\phi6$ 小孔的投影，如图 6－23（e）所示。

（6）根据支承板的长度尺寸 6、顶面的宽度尺寸 9、高度 8 及支承板与底板、竖板间的位置画出支承板的投影，如图 6－23（f）所示。

（7）整理，完成组合体的正等测图，如图 6－23（g）所示。

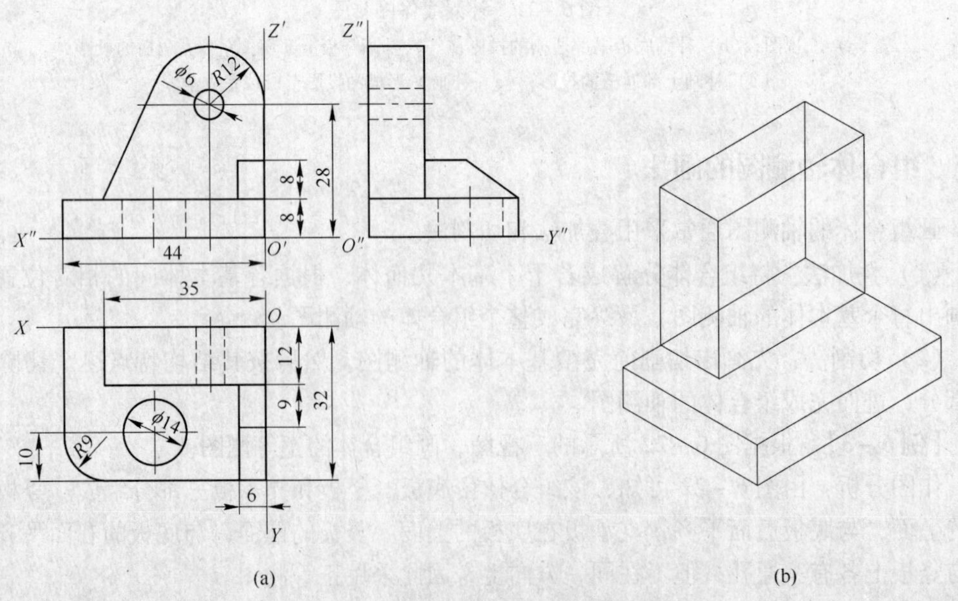

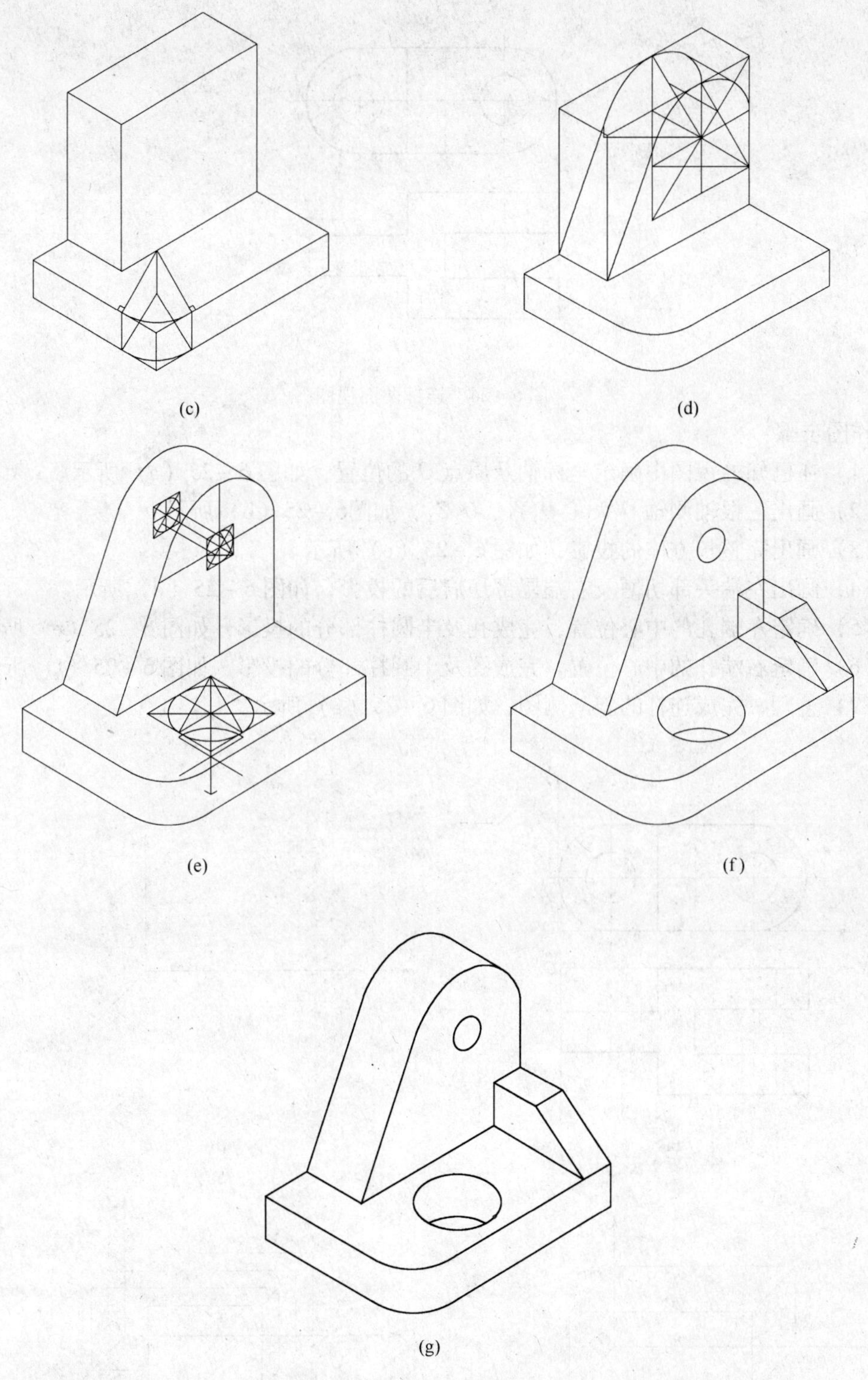

图 6－23　作图步骤

【例 6－4】　根据图 6－24 所示连杆的两面视图，画出其斜二测图。

作图分析：该组合体为切割类组合体，采用切割法画图。

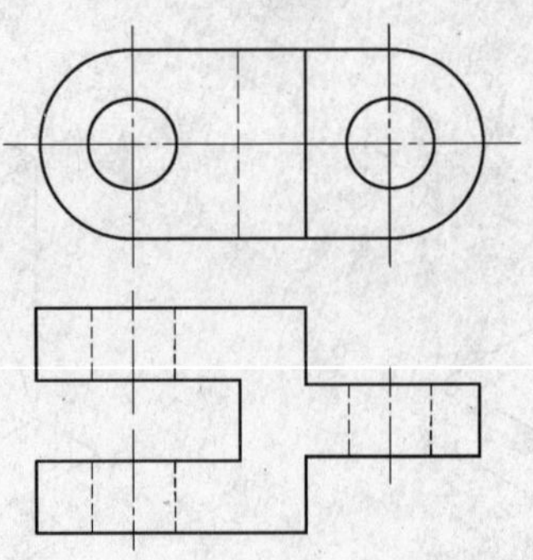

图 6－24　连杆两面视图

作图步骤：

（1）在已知的视图中确定坐标轴及原点 O 的位置，如图 6－25（a）所示。

（2）画出三根轴测轴 O_1X_1、O_1Y_1、O_1Z_1，如图6－25（b）所示。

（3）画出完整长方体的投影，如图 6－25（c）所示。

（4）画出左端头部切槽及右端尾部切肩后的投影，如图 6－25（d）所示。

（5）确定左端孔的中心位置，完成孔及半圆柱部分的投影，如图 6－25（e）所示。

（6）确定右端孔的中心位置，完成孔及半圆柱部分的投影，如图 6－25（f）所示。

（7）整理，完成连杆的斜二测图，如图 6－25（g）所示。

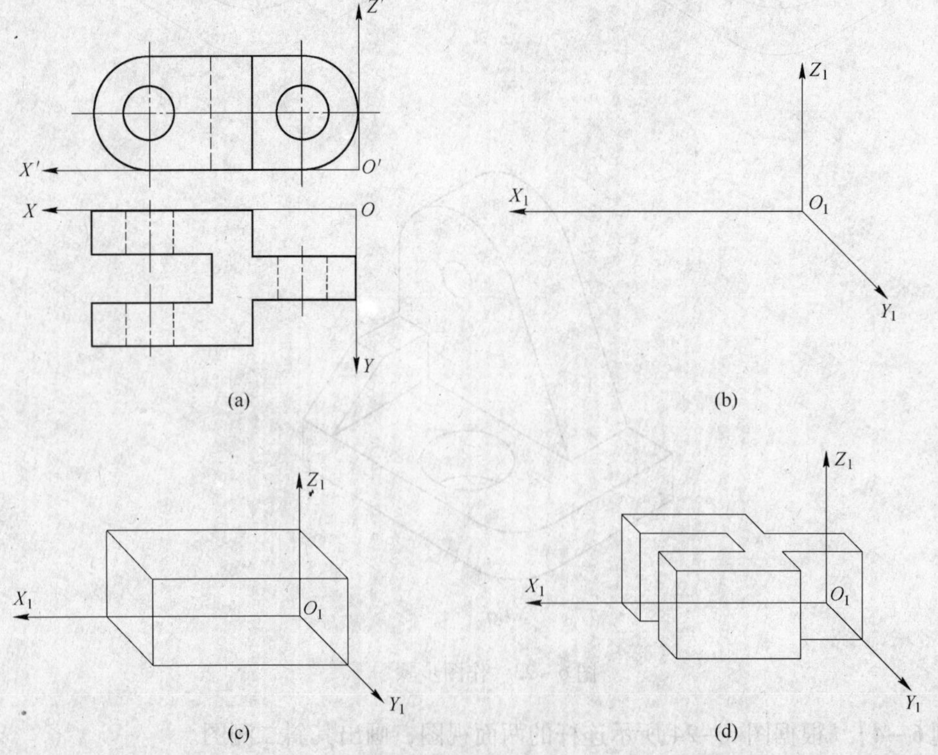

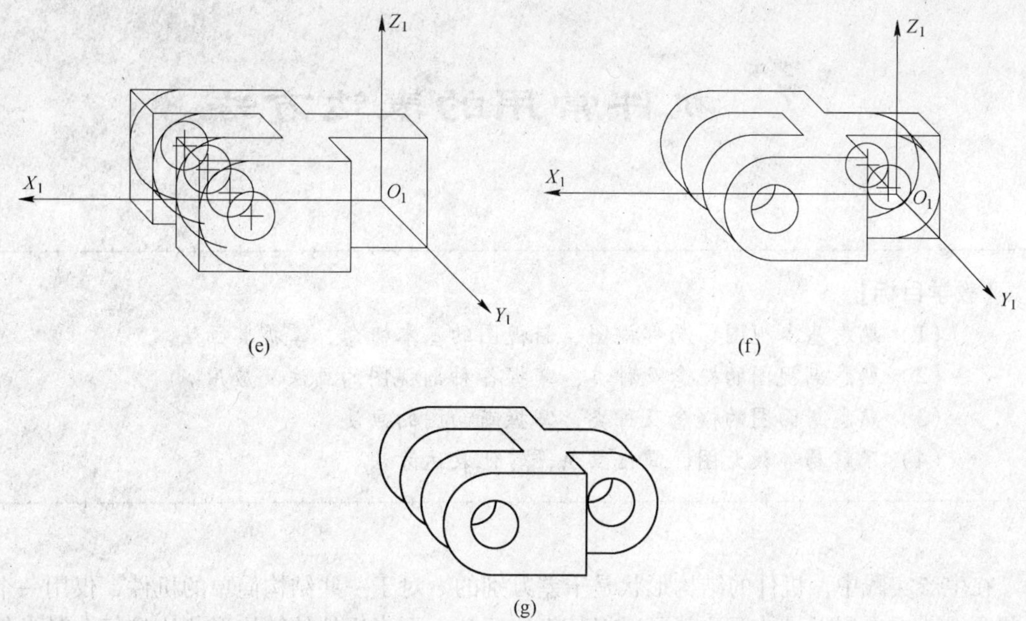

图 6-25　连杆斜二测图作图步骤

机件常用的表达方法

【教学目标】

(1) 熟悉基本视图、局部视图、斜视图的基本概念，掌握其画法。

(2) 熟悉剖视图的概念及种类，掌握各种剖视图的画法及应用。

(3) 熟悉断面图的概念及种类，掌握断面图的画法。

(4) 了解局部放大图、简化画法等其他表达方法。

在生产实践中，机件的结构形状是千差万别的。对于一些结构简单的机件，仅用一个或两个视图，再配以尺寸标注就可以将其表达清楚。而当机件的结构形状比较复杂时，仅用三视图很难将其内外结构形状完整、清晰地表达出来，因此还需采用其他的表达方法。

在国家标准《机械制图　图样画法　视图》(GB/T 4458.1—2002)、《机械制图　图样画法　剖视图和断面图》(GB/T 4458.6—2002) 和《技术制图　简化表示法》(GB/T 16675.1—1996) 中对各种表达方法作了一系列规定。本章介绍其中的一些常用表达方法。

7.1　视图

视图是按照有关国家标准和规定，用正投影法绘制的图形。视图一般只画机件的可见部分，必要时才画出其不可见部分。

视图通常分为基本视图、向视图、局部视图和斜视图四种。

7.1.1　基本视图

机件向基本投影面投射所得的视图称为基本视图。国家标准规定采用正六面体的六个面作为基本投影面，如图 7-1 (a) 所示，将机件放在正六面体中，由前、后、左、右、上、下六个方向分别向六个基本投影面投射，便得到六个基本视图。

六个基本视图的名称和投射方向为：

主视图——由前向后投射所得的视图；

俯视图——由上向下投射所得的视图；

左视图——由左向右投射所得的视图；

仰视图——由下向上投射所得的视图；

右视图——由右向左投射所得的视图；

后视图——由后向前投射所得的视图。

按照图 7-1 (b) 所示的方法，把六个基本投影面展成同一平面后，六个基本视图的配置关系如图 7-1 (c) 所示。六个基本视图之间仍然保持着与三视图相同的投影规律，

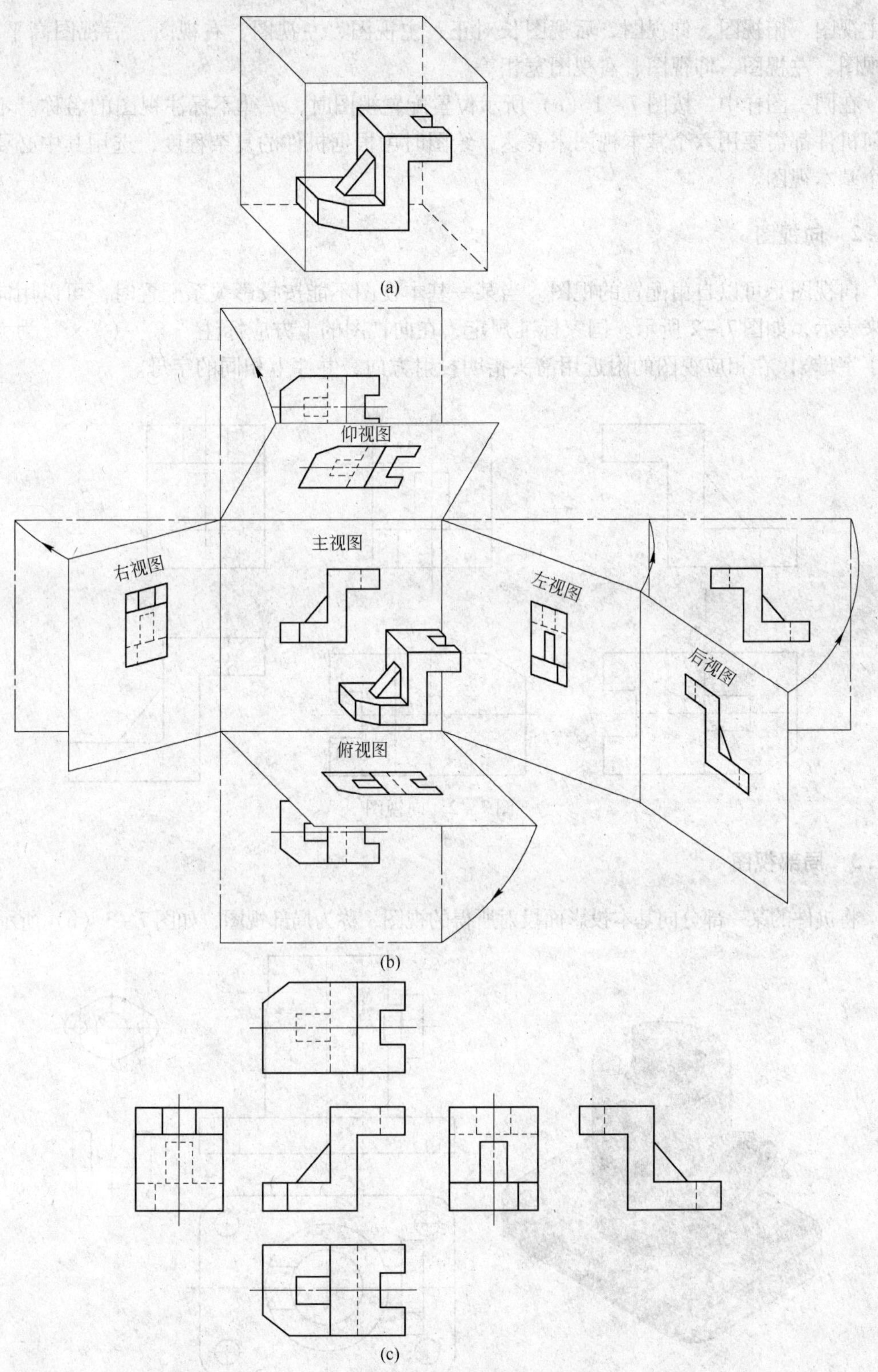

图 7-1 六个基本视图

(a) 六个基本投影面；(b) 六个基本投影面的展开方式；(c) 六个基本视图的配置关系

即主视图、俯视图、仰视图、后视图长对正；主视图、左视图、右视图、后视图高平齐；俯视图、左视图、仰视图、右视图宽相等。

在同一图样中，按图 7－1（c）所示位置配置视图时，一律不标注视图的名称。不是任何机件都需要用六个基本视图来表达，绘图时可根据机件的复杂程度，选用其中必要的几个基本视图。

7.1.2　向视图

向视图是可以自由配置的视图。当某一基本视图不能按投影关系配置时，可以用向视图来表示，如图 7－2 所示。国家标准规定，在向视图的上方应标注“×”（“×”为大写拉丁字母），在相应视图的附近用箭头指明投射方向，并注上相同的字母。

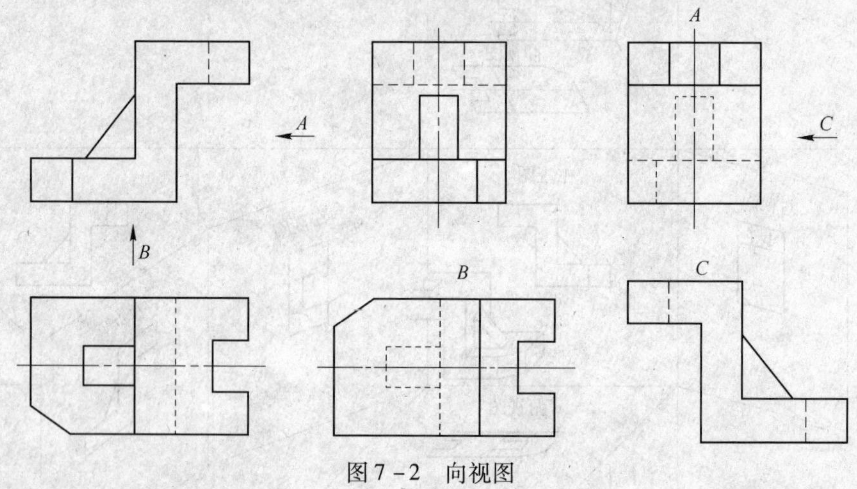

图 7－2　向视图

7.1.3　局部视图

将机件的某一部分向基本投影面投射所得的视图，称为局部视图，如图 7－3（b）所示。

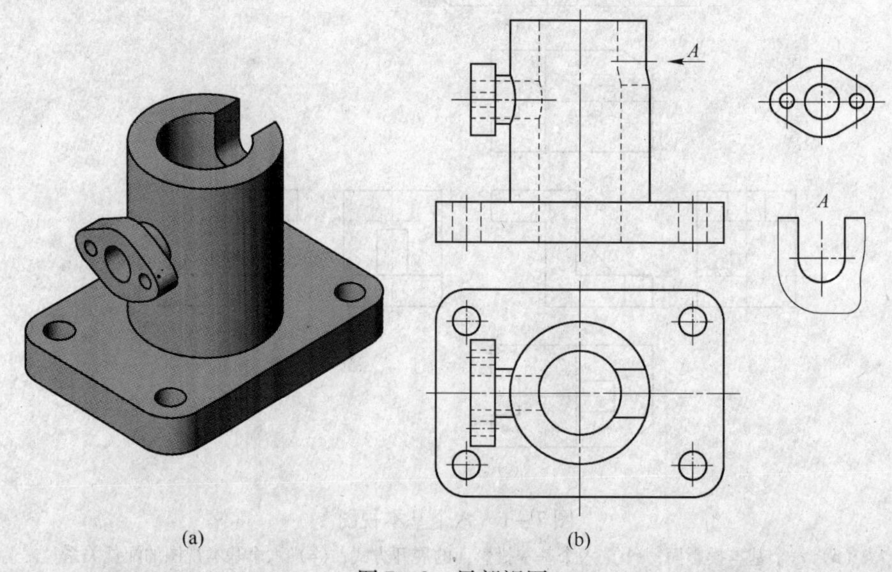

图 7－3　局部视图

当采用一定数量的基本视图后，机件的主要结构形状已表达清楚，但仍有部分结构形状尚未表达清楚，可又没有必要画出整个基本视图时，可以采用局部视图来表达。

画局部视图时应注意以下几点：

(1) 局部视图可按基本视图的位置配置，如图7-3 (b) 中凸台部分的局部视图；也可按向视图的配置形式配置在适当位置，如图7-3 (b) 中的局部视图 *A*。

(2) 当局部视图按基本视图的位置配置，中间又没有其他图形隔开时，可省略标注，如图7-3 (b) 中凸台部分的局部视图。按向视图的配置形式配置时要在局部视图的上方用大写字母标出其名称，并在相应的视图附近用箭头指明投射方向并注上相同的字母，如图7-3 (b) 中的局部视图 *A*。

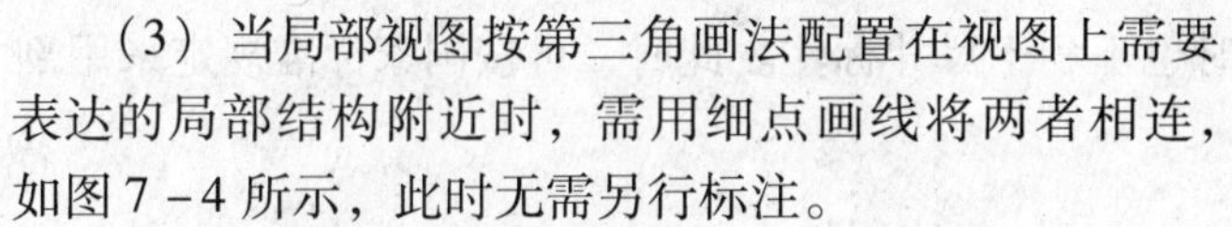

(3) 当局部视图按第三角画法配置在视图上需要表达的局部结构附近时，需用细点画线将两者相连，如图7-4所示，此时无需另行标注。

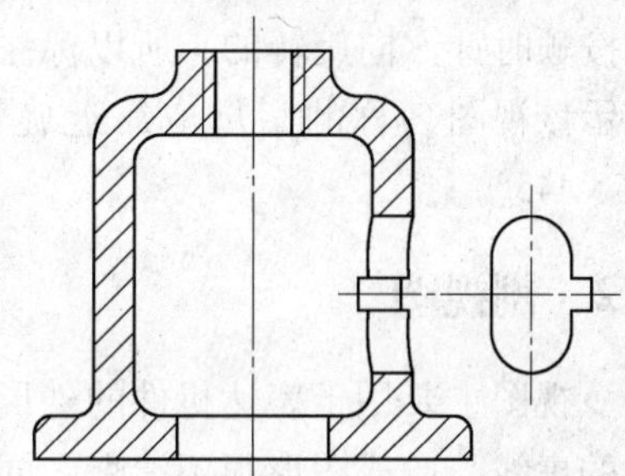

图7-4　局部视图按第三角画法配置

(4) 局部视图的断裂边界用波浪线或双折线表示，如图7-3 (b) 中的局部视图 *A*。断裂边界要画在机件的实体范围内。当所表达的局部结构是完整的，其图形的外轮廓线自行封闭时，波浪线可省略不画，如图7-3 (b) 中的凸台部分的局部视图。

7.1.4　斜视图

当机件上某些结构的表面与基本投影面倾斜时，在基本视图上就不能反映这些结构的真实形状。如图7-5 (a) 所示的弯板形机件，为了表达其上倾斜结构的实形，可选择一个新的辅助投影面，使它与机件上倾斜结构的主要平面平行且垂直于一个基本投影面，然后将机件的倾斜结构向该投影面投射便得到一个反映倾斜结构实形的视图。这种将机件向不平行于基本投影面的平面投射所得的视图称为斜视图。

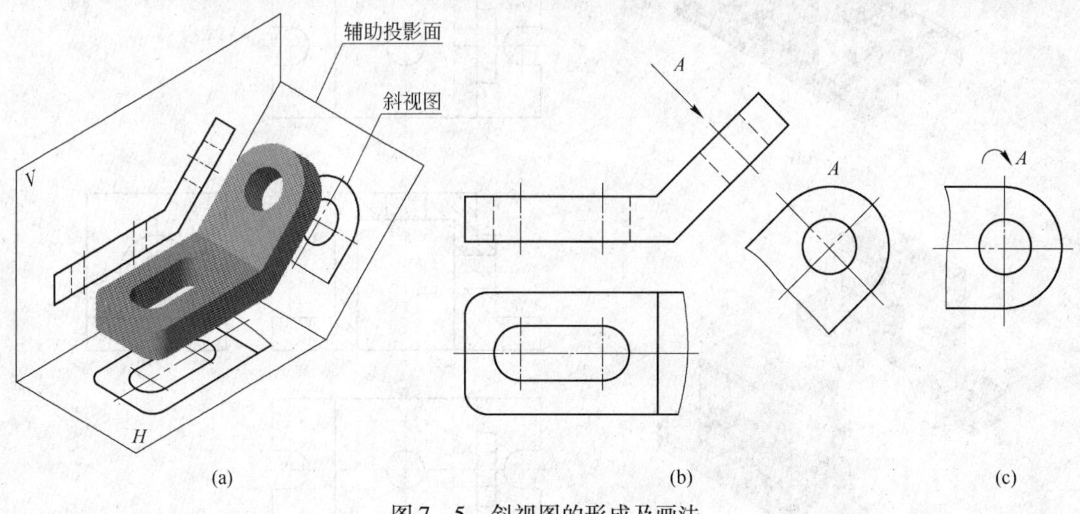

图7-5　斜视图的形成及画法

画斜视图时注意以下几点：

(1) 斜视图主要用于表达机件上的倾斜结构，其余部分不必全部画出，可用波浪线或双折线断开，如图 7－5（b）所示的 *A* 向斜视图。

（2）画斜视图时，须在相应的视图附近用带字母的箭头指明所表达的部位和投射方向并在斜视图上方注上相同的字母。

（3）斜视图一般应按投影关系配置，也可配置在其他适当位置。必要时允许将斜视图旋转到水平位置配置，此时应加注旋转符号，如图 7－5（c）所示。图中的 *A* 向斜视图是按顺时针方向旋转的，所以标注"⌒↘"；反之，若按逆时针方向旋转，则标注"↙⌒"。表示该视图名称的字母应靠近旋转符号的箭头端，也允许将旋转角度标注在字母之后（⌒*A*45°）。

7.2　剖视图

视图主要用于表达机件的外形。当机件的内部结构比较复杂时，在视图中就会出现大量的虚线，造成图形很不清晰，同时也不利于尺寸标注。此时，可按国家标准规定采用剖视图来表达机件的内部结构。

7.2.1　剖视图的形成

假想用剖切面剖开机件，将处在观察者与剖切面之间的部分移去，将其余部分向投影面投射所得的图形称为剖视图，简称剖视，如图 7－6（d）所示。剖视图的形成过程如图 7－6（c）所示。

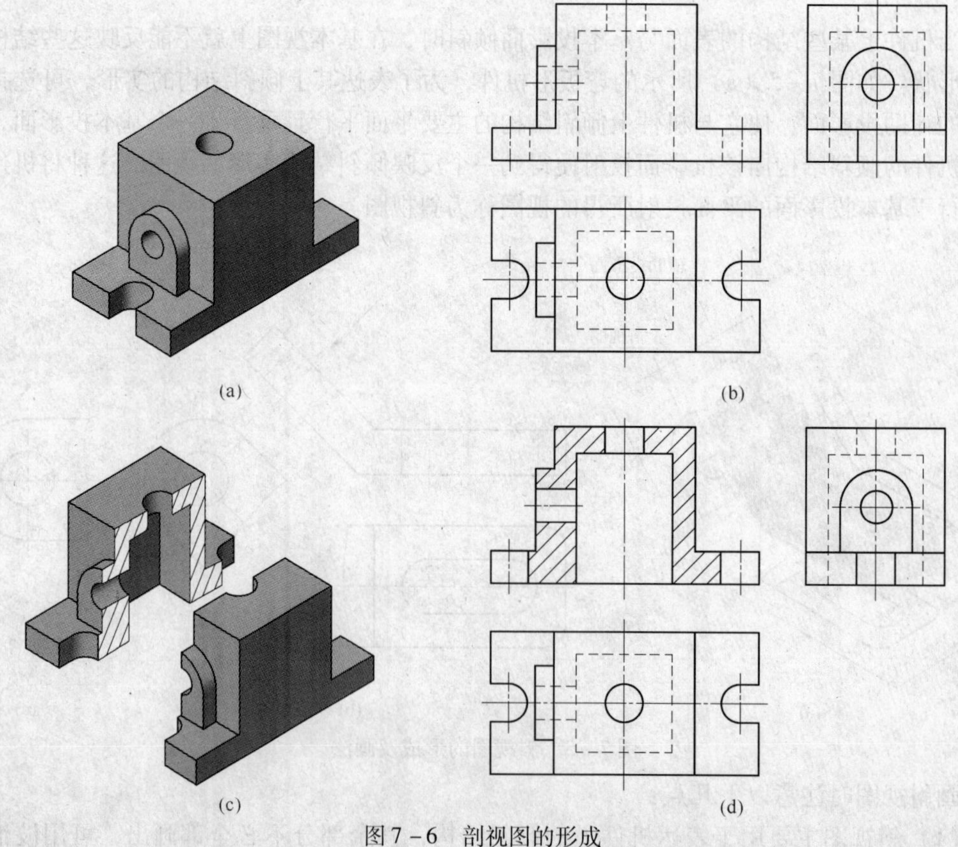

图 7－6　剖视图的形成

7.2.2 剖视图的画法

（1）剖切位置。为了能反映机件内部孔、槽等结构的真实形状，剖切面（多为平面）应尽量通过内部孔、槽等结构的轴线或对称平面，并平行于选定的投影面。

（2）剖面符号。剖切面与机件的接触部分要画出剖面符号。国家标准规定了各种材料的剖面符号，见表7－1。

表7－1 各种材料的剖面符号

材料名称		剖面符号	材料名称	剖面符号
金属材料（已有规定剖面符号的除外）			木质胶合板	
线圈绕组元件			基础周围的泥土	
转子、电枢、变压器和电抗器等的叠钢片			混凝土	
非金属材料（已有规定剖面符号的除外）			钢筋混凝土	
型砂、填砂、砂轮、粉末冶金、陶瓷刀片、硬质合金刀片等			砖	
玻璃等透明材料			格网（筛网、过滤网等）	
木材	纵剖面		液体	
	横剖面			

金属材料的剖面符号为一组互相平行、间隔均匀的细实线，又称为剖面线。剖面线一般与机件的主要轮廓或断面区域的对称线成45°，如图7－7所示。同一机件各剖视图中的剖面线方向及间隔应一致。

（3）画剖视图应注意的问题。

1）剖视图是假想剖开机件得到的，因此，一个视图画成剖视图后，其他视图仍应按

图 7－7　剖面线的方向

完整的机件画出。

2）剖切面后的可见结构应全部画出，不能遗漏，如图 7－8 所示。

3）一般情况下，在剖视图中尽量避免用虚线表示机件上不可见的结构。

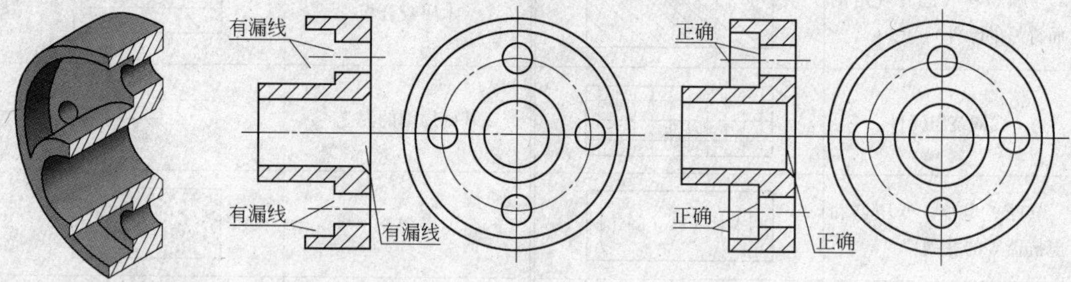

图 7－8　剖切面后可见结构的正确画法

7.2.3　剖视图的配置及标注

剖视图的配置与视图的配置规定一样，一般按投影关系配置，必要时也可配置在其他位置，但此时必须标注，如图 7－9 所示的 *B*—*B* 剖视图。

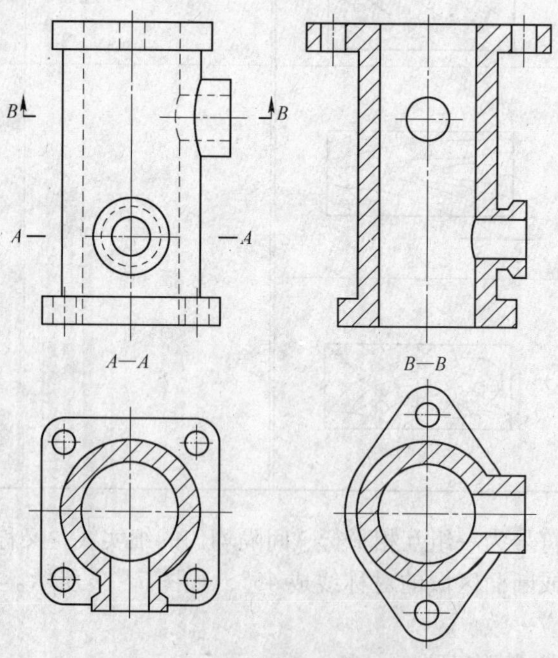

图 7－9　剖视图的配置和标注

国家标准规定，在剖视图上方应用大写拉丁字母标出剖视图的名称“×—×”，在相应的视图上用剖切符号表示剖切位置和投射方向，并注上相同的字母，如图7-9中的 *B—B* 剖视图。剖视图标注的三要素为剖切符号、剖切线和字母。

(1) 剖切符号：指示剖切面起、迄和转折位置及投射方向（用箭头表示）的符号。其中，剖切符号中的短画用粗实线表示，长5~10mm，并尽量不要与图形轮廓线相交。

(2) 剖切线：指示剖切面位置的线，用细点画线表示，画在剖切符号之间，通常省略不画。

(3) 字母：标注在剖视图上方及剖切符号附近，以表示剖视图名称及便于读图。

以下情况可省略标注：

(1) 当剖视图按投影关系配置，中间又没有其他图形隔开时，可以省略箭头，如图7-9中的 *A—A* 剖视图。

(2) 当单一剖切平面通过机件的对称或基本对称平面，且剖视图按投影关系配置，中间又没有其他图形隔开时，可省略标注，如图7-6（d）中的主视图及图7-9中的左视图。

7.2.4 剖视图的种类

根据剖切范围的不同，剖视图可分为全剖视图、半剖视图和局部剖视图三种。

7.2.4.1 全剖视图

用剖切面完全地剖开机件所得的剖视图称为全剖视图，如图7-6所示的主视图和图7-9中的剖视图均为全剖视图。全剖视图一般用于表达外形比较简单而内部结构比较复杂的机件。

7.2.4.2 半剖视图

当机件具有对称平面时，向垂直于对称平面的投影面上投射所得到的图形，可以对称中心线为界，一半画成视图，另一半画成剖视图，这种图形称为半剖视图，如图7-10（c）所示。

半剖视图可在同一个视图上同时表达物体的内外结构，故常用于表达内外结构都比较复杂的对称机件。

画半剖视图时应注意以下几点：

(1) 半个视图与半个剖视图的分界线用细点画线表示，不能画成粗实线。当作为分界线的细点画线与图形的轮廓线重合时，应避免采用半剖视图。

(2) 在半个剖视图中已表达清楚的内部结构，在另一半表达外形的视图中虚线可省略不画。但对于孔或槽等结构应画出中心线的位置。

(3) 半剖视图的标注与全剖视图相同。

7.2.4.3 局部剖视图

用剖切面局部地剖开机件得到的剖视图称为局部剖视图，如图7-11所示。

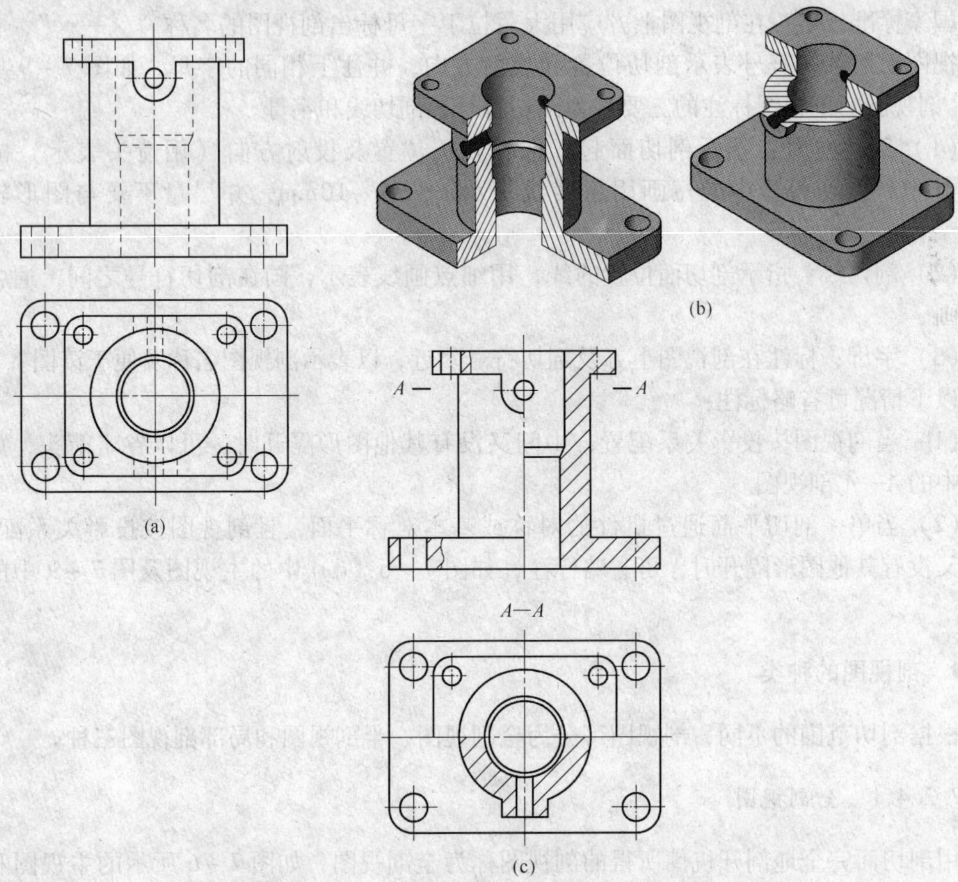

图 7－10　半剖视图

（a）三视图；（b）立体图；（c）半剖视图

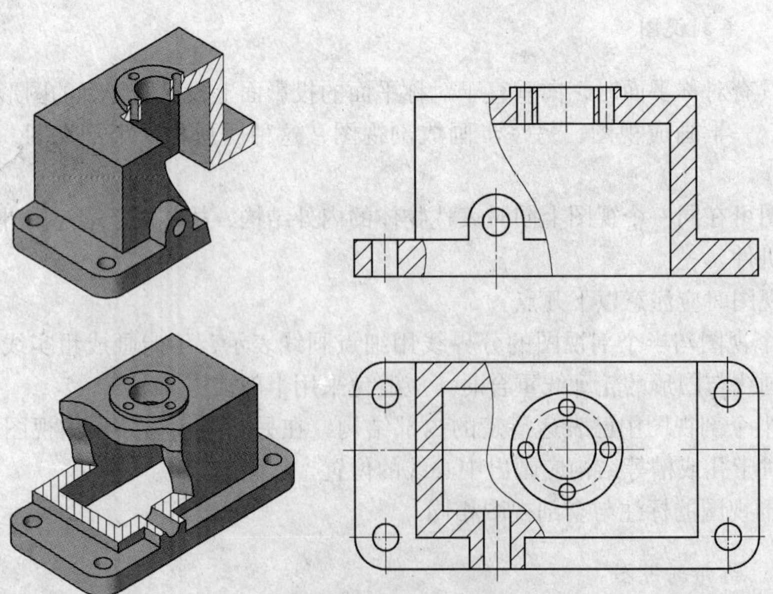

图 7－11　局部剖视图

局部剖视图常用于下列情况：

（1）机件上只有局部的内部结构需要表达，不必或不宜采用全剖视图时，可以采用局部剖视图，如图 7-12（a）所示。

（2）对称机件的内外形轮廓线与对称中心线重合，不宜采用半剖视图时，可以采用局部剖视图，如图 7-12（b）所示。

（3）不对称的机件内外形状都比较复杂，既要表达外形，又要表达内部结构时，可以采用局部剖视图，如图 7-11 所示。

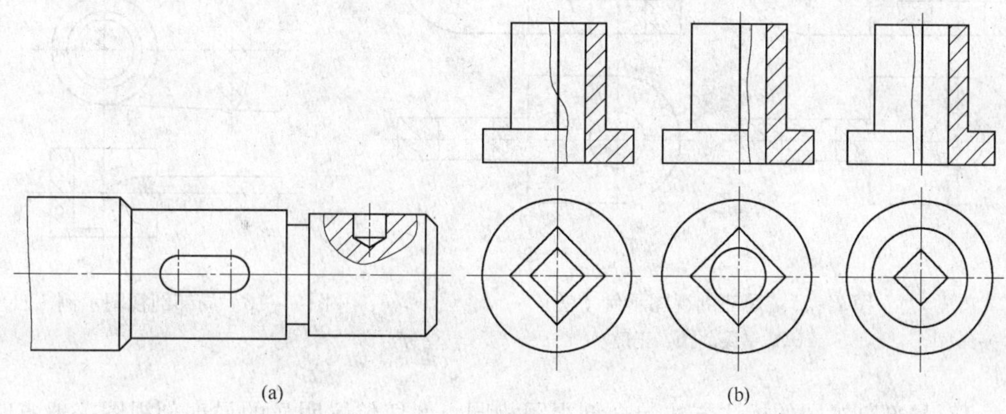

图 7-12 采用局部视图表示示例

画局部剖视图时应注意以下几点：

（1）局部剖视图可以波浪线分界。波浪线应画在机件的实体上，不能超出实体轮廓线，也不能画在机件的中空处，如图 7-13 所示。局部剖视图也可以双折线分界，如图 7-14所示。

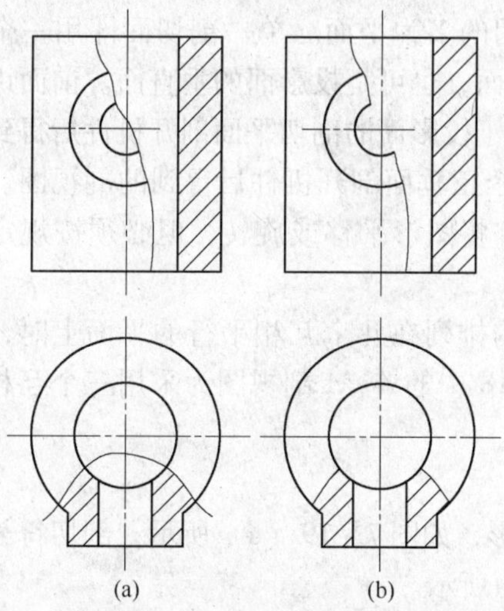

图 7-13 局部剖视图示例（一）

（a）错误；（b）正确

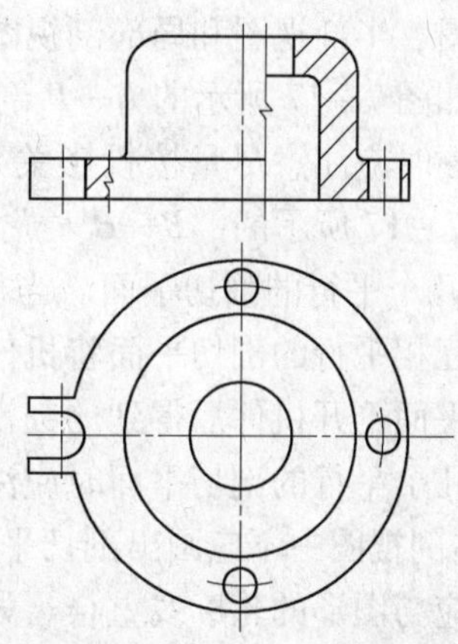

图 7-14 局部剖视图示例（二）

（2）波浪线不要和图样上其他图线重合，也不应画在其他图线的延长线上，如图 7 – 15 所示。

（3）当剖切结构为回转体时，可以将该结构的轴线作为局部剖视图与视图的分界线，如图 7 – 16 所示。

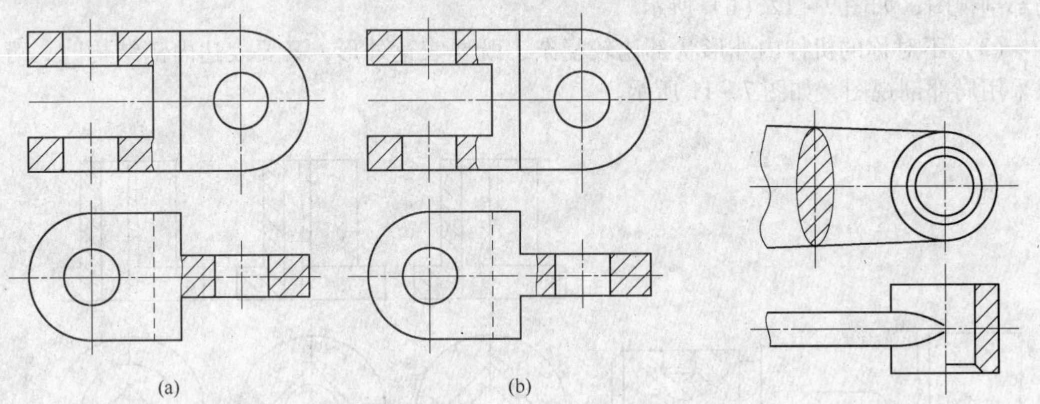

图 7 – 15　局部剖视图示例（三）
（a）错误；（b）正确

图 7 – 16　局部剖视图示例（四）

（4）局部剖视图的标注方法与全剖视图相同，剖切位置明显的局部剖视图一般省略标注。

7.2.5　剖切面的种类

由于机件的内部结构和形状各不相同，常常需要根据其具体结构特点选用不同数量和位置的剖切面来剖开机件，才能把机件的内部形状表达清楚。国家标准规定可以选用以下几种剖切面：

（1）单一剖切面。剖切面有平面和柱面，常用的多为平面。单一剖切面即用一个剖切面剖开机件。单一剖切平面可以是投影面的平行面，也可是投影面的垂直面。前面讲过的全剖视图、半剖视图和局部剖视图都是采用平行于投影面的剖切平面剖开机件后得到的剖视图，如图 7 – 17 所示的 *B—B* 剖视图为采用一个正垂面剖开机件后得到的剖视图。画这种剖视图时应注意尽量按投影关系配置，也允许将图形平移或旋转，但必须按规定标注，如图 7 – 17 所示的“*B—B* ↶”剖视图。

（2）几个平行的剖切平面。当机件的内部结构排列在几个互相平行的平面上时，可以用几个互相平行的剖切平面将机件剖开。图 7 – 18 中的 *A—A* 剖视图为采用三个互相平行的剖切平面剖开机件后得到的剖视图。

采用几个平行的剖切平面时应注意以下几点：

1）在剖视图中不应画出剖切平面转折处的投影，如图 7 – 19（a）所示；剖切符号转折处也不应与图形的轮廓线重合，如图 7 – 19（b）所示。

2）剖视图中不应出现不完整的结构要素，如图 7 – 19（a）所示。但当两个要素在图形上具有公共对称中心线或轴线时，可以对称中心线或轴线为界各画一半，如图 7 – 20 所示。

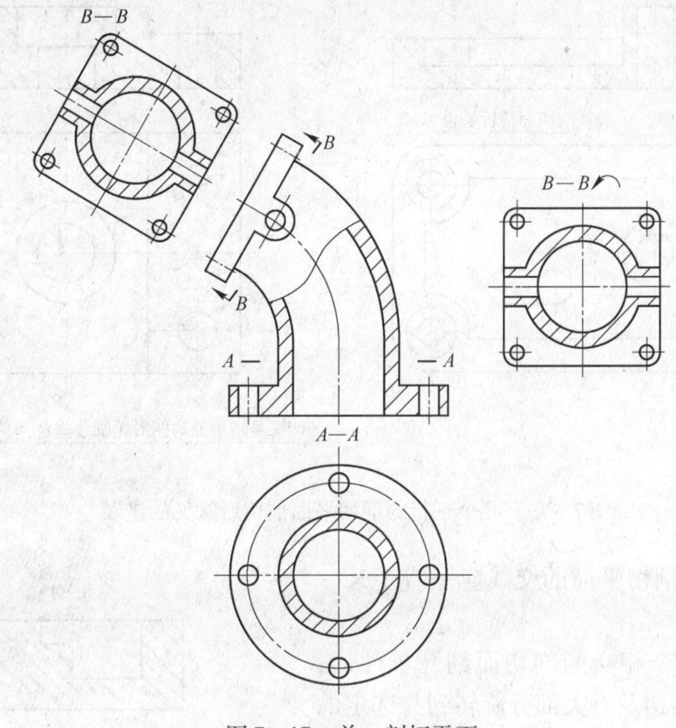

图 7 - 17　单一剖切平面

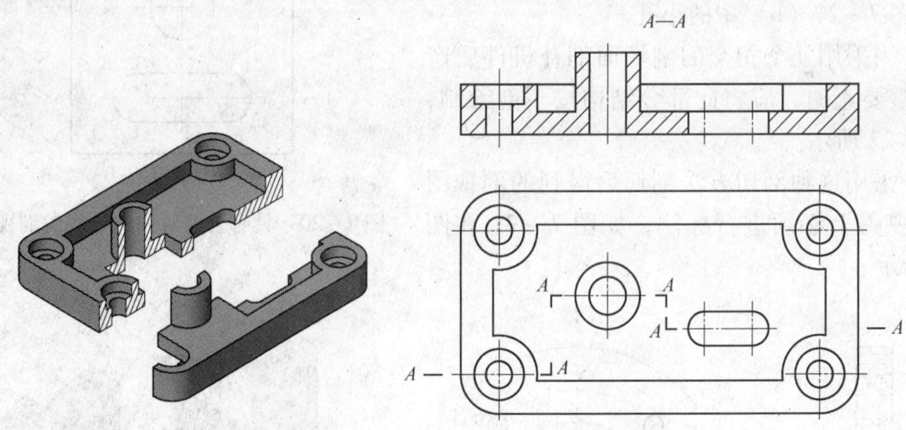

图 7 - 18　三个平行的剖切平面

3）必须在剖切平面的起、迄和转折处用剖切符号表示剖切位置，并标注相同的字母。

（3）几个相交的剖切面。绘制剖视图时，如果机件的内部结构分布在几个相交的平面上，且机件本身有明显的回转轴线，可以用几个相交的剖切平面剖开机件，如图 7 - 21（a）所示的 *A—A* 剖视图为采用两个相交的剖切平面剖开机件后得到的剖视图。

采用几个相交的剖切面剖开机件时应注意以下几点：

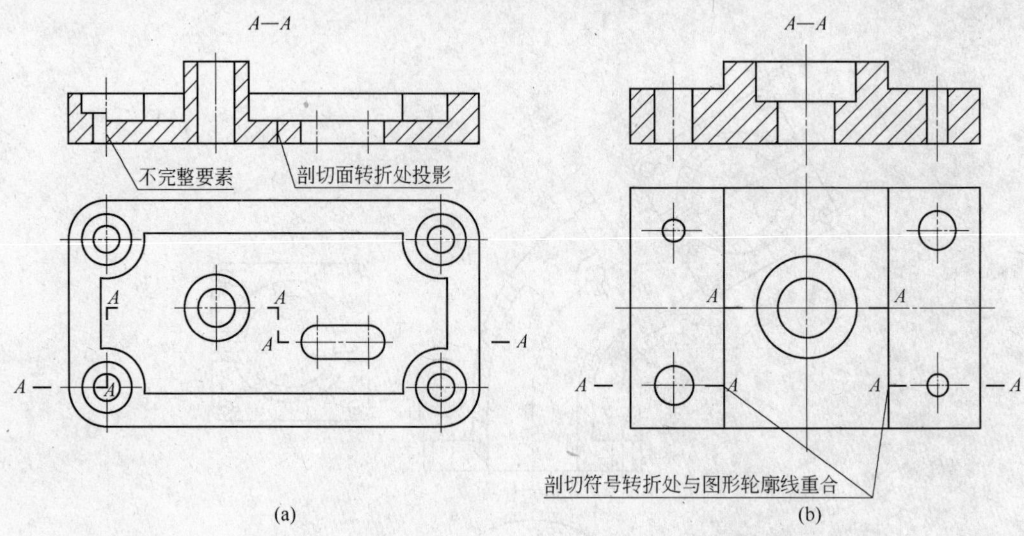

(a)　　　　　　　　　　　　　　　　　　(b)

图 7－19　几个平行的剖切平面剖切后常见的错误

1）相邻两个剖切平面的交线应垂直于某一基本投影面。

2）在采用几个相交的剖切面剖开机件后，应将剖开的倾斜结构及有关部分旋转到与选定的投影面平行后再进行投影，如图 7－21 所示。但处在剖切面后的其他结构一般仍按原位置进行投影，如图 7－21（b）中的小孔。

3）当采用几个相交的剖切面剖开机件后产生不完整要素时，应将此部分结构按不剖绘制，如图 7－22 所示。

4）采用这种剖切方法剖切后得到的剖视图及相应视图上必须进行标注，如图 7－21 和图 7－22所示。

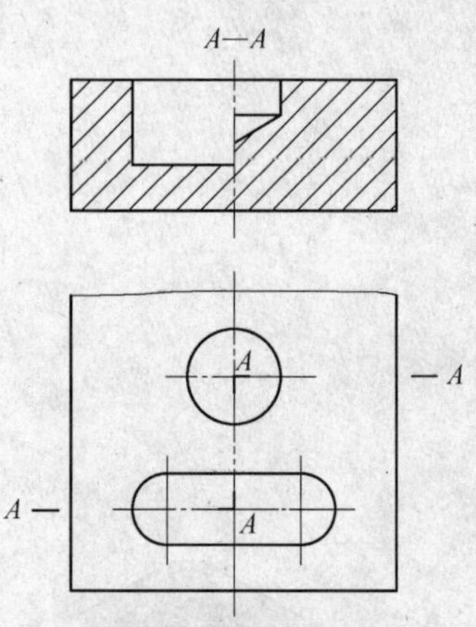

图 7－20　具有公共对称中心线的剖视图

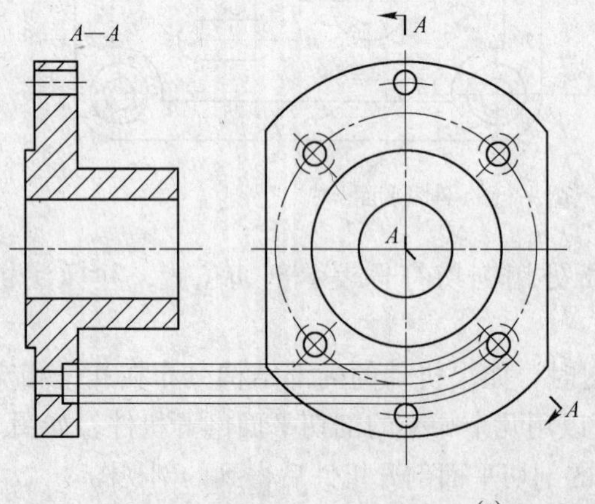

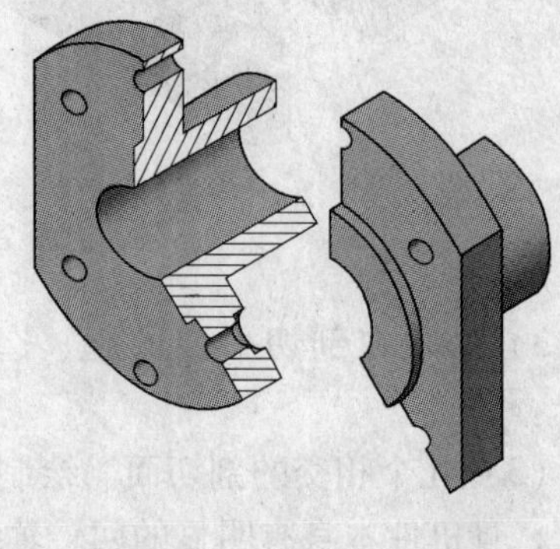

(a)

(b)

图 7-21 两个相交的剖切平面

(a) (b) (c)

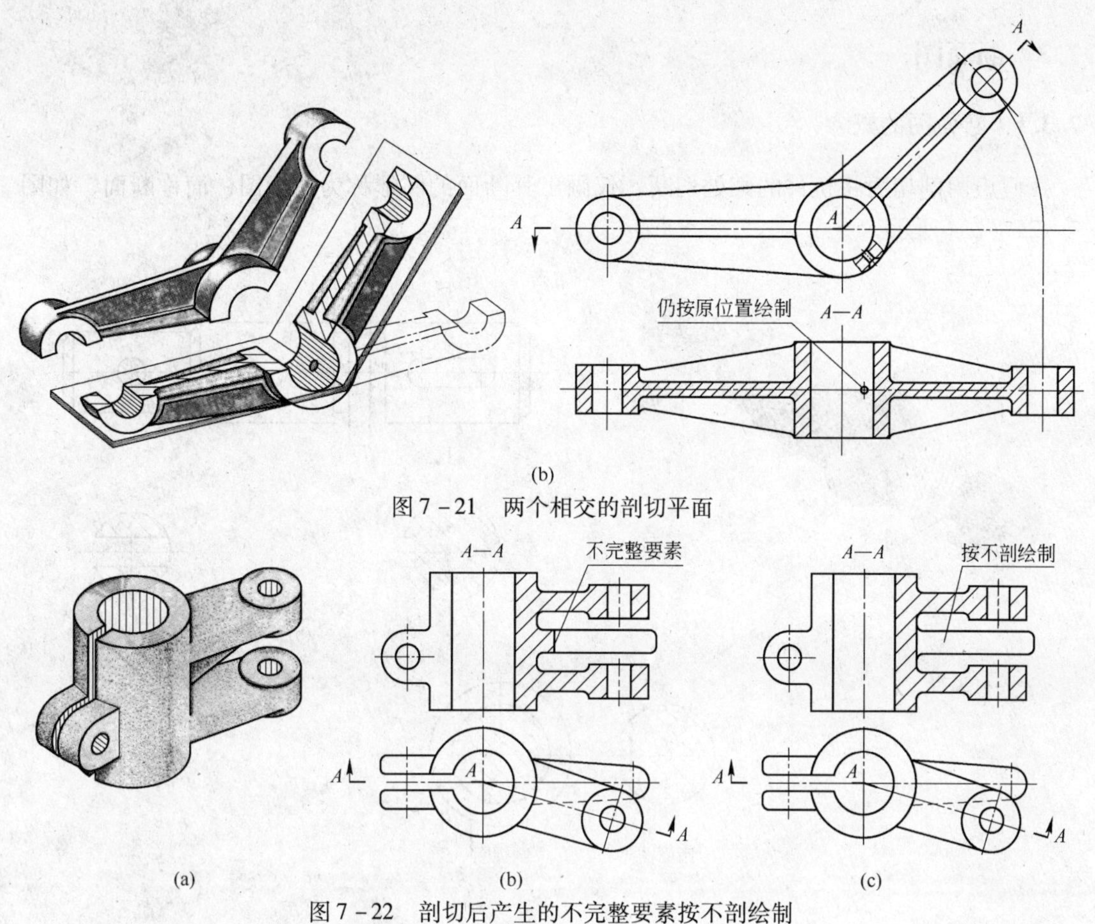

图 7-22 剖切后产生的不完整要素按不剖绘制

（4）组合的剖切面。当机件的形状比较复杂，用上述的某一种剖切面无法满足要求时，可用几个相交的、平行的剖切平面或柱面组合起来剖切机件。

图 7-23 是用平面、柱面、相交平面组合起来剖切机件；图 7-24 是用平行平面、相交平面组合起来剖切机件。

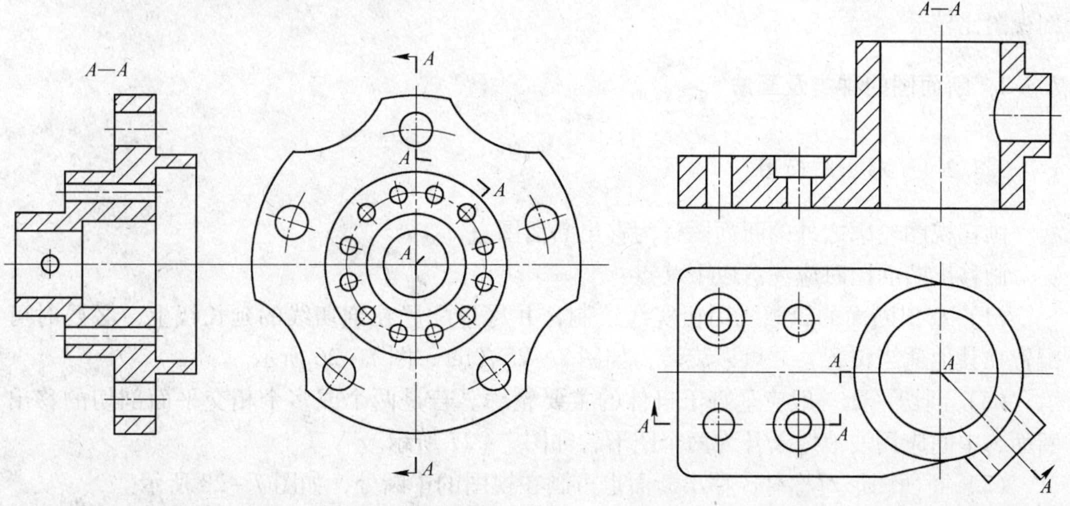

图 7-23 平面、柱面、相交平面组合剖切机件 图 7-24 平行平面、相交平面组合剖切机件

7.3　断面图

7.3.1　断面图的概念

假想用剖切面将机件的某处切断，仅画出其断面的图形称为断面图，简称断面，如图 7－25（b）所示。

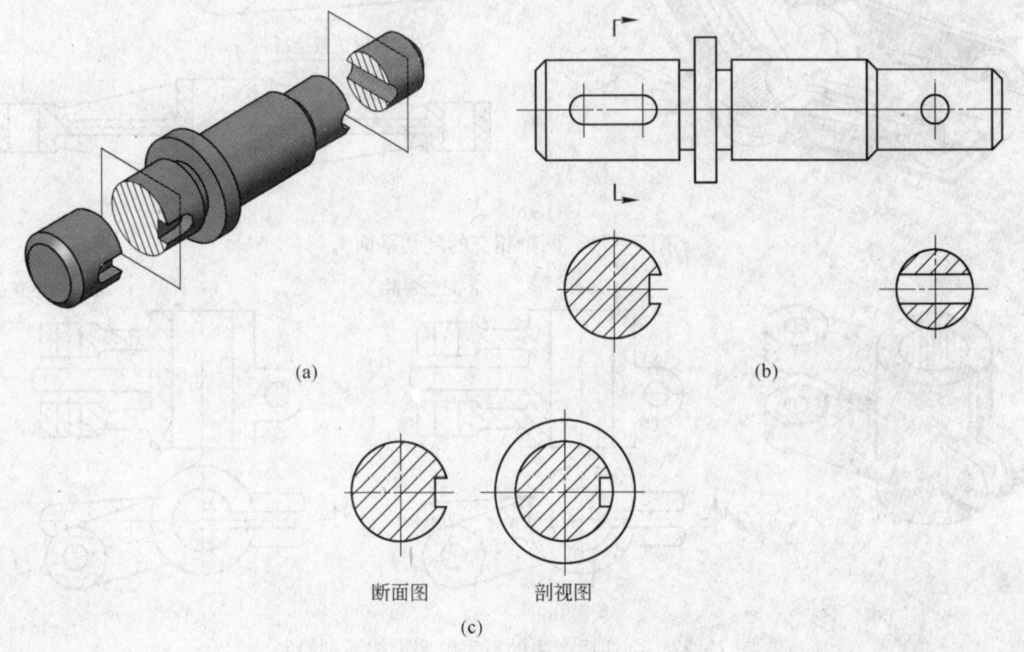

图 7－25　断面图的概念

断面图常用来表示机件上某一局部结构的断面形状，如机件的肋板、轮辐等。断面图与剖视图的不同之处在于：断面图仅画出剖切面与物体接触部分的图形，而剖视图则要求画出剖切面后所有可见部分的投影。图 7－25（c）所示为轴键槽处被切断后的断面图与剖视图比较。

7.3.2　断面图的种类及画法

7.3.2.1　移出断面图

画在视图轮廓之外的断面图称为移出断面图。

画移出断面图时应注意以下几点：

（1）移出断面的轮廓线用粗实线绘制，并尽量配置在剖切线的延长线上，必要时可配置在其他适当位置，并可以旋转，如图 7－25（b）、图 7－26 所示。

（2）剖切平面一般应垂直于机件的主要轮廓。若是两个或多个相交平面剖切的移出断面，中间应用波浪线断开为两个图形，如图 7－27 所示。

（3）断面图形对称时，移出断面也可画在视图的中断处，如图 7－28 所示。

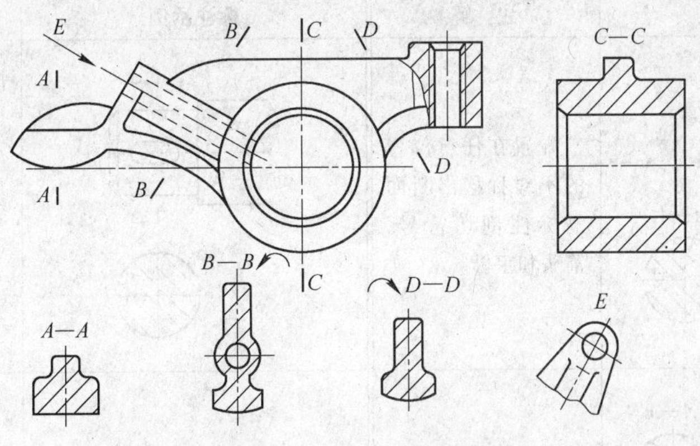

图 7-26 移出断面图

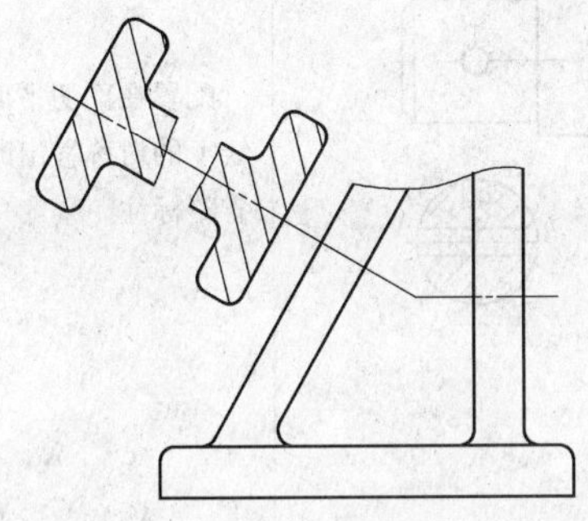

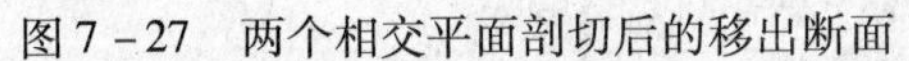

图 7-27 两个相交平面剖切后的移出断面

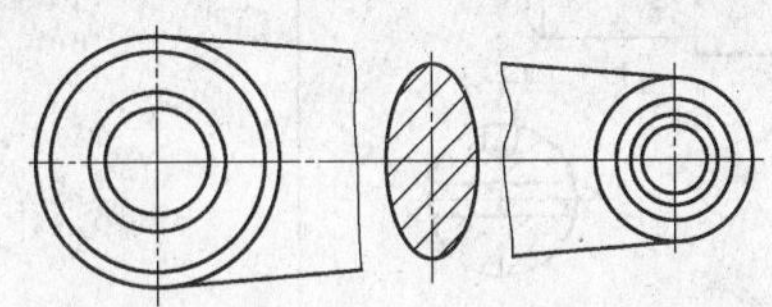

图 7-28 画在视图中断处的移出断面

（4）当剖切平面通过回转面形成的孔或凹坑的轴线时，这些结构按剖视图绘制，如图 7-29 所示。

（5）当剖切平面通过非圆孔且会导致出现完全分离的两个断面图时，这些结构按剖视图绘制，如图 7-30 所示。

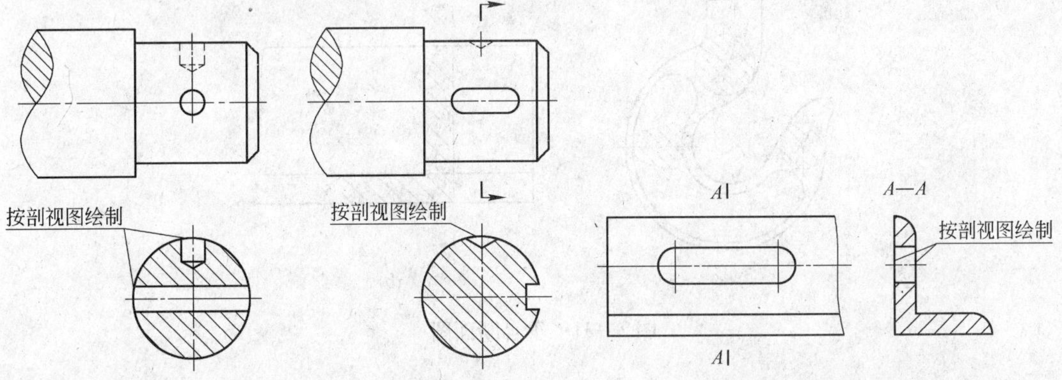

图 7-29 回转面形成的孔或凹坑的移出断面

图 7-30 非圆孔的移出断面

画移出断面图后应按国家标准规定进行标注，移出断面图的标注方法见表 7-2。

表 7－2　移出断面图的标注方法

标注示例	注　解	标注示例	注　解
A A A—A	配置在任意位置的不对称移出断面需标注剖切符号、箭头和字母		配置在剖切符号延长线上的不对称移出断面可省略字母
A A A—A A A A—A	按投影关系配置的移出断面或不按投影关系配置的对称移出断面可省略箭头		配置在剖切平面延长线上的对称移出断面可省略标注

7.3.2.2　重合断面图

画在视图轮廓之内的断面图称为重合断面图，如图 7－31 所示。

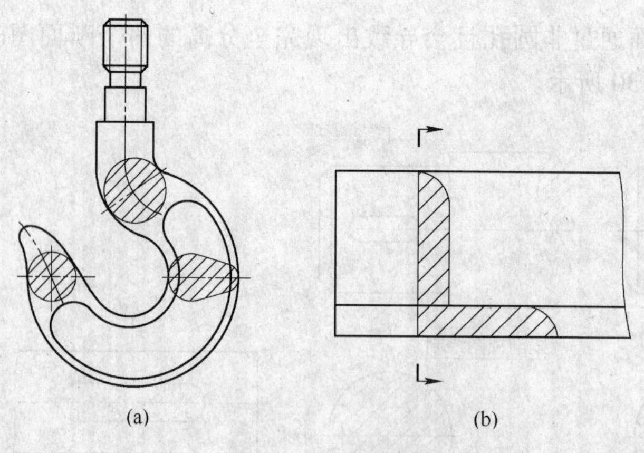

(a)　(b)

图 7－31　重合断面图

重合断面图的轮廓线用细实线画出。当视图中的轮廓线与重合断面图的图形重叠时，视图中的轮廓线仍需完整地画出，不可间断，如图 7－31（b）所示。

对称的重合断面图不需要标注，如图 7－31（a）所示；不对称的重合断面图要画出剖切符号和表示投射方向的箭头，省略字母，如图 7－31（b）所示；在不至于引起误解的情况下也可以省略标注。

7.4 局部放大图

将机件上的部分结构用大于原图形的比例画出的图形，称为局部放大图。局部放大图可画成视图、剖视图、断面图，它与被放大部分的表达方式无关，如图 7－32 所示。局部放大图应尽量配置在被放大部位的附近。

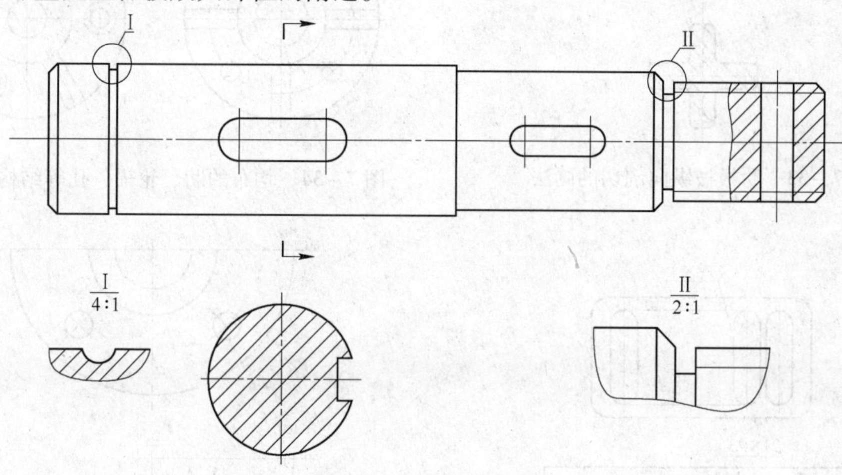

图 7－32 局部放大图

绘制局部放大图时应用细实线在原图形上圈出被放大的部位（螺纹牙形和齿轮、链轮的齿形除外）。当同一机件上有几处被放大的部位时，各处的放大比例可以不同，但必须用罗马数字依次编号，标明被放大的部位，并在局部放大图的上方标注出相应的罗马数字和所采用的比例，如图 7－32 所示；仅有一个放大图时只需标注放大比例即可。

7.5 视图的规定画法和简化画法

（1）肋、轮辐及薄壁等纵向剖切的画法。对于机件的肋、轮辐及薄壁等，如按纵向剖切，这些结构都不画剖面符号，而用粗实线将它与其邻接部分分开，如图 7－33 所示。

（2）均布的肋、轮辐、孔等结构的画法。当回转体机件上均匀分布的肋、轮辐、孔等结构不处于剖切平面上时，可将这些结构旋转到剖切平面上画出，而其分布情况由垂直于回转轴的视图表达，如图 7－34 所示。

（3）相同结构要素的简化画法。当机件上具有若干相同结构（齿、槽、孔等），并按一定规律分布时，只需画出几个完整的结构，其余用细实线连接或画出中心线位置，但在图上应注明该结构的总数，如图 7－35 所示。

（4）对称机件的画法。为了节省绘图时间和图幅，对称机件的视图可只画一半或四分之一，并在对称中心线的两端画出两条与其垂直的平行细实线，如图 7－36 所示。

（5）较长机件的断开画法。较长的机件（轴、杆、型材、连杆等）沿长度方向的形状一致或按一定规律变化时，可断开后缩短绘制，但尺寸仍按机件的设计要求标注，如图 7－37 所示。

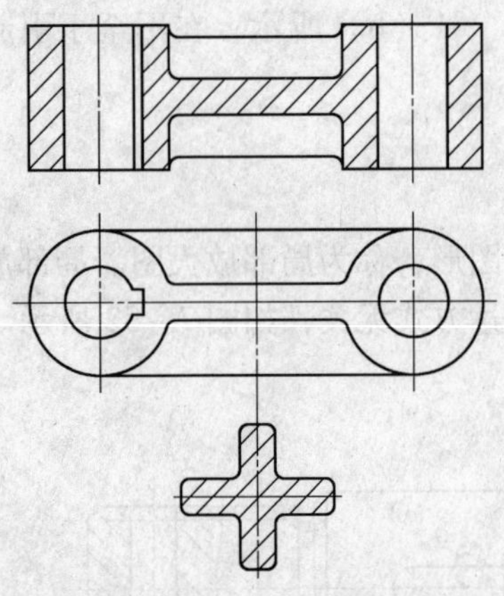

图 7－33　肋板被纵向剖切的画法

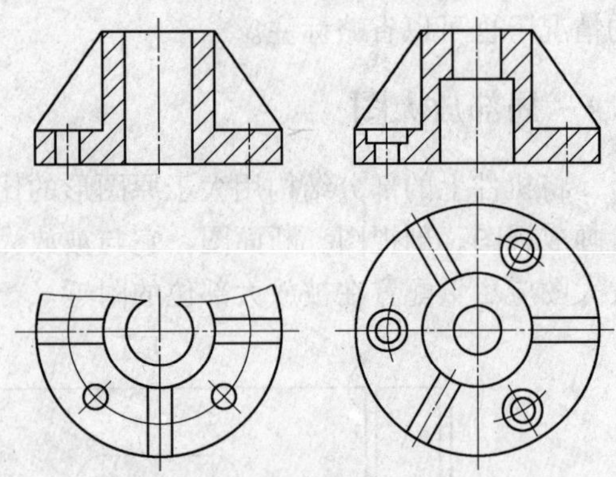

图 7－34　均布的肋、轮辐、孔等结构的画法

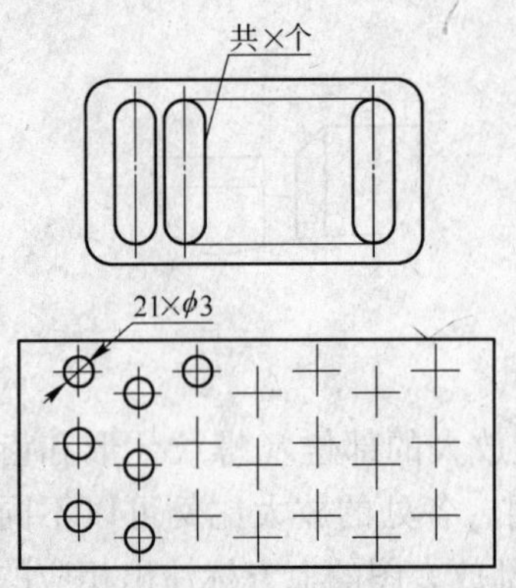

图 7－35　相同结构要素的简化画法

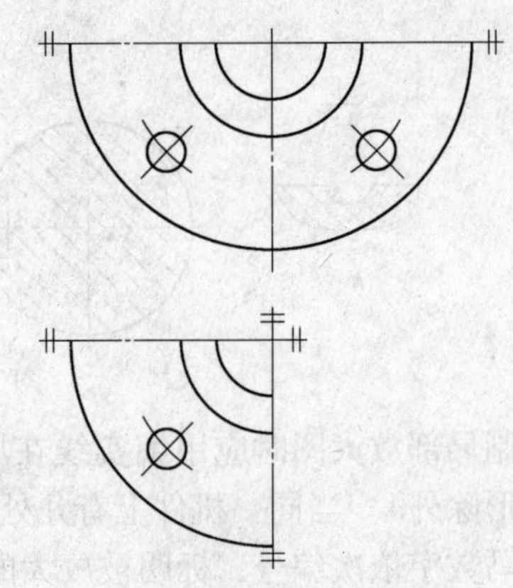

图 7－36　对称机件的画法

（6）回转体零件上的平面的画法。当回转体零件上的平面在图形中不能充分表达时，可用平面符号（两条相交的细实线）表示这些平面，如图 7－38 所示。

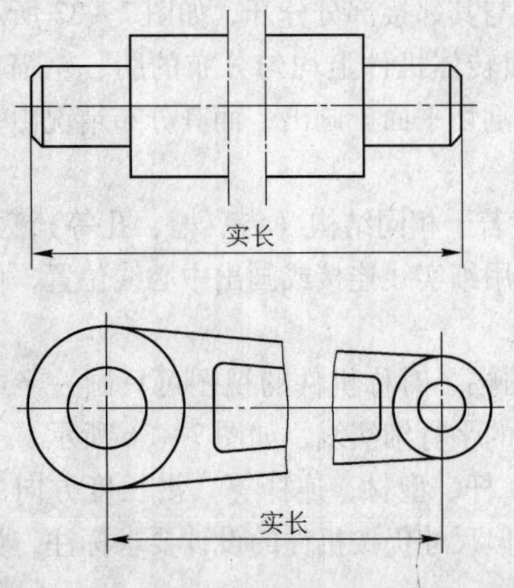

图 7－37　较长机件的断开画法

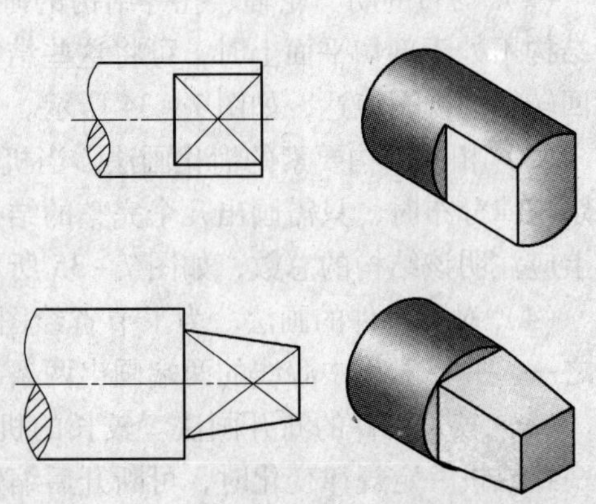

图 7－38　用平面符号表示平面

（7）倾斜角度不大的结构的画法。机件中与投影面倾斜角度不大于30°的圆或圆弧，其投影可用圆或圆弧代替，如图7－39所示。

（8）较小结构的简化或省略画法。当机件上较小的结构及斜度等已在一个图形中表达清楚时，在其他图形上可简化表示或省略，如图7－40所示。

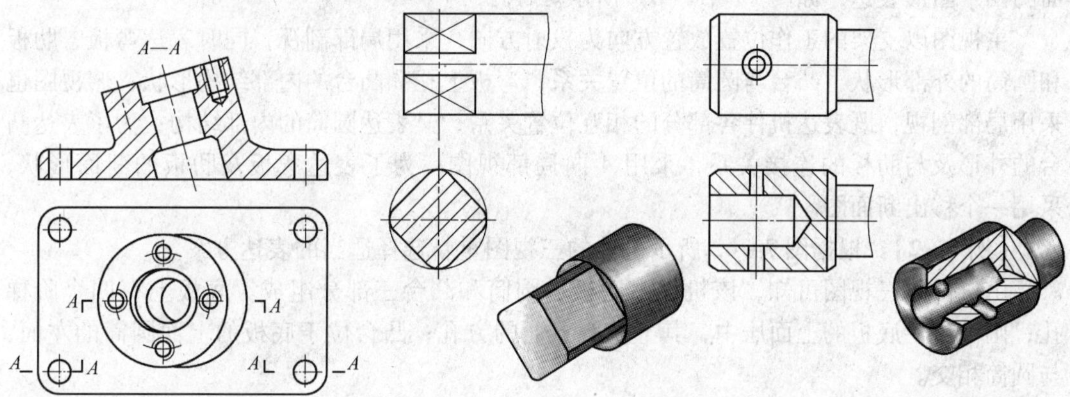

图7－39　与投影面倾斜角度不大于30°的圆或圆弧的画法

图7－40　较小结构的简化或省略画法

7.6　表达方法综合应用举例

在绘制机件图样时，应根据机件的结构形状特点，灵活地运用前面讲过的各种表达方法。选择机件的表达方案时，应考虑看图的方便，在完整、清晰地表达机件各部分结构形状的前提下，力求作图简便。

【例7－1】　根据图7－41（a）所示支架选择适当的表达方案。

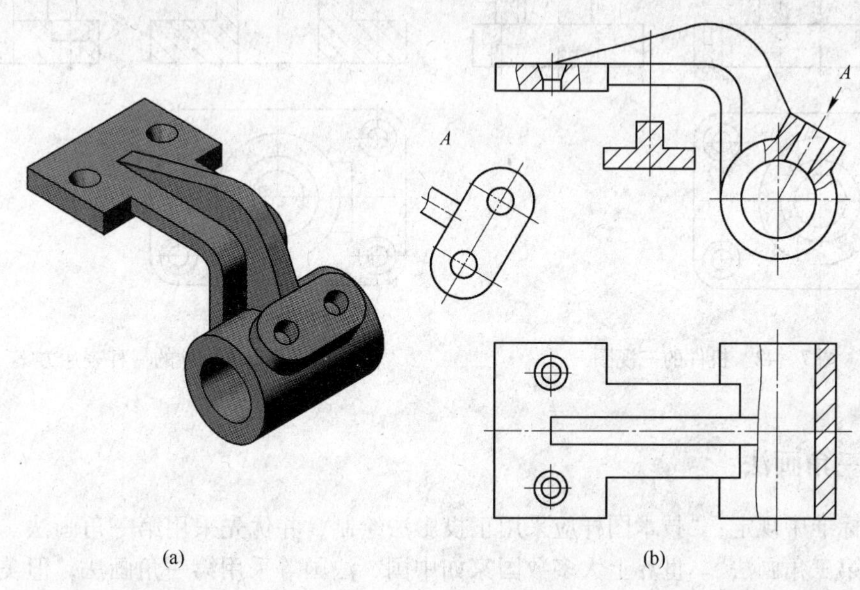

图7－41　支架

（1）形体分析。该支架由弯板、圆筒、肋板和凸台四部分构成。弯板与圆筒的圆柱面相切；肋板连接弯板和圆筒；凸台位于圆筒的上面，按工作位置摆放与圆筒的轴心线成一定的角度。

（2）确定表达方案。根据该支架的结构特点，采用主视图、俯视图、局部视图和断面图四个图形表达，如图 7－41（b）所示。

主视图以支架的工作位置放置方向为投射方向，采用局部剖视，同时表达弯板、肋板和圆筒的外部形状，凸台与圆筒的位置关系，弯板上孔和凸台的内部结构形状；俯视图也采用局部剖视，既表达机件各部分的相互位置关系，又表达圆筒的内部结构；为了表达凸台的外形及与肋板的连接关系，采用 *A* 向局部视图；为了表达弯板及肋板的断面形状，采用一个移出断面图。

【例 7－2】 根据图 7－42 所示机件的三视图重新选择适当的表达方案。

由机件的三视图可知，该机件由底板、圆筒和凸台三部分组成。底板上有四个阶梯孔；圆筒位于底板的上面居中，其上挖有穿通的方孔；凸台位于底板的上面圆筒的左面，与圆筒相交。

为了清楚地表达圆筒的内部结构及圆筒与凸台上孔相通的情况，主视图采用全剖视图。由于该机件前后对称，因此选用半剖视的左视图，这样既表达圆筒的内部结构，又保留凸台的外形；同时采用局部剖表达底板上安装孔的结构。为了表达底板的形状及其上安装孔间的位置关系，俯视图保留了视图的形式，但省去了已被剖视图表达清楚的内部结构的虚线，如图 7－43 所示。

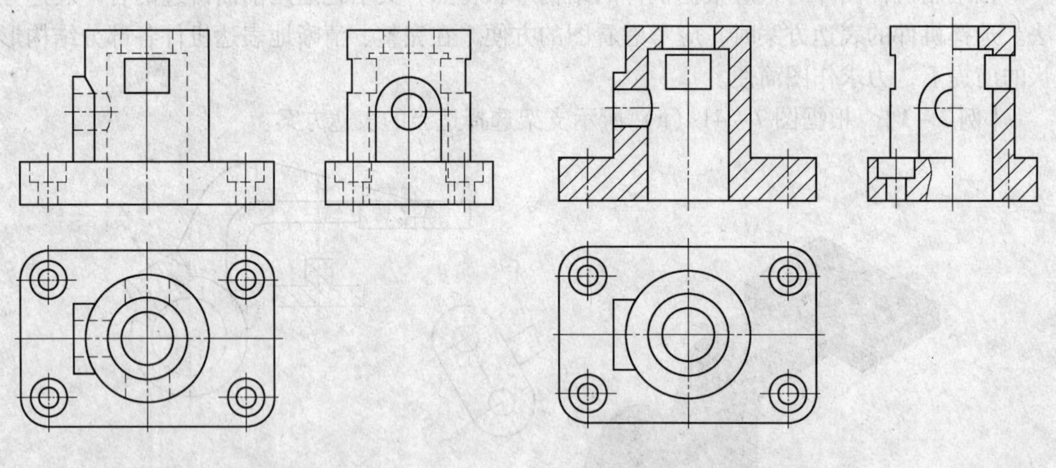

图 7－42　机件的三视图　　　　图 7－43　机件的一种表达方案

7.7　第三角画法

国家标准中规定："技术图样应采用正投影法绘制，并优先采用第一角画法。必要时允许使用第三角画法"。世界上大多数国家如中国、法国等采用第一角画法，但美国、日本等国家则采用第三角画法。因此，在国际间的技术交流中常会遇到用第三角画法的图样。下面对第三角画法作一简介。

7.7.1　第三角画法与第一角画法的区别

三个互相垂直相交的投影面将空间分为八个分角，分别称为第Ⅰ角、第Ⅱ角、…、第Ⅷ角，如图7－44所示。

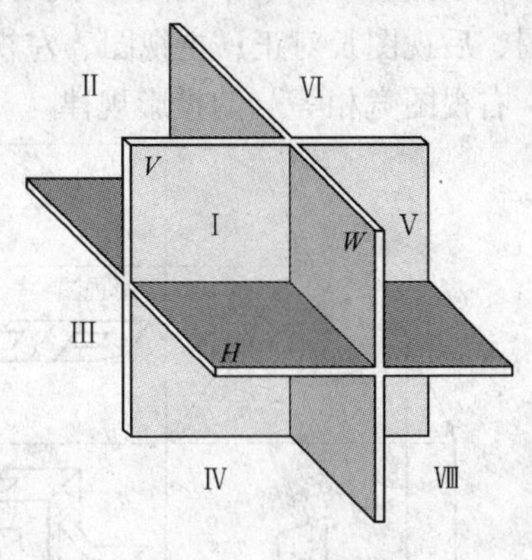

图7－44　八个分角

机件放在第Ⅰ角中得到的多面正投影称为第一角画法；机件放在第Ⅲ角中得到的多面正投影称为第三角画法，如图7－45所示。

第三角画法与第一角画法的区别在于观察者、机件、投影面三者间的位置关系不同。第一角画法是把被画机件放在观察者与投影面之间，因此，从投射方向看，形成人、物、图的顺序；而第三角画法是把投影面置于观察者与机件之间，因此，从投射方向看，形成人、图、物的顺序，如图7－45（a）所示。这种画法是把投影面假想成透明的来处理。俯视图是从机件的上方往下投射所得的视图，把所得的视图就画在机件上方的投影面上；主视图是从机件的前方往后投射所得的视图，把所得的视图就画在机件前方的投影面上；其他视图依此类推。投影面展开后所得的三视图如图7－45（b）所示。

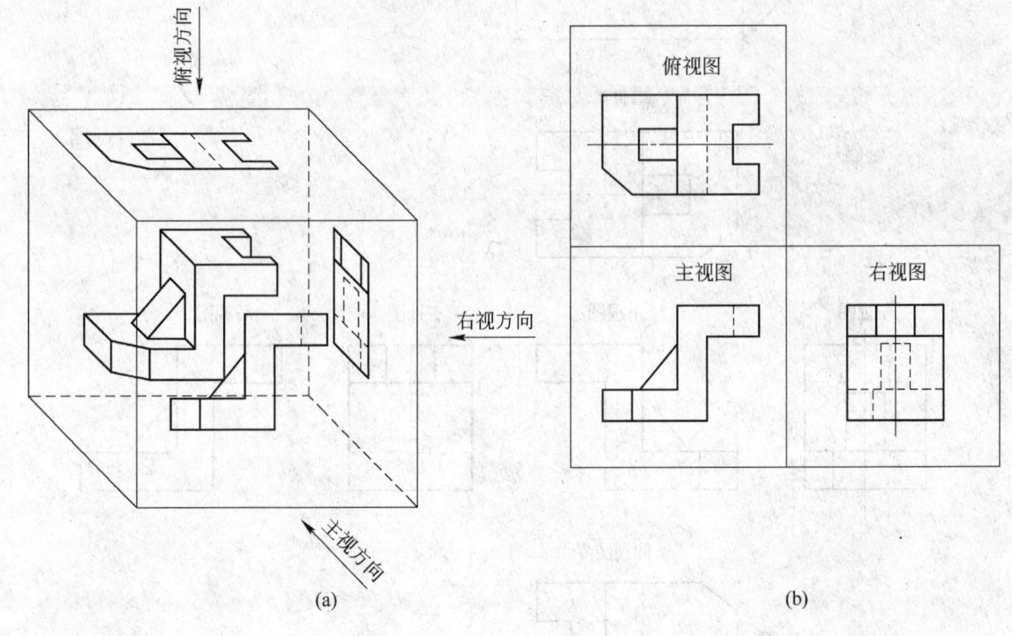

图7－45　第三角画法

7.7.2　第三角画法中视图间的位置关系及投影规律

与第一角画法一样，将机件向六个基本投影面投射后，即得到六个基本视图。将六个基本投影面按照图 7 - 46（a）所示的方法展开后得到第三角画法中六个基本视图的位置关系，如图 7 - 46（b）所示。同时，六个基本视图之间仍然遵循“主视图、俯视图、仰视图、后视图长对正；主视图、左视图、右视图、后视图高平齐；俯视图、左视图、仰视图、右视图宽相等”的投影规律。

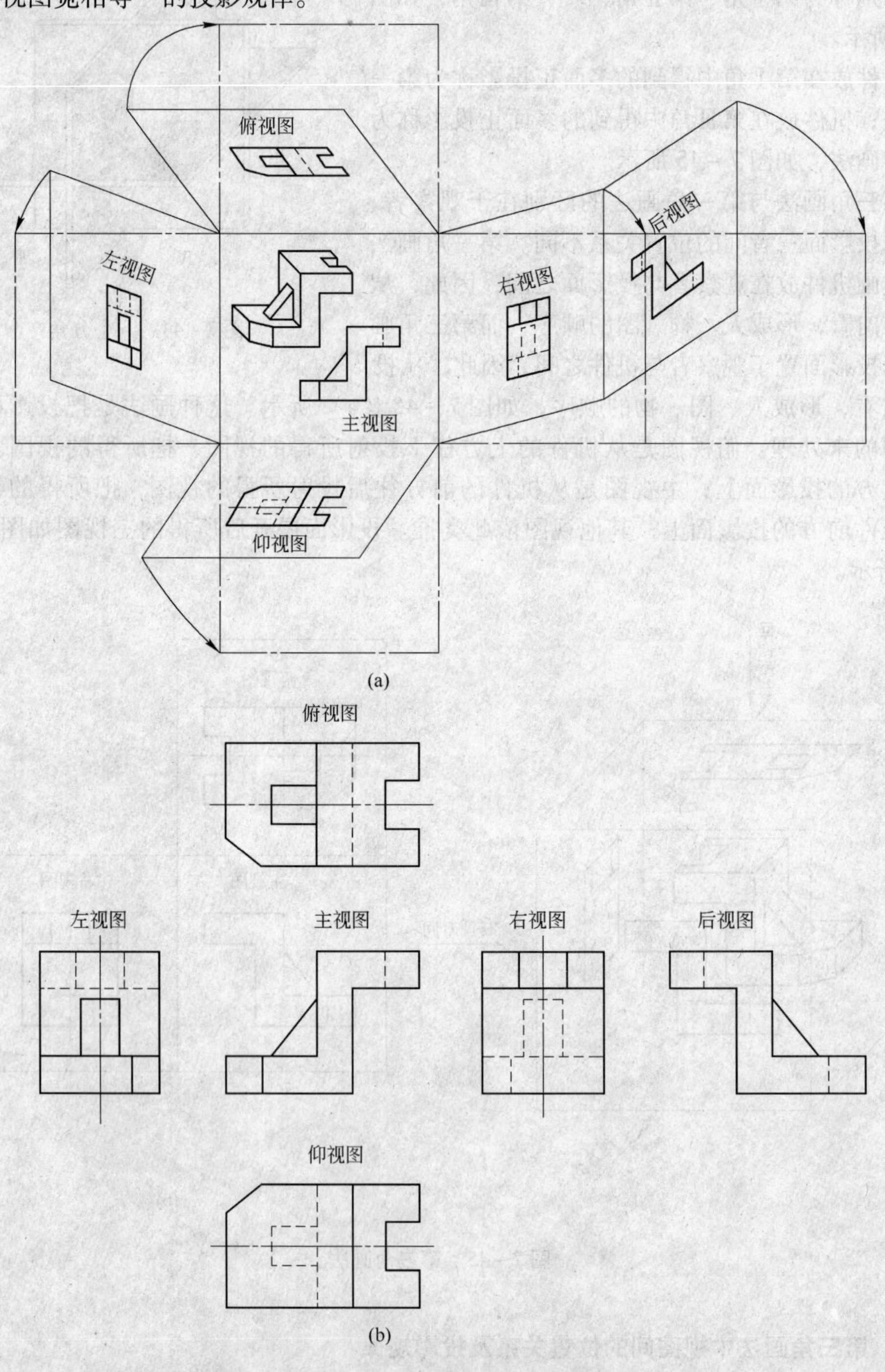

图 7 - 46　第三角画法投影面展开及视图配置

另外，ISO 国际标准规定，当采用第一角画法或第三角画法时，应在标题栏附近画出所采用画法的识别符号。第一角画法的识别符号如图 7－47（a）所示，第三角画法的识别符号如图 7－47（b）所示。由于我国国家标准规定采用第一角画法，因此，当采用第一角画法时，无须标注画法识别符号；当采用第三角画法时，必须在图样的标题栏中画出第三角画法的识别符号。

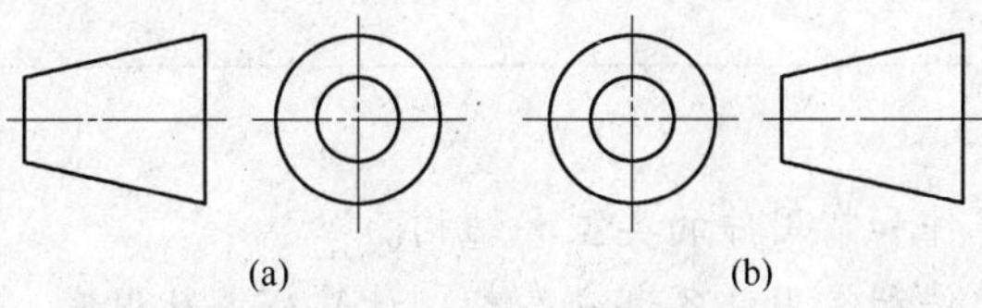

图 7－47　第一角画法与第三角画法的识别符号

（a）第一角画法；（b）第三角画法

8 标准件和常用件

【教学目标】

（1）了解标准件和常用件的类型和结构。

（2）熟悉标准件和常用件各部分参数、计算公式及用途。

（3）掌握标准件和常用件的规定画法及标注。

在机器或部件的装配及安装过程中广泛用到的螺栓、螺母、齿轮、弹簧、滚动轴承、键、销等零件称为常用件。其中，有些常用件的结构已标准化，如螺栓、螺母、键、销等连接件，又称为标准件；而有些常用件的结构也实行了部分标准化，如齿轮、弹簧等。为了减少设计和绘图工作量，国家标准对上述常用件的画法做了相应的规定。

8.1 螺纹

8.1.1 螺纹的形成

螺纹是在圆柱或圆锥表面上沿螺旋线形成的具有规定牙型的连续凸起。在圆柱或圆锥外表面上加工的螺纹称为外螺纹，如图 8－1（a）所示；在圆柱或圆锥内表面上加工的螺纹称为内螺纹，如图 8－1（b）所示。

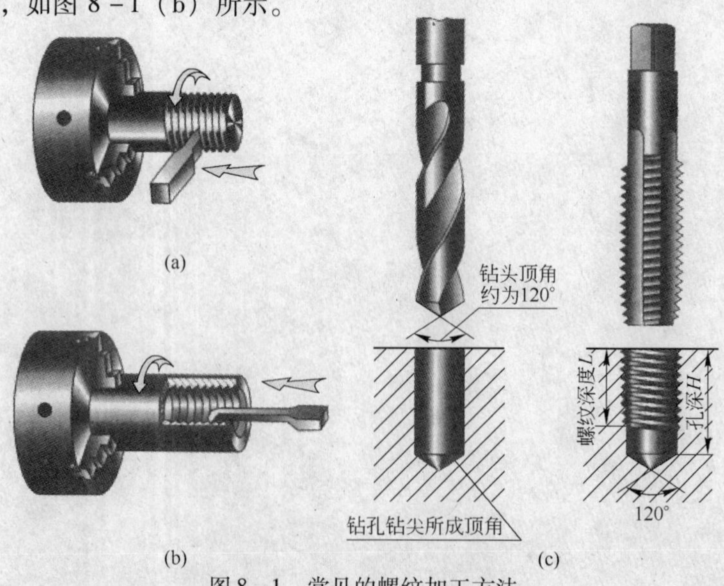

图 8－1　常见的螺纹加工方法

（a）加工外螺纹；（b）加工内螺纹；（c）加工直径较小的螺孔

螺纹的加工方法有很多，图 8－1（a）、（b）所示为在车床上车削内、外螺纹，图 8－1（c）所示为用钻头和丝锥加工直径较小的螺孔。

8.1.2　螺纹的结构要素

（1）牙型。通过螺纹轴线断面上的螺纹轮廓形状称为螺纹的牙型。常见的螺纹牙型有三角形、梯形、锯齿形等。常用标准螺纹的牙型如表 8－1 所示。

表 8－1　常用标准螺纹的牙型

螺纹种类	外形图	牙型图
普通螺纹		60°
管螺纹		55°
梯形螺纹		30°
锯齿形螺纹		3° 30°

（2）直径。螺纹的直径有大径、小径和中径，如图 8－2 所示。

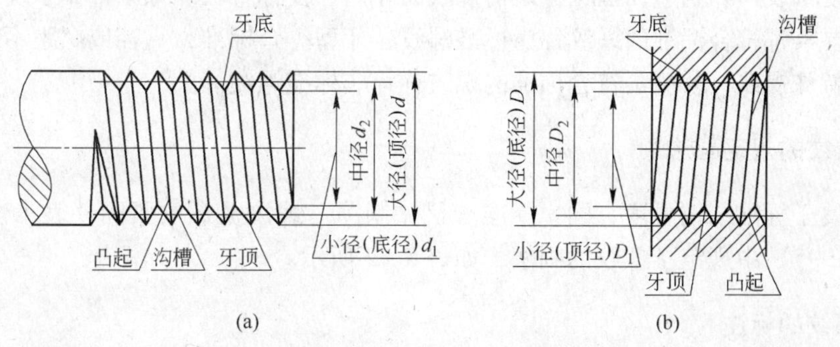

图 8－2　螺纹的结构要素

（a）外螺纹；（b）内螺纹

大径是指与外螺纹牙顶或内螺纹牙底相切的假想圆柱的直径。内、外螺纹的大径分别用字母 D 和 d 表示。

小径是指与外螺纹牙底或内螺纹牙顶相切的假想圆柱的直径。内、外螺纹的小径分别用 D_1 和 d_1 表示。

中径是指母线通过牙型上沟槽和凸起宽度相等处的假想圆柱的直径。内、外螺纹的中径分别用 D_2 和 d_2 表示。

外螺纹大径和内螺纹小径亦称顶径，外螺纹小径和内螺纹大径亦称底径。通常我们所说的公称直径是指代表螺纹尺寸的直径，即螺纹大径的基本尺寸。

(3) 线数。螺纹有单线和多线之分。沿一条螺旋线形成的螺纹称为单线螺纹，如图 8－3（a）所示；沿两条及以上螺旋线形成的螺纹称为多线螺纹，如图 8－3（b）所示。螺纹的线数用 n 表示。

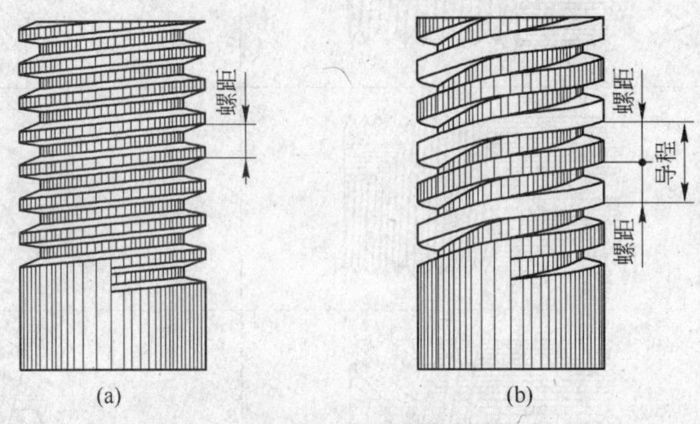

图 8－3 螺纹的线数、导程和螺距

（a）单线；（b）双线

(4) 螺距和导程。螺纹上相邻两牙在中径线上对应两点间的轴向距离称为螺距，用 P 表示。同一螺旋线上相邻两牙在中径线上对应两点间的轴向距离称为导程，用 P_h 表示，如图 8－3 所示。螺距、导程和线数之间的关系为：

$$P_h = P \cdot n$$

(5) 旋向。螺纹有左旋和右旋之分。顺时针旋转时旋入的螺纹为右旋螺纹，逆时针旋转时旋入的螺纹为左旋螺纹。工程上常用右旋螺纹。

为了便于设计和制造，国家标准对螺纹的牙型、公称直径和螺距都作了统一规定：凡是这三个要素都符合标准的螺纹称为标准螺纹；牙型符合标准，直径或螺距不符合标准的螺纹称为特殊螺纹；牙型不符合标准的螺纹称为非标准螺纹。

8.1.3 螺纹的规定画法

螺纹属于标准结构要素，国家标准《机械制图 螺纹及螺纹紧固件表示法》（GB/T 4459.1—1995）中规定了螺纹的画法，如表 8－2 所示。

8.1.4 螺纹的标注

(1) 标准螺纹的标注。螺纹采用规定画法后，在图中反映不出它的牙型、螺距、线数和旋向等结构要素，因此，还必须按规定的标记在图样中进行标注。

表 8-2　螺纹的规定画法

表示对象	规定画法	说　明
外螺纹	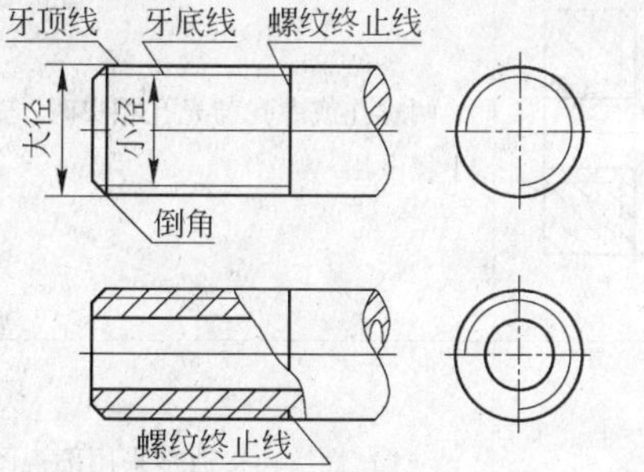 牙顶线　牙底线　螺纹终止线 大径　小径　倒角 螺纹终止线	(1) 螺纹大径（牙顶线）、螺纹终止线用粗实线表示，小径（牙底线）用细实线表示； (2) 在平行于螺纹轴线方向的视图中，表示牙底的细实线画进倒角； (3) 在垂直于螺纹轴线方向的视图中，表示螺纹牙底的细实线圆只画约 3/4 圈，且倒角圆省略不画； (4) 采用剖视图时，螺纹终止线只画一小段，画到牙底线处，剖面线画到粗实线处
内螺纹	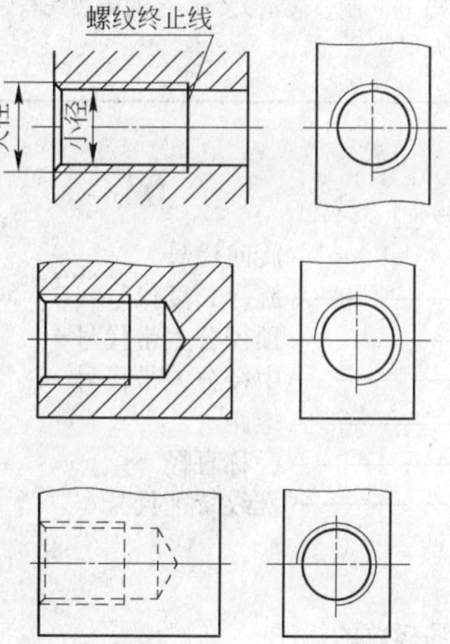 螺纹终止线 大径　小径	(1) 在剖视图中，螺纹小径（牙顶线）、螺纹终止线用粗实线表示，螺纹大径（牙底线）用细实线表示；剖面线画到粗实线处； (2) 在垂直于轴线方向的视图中，若螺孔可见，则牙顶圆用粗实线表示，牙底圆为细实线，画约 3/4 圈，且孔口倒角省略不画； (3) 若螺孔采用不剖的画法，则牙顶、牙底及螺纹终止线均用虚线表示
锥螺纹及锥管螺纹	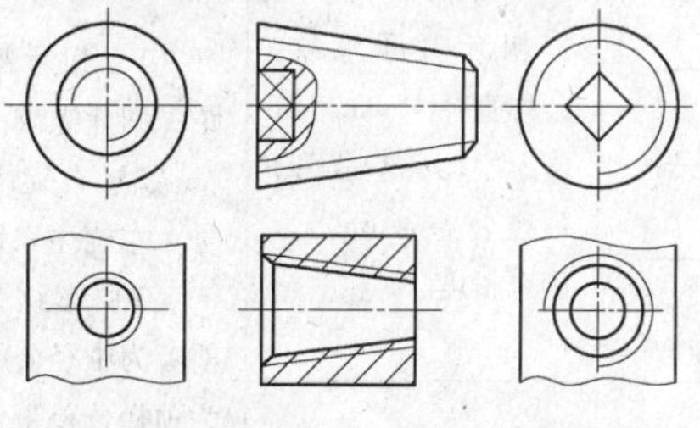	在投影为圆的视图中，可见端的螺纹按规定画出，另一端只画出可见的牙顶圆的投影（左视图按大端螺纹绘制，右视图按小端螺纹绘制）
螺纹牙型	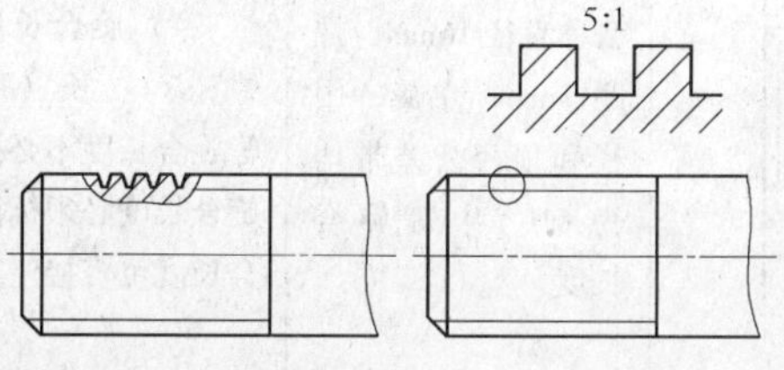 5:1	梯形、矩形等传动螺纹需要表示其牙型时，可用局部剖视图或局部放大图表示其中几个牙型

续表 8－2

表示对象	规定画法	说　明
螺孔相贯	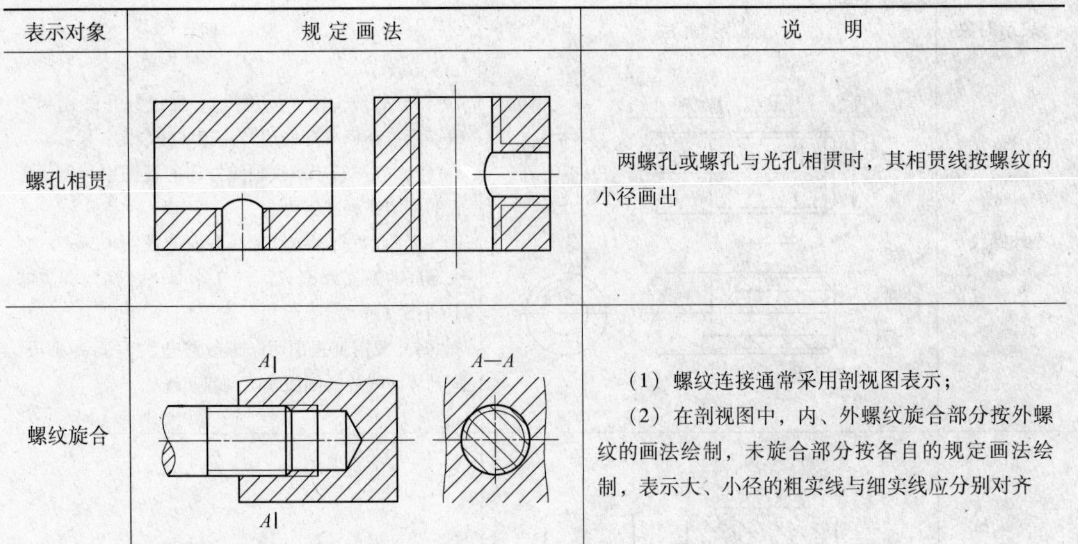	两螺孔或螺孔与光孔相贯时，其相贯线按螺纹的小径画出
螺纹旋合	A｜ A—A A｜	（1）螺纹连接通常采用剖视图表示； （2）在剖视图中，内、外螺纹旋合部分按外螺纹的画法绘制，未旋合部分按各自的规定画法绘制，表示大、小径的粗实线与细实线应分别对齐

1）普通螺纹。普通螺纹的标记形式为：

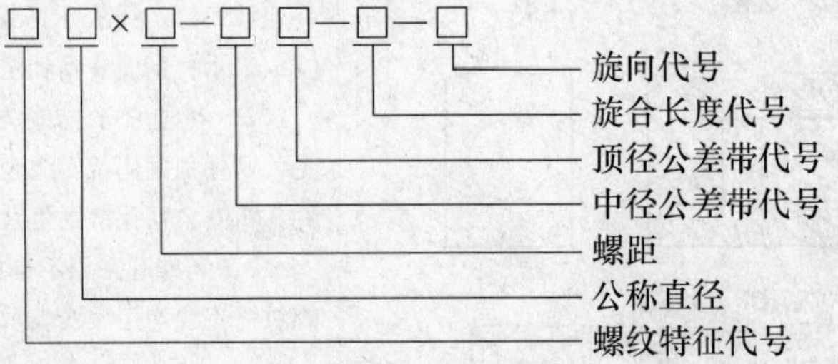

其具体标注方法见表 8－3。

表 8－3　普通螺纹的标注

螺纹类别		特征代号	标注示例	示例说明	标注方法
普通螺纹	粗牙普通螺纹	M	M16－5g6g－S	粗牙普通螺纹，公称直径 16mm，右旋，中径公差带 5g，顶径公差带 6g，短旋合长度	（1）粗牙普通螺纹不注螺距，细牙螺纹注螺距； （2）右旋螺纹不注旋向代号，左旋注“LH”； （3）螺纹公差带代号中，前者为中径公差带代号，后者为顶径公差带代号，两者相同时可只注一个； （4）旋合长度分短（S）、中（N）、长（L）三种；中等旋合长度不必标注；长或短旋合长度必须标注；特殊的旋合长度可直接注出长度值
	细牙普通螺纹		M16×1－6H－LH	细牙普通螺纹，公称直径 16mm，螺距 1mm，左旋，中径和顶径公差带均为 6H，中等旋合长度	

2）管螺纹。螺纹密封的管螺纹的标记形式为：

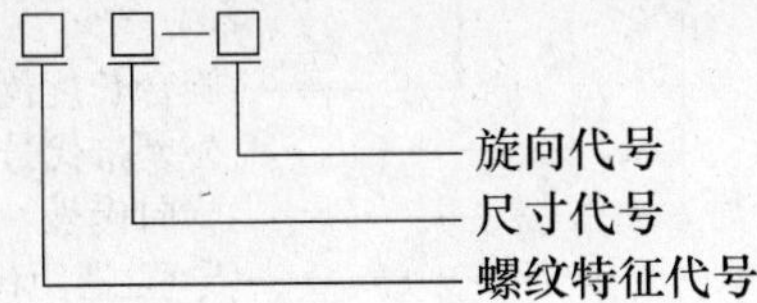

非螺纹密封的管螺纹的标记形式为：

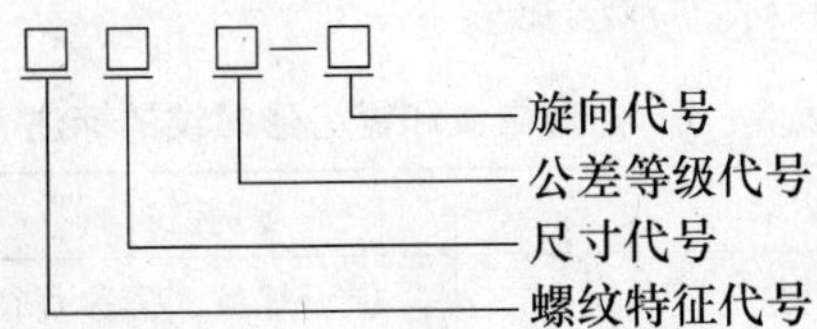

管螺纹的标注方法见表 8－4。

表 8－4　管螺纹的标注

螺纹类别			特征代号	标注示例	示例说明	标注方法
管螺纹	55°密封管螺纹	圆柱内螺纹	R_p	$R_c1½$-LH	用螺纹密封的圆锥内螺纹，尺寸代号1½，左旋	（1）管螺纹的尺寸代号是指管孔径英寸的近似值；外螺纹公差等级代号分别为 A、B 两级，内螺纹公差等级只有一级，故不需标注；（2）右旋不注旋向代号；（3）管螺纹的标记一律标注在由螺纹大径处引出的引出线上
		圆锥内螺纹	R_c			
		与圆柱内螺纹配合的圆锥外螺纹	R_1	$R_21½$-LH	与圆锥内螺纹配合的圆锥外螺纹，尺寸代号1½，左旋	
		与圆锥内螺纹配合的圆锥外螺纹	R_2			
	55°非密封管螺纹		G	G1A	非螺纹密封的外管螺纹，尺寸代号1，中径公差等级A级，右旋	
				G1	非螺纹密封的内管螺纹，尺寸代号1，右旋	

3）梯形螺纹和锯齿形螺纹。梯形螺纹和锯齿形螺纹的标记形式为：

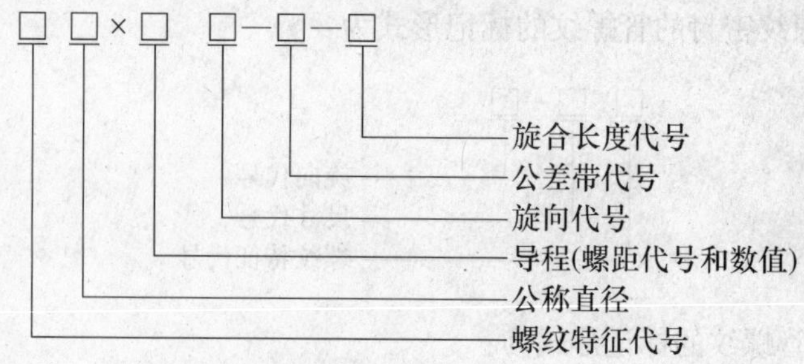

梯形螺纹和锯齿形螺纹的标注方法见表 8－5。

表 8－5　梯形螺纹和锯齿形螺纹的标注

螺纹类别		特征代号	标注示例	示例说明	标注方法
传动螺纹	梯形螺纹	Tr	Tr30×14(p7)LH−7e	梯形螺纹，公称直径 30mm，导程 14mm（螺距 7mm），左旋，中径公差带 7e，中等旋合长度	（1）单线螺纹只标注导程，多线螺纹应同时标注导程和螺距； （2）右旋螺纹不注旋向代号； （3）只标中径公差带代号； （4）旋合长度只有两种：长旋合长度和中等旋合长度，中等旋合长度不必标注
	锯齿形螺纹	B	B32×6−7E	锯齿形螺纹，公称直径 32mm，螺距 6mm，右旋，中径公差带 7E，中等旋合长度	

（2）非标准螺纹的标注。非标准螺纹可按规定画法画出，但必须画出牙型和注出有关螺纹结构的全部尺寸，如图 8－4 所示。

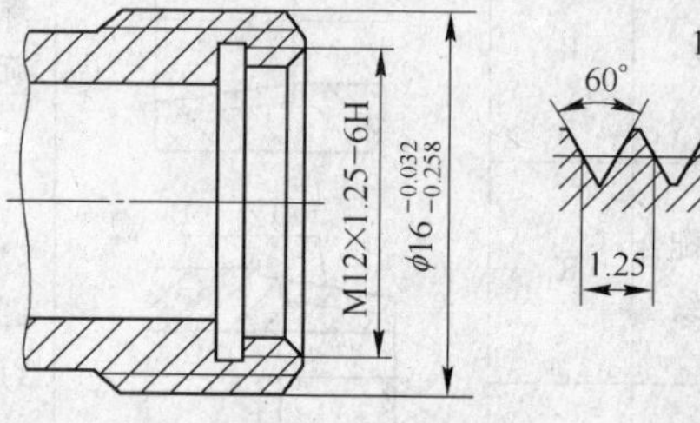

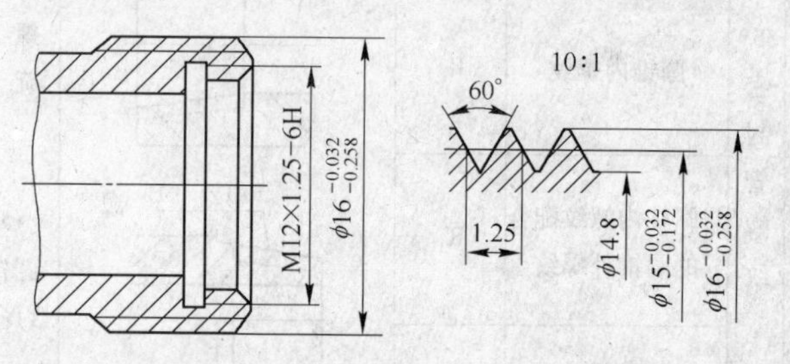

图 8－4　非标准螺纹标注示例

（3）螺纹长度的标注。图样中标注的螺纹长度，均指不包括螺尾在内的有效螺纹长度，如图 8－5所示；否则应另加说明或按实际需要标注。图 8－6 所示是螺尾长度的标注方法。

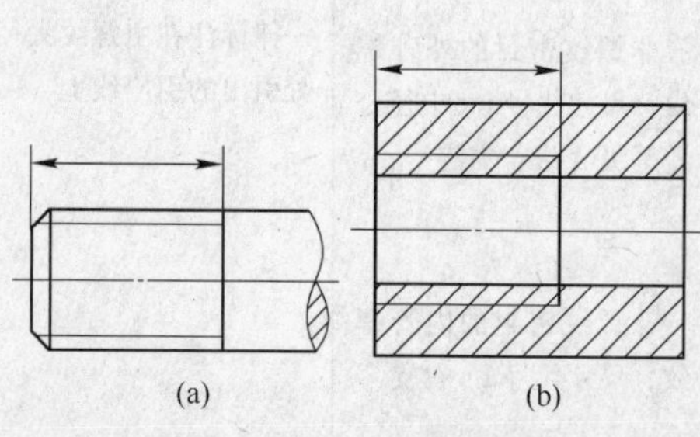

图 8－5　标注有效螺纹长度
（a）外螺纹；（b）内螺纹

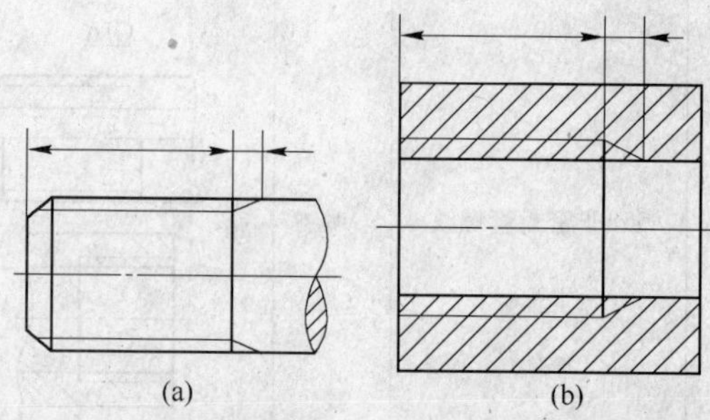

图 8－6　标注螺尾长度
（a）外螺纹；（b）内螺纹

8.2 螺纹紧固件

8.2.1 螺纹紧固件的结构与标记

常用的螺纹紧固件有螺栓、螺柱、螺钉、螺母和垫圈等，它们的结构和尺寸均已标准化。常用螺纹紧固件的结构及标记见表 8-6。

表 8-6 常用螺纹紧固件的结构及标记

名称	标记示例	名称	标记示例
六角头螺栓 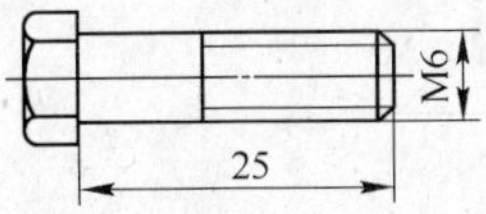 M6 25	螺栓 GB/T 5782—2000 M6×25	双头螺柱 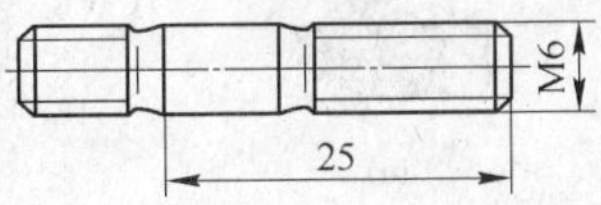 M6 25	螺柱 GB 897—1988 M6×25
开槽圆柱头螺钉 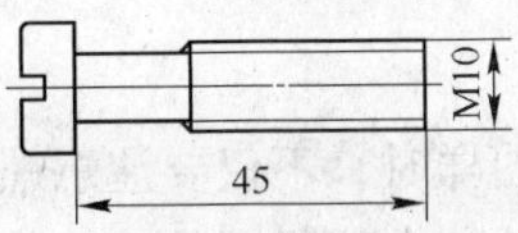 M10 45	螺钉 GB/T 65—2000 M10×45	开槽沉头螺钉 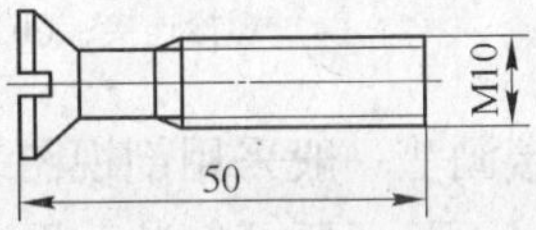 M10 50	螺钉 GB/T 68—2000 M10×50
开槽盘头螺钉 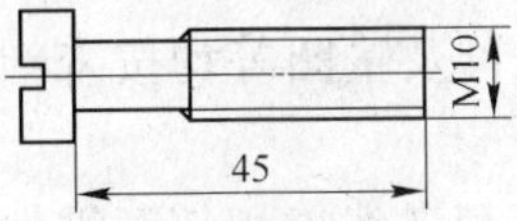 M10 45	螺钉 GB/T 67—2008 M10×45	十字槽沉头螺钉 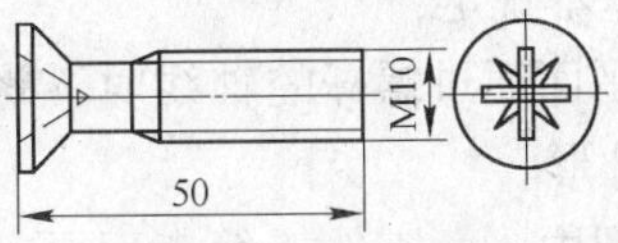 M10 50	螺钉 GB/T 819.1—2000 M10×50
开槽锥端紧定螺钉 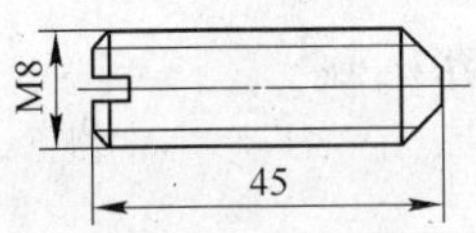 M8 45	螺钉 GB/T 71—1985 M8×45	开槽长圆柱端紧定螺钉 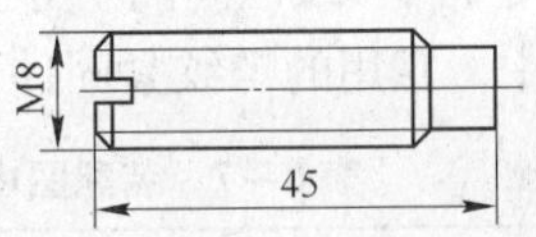 M8 45	螺钉 GB/T 75—1985 M8×45
开槽半圆头木螺钉 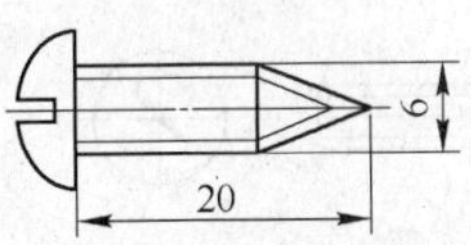 6 20	木螺钉 GB/T 99—1986 6×20	内六角圆柱头螺钉 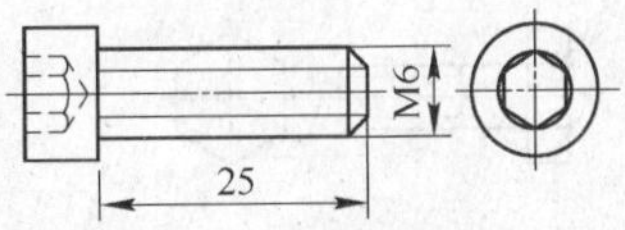 M6 25	螺钉 GB/T 70.1—2008 M6×25
I 型六角螺母 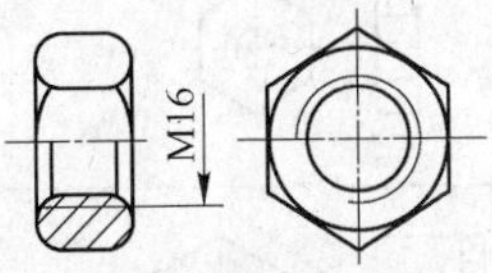 M16	螺母 GB/T 6170—2000 M16	I 型六角开槽螺母 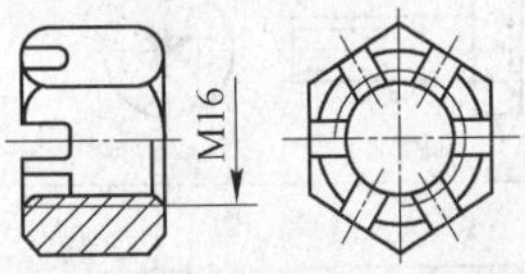 M16	螺母 GB/T 6178—1986 M16
垫圈 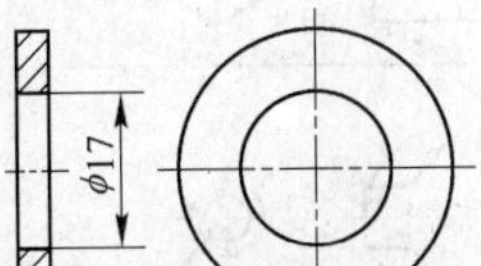 ϕ17	垫圈 GB/T 97.1—2002 16	标准型弹簧垫圈 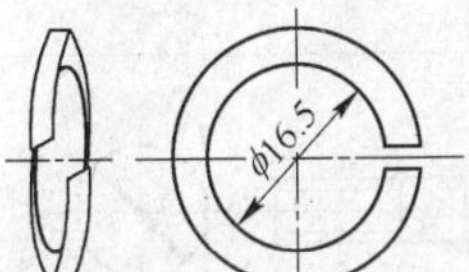 ϕ16.5	垫圈 GB/T 93—1987 16

8.2.2　螺纹紧固件的连接画法

螺纹紧固件连接是一种可拆卸的连接。在装配体中，零件与零件或部件间常用螺纹紧固件进行连接。常用的连接形式有螺栓连接、螺柱连接和螺钉连接，如图 8－7 所示。

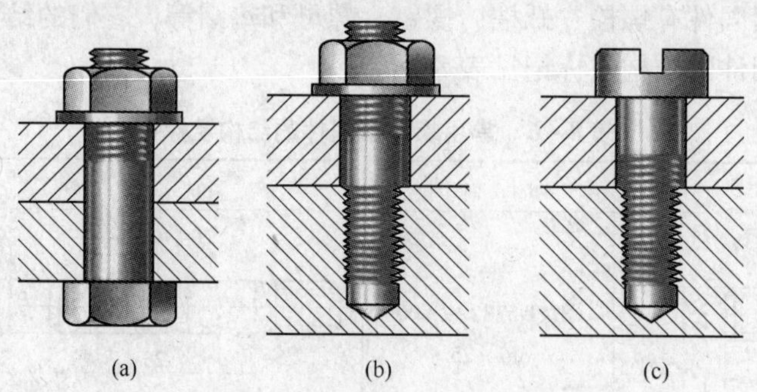

图 8－7　螺纹紧固件的连接形式

（a）螺栓连接；（b）螺柱连接；（c）螺钉连接

螺纹紧固件连接画法一般采用剖视图表达。绘制和识读这类图样时，不仅要注意螺纹紧固件的连接形式，而且还要了解装配图中的一些画法。因此，绘制螺纹紧固件连接装配图时应遵守以下基本规定：

（1）当剖切平面通过螺杆的轴线时，螺栓、螺柱、螺钉、螺母及垫圈等均按未剖切绘制，即仍画其外形。

（2）在剖视图中，两零件接触表面画一条线，不接触表面画两条线；相邻两零件的剖面线方向应相反或方向一致但间隔不等。

（3）在装配图中，常用的螺纹紧固件可按表 8－7 中的简化画法绘制。

表 8－7　装配图中螺纹紧固件的简化画法

形　式	简 化 画 法	形　式	简 化 画 法
六角头 （螺栓）		盘头开槽 （螺钉）	
圆柱头 内六角 （螺钉）		六角 （螺母）	
无头开槽 （螺钉）		六角开槽 （螺母）	
半沉头开槽 （螺钉）		蝶形 （螺母）	

续表 8-7

形 式	简化画法	形 式	简化画法
半沉头十字槽（螺钉）	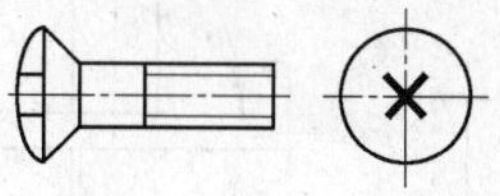	沉头开槽（自攻螺钉）	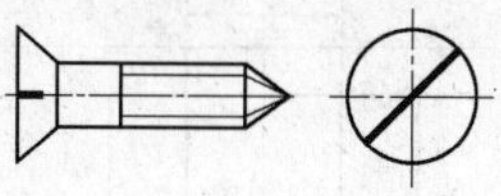
方头（螺栓）	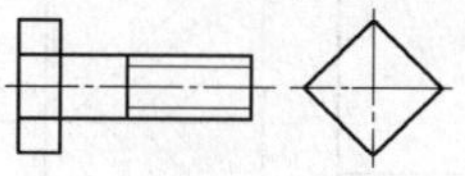	方头（螺母）	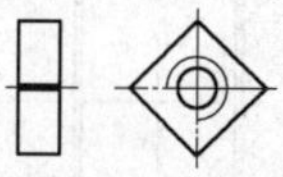
无头内六角（螺钉）	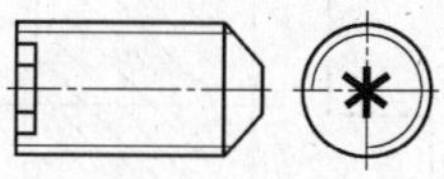	六角法兰面（螺母）	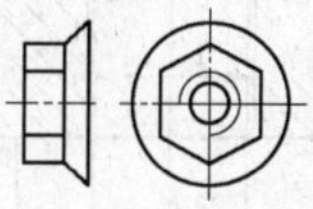
沉头开槽（螺钉）	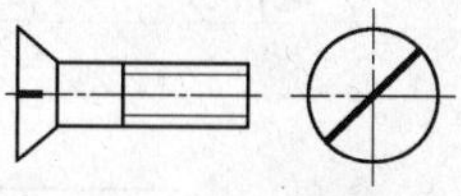	沉头十字槽（螺钉）	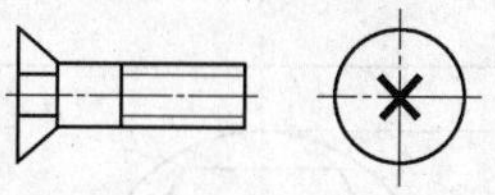
圆柱头开槽（螺钉）	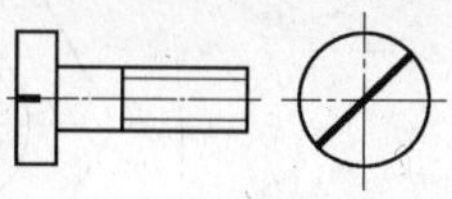		

8.2.2.1 螺栓连接

螺栓连接适用于连接厚度不大并能钻成通孔的两个零件。连接时，将螺栓穿过两被连接零件的光孔（孔径约为 $1.1d$，d 为螺纹公称直径），在螺杆一端套上垫圈以增加支承面和防止擦伤零件表面，然后再用螺母紧固。螺栓连接的简化画法如图 8-8 所示。

图中各部分尺寸可根据螺纹公称直径 d 按下列比例计算：

$b=2d$，$h=0.15d$，$m=0.8d$，$a=0.3d$，$k=0.7d$，$e=2d$，$d_2=2.2d$

为适应连接不同厚度的零件，螺栓有各种长度规格。螺栓的公称长度 l 可按下式计算（查表计算后取最短的标准长度）：

$$l \geqslant \delta_1+\delta_2+h+m+a$$

式中各符号含义如图 8-8 所示。

8.2.2.2 螺柱连接

当两被连接零件之一较厚，不允许被钻成通孔时可采用螺柱连接。螺柱的两端都制有螺纹。连接前，先在较厚的零件上加工出螺孔，在另一较薄的零件上加工出通孔，然后将螺柱的一端（旋入端）全部旋入螺孔中，再在另一端（紧固端）套上制出通孔的零件，加上垫圈，拧紧螺母，即完成了螺柱连接。螺柱连接的简化画法如图8-9所示。

采用螺柱连接时，螺柱旋入端的长度 b_m 应根据螺孔件的材料来选择，一般参照表 8-8来确定。

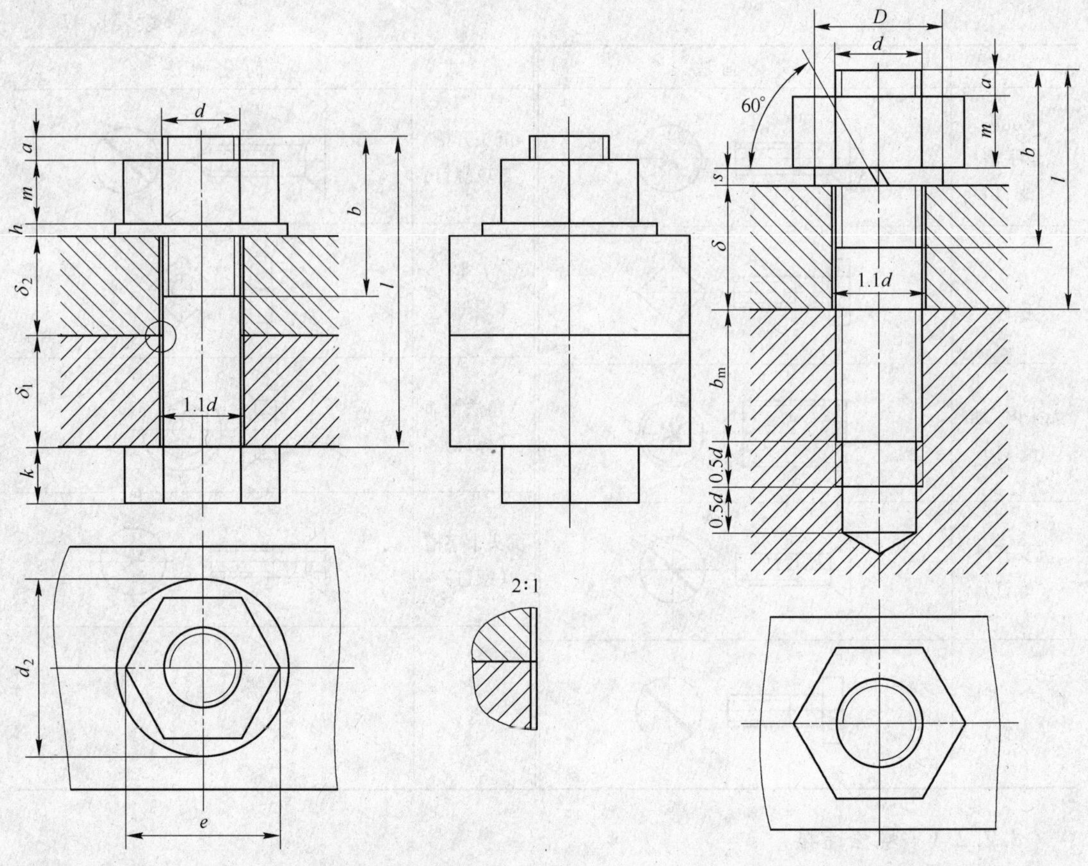

图 8 - 8　螺栓连接的简化画法　　图 8 - 9　螺柱连接的简化画法

表 8 - 8　螺柱的选用

螺孔件材料	旋入端长度选择	国标代号
钢、青铜、硬铝	$b_m = 1d$	GB 897—88
铸　铁	$b_m = 1.25d$	GB 898—88
	或　$b_m = 1.5d$	GB 899—88
铝或其他较软的材料	$b_m = 2d$	GB 900—88

螺柱的公称长度 l 可按下式计算（查表计算后取最短的标准长度）：

$$l \geqslant \delta + s + m + a$$

为保证连接强度，螺柱的旋入端必须全部地旋入螺孔内。为此，螺孔的螺纹深度应大于旋入端长度。画图时，螺柱旋入端的螺纹终止线应与结合面平齐。弹簧垫圈用作防松，外径比普通垫圈小，以保证紧压在螺母底面范围内。弹簧垫圈开槽的方向是阻止螺母松动的方向，在图中应画成与水平线成60°向左上角倾斜的两条线（或一条加粗线），两线间距 $0.1d$。按比例作图时，取 $s = 0.2d$，$D = 1.5d$。

8.2.2.3　螺钉连接

螺钉按用途可分为连接螺钉和紧定螺钉两种，前者用于连接零件，后者用于固定零件。

（1）连接螺钉。连接螺钉一般用于受力不大且又不需经常拆装的场合。装配时，将螺钉直接穿过被连接零件上的通孔，再拧入另一被连接件的螺孔中，靠螺钉头部压紧被连接件。螺钉连接的简化画法如图 8 - 10 所示，其中，螺钉的公称长度为（查表计算后取最短的标准长度）：

$$l \geqslant b_m + \delta$$

式中，b_m 的长度按螺柱连接时旋入端长度的选择原则确定。

画螺钉连接图时应注意：螺纹终止线应高于两个被连接零件的结合面，如图 8 - 10（a）所示，表示螺钉有拧紧的余地，以保证连接紧固；或者在螺杆的全长上都有螺纹，如图 8 - 10（b）所示。螺钉头部的一字槽（或十字槽）的投影可以涂黑表示，在投影为圆的视图上，这些槽应倾斜 45°绘制，线宽为粗实线线宽的 2 倍，如图 8 - 10（c）、（d）所示。

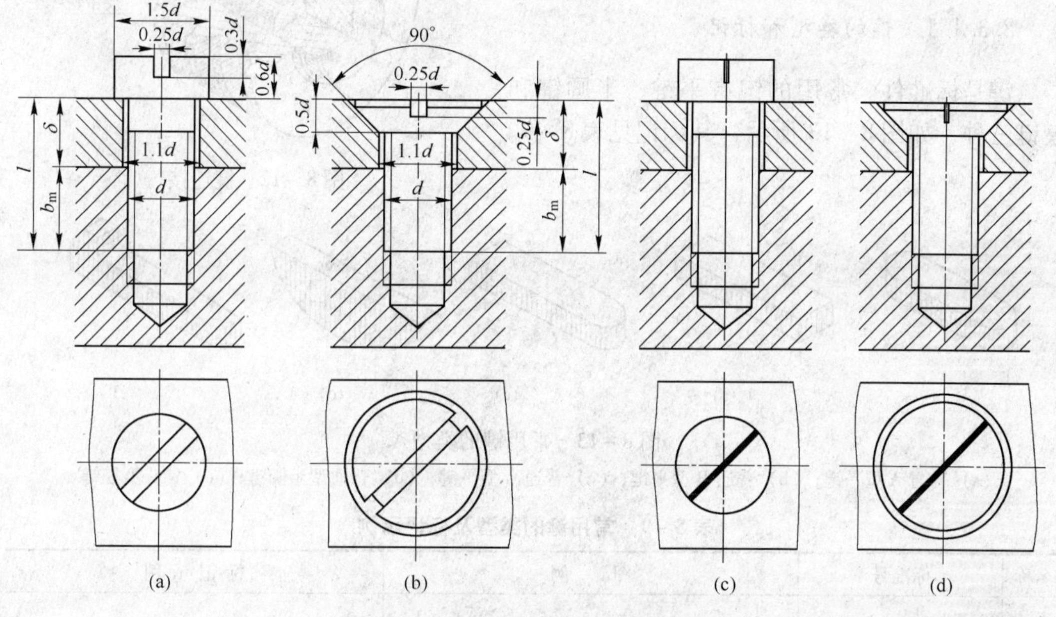

图 8 - 10　螺钉连接的简化画法

（2）紧定螺钉。紧定螺钉用来固定两个零件的相对位置，使它们不产生相对运动。如图 8 - 11 所示，欲将轴、轮固定在一起，可先在轮毂的适当部位加工出螺孔，然后将轮、

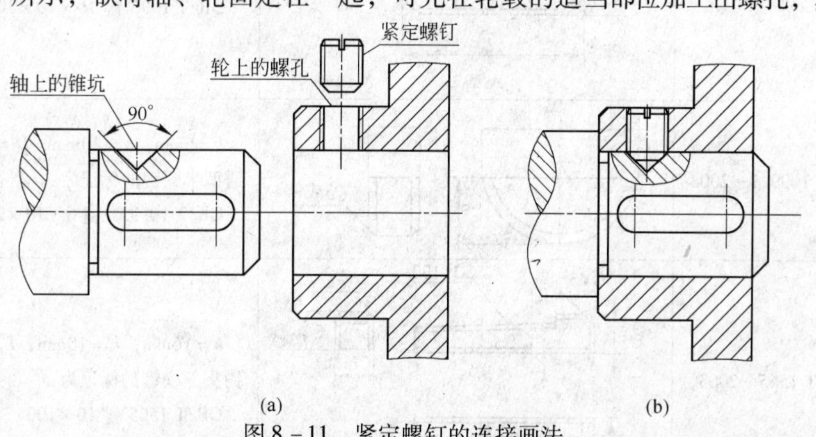

图 8 - 11　紧定螺钉的连接画法

（a）连接前；（b）连接后

轴装配在一起，以螺孔导向，在轴上钻出锥坑，最后拧入紧定螺钉，即可限定轮、轴的相对位置，使其不能产生轴向相对移动。

8.3　键和销

8.3.1　键及其连接

键用于连接轴和轴上的传动件（如齿轮、带轮等），使轴和传动件间不产生相对转动，以传递扭矩和旋转运动，如图 8-12 所示。

8.3.1.1　键的类型和标记

键是标准件。常用的键有平键、半圆键和楔键三种，如图 8-13 所示，其标记见表 8-9。

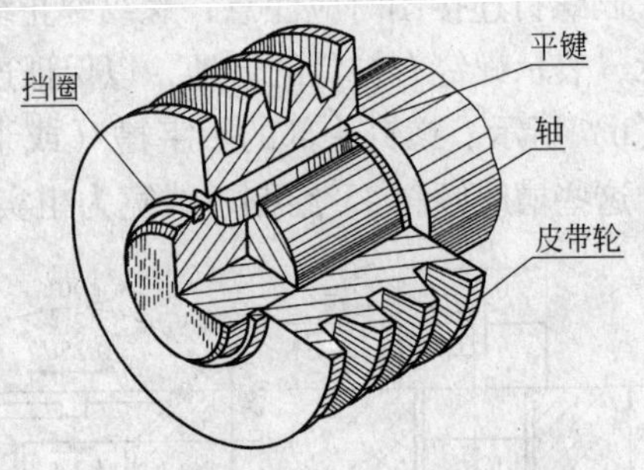

图 8-12　键连接

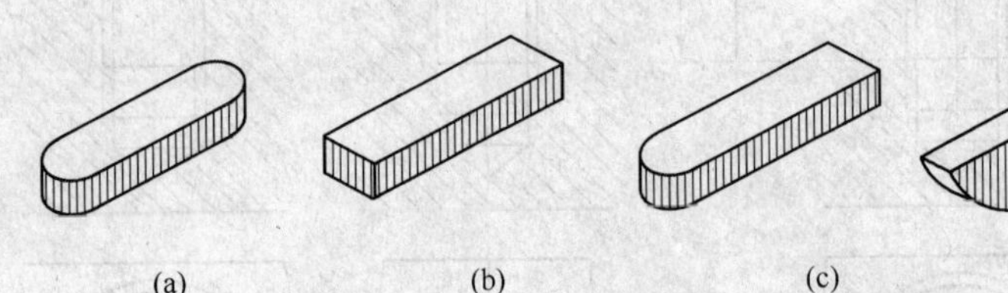

图 8-13　常用键的类型

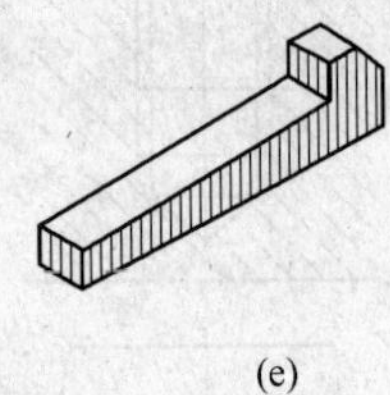

（a）普通 A 型平键；（b）普通 B 型平键；（c）普通 C 型平键；（d）普通型半圆键；（e）钩头型楔键

表 8-9　常用键的类型及标记示例

名称	标准号	图　例	标 记 示 例
普通平键	GB/T 1096—2003	A 型	b = 16mm，h = 10mm，L = 100mm 的普通 A 型平键标记为： GB/T 1096 键 16×10×100
半圆键	GB/T 1099.1—2003		b = 6mm，h = 10mm，D = 25mm 的普通型半圆键的标记为： GB/T 1099.1 键 6×10×25
钩头楔键	GB/T 1565—2003		b = 16mm，h = 10mm，L = 100mm 的钩头型楔键的标记为： GB/T 1565 键 16×100

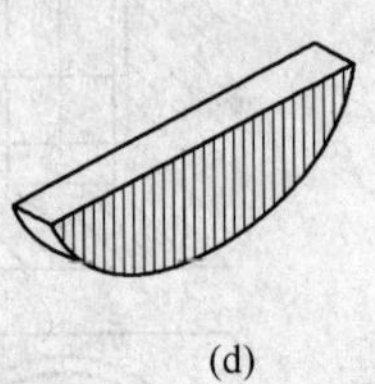

8.3.1.2 键的连接画法

（1）普通平键和半圆键的连接画法如图 8－14 所示。由于普通平键和半圆键的侧面是工作表面，连接时分别与轴上键槽和轮毂上键槽的两个侧面配合，键的底面与轴上键槽的底面接触，故均画一条线；而键的顶面不与轮毂上的键槽底面接触，因此画两条线。

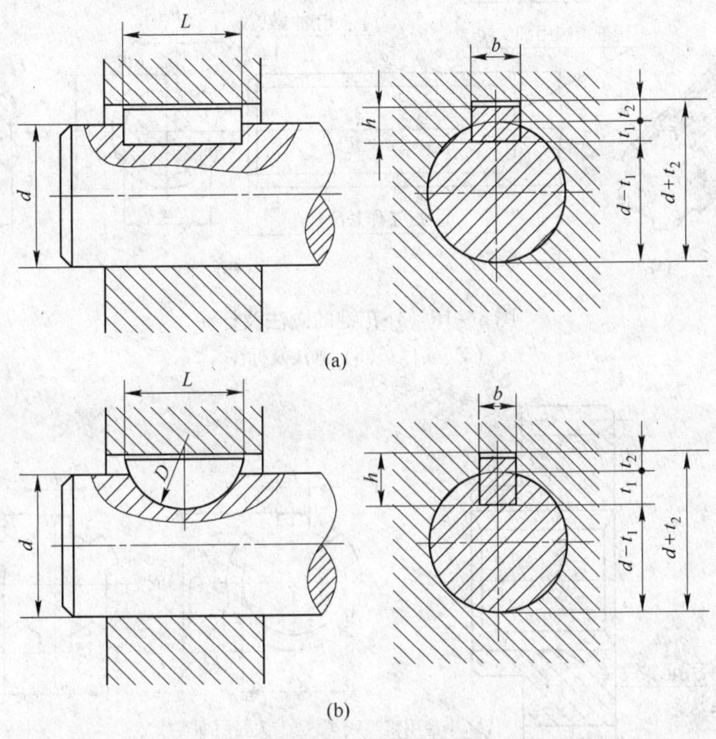

图 8－14　普通平键和半圆键的连接画法

（a）普通平键；（b）半圆键

（2）钩头型楔键的连接画法如图 8－15 所示。图中钩头楔键的顶面有 1∶100 的斜度，键的顶面与轮毂接触，底面与轴接触，故钩头楔键的顶面和底面为工作面。但在绘制钩头楔键的连接图时，侧面不留空隙，这是与普通平键和半圆键连接画法的不同之处。

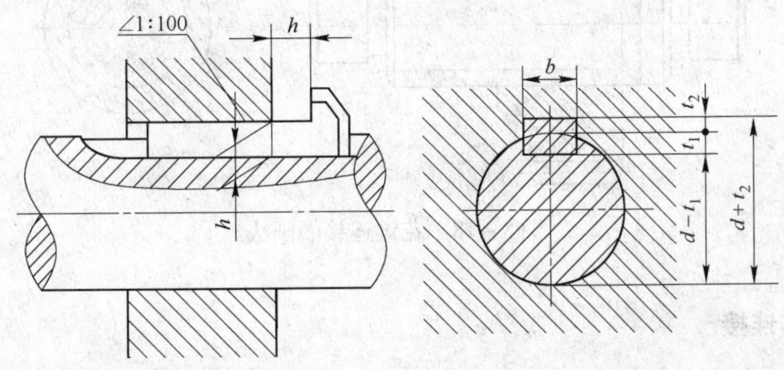

图 8－15　钩头型楔键的连接画法

（3）花键的连接画法。花键不是常用件，是零件上常用的标准结构。它本身的结构和尺寸都已标准化，并得到了广泛应用。

花键的齿形有矩形和渐开线形等，其中矩形花键应用较广。内、外花键的画法及尺寸标注如图 8－16 和图 8－17 所示，花键的连接画法如图 8－18 所示。

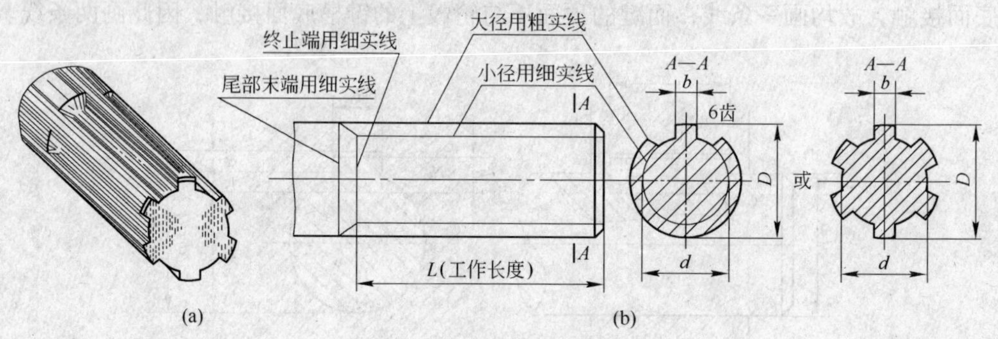

图 8－16　外花键的画法及标注

（a）实体；（b）画法及标注

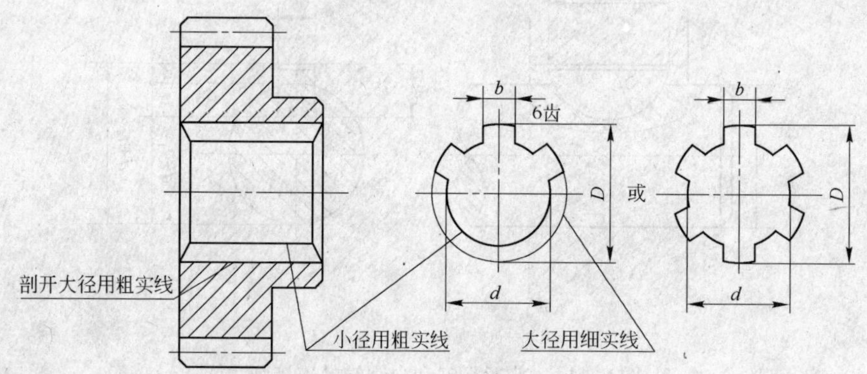

图 8－17　内花键的画法及标注

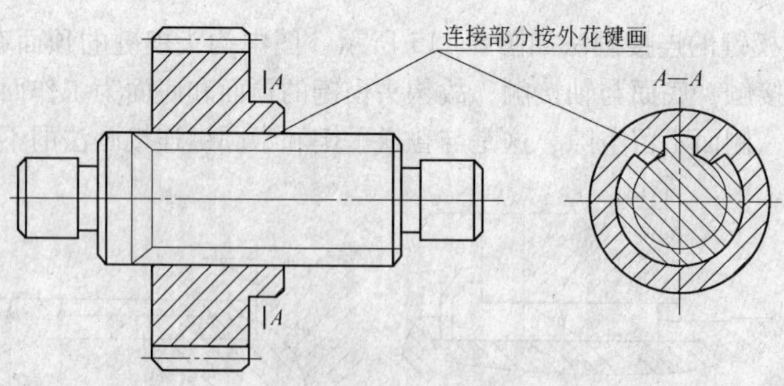

图 8－18　花键连接的画法

8.3.2　销及其连接

销也是标准件，通常用于零件间的连接或定位。常用的销有圆柱销、圆锥销和开口销等。销的类型及标记见表 8－10。

表 8－10 销的类型及标记示例

类型	标准号	图 例	标 记 示 例
圆柱销	GB/T 119.1—2000		公称直径 $d=6$mm，公差为 m6，公称长度 $L=30$mm，材料为钢，不经淬火、不经表面处理的圆柱销标记为： 销 GB/T 119.1 6m6×30
圆锥销	GB/T 117—2000		公称直径 $d=10$mm，公称长度 $L=60$mm，材料 35 钢，热处理硬度 28～38HRC，表面氧化处理的 A 型圆锥销标记为： 销 GB/T 117 10×60
开口销	GB/T 91—2000		公称直径 $d=5$mm，长度 $L=50$mm，材料为低碳钢，不经表面处理的开口销标记为： 销 GB/T 91—2000 5×50

销的连接画法如图 8－19 所示，在剖视图中，当剖切平面通过销的轴线时，销按不剖处理。

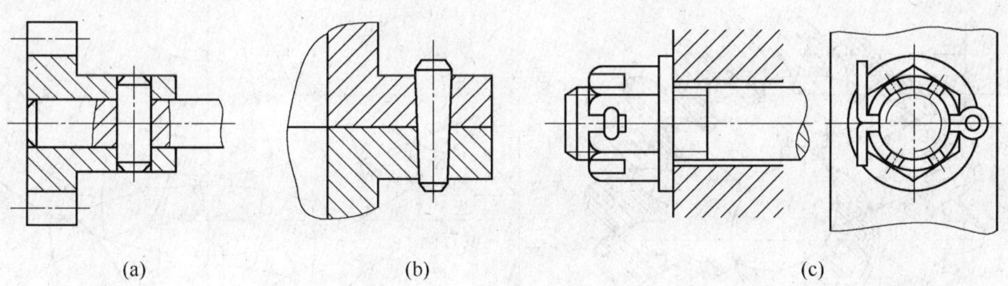

(a) (b) (c)

图 8－19 销连接的画法

（a）圆柱销的连接画法；（b）圆锥销的连接画法；（c）开口销的连接画法

8.4 齿轮

齿轮是应用非常广泛的传动件，它可以传递动力、改变传动速度和方向。根据两传动轴之间的相互位置，常见的齿轮传动有以下三种形式：

（1）圆柱齿轮传动——用于两平行轴之间的传动，如图 8－20（a）所示。

（2）锥齿轮传动——用于两相交轴之间的传动，如图 8－20（b）所示。

（3）蜗杆、蜗轮传动——用于两交叉轴之间的传动，如图 8－20（c）所示。

常见的齿轮轮齿有直齿和斜齿。轮齿又有标准齿和非标准齿之分。具有标准齿的齿轮称为标准齿轮。本节主要介绍具有渐开线齿形的标准齿轮的有关知识与规定画法。

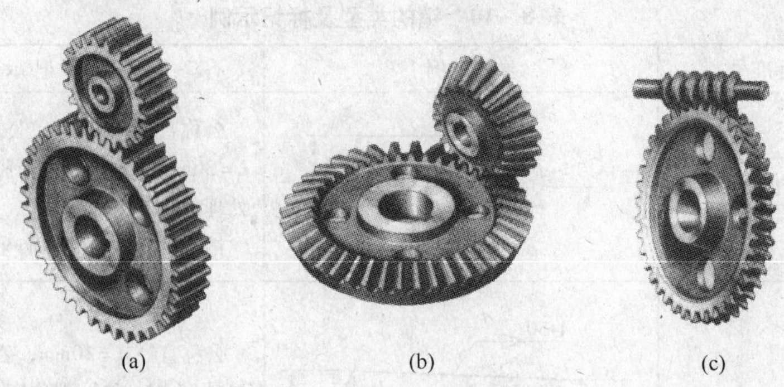

图 8－20　常见的齿轮传动形式

（a）圆柱齿轮传动；（b）锥齿轮传动；（c）蜗杆、蜗轮传动

8.4.1　圆柱齿轮

8.4.1.1　直齿圆柱齿轮各部分的名称和代号

直齿圆柱齿轮各部分的名称和代号如图 8－21 所示。

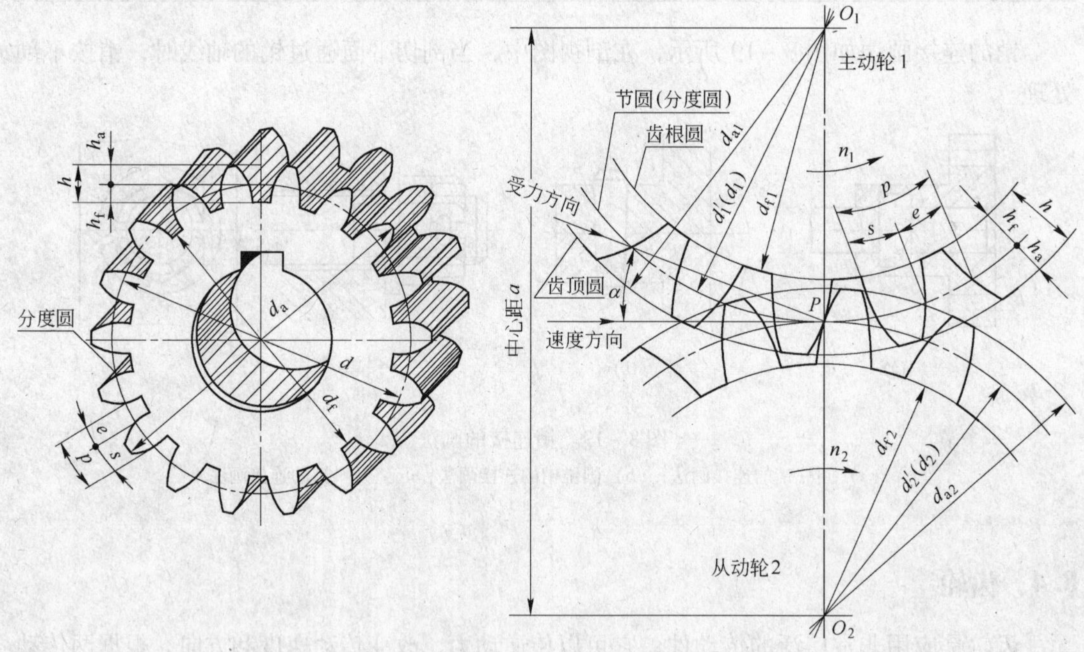

图 8－21　直齿圆柱齿轮各部分的名称和代号

（1）齿顶圆：通过齿轮各齿顶端的圆称为齿顶圆，其直径用 d_a 表示。

（2）齿根圆：通过齿轮各齿根部的圆称为齿根圆，其直径用 d_f 表示。

（3）分度圆：齿轮设计和加工时计算尺寸的基准圆称为分度圆。它位于齿顶圆和齿根圆之间，是一个约定的假想圆。在该圆上，齿厚 s 与槽宽 e 相等。分度圆直径用 d 表示。

（4）节圆：两齿轮啮合时，一对齿廓的啮合接触点 P 恰好在连心线 O_1O_2 上，此时啮

合接触点 P 称为节点。分别以 O_1、O_2 为圆心，以 O_1P、O_2P 为半径所作的两个圆称为节圆，其直径用 d' 表示。齿轮的传动可假想为这两个圆作无滑动的纯滚动。正确安装的标准齿轮分度圆与节圆应重合，即 $d=d'$。

（5）齿高：轮齿在齿顶圆与齿根圆之间的径向距离称为齿高，用 h 表示。齿高分为齿顶高和齿根高两段（$h=h_a+h_f$）。

1）齿顶高：齿顶圆与分度圆之间的径向距离称为齿顶高，用 h_a 表示。

2）齿根高：齿根圆与分度圆之间的径向距离称为齿根高，用 h_f 表示。

（6）齿距、齿厚、槽宽：相邻两齿同侧齿廓之间的分度圆弧长称为齿距，用 p 表示；一个齿的两侧齿廓之间的分度圆弧长称为齿厚，用 s 表示；一个齿槽的两侧齿廓之间的分度圆弧长称为槽宽，用 e 表示。对于标准齿轮，$s=e=p/2$。

（7）齿数：一个齿轮上轮齿的总数称为齿数，用 z 表示。

（8）模数：在齿轮上，分度圆直径 d 与齿数 z、齿距 p 之间存在以下关系：

$$\pi d=zp$$

即

$$d=zp/\pi$$

令 $p/\pi=m$，则

$$d=mz$$

式中　m——齿轮的模数，mm。

由于模数与齿距成正比，因此，模数的大小直接反映出轮齿的大小。模数大，轮齿就大，齿轮的承载能力也就越大。一对相互啮合的齿轮，其模数必须相等。

为了便于齿轮的设计和制造，模数已经标准化。我国规定的标准模数值见表 8－11。

表 8－11　齿轮模数系列（GB/T 1357—2008）

第一系列	1、1.25、1.5、2、2.5、3、4、5、6、8、10、12、16、20、25、32、40、50
第二系列	1.125、1.375、1.75、2.25、2.75、3.5、4.5、5.5、(6.5)、7、9、11、14、18、22、28、36、45

注：选用模数时，应优先选用第一系列，括号内的模数尽可能不用。

（9）压力角与齿形角：在一般情况下，两啮合轮齿齿廓在节点处的公法线（即轮齿的受力方向）与两节圆的公切线（运动方向）之间所夹的锐角，称为压力角，用 α 表示。压力角的大小不同，齿廓形状也不同。国标规定，在分度圆上的标准压力角为 20°。

基本齿条的法向压力角称为齿形角。齿形角规定为 20°，也用 α 表示，它是齿轮加工时选择刀具的主要参数。

（10）中心距：一对啮合齿轮轴线之间的距离称为中心距，用 a 表示。

8.4.1.2　直齿圆柱齿轮几何要素的尺寸计算

标准直齿圆柱齿轮几何要素的尺寸计算公式见表 8－12。

表 8－12　标准直齿圆柱齿轮各几何要素的尺寸计算

名　称	代　号	计 算 公 式
齿顶高	h_a	$h_a=m$
齿根高	h_f	$h_f=1.25m$

续表 8－12

名　称	代　号	计算公式
齿　高	h	$h=2.25m$
分度圆直径	d	$d=mz$
齿顶圆直径	d_a	$d_a=m(z+2)$
齿根圆直径	d_f	$d_f=m(z-2.5)$
中心距	a	$a=\frac{1}{2}(d_1+d_2)=\frac{1}{2}m(z_1+z_2)$

8.4.1.3　直齿圆柱齿轮的规定画法

根据 GB/T 4459.2—2003，齿轮的轮齿部分按规定画法绘制，轮齿以外的部分按实际投影绘制。

（1）单个齿轮的画法。齿顶圆和齿顶线用粗实线绘制；分度圆和分度线用细点画线绘制；齿根圆和齿根线用细实线绘制（也可省略不画）。在剖视图中，当剖切平面通过齿轮的轴线剖切时，轮齿一律按不剖处理，齿根线画成粗实线，如图 8－22（a）所示。对于斜齿和人字齿齿轮，可用三条细实线表示齿线的方向，如图 8－22（b）、（c）所示。

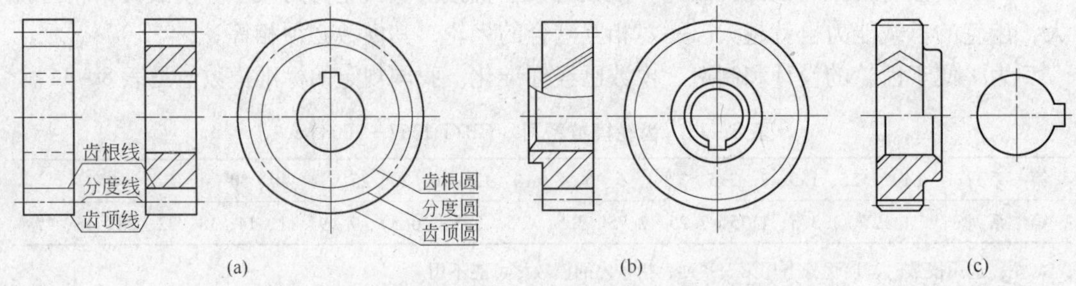

图 8－22　单个圆柱齿轮的规定画法

（a）直齿齿轮的画法；（b）斜齿齿轮的画法；（c）人字齿齿轮的画法

（2）两齿轮的啮合画法。在垂直于齿轮轴线方向的视图中，非啮合区按单个齿轮的画法绘制；啮合区内两轮的齿顶圆均用粗实线绘制（见图 8－23a），或省略不画（见图 8－23b），两节圆相切。在平行于齿轮轴线方向的视图中，若不剖，啮合区不画齿顶线，只用粗实线画出节线（标准齿轮为分度线），如图 8－23（c）所示。当剖切平面通过两啮合齿轮的轴线时，在啮合区内，两轮的节线重合为一条点画线，齿根线均为粗实线，一个齿轮的齿顶线画成粗实线，另一个齿轮的齿顶线画成虚线或省略不画。

由于齿根高与齿顶高相差 0.25m，因此，一个齿轮的齿顶线与另一个齿轮的齿根线之间应有 0.25m 的顶隙，如图 8－24 所示。

图 8－25 为一直齿圆柱齿轮的零件图图例。通常齿轮零件图是用一个剖视的主视图和一个投影为圆的左视图表示其结构形状。在图样上，除注出尺寸、表面粗糙度等要求外，在图纸的右上角还要注明齿轮的模数、齿数、齿形角等参数。

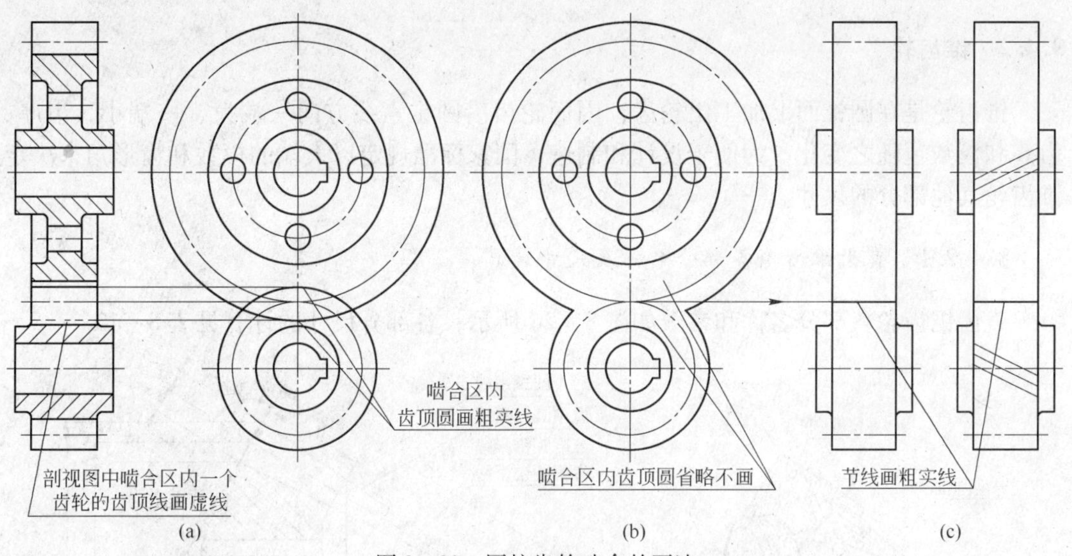

图 8-23 圆柱齿轮啮合的画法

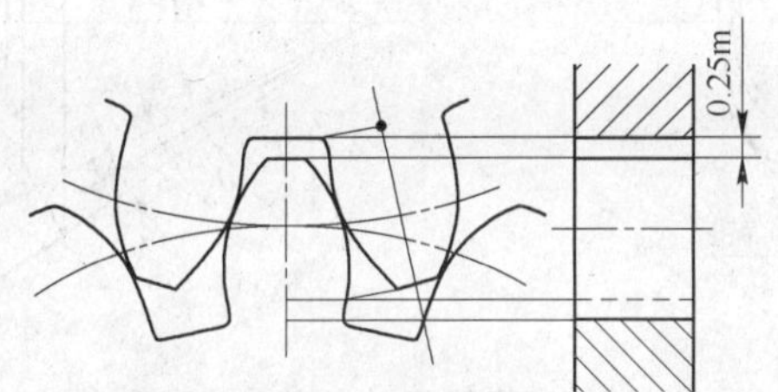

图 8-24 啮合齿轮间的顶隙

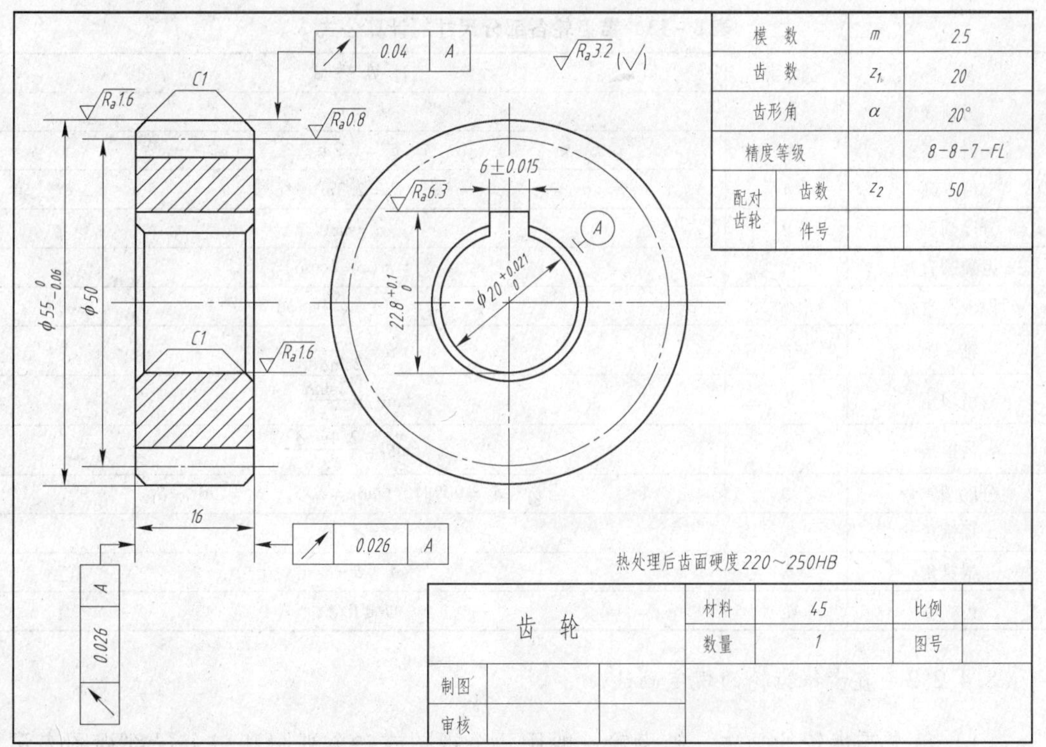

图 8-25 直齿圆柱齿轮零件图

8.4.2　锥齿轮

锥齿轮是在圆锥面上加工出轮齿，因而轮齿沿圆锥素线方向一端大、一端小，齿厚、齿高和模数也随之变化。为便于设计和制造，国家标准规定以大端的模数和齿形角来决定锥齿轮其他部分的尺寸。

8.4.2.1　直齿锥齿轮各部分名称及尺寸计算

直齿锥齿轮各部分名称和参数如图 8-26 所示；各部分尺寸的计算见表 8-13。

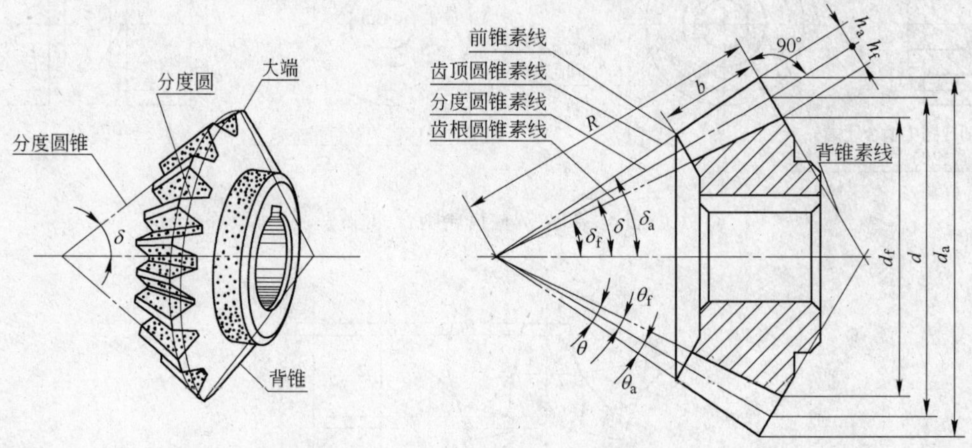

图 8-26　直齿锥齿轮各部分名称和参数

表 8-13　锥齿轮各部分尺寸的计算公式

名　称	代号	计算公式
齿顶高	h_a	$h_a = m$
齿根高	h_f	$h_f = 1.2m$
齿　高	h	$h = 2.2m$
分度圆直径	d	$d = mz$
齿顶圆直径	d_a	$d_a = m(z + 2\cos\delta)$
齿根圆直径	d_f	$d_f = m(z - 2.4\cos\delta)$
锥　距	R	$R = \dfrac{mz}{2\sin\delta}$
齿顶角	θ_a	$\tan\theta_a = \dfrac{2\sin\delta}{z}$
齿根角	θ_f	$\tan\theta_f = \dfrac{2.4\sin\delta}{z}$
分度圆锥角	δ	当 $\delta_1 + \delta_2 = 90°$ 时，$\tan\delta_1 = z_1/z_2$，$\delta_2 = 90° - \delta_1$
顶锥角	δ_a	$\delta_a = \delta + \theta_a$
根锥角	δ_f	$\delta_f = \delta - \theta_f$
齿　宽	b	$b \leq R/3$

8.4.2.2　直齿锥齿轮的规定画法

（1）单个锥齿轮的画法。锥齿轮一般用两个视图或一个视图和一个局部视图表示，按轴线水平放置绘制。主视图常用全剖视，轮齿按规定不剖，顶锥线和根锥线用粗实线绘制，分度线为细点画线。在投影为圆的视图中，大端、小端的齿顶圆均用粗实线绘制，齿根圆规定不画；大端的分度圆用细点画线绘制，小端分度圆规定不画，如图8－27所示。

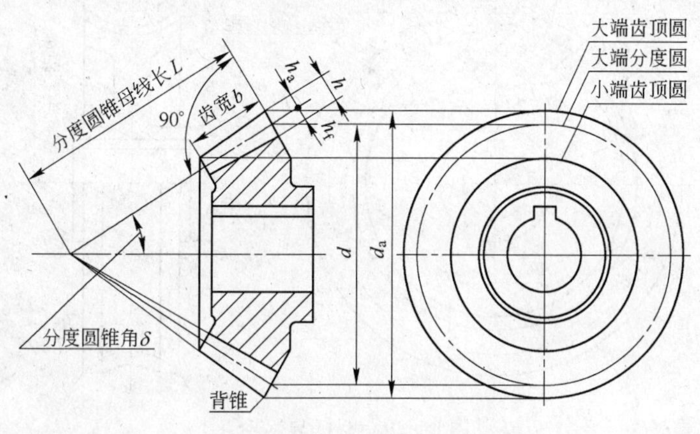

图8－27 锥齿轮画法

（2）锥齿轮的啮合画法。啮合的锥齿轮主视图一般取全剖视，两锥齿轮的节圆锥面相切处用细点画线画出，啮合区内一个齿轮的齿顶线画成粗实线，另一个齿轮的齿顶线画成虚线或省略不画；左视图中只画出大端的齿顶圆和分度圆，注意小齿轮大端节线和大齿轮大端节圆应相切，如图8－28 所示。

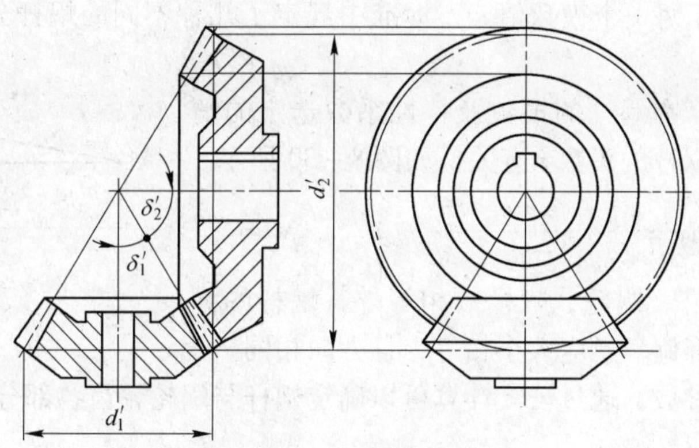

图8－28 锥齿轮的啮合画法

8.4.3 蜗杆和蜗轮

蜗杆、蜗轮传动一般用于轴线垂直交叉的场合。蜗杆为主动件，用于减速，可以得到很大的速比，其结构紧凑，传动平稳，但传动效率低。常用的蜗杆为圆柱形，类似梯形螺杆，蜗轮类似于斜齿轮，由于它们垂直交叉啮合，为了增加接触面积，蜗轮的齿顶常加工成凹弧形，如图8－29 所示。

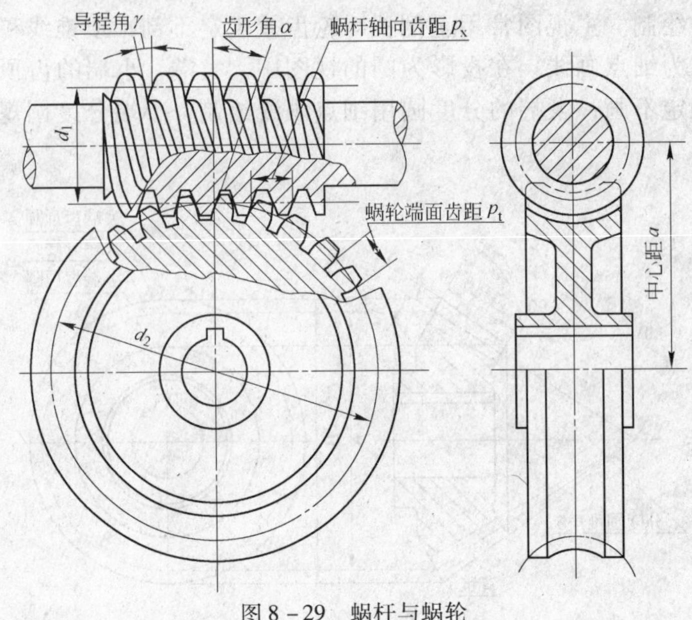

图 8-29 蜗杆与蜗轮

8.4.3.1 蜗杆与蜗轮的主要参数

（1）模数 m。为便于设计和加工，规定蜗杆的轴向模数 m_x、蜗轮的端面模数 m_t 为标准模数，一对啮合的蜗杆、蜗轮其模数应相等，即 $m_x = m_t = m$。

（2）蜗杆直径系数 q。蜗杆的直径系数 q 是蜗杆所特有的参数。蜗杆分度圆直径 d_1 与模数 m 的比值称为蜗杆的直径系数，即 $q = d_1/m$。在制造蜗轮时，为了减少蜗轮滚刀的规格和数量，对于每一个模数值 m，标准中规定了几种不同的蜗杆分度圆直径 d_1 与之相配。

（3）导程角 γ。在蜗杆的模数及特性系数选定的情况下，导程角 γ 同蜗杆的头数 z 有关，如图 8-30 所示。

$$\tan\gamma = \frac{z_1 p_x}{\pi d_1} = \frac{z_1 \pi m}{\pi q m} = \frac{z_1}{q}$$

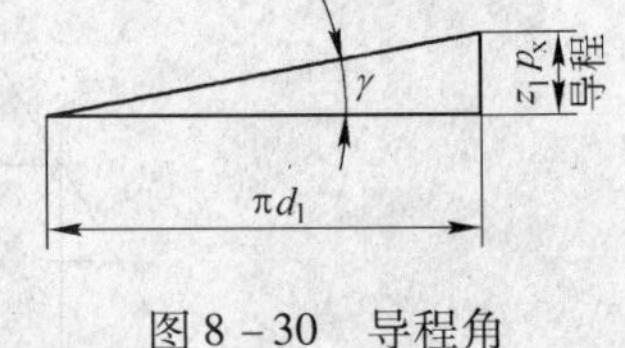

图 8-30 导程角

一对啮合的蜗杆、蜗轮，除模数相等外，蜗杆的导程角与蜗轮轮齿的螺旋角也应大小相等，且方向相同。

根据以上主要参数，通过公式计算可以确定蜗杆与蜗轮轮齿各部分的尺寸。

8.4.3.2 蜗杆与蜗轮的规定画法

（1）蜗杆。蜗杆一般用一个视图表示，为表达蜗杆的齿形，常用局部剖视图或局部放大图表示。轴向剖面齿形为梯形，顶角一般为 40°。齿顶线（齿顶圆）用粗实线绘制，分度线（分度圆）用点画线表示，齿根线（齿根圆）用细实线绘制或省略不画，如图 8-31（a）所示。

（2）蜗轮。蜗轮的画法与圆柱齿轮相似。在垂直于蜗轮轴线方向的视图中，轮齿部分最外圆用粗实线绘制，分度圆用细点画线绘制，齿顶圆、齿根圆和倒角圆省略不画；在与蜗轮轴线方向平行的视图中，一般采用剖视画法，轮齿部分按不剖处理，齿顶和齿根的圆弧线用粗实线绘制，如图 8－31（b）所示。

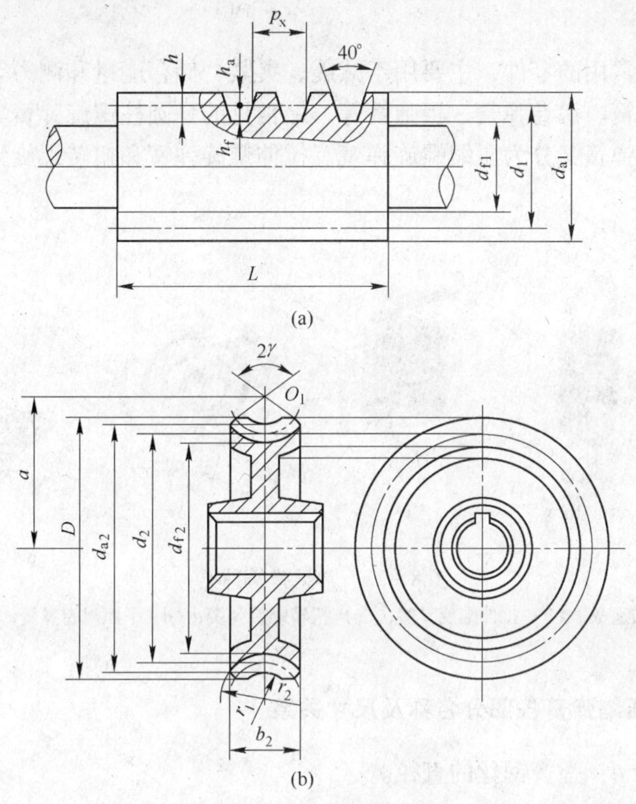

图 8－31　蜗杆与蜗轮的画法

（a）蜗杆；（b）蜗轮

（3）蜗杆、蜗轮的啮合画法。在蜗杆投影为圆的视图上，不论是否采用剖视，啮合区中蜗杆总是画成可见，即蜗杆、蜗轮投影重合部分只画蜗杆。在蜗轮投影为圆的视图上，蜗轮节圆应与蜗杆节线相切，蜗轮被蜗杆挡住的部分不画。在外形图中蜗杆、蜗轮的啮合区内，蜗杆齿顶线与蜗轮外圆都用粗实线绘制，如图 8－32 所示。

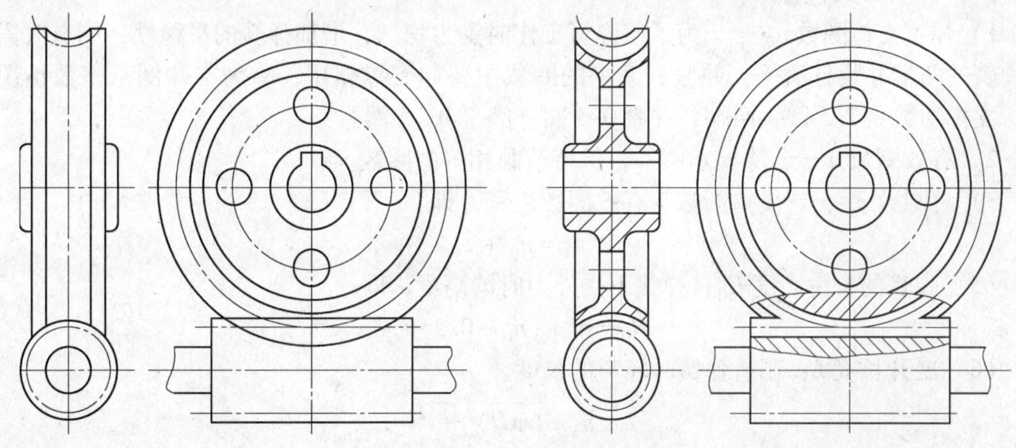

图 8－32　蜗杆与蜗轮的啮合画法

8.5 弹簧

弹簧是机械中常用的零件，主要用于减震、夹紧、储存能量和测力等方面。弹簧的种类很多，有螺旋弹簧、涡卷弹簧、板弹簧等，最常见的是圆柱螺旋弹簧。按所受载荷特性的不同，圆柱螺旋弹簧又分为压缩螺旋弹簧、拉伸螺旋弹簧和扭转螺旋弹簧三种形式，如图 8－33 所示。

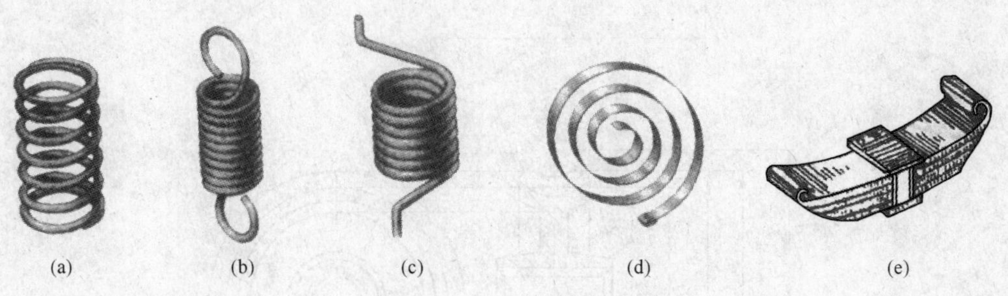

图 8－33 常见弹簧种类

（a）压缩螺旋弹簧；（b）拉伸螺旋弹簧；（c）扭转螺旋弹簧；（d）平面涡卷弹簧；（e）板弹簧

8.5.1 圆柱螺旋压缩弹簧各部分名称及尺寸关系

（1）簧丝直径 d：弹簧钢丝的直径。

（2）弹簧直径：

1）弹簧外径 D——弹簧的最大直径。

2）弹簧内径 D_1—— 弹簧的最小直径。

3）弹簧中径 D_2——弹簧外径与弹簧内径的平均值，即

$$D_2=(D+D_1)/2=D-d=D_1+d$$

（3）节距 t：除支承圈外，相邻两有效圈上对应点之间的轴向距离。

（4）弹簧圈数：

1）弹簧支撑圈数 n_0——为了使弹簧工作时受力均匀，增加弹簧的平稳性，制造时需将弹簧的两端并紧且磨平。并紧、磨平的圈数主要起支撑作用，称为支撑圈。多数情况下，支撑圈数为 2.5 圈，两端各并紧 0.5 圈，磨平 0.75 圈。

2）有效圈数 n——除支承圈外，保持节距相等的圈数。

3）总圈数 n_1——支撑圈数与有效圈数之和，即

$$n_1=n_0+n$$

（5）弹簧的自由高度 H_0：弹簧不受外力时的高度，即

$$H_0=nt+(n_0-0.5)d$$

（6）展开长度 L：制造弹簧时坯料的长度。

$$L\approx n_1\sqrt{(\pi D)^2+t^2}$$

（7）旋向：螺旋弹簧分为左旋和右旋两种。

8.5.2 圆柱螺旋压缩弹簧的规定画法

8.5.2.1 基本规定

GB/T 4459.4—2003 中对圆柱螺旋弹簧的画法作了如下规定:

(1) 在平行于螺旋弹簧轴线方向的视图中，其各圈轮廓均画成直线。

(2) 不论左旋还是右旋，弹簧均画成右旋；若实际为左旋弹簧时，在图中要注明旋向“左旋”。

(3) 有效圈数在4圈以上的螺旋弹簧，中间各圈可以省略。中间部分省略后，允许适当缩短图形的长度，但应注明弹簧设计要求的自由长度，如图8-34所示。

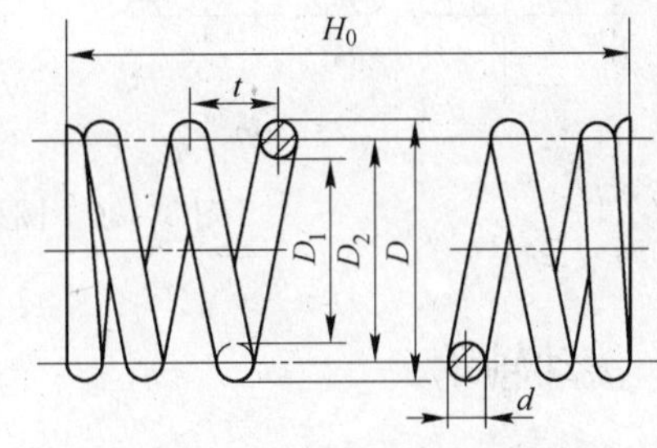

图8-34 圆柱螺旋压缩弹簧

(4) 在装配图中，被弹簧挡住的结构一般不画，可见部分应从弹簧的外轮廓线或弹簧钢丝剖面的中心线画起，如图8-35 (a) 所示。当弹簧钢丝的直径在图上小于或等于2mm时，簧丝剖面可全部涂黑，轮廓线不画，如图8-35 (b) 所示；也可采用图8-35 (c) 所示的示意画法。

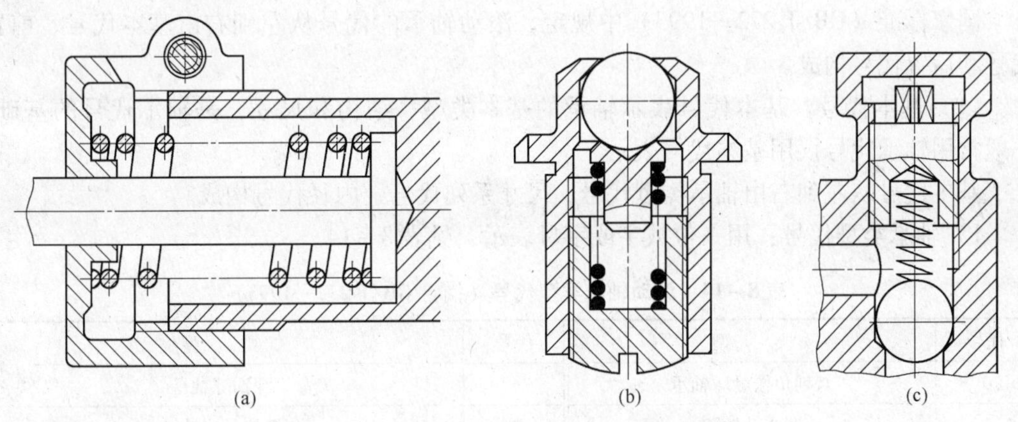

图8-35 装配图中螺旋压缩弹簧的画法

8.5.2.2 圆柱螺旋压缩弹簧画法举例

圆柱螺旋压缩弹簧的作图步骤如图8-36所示。

(1) 根据中径 D_2 和自由高度 H_0 作矩形 $ABCD$，如图8-36 (a) 所示。

(2) 画出支承圈部分，如图8-36 (b) 所示。

(3) 画出有效圈部分，如图8-36 (c) 所示。

(4) 按右旋方向作相应圆的公切线，画上剖面线后即得圆柱螺旋压缩弹簧的剖视图，如图8-36 (d) 所示；也可画成图8-36 (e) 所示的视图形式。

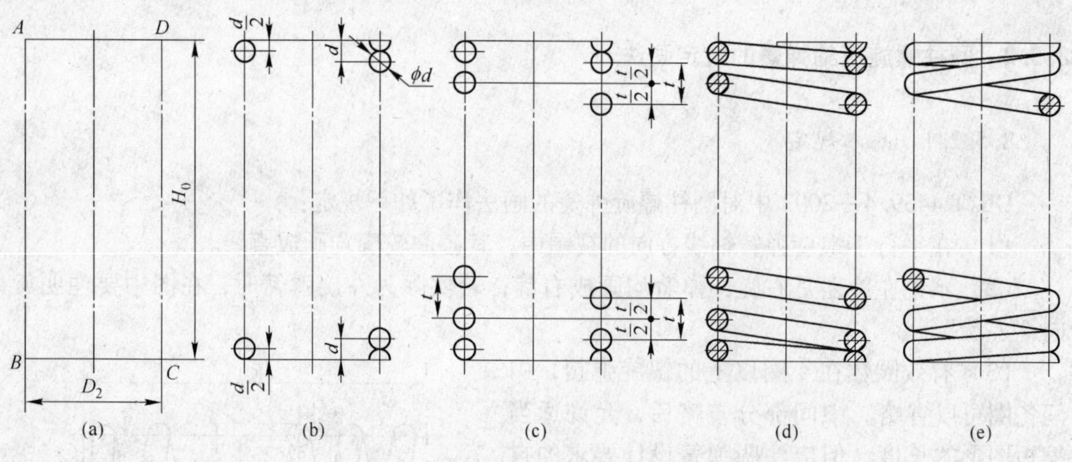

图 8－36 圆柱螺旋压缩弹簧的作图步骤

8.6 滚动轴承

在机器中，滚动轴承是用来支承轴的标准部件。由于它可以大大减小轴与孔相对旋转时的摩擦力，且具有机械效率高、结构紧凑等优点，因此应用极为广泛。

8.6.1 滚动轴承的代号

国家标准（GB/T 272—1993）中规定，滚动轴承的代号从左到右由基本代号、前置代号和后置代号构成。

（1）基本代号。基本代号表示轴承的基本类型、结构和尺寸，是轴承代号的基础。一般常用轴承代号仅用基本代号表示。

基本代号从左到右由轴承类型代号、尺寸系列代号、内径代号构成。

1）轴承类型代号：用一位数字或字母表示，见表 8－14。

表 8－14 滚动轴承类型代号（摘自 GB/T 272—1993）

代号	类　型	代号	类　型
0	双列角接触球轴承	6	深沟球轴承
1	调心球轴承	7	角接触球轴承
2	调心滚子轴承和推力调心滚子轴承	8	推力圆柱滚子轴承
3	圆锥滚子轴承	N	圆柱滚子轴承（双列或多列用字母 NN 表示）
4	双列深沟球轴承	U	外球面球轴承
5	推力球轴承	QJ	四点接触球轴承

2）尺寸系列代号：由轴承宽（高）度系列代号和直径系列代号组合而成，一般用两位数字表示。宽（高）度系列是指内径（d）相同的轴承，对向心轴承，配有不同宽度（B）的尺寸系列，代号有 8、0、1、2、3、4、5、6，尺寸依次递增；对推力轴承，配有不同高度（T）的尺寸系列，代号有 7、9、1、2，尺寸依次递增。直径系列是指内径（d）相同的轴承，配有不同外径（D）的尺寸系列，其代号有 7、8、9、0、1、2、3、4、

5，尺寸依次递增。

宽（高）度系列代号和直径系列代号的具体含义可查阅有关轴承标准。

3）内径代号：用两位数字表示。常见滚动轴承内径代号见表8－15。

表8－15　常见的滚动轴承内径代号

内径代号	00	01	02	03	04～96
轴承内径/mm	10	12	15	17	代号数字×5

轴承基本代号示例如下所示：

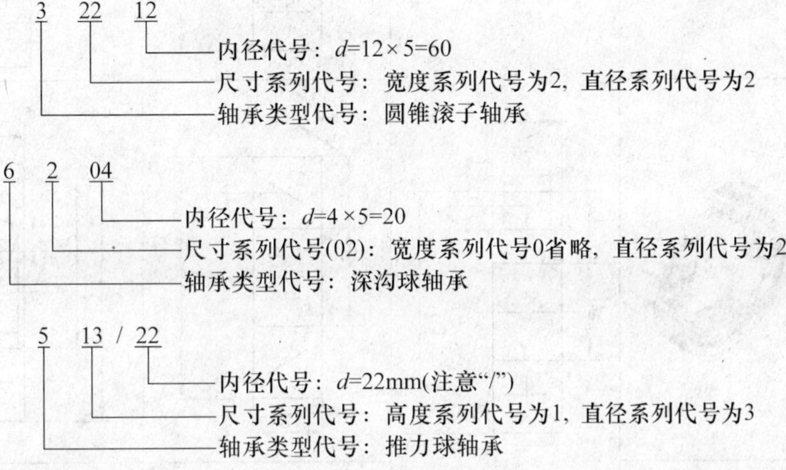

（2）前置代号和后置代号。前置代号和后置代号是轴承在结构形状、尺寸、公差、技术要求等有改变时，在轴承基本代号左、右添加的补充代号。前置代号用字母表示，后置代号用字母或字母加数字表示。

8.6.2　滚动轴承的画法

GB/T 4459.7—1998中规定了滚动轴承的画法。滚动轴承有三种表示方法，即通用画法、特征画法和规定画法，前两种画法又称为简化画法。

（1）简化画法。在剖视图中，用简化画法绘制滚动轴承时，一律不画剖面线。简化画法可采用通用画法或特征画法，但在同一图中一般只采用其中一种画法。

1）通用画法。在剖视图中，当不需要确切地表示滚动轴承的外形轮廓、载荷特征、结构特征时，可采用通用画法：用矩形线框和位于线框中央正立的十字形符号表示，见表8－16。

2）特征画法。在剖视图中，如需较形象地表示滚动轴承的结构特征时，可采用特征画法：在矩形线框内画出其结构要素符号，见表8－16。

（2）规定画法。在装配图中需要较详细地绘制轴承的剖视图时，轴承的滚动体不画剖面线，其各套圈画成方向和间隔相同的剖面线。规定画法一般绘制在轴的一侧，另一侧按通用画法绘制。

滚动轴承的三种画法中，各种符号、矩形线框和轮廓线均用粗实线绘制。

表 8－16　常用滚动轴承的画法

轴承类型	结构形式	通用画法	特征画法	规定画法
深沟球轴承			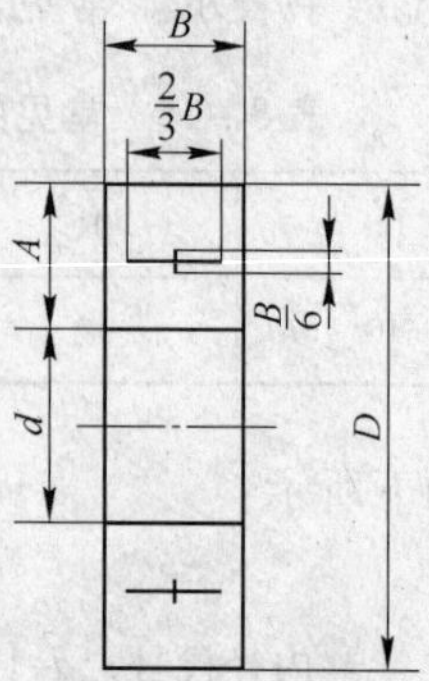	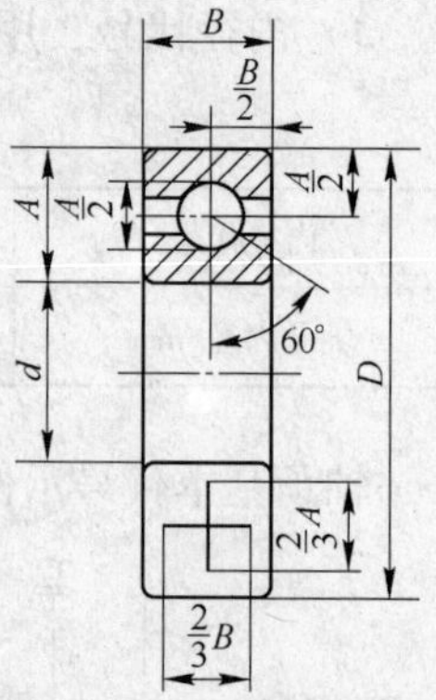
圆锥滚子轴承		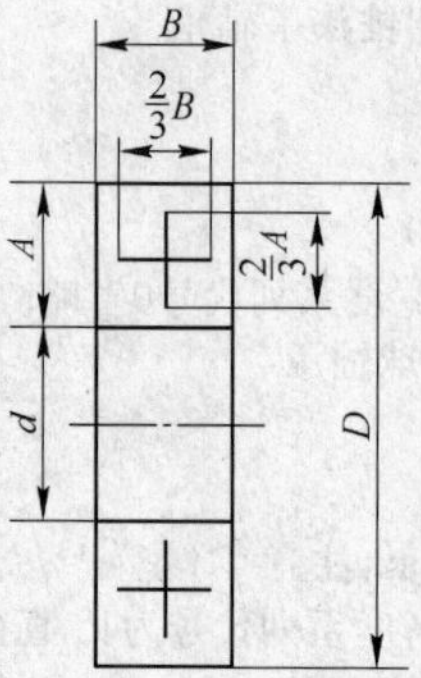	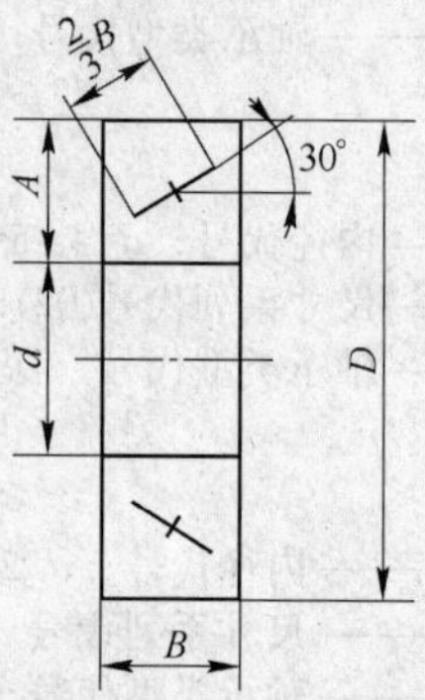	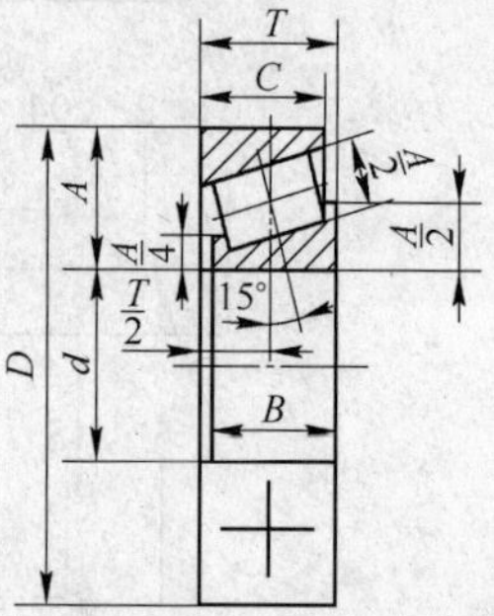
推力球轴承	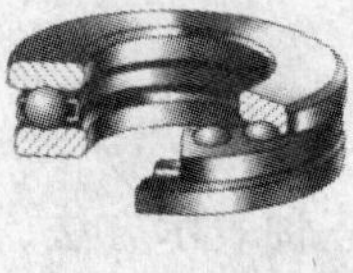		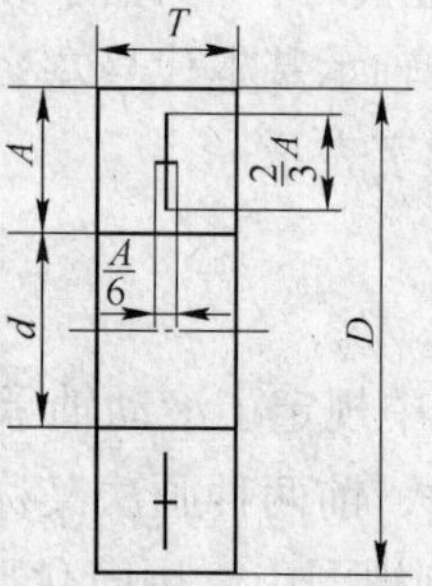	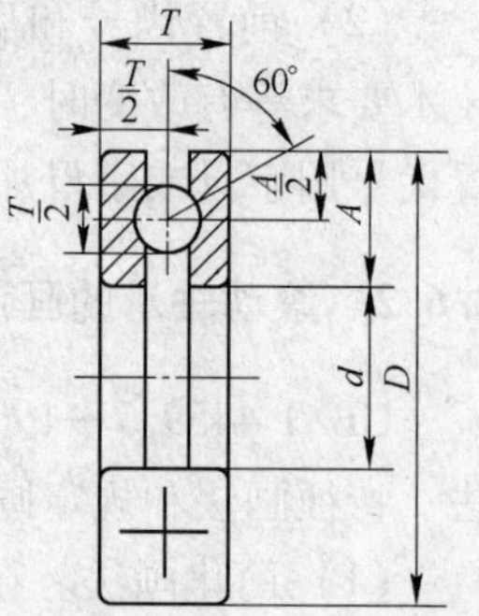

9 零　件　图

【教学目标】

(1) 了解零件图的内容、要求及其在生产中的作用。

(2) 掌握零件图的绘制和识读方法。能选用比较恰当的一组视图，完整、准确并清晰地表达零件的形状；理解零件图中的技术要求，读懂中等复杂程度的零件图。

9.1 零件图的作用与内容

9.1.1 零件图的作用

任何一台机器或部件都是由若干个相关零件（标准件和非标准件）按一定装配关系和使用要求装配而成的。而机器或部件必须依照零件图来加工制造。零件图是设计部门提交给生产部门的重要技术文件。零件图反映了设计者的意图，充分表达了对零件的设计和制造要求，因此它是制造和检验零件的重要技术文件。图 9－1 是一传动轴的零件图。像这样用来表示单个零件的形状结构、尺寸和技术要求的图样称为零件图。

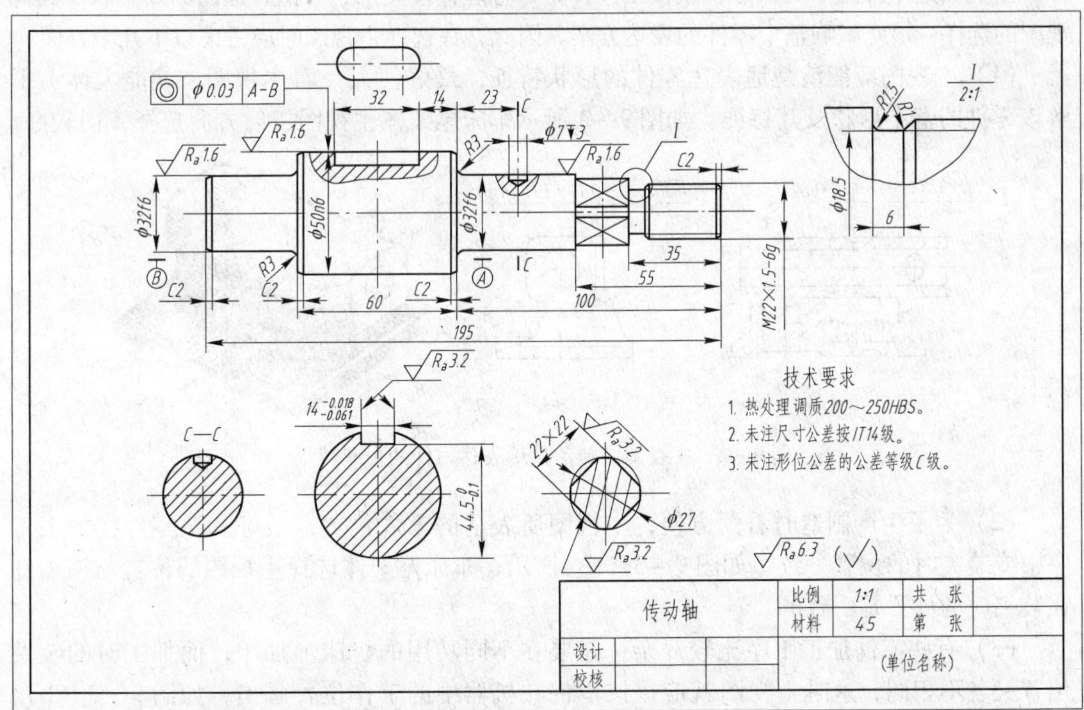

图 9－1　传动轴零件图

9.1.2 零件图的内容

零件图是直接用于生产的技术文件。由图 9－1 所示的传动轴零件图可以看出，一张完整的、符合实际要求的零件图，应包括以下四部分内容：

（1）一组视图：有一组能完整、清晰、准确地表达零件内、外结构形状的视图（如：一个主视图、一个局部视图、三个移出断面图及一个局部放大图）。

（2）足够的尺寸：能正确、完整、清晰、合理地表达制造、检验及装配时所需要的尺寸。

（3）技术要求：用代（符）号、数字和文字注写出制造、检验时应该达到的一些技术要求（加工质量要求），如表面粗糙度、尺寸公差、形状和位置公差、材料的热处理及表面处理等。

（4）标题栏：用来填写零件的名称、材料、数量、代号、比例及图样的制图者、审核者签名和时间。

9.2 零件的视图选择

为了正确、完整地表达零件的全部结构形状，必须选择一组合适的视图，并力求清晰、明了，便于生产人员读图。这是根据零件的结构形状、加工方法以及它在机器中所处位置等因素的综合分析来确定的。零件视图的选择首先是主视图的选择，其次，是其他视图的选择，从而确定该零件的表达方案。

9.2.1 主视图的选择

主视图是零件图中的核心，主视图选择是否合理直接关系到看图、画图的效率以及其他视图的选择，最终影响整个零件的表达方案。因此，在选择主视图时应考虑以下几个方面：

（1）主视图应能清楚地表达零件的形状特征，最好使人一看主视图，就能大体上了解该零件的基本形状及其特征。如图 9－2 所示车床尾架体主视图投射方向选择 *A* 向较好。

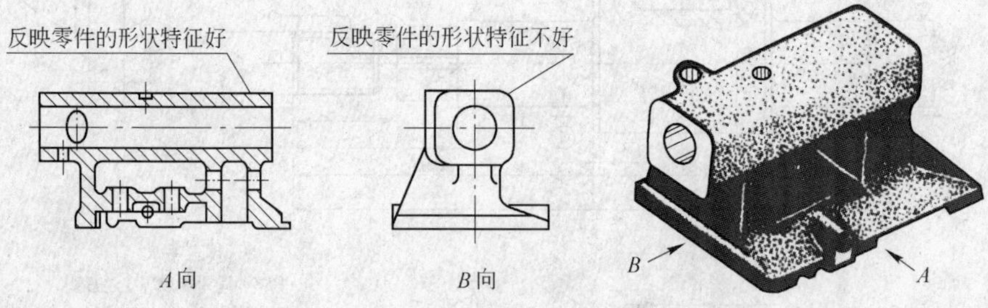

图 9－2　主视图应能清楚地表达零件的形状特征

（2）为了生产制造时看图方便，主视图所表达的零件位置，最好和该零件在加工工序中或装夹时的位置一致。如图 9－3（a）所示，车床尾架体选择主视图的位置与该零件在装夹时的位置是一致的。

（3）有些零件加工工序比较复杂，需要在不同功用的机床上加工，而加工时的装夹位置又各不相同，这时主视图就应该按零件在机器中的工作位置画出，如图 9－3（b）、（c）所示。

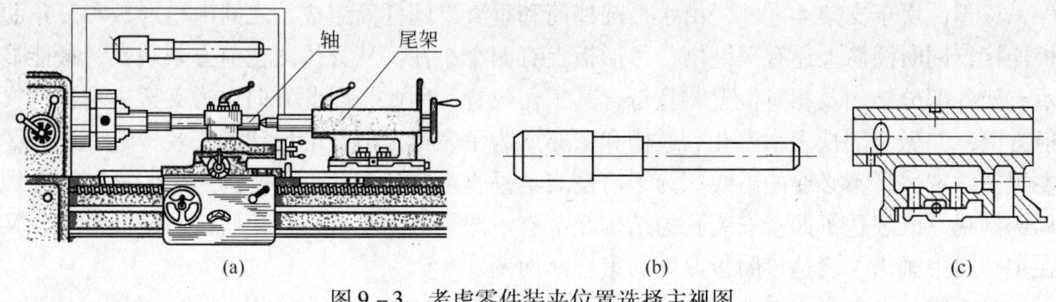

图 9－3　考虑零件装夹位置选择主视图

9.2.2　其他视图的选择

一般来说，视图数量应适当，且每个视图都应具有独立存在的意义和明确的表达重点，相互配合，相互补充而不重复，并应使看图方便，绘图简单。对于结构形状较为复杂的零件，主视图不可能完全反映其结构形状，必须选择若干其他视图。选择其他视图的原则有以下几点：

（1）其他视图要与主视图配合，在完整、清晰地表达零件结构形状的前提下，尽量减少视图的数量，通过比对，选择少而精的视图数量及表达方案将该零件表达清楚。

（2）其他视图应优先选用基本视图，并采用相应的剖视、断面图等。对于局部细小结构，可补充必要的局部视图、局部放大图等，如图 9－1 所示。

（3）尽量采用省略、简化画法，做到图示清晰、简洁，尽量不用或少用虚线表达零件的轮廓线。

（4）图幅紧凑，不要出现多余的视图，避免不必要的细节重复。

下面以图 9－4 所示支架的视图选择为例进行综合分析。

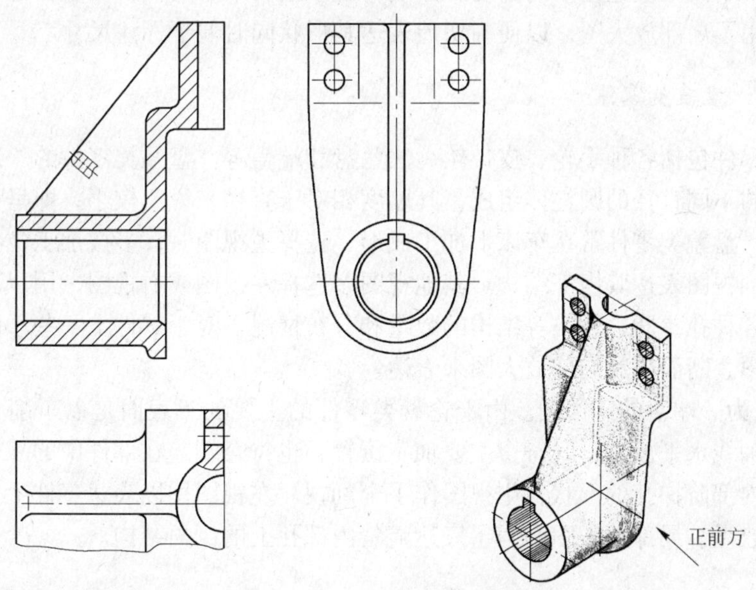

图 9－4　支架视图选择

该零件属于支架类零件，由水平圆柱筒和垂直半圆柱筒组成，之间由弓形板和三角肋板连接，同时圆筒上还有平键槽，弓形板上有四个小孔。从立体图正前方来观察，最能显示支架各部分结构及相对位置，且符合其工作位置，因此，以此方向作为支架主视图的投射方向，并做全剖视表示内孔、通槽和壁厚。为了表达弓形板的形状和安装位置，选择了左视图并省去了不必要的虚线。为了清楚表达垂直半圆柱筒的形状，选用了俯视图，并做局部剖视，既表达了四个安装孔的结构又节省了图幅。为了表达三角肋板的断面形状，又在主视图中画出了表达该肋板厚度的重合断面图。

对于初学者来说，在选择视图方案时，应首先致力于把形体表达完整。在此前提下，力求视图简洁、精练。随着看图、画图及生产实践知识的积累，选择视图方案的能力会随之逐步提高。

9.2.3 不同类型零件的视图选择与分析

在实际应用中，零件形状结构是多种多样的。通过对零件结构特点的比较、归纳，零件大致可分为轴套类、盘盖类、叉架类和箱壳类四种类型。下面结合典型例子介绍这几类零件的视图表达方法。

9.2.3.1 轴套类零件

轴套类零件通常是由若干段直径不同的圆柱体或圆锥体组成。为了连接齿轮、皮带轮等其他零件，在轴上常有键槽、销孔、轴肩、螺纹及退刀槽、中心孔等结构。

如图 9 - 5 所示的齿轮轴主要加工工序是在车床上进行的，为了加工时看图方便，主视图将轴线按水平位置放置。由于齿轮轴是对轴线径向对称的，所以采用了一个基本视图加上一系列的直径尺寸就能清楚表达其主要形状。对于其他结构，如：在轴上有键槽的部位采用了移出断面来表达键槽的宽度和深度；对轴上的细小结构，如砂轮越程槽和螺纹退刀槽，还采用了局部放大图，以便确切地表达其形状同时便于标注尺寸。

9.2.3.2 盘盖类零件

盘盖类零件包括各种手轮、皮带轮、法兰盘和端盖等。盘盖类零件的一般结构是由在同一轴线上的不同直径的圆柱体组成，其厚度相对于直径来说比较小，即呈盘状。同轴套类零件一样，盘盖类零件常在车床上加工成形，选择主视图时，多按加工位置将轴线水平放置，并用剖视图表达其内部结构。其他视图多选择左视图或右视图，用以表达盘盖类零件的外形及各种孔、肋、轮辐等结构的数量和分布情况。对于零件上一些小的结构，还常选用局部视图、断面图和局部放大图来表达。

图 9 - 6 为一端盖的零件图。由于轮盘类零件的主要加工表面是以车削为主，所以其主视图是将轴线水平放置，既符合主要加工位置，也符合端盖在部件中的工作位置。为了表达该零件内部阶梯孔的形状，主视图作了全剖视。左视图用以表达零件上沿圆周分布的孔的结构及数量。局部放大图是为了表达清楚内部孔上的倒角结构。

9.2.3.3 叉架类零件

这类零件的结构形状差异很大，许多零件都有倾斜的结构，多见于连杆、拨叉、支

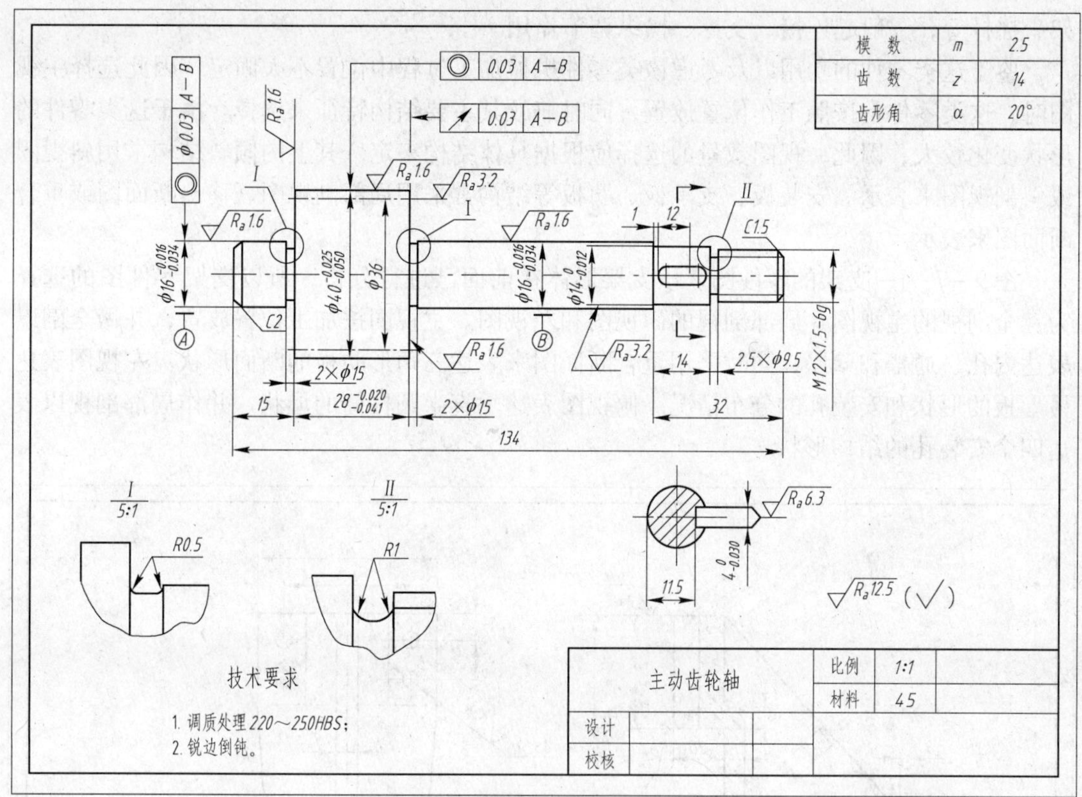

图9－5　主动齿轮轴的零件图

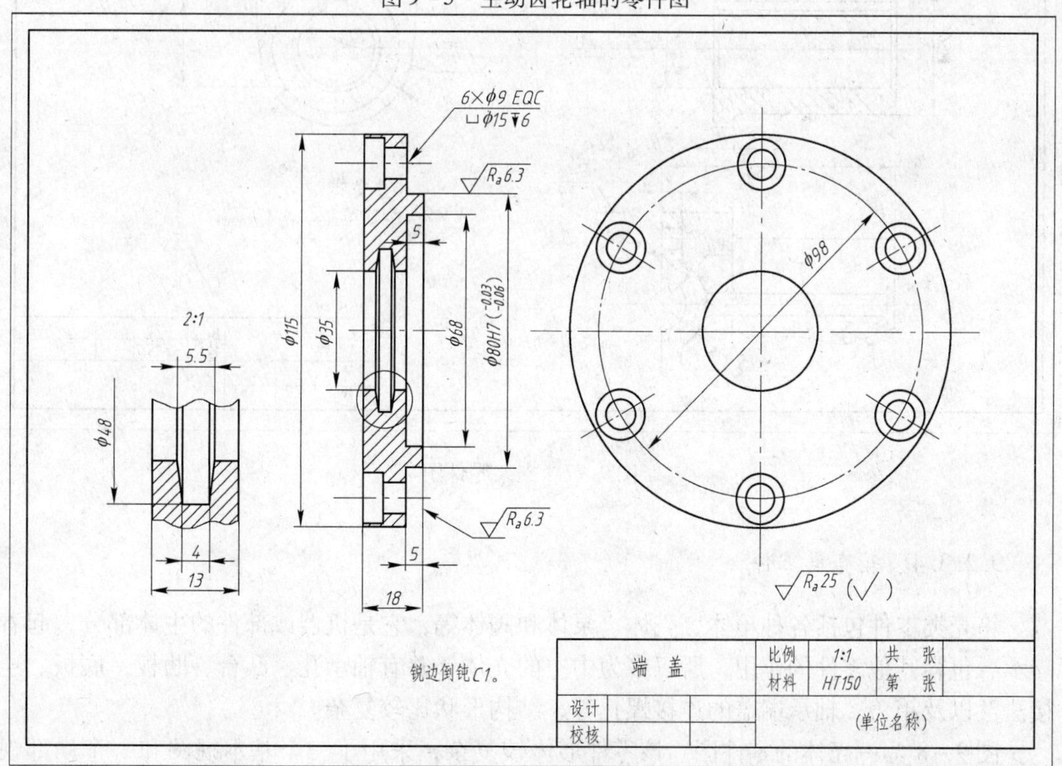

图9－6　端盖的零件图

架、摇杆等，一般起连接、支撑、操纵调节作用。

鉴于这类零件的功用以及考虑该类零件机械加工过程中位置不大固定，因此选择主视图时，这类零件常按照工作位置放置，同时兼顾其主要结构特征来选择。由于这类零件的形状变化较大，因此，视图数量的选择应根据具体结构来定。其上的倾斜结构常用斜视图或斜剖视图来表示。安装板、支承板、肋板等结构常采用局部剖视图、移出断面图或重合断面图来表示。

图 9－7 为一支架的零件图。该支架形体在前面已进行分析，所以支架零件图的选择为：全剖视的主视图、局部剖视的俯视图和左视图。主视图按加工位置放置，并做全剖以表达内孔、通槽和壁厚，同时采用重合断面图来表达三角形肋板的断面形状。左视图表达弓形板的形状和安装孔的分布情况。俯视图表达垂直半圆柱筒的形状，并作局部剖视以表达四个安装孔的结构形状。

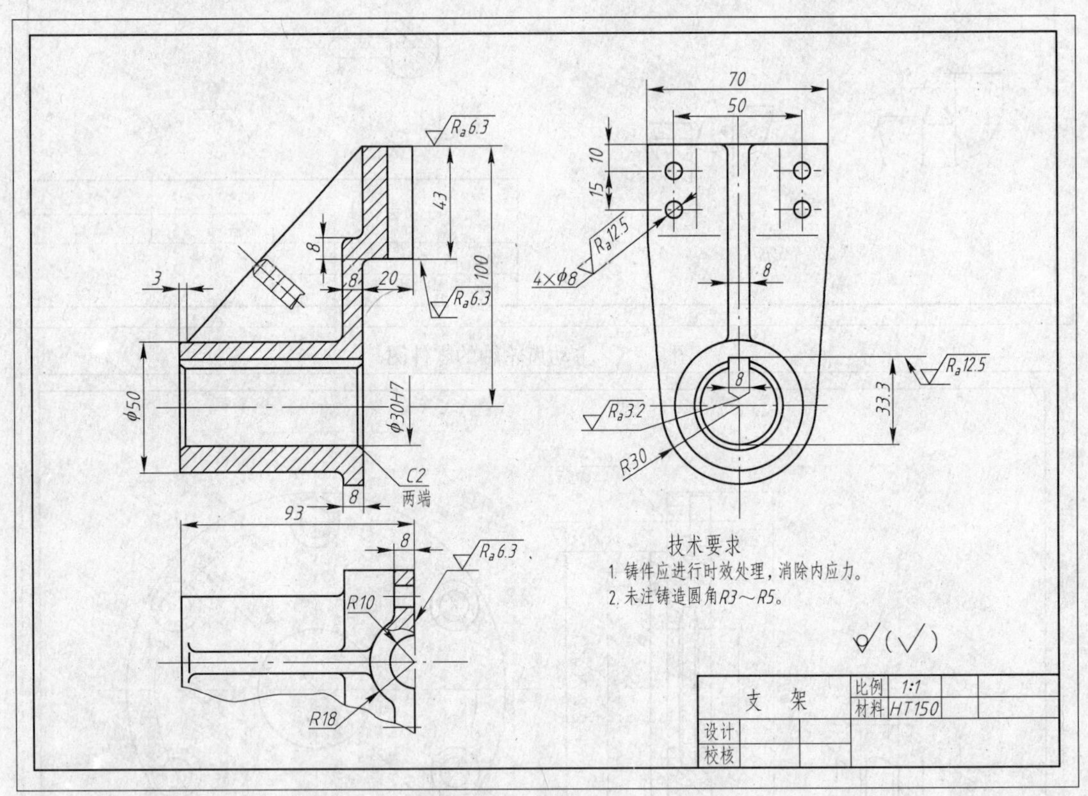

图 9－7　支架零件图

9.2.3.4　箱壳类零件

箱壳类零件包括各种箱体、壳体、泵体和阀体等，它是机器或部件的主体部分，起着支承、包容其他零件的作用，所以多为中空的壳体，并有轴承孔、凸台、肋板、底板、连接法兰以及箱盖、轴承端盖的连接螺孔等，结构形状比较复杂。

图 9－8 为一壳体的零件图。该零件形体较复杂，采用了三个基本视图和一个局部视图表达它的内、外结构形状。主视图按工作位置放置且采用了单一剖切面（A—A）的全

剖视，其投射方向能充分显示出零件内部以圆柱所形成空腔的形状、结构；俯视图采用了两平行剖切平面（*B*—*B*）剖切的全剖视图，同时表达了内部和底板的形状；左视图和 *C* 向局部视图主要表达了该零件的外形及顶部形状。通过该表达方案可知壳体主要由上部的主体、下部的安装底板以及左面的凸块组成。除了凸块外，主体及底板基本上是回转体。

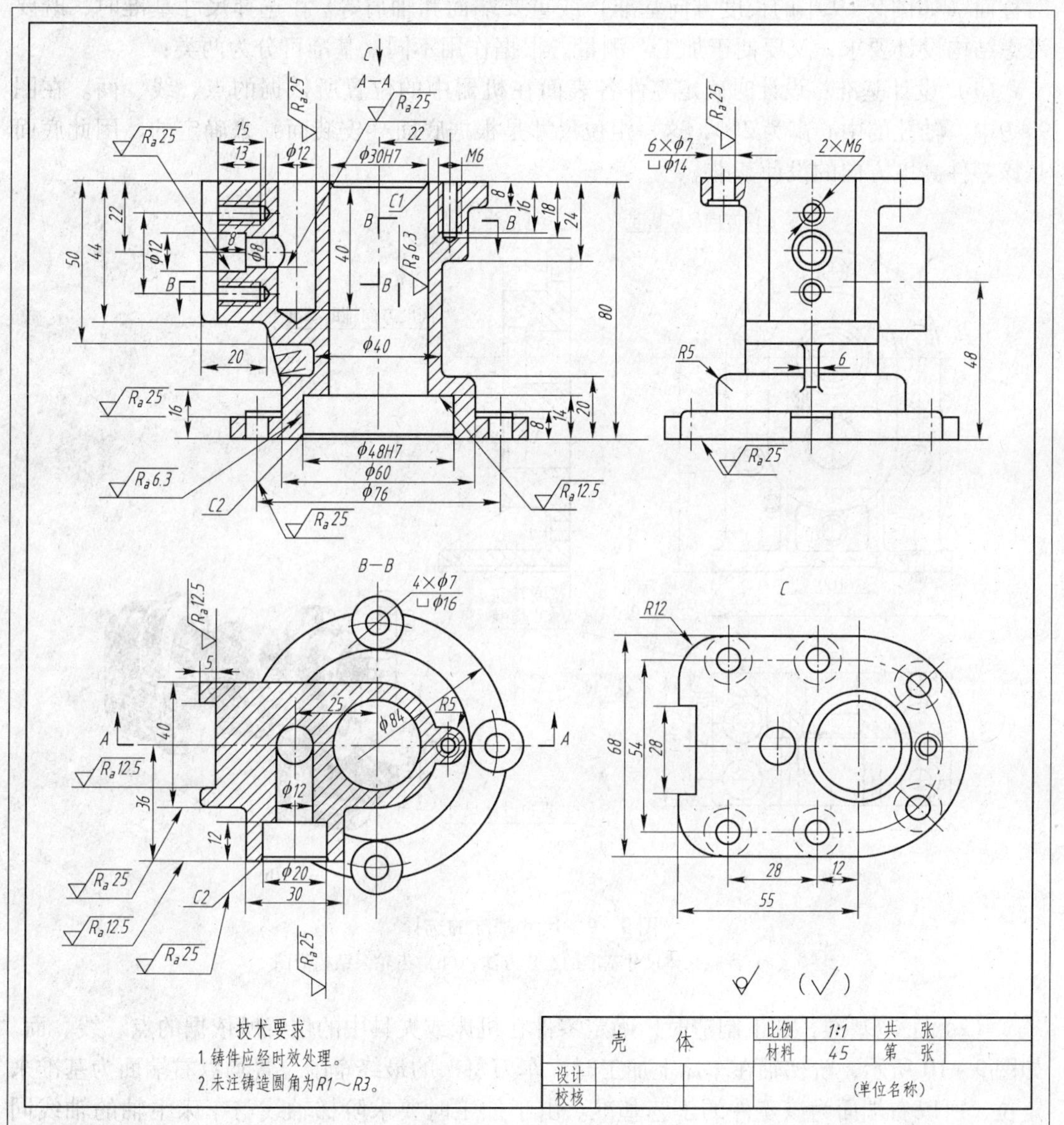

图9－8　壳体零件图

9.3　零件图的尺寸标注

零件图尺寸标注除了遵循正确、完整、清晰的原则以外，还应使尺寸标注符合合理性的要求。所谓合理性就是标注的尺寸既满足零件的设计要求，又符合一定的工艺要求，便于加工和测量。

9.3.1 正确选择尺寸基准

尺寸基准一般选择零件上的一些面和线。面作为基准常选择零件上较大的加工面（如图 9－9 中的高度方向基准）、两零件的结合面（如图 9－9 中宽度方向基准）、零件的对称面（如图 9－9 中的长度方向基准）或重要端面和轴肩等。在选择尺寸基准时，既要考虑结构设计要求，又要便于加工、测量。根据作用不同，基准可分为两类：

（1）设计基准：设计时确定零件各表面在机器中的位置所依据的点、线、面。在图 9－9中，轴孔的中心高为210，这一定位尺寸是根据底面（安装面）来确定的，因此底面是该零件高度方向的设计基准。

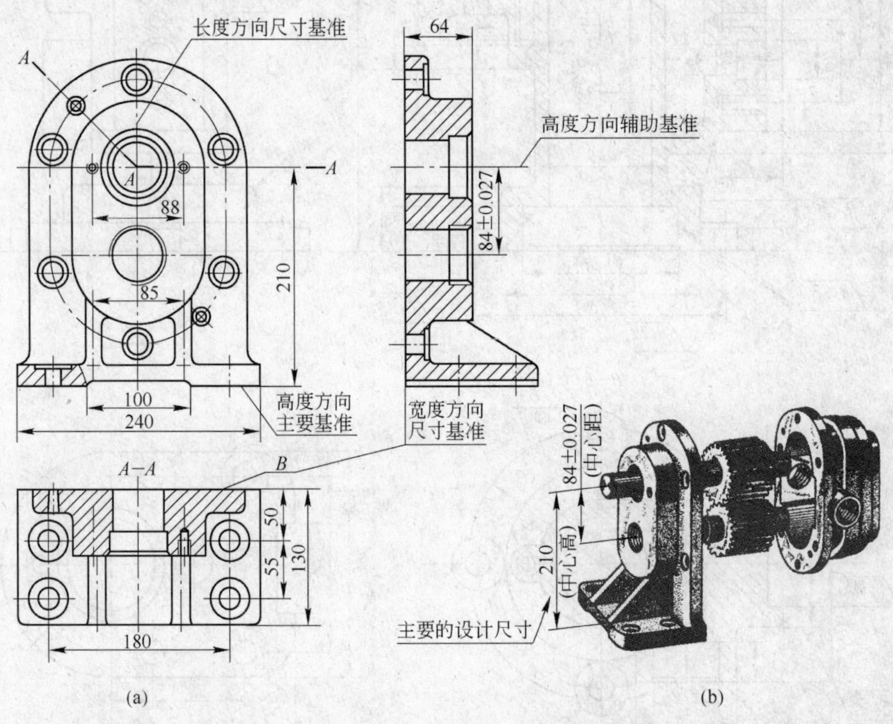

图 9－9　尺寸基准的选择

（a）齿轮泵体尺寸基准的选择方法；（b）齿轮泵结构简图

（2）工艺基准：加工制造时，确定零件在机床或夹具中的位置所依据的点、线、面。如图 9－10 所示，阶梯轴在车床上加工时，车刀每次的最终车削位置均以右端面为基准来定位，所以右端面为该零件的工艺基准。由于加工时要求阶梯轴线与车床主轴的轴线同轴，所以轴线既是设计基准，又是工艺基准。

9.3.2 合理标注零件图尺寸的原则

（1）零件上的重要尺寸必须直接注出。重要尺寸主要是指直接影响零件在机器中的工作性能和相对位置的尺寸。常见的重要尺寸有零件间的配合尺寸、安装定位尺寸等。如图 9－11（a）所示的轴承座，轴承孔的中心高尺寸 h_1 和安装孔的间距尺寸 l_1 必须直接注出。如果像图 9－11（b）那样，重要尺寸 h_1 和 l_1 是通过间接尺寸 h_3、l_2 和 l_3 计算得到

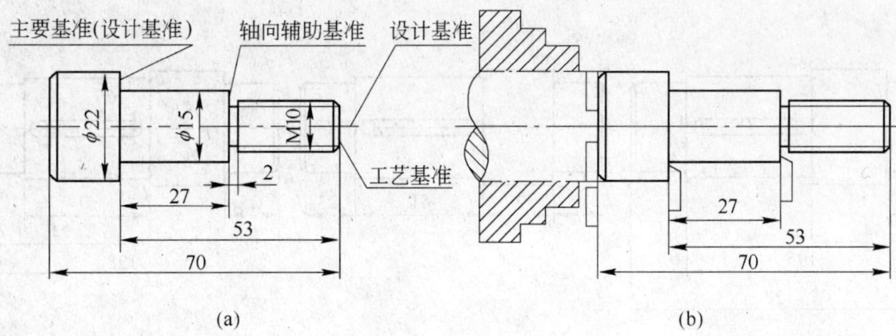

图 9-10 阶梯轴的设计基准与工艺基准

的，那么就会造成误差的积累。

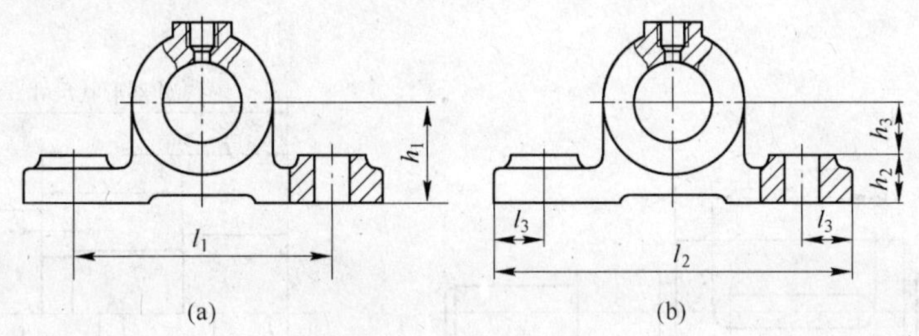

图 9-11 重要尺寸直接注出

（2）不能注成封闭的尺寸链。同一方向的尺寸（如图 9-12 中的尺寸 C、D、A）串联并首尾相接成封闭的形式，成为封闭的尺寸链，此种注法中各段的尺寸精度相互影响，总体尺寸 A 也难保证。所以在几个尺寸构成的尺寸链中，应选一个不重要的尺寸空出不标注（如图 9-13 中去掉尺寸 D），使尺寸误差积累到 D 段尺寸，以保证重要尺寸的精度，提高加工的经济性。常见一些尺寸的配置形式可参考图 9-13 和图 9-14。

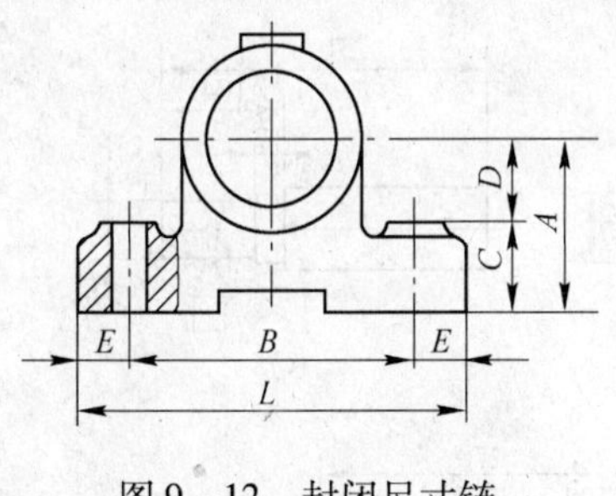

图 9-12 封闭尺寸链

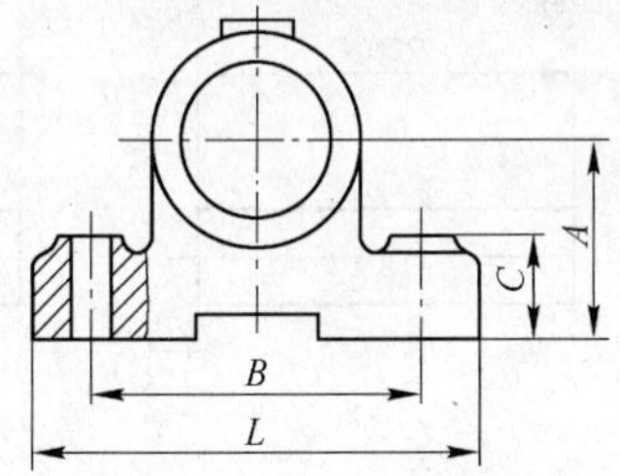

图 9-13 开口尺寸链

（3）标注尺寸要符合工艺要求，方便加工与测量。

1）有关尺寸，如采用不同加工方法的尺寸、加工尺寸与不加工尺寸、零件的内部尺寸与外部尺寸，都应分类集中标注，便于加工时查找测量，如图 9-15 所示。

2）按加工顺序标注尺寸，有利于保证尺寸精度，如图 9-16 和图 9-17 所示。

3）按加工要求标注尺寸，保证加工精度，如图 9-18 所示。

4）按测量要求标注尺寸，方便测量尺寸，如图 9-19 和图 9-20 所示。

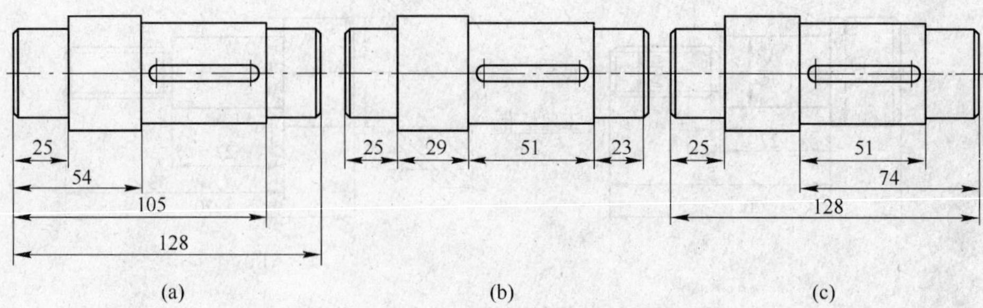

图9-14　尺寸配置形式

（a）坐标注法；（b）链状注法；（c）综合注法

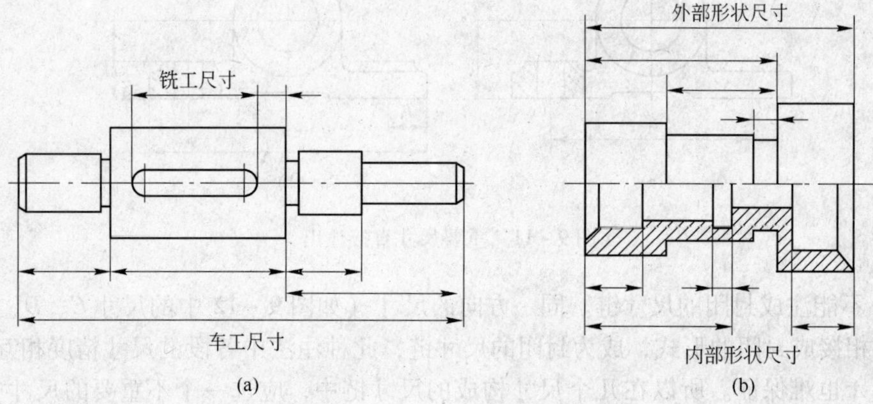

图9-15　有关尺寸的集中标注

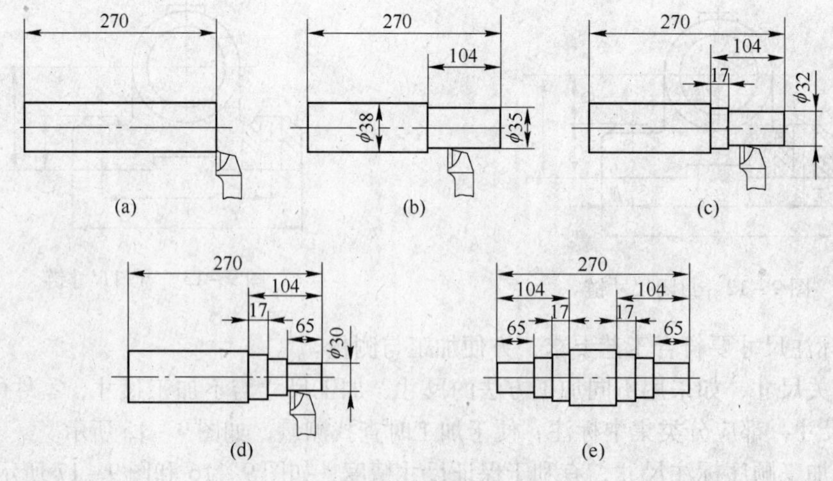

图9-16　按加工顺序标注尺寸（一）

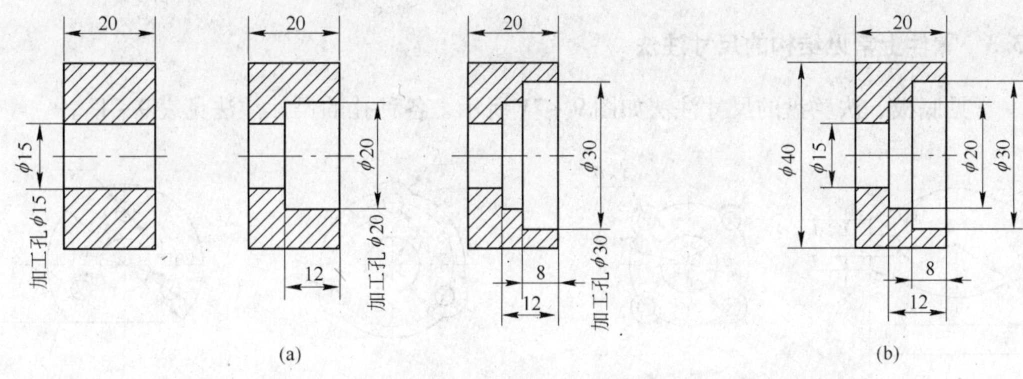

图9-17 按加工顺序标注尺寸（二）

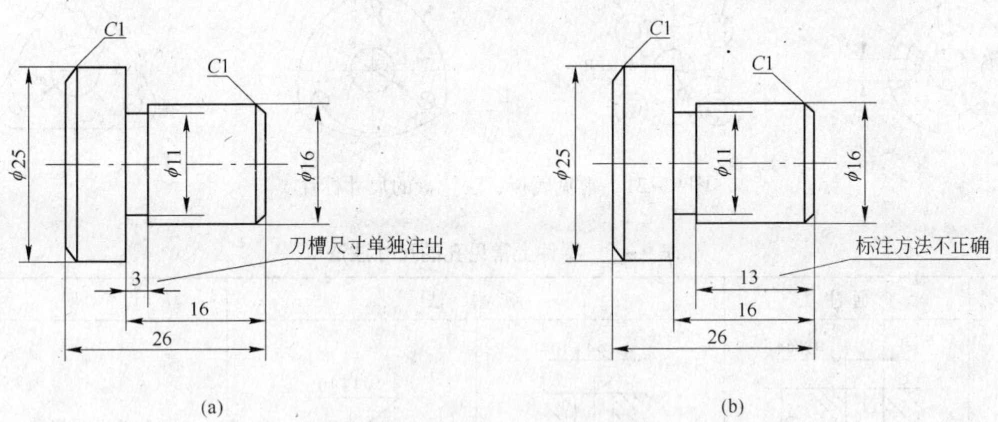

图9-18 按加工要求标注尺寸

（a）合理；（b）不合理

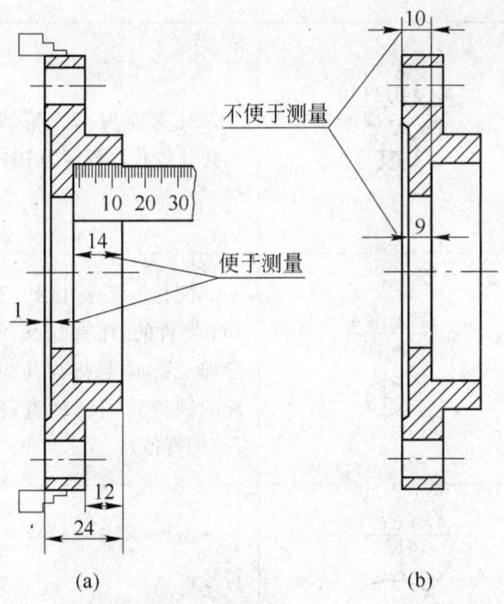

图9-19 按测量要求标注尺寸（一）

（a）合理；（b）不合理

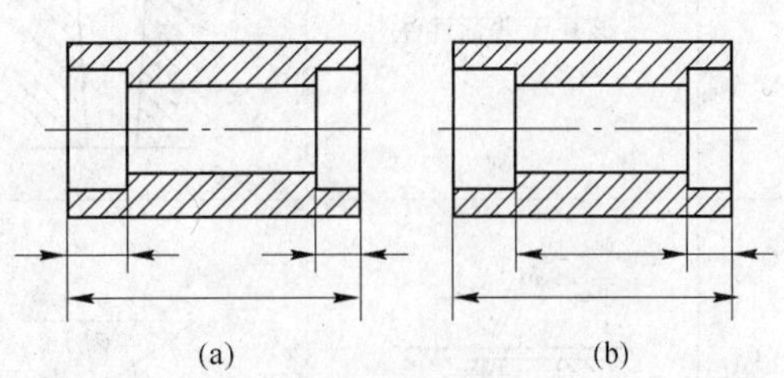

图9-20 按测量要求标注尺寸（二）

（a）合理；（b）不合理

9.3.3　零件上常见结构的尺寸注法

常见底板、法兰盘的尺寸注法如图 9－21 所示，各种孔的尺寸注法见表 9－1。

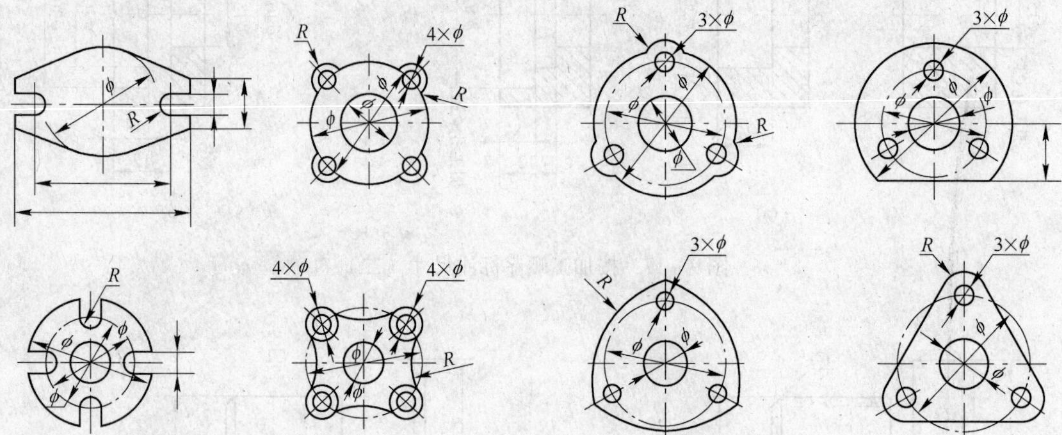

图 9－21　常见底板、法兰盘的尺寸标注

表 9－1　零件上常见孔的尺寸注法

类型	普通注法	旁注法		说明
光孔	4×ϕ4 10	4×ϕ4↧10	4×ϕ4↧10	“↧”为孔深符号
光孔	4×ϕ4H7 10 12	4×ϕ4H7↧10 ↧12	4×ϕ4H7↧10 ↧12	钻孔深度为 12，精加工孔（铰孔）深度为 10
光孔	该孔无普通注法	锥销孔ϕ4 配作	锥销孔ϕ4 配作	“配作”系指该孔与相邻零件的同位锥销孔一起加工；ϕ4 是指与其相配的圆锥销的公称直径（小端直径）
锪孔	ϕ13 4×ϕ6.6	4×ϕ6.6 ⌴ϕ13	4×ϕ6.6 ⌴ϕ13	“⌴”为锪平、沉孔符号； 锪孔通常只需锪出圆平面即可，因此沉孔深度一般不注

续表 9－1

类型	普通注法	旁注法		说明
沉孔	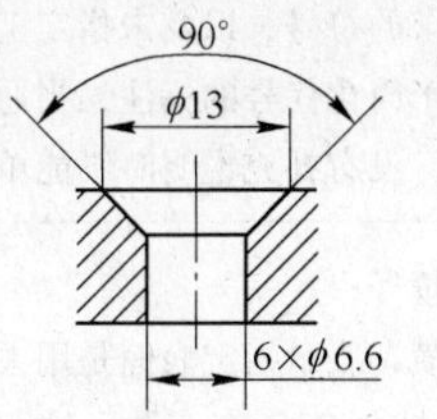 90° φ13 6×φ6.6	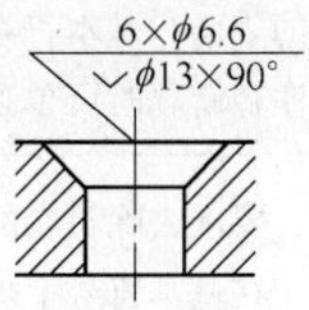 6×φ6.6 ⌵φ13×90°	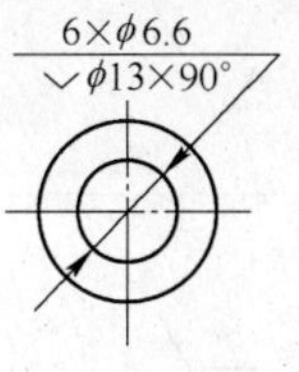 6×φ6.6 ⌵φ13×90°	“⌵”为埋头孔符号；该孔为安装开槽沉头螺钉所用
沉孔	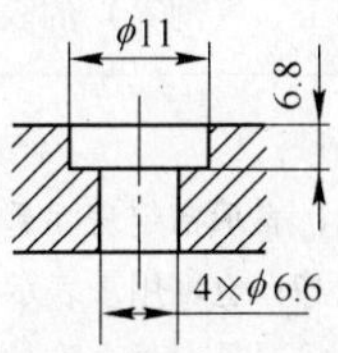 φ11 6.8 4×φ6.6	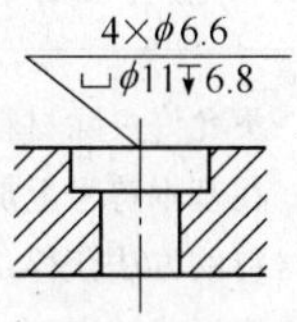 4×φ6.6 ⌴φ11↧6.8	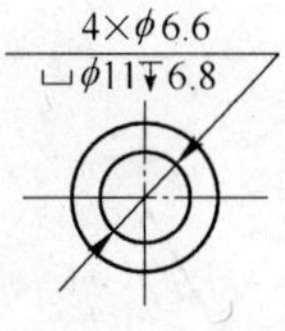 4×φ6.6 ⌴φ11↧6.8	该孔为安装内六角圆柱头螺钉所用；盛装圆柱头部的孔深应注出
螺孔	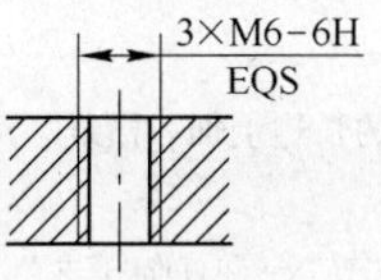 3×M6-6H EQS	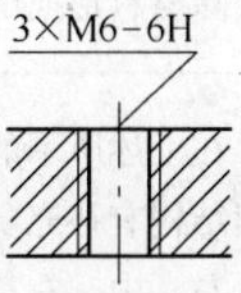 3×M6-6H	 3×M6-6H EQS	“EQS”为均布孔的缩写
螺孔	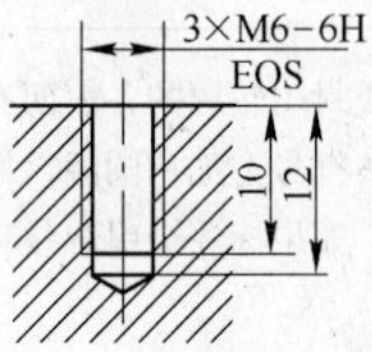 3×M6-6H EQS 10 12	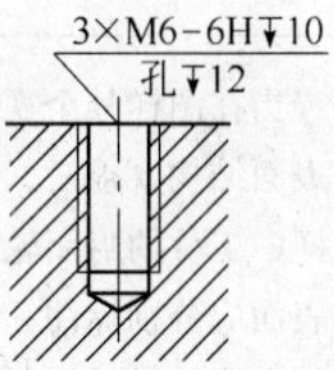 3×M6-6H↧10 孔↧12	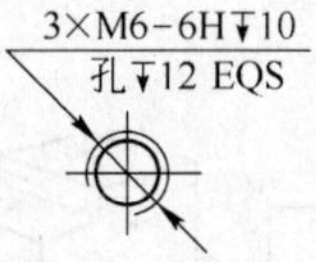 3×M6-6H↧10 孔↧12 EQS	
螺孔	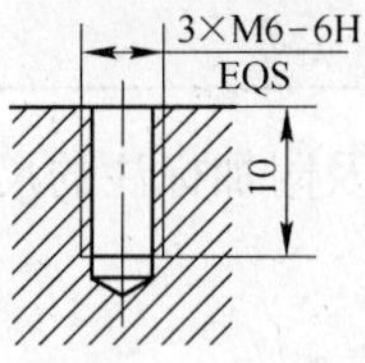 3×M6-6H EQS 10	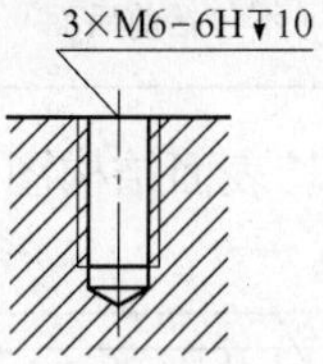 3×M6-6H↧10	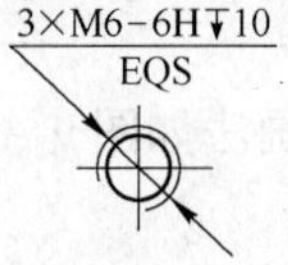 3×M6-6H↧10 EQS	

9.4 零件图技术要求的表示方法

零件图样上的技术要求主要是指几何精度方面的要求，它包括表面结构、极限与配合、形状和位置公差等。从广义上讲，技术要求还包括热处理以及其他有关制造的要求。上述要求应按照国家标准规定的代（符）号或用文字正确地注写，或者用简练的文字注写在标题栏附近。表面结构、极限与配合、形状和位置公差等的基本概念在有关专业基础课中已经介绍，此处不再赘述，只介绍它们的标注方法。

9.4.1 表面结构

（1）表面结构图形符号如表 9－2 所示。

表 9－2　表面结构符号

符号名称	符　号	含义及说明
基本图形符号（简称基本符号）		表示对表面结构有要求的符号，以及未指定工艺方法的表面；基本符号仅用于简化代号的标注，当通过一个注释解释时可单独使用，没有补充说明时不能单独使用
扩展图形符号（简称扩展符号）		要求去除材料的图形符号； 在基本符号上加一短横，表示指定表面是用去除材料的方法获得，如通过机械加工（车、铣、钻、磨、剪切、抛光、腐蚀、电火花加工、气割等）的表面
		不允许去除材料的图形符号； 在基本符号上加一个圆圈，表示指定表面是用不去除材料的方法获得，如铸、锻等；也可用于表示保持上道工序形成的表面，不管这种状况是通过去除材料还是不去除材料形成的
完整图形符号（简称完整符号）		在上述所示的图形符号的长边上加一横线，用于对表面结构有补充要求的标注； 左、中、右符号分别用于“允许任何工艺”、“去除材料”、“不去除材料”方法获得的表面的标注
工件轮廓各表面的图形符号	1 2 3 4 5 6	当在图样某个视图上构成封闭轮廓的各表面有相同的表面结构要求时，应在完整符号上加一圆圈，标注在图样中工件的封闭轮廓线上；如果标注会引起歧义时，各表面应分别标注； 左图符号是指对图形中封闭轮廓的六个面的共同要求（不包括前后面）

表面结构图形符号的画法如图 9－22 所示。表面结构图形符号及附加标注的尺寸见表 9－3。

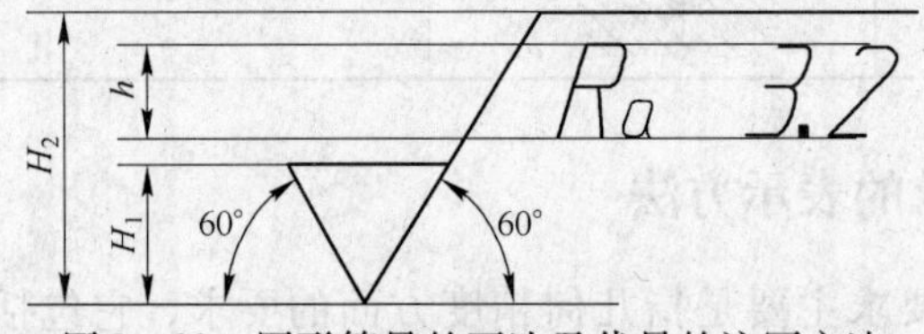

图 9－22　图形符号的画法及代号的注写方法

表 9－3　表面结构图形符号及附加标注的尺寸　　mm

数字和字母的高度 h	2.5	3.5	5	7	10	14	20
符号线宽 d'	0.25	0.35	0.5	0.7	1	1.4	2
字母线宽 d	0.25	0.35	0.5	0.7	1	1.4	2
高度 H_1	3.5	5	7	10	14	20	28
高度 H_2（最小值）	7.5	10.5	15	21	30	42	60

（2）完整图形符号和表面结构代号见表9－4。

表9－4　完整图形符号和表面结构代号及其意义

序号	符　号	含　义
1	Rz 0.4	表示不允许去除材料，单向上限值，默认传输带，R轮廓，粗糙度的最大高度0.4μm，评定长度为5个取样长度（默认），“16%规则”（默认）
2	Rz max 0.2	表示去除材料，单向上限值，默认传输带，R轮廓，粗糙度最大高度的最大值0.2μm，评定长度为5个取样长度（默认），“最大规则”
3	0.008－0.8/Ra 3.2	表示去除材料，单向上限值，传输带0.008～0.8mm，R轮廓，算术平均偏差3.2μm，评定长度为5个取样长度（默认），“16%规则”（默认）
4	－0.8/Ra 3.2	表示去除材料，单向上限值，传输带：根据GB/T 6062，取样长度0.8μm（λ，默认0.0025mm），R轮廓，算术平均偏差3.2μm，评定长度包含3个取样长度，“16%规则”（默认）
5	U Ra max 3.2 L Ra 0.8	表示不允许去除材料，双向极限值，两极限值均使用默认传输带，R轮廓，上限值：算术平均偏差3.2μm，评定长度为5个取样长度（默认），“最大规则”，下限值：算术平均偏差0.8μm，评定长度为5个取样长度（默认），“16%规则”（默认）

（3）表面结构要求在图样中的注法。

1）标注的基本规则。

①表面结构要求对每一表面一般只标注一次，并尽可能注在相应的尺寸及其公差的同一视图上。

②除非另有说明，所标注的表面结构要求是对完工零件表面的要求。

③表面结构符号、代号的标注位置和方向，总的原则是与尺寸的注写和读取方向一致。

2）标注示例及解释。表面结构要求的标注示例见表9－5。

表9－5　表面结构要求在图样中的注法

序号	标注示例	解　释
1	Ra 0.8 Rz 3.2 Rz 12.5 Ra 1.6	（1）表面结构符号、代号的注写和读取方向与尺寸的注写和读取方向一致
2	Ra 1.6 Rz 6.3 Rz 6.3 Rz 6.3 Ra 1.6	（2）表面结构符号应从材料外指向并接触表面 （3）可以直接标注在所示表面的轮廓线上或其延长线上 （4）也可用带箭头的引线引出标注

续表 9－5

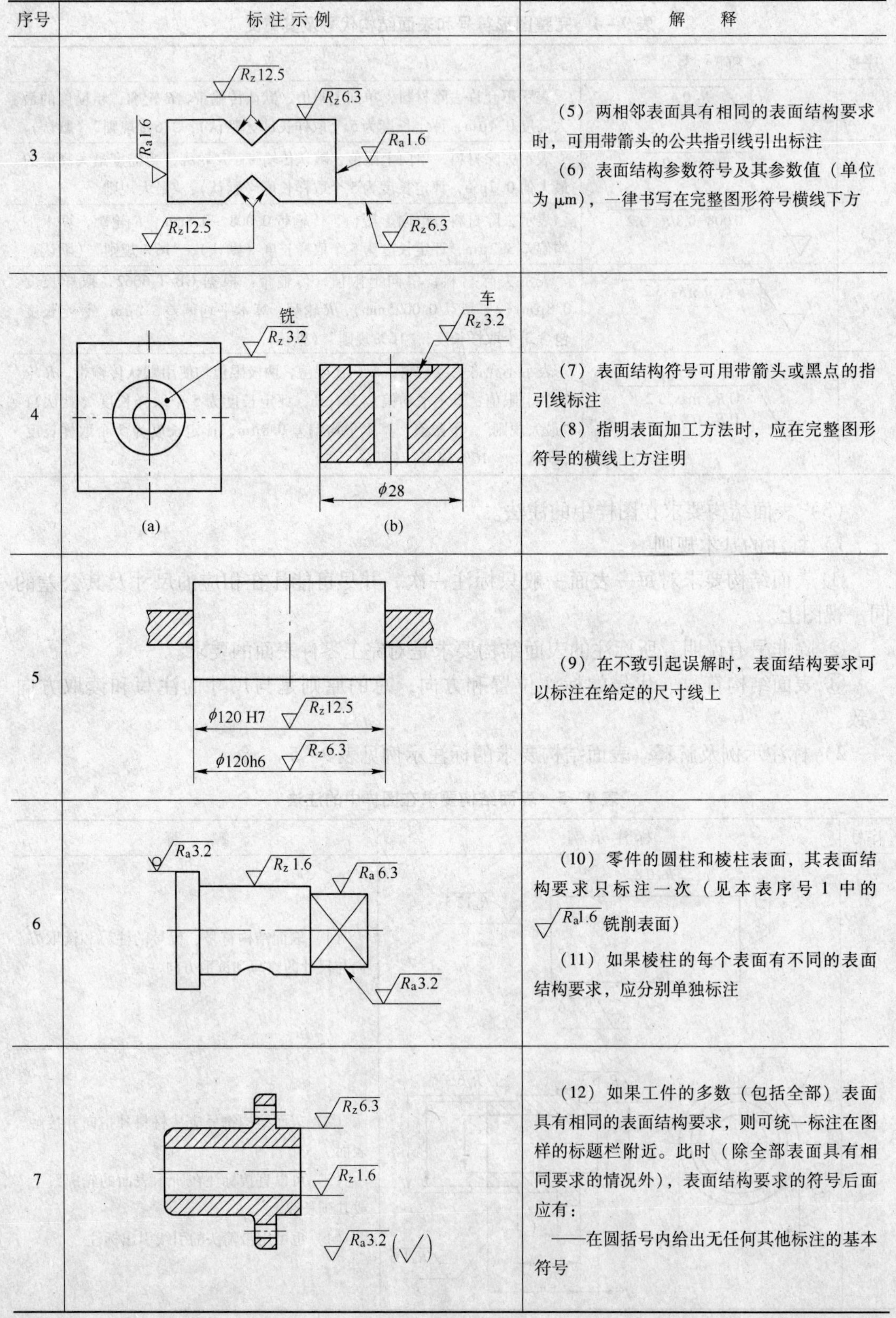

序号	标注示例	解　释
3		(5) 两相邻表面具有相同的表面结构要求时，可用带箭头的公共指引线引出标注 (6) 表面结构参数符号及其参数值（单位为 μm），一律书写在完整图形符号横线下方
4		(7) 表面结构符号可用带箭头或黑点的指引线标注 (8) 指明表面加工方法时，应在完整图形符号的横线上方注明
5		(9) 在不致引起误解时，表面结构要求可以标注在给定的尺寸线上
6		(10) 零件的圆柱和棱柱表面，其表面结构要求只标注一次（见本表序号 1 中的 $\sqrt{Ra1.6}$ 铣削表面） (11) 如果棱柱的每个表面有不同的表面结构要求，应分别单独标注
7		(12) 如果工件的多数（包括全部）表面具有相同的表面结构要求，则可统一标注在图样的标题栏附近。此时（除全部表面具有相同要求的情况外），表面结构要求的符号后面应有： ——在圆括号内给出无任何其他标注的基本符号

续表 9－5

序号	标注示例	解　释
8	R_z6.3　R_z1.6　R_a3.2 (R_z1.6　R_z6.3)	——在圆括号内给出不同的表面结构要求
9	R_a1.6　R3　R_a6.3　R_z12.5　ϕ40	（13）表面结构和尺寸可以一起标注在延长线上，或分别标注在轮廓线和尺寸界线上
10	C2　A　A　R_a6.3　A－A　R_a3.2	（14）表面结构和尺寸可以标注在同一尺寸线上
11	(a) R_a1.6　0.1　(b) R_z6.3　ϕ10±0.1　ϕ0.2 A B	（15）表面结构要求可标注在形位公差框格的上方
12	z　y　z = U R_z1.6①　L R_a0.8　y = R_a3.2	（16）当多个表面具有的表面结构要求或图纸空间有限时，可以采用简化注法： 可用带字母的完整符号，以等式的形式，在图形或标题栏附近，对有相同表面结构要求的表面进行简化标注
13	= R_a3.2　(a)　= R_a3.2　(b)　= R_a3.2　(c)	（17）简化注法的其他形式： （a）未指定工艺方法的多个表面结构要求的简化注法 （b）要求去除材料的多个表面结构要求的简化注法 （c）不允许去除材料的多个表面结构要求的简化注法
14	Fe/Ep·Cr25b　R_a0.8　R_z1.6　ϕ50h7	（18）由几种不同的工艺方法获得的同一表面，当需要明确每种工艺方法的表面结构要求时，可按左图所示方法标注

① U—上限值；L—下限值。

（4）表面纹理的注法。表面纹理的方向是指纹理的主要方向，通常由加工工艺决定。表面纹理及其方向的注法见表 9 – 6。

表 9 – 6 表面纹理的注法

符 号	含 义	示 例
=	纹理平行于视图所在的投影面	纹理方向
⊥	纹理垂直于视图所在的投影面	纹理方向
X	纹理呈两斜向交叉且与视图所在的投影面相交	纹理方向
M	纹理呈多方向	
C	纹理呈近似同心圆且圆心与表面中心相关	
R	纹理呈近似放射状且与表面圆心相关	
P	纹理呈微粒、凸起、无方向	

9.4.2 尺寸极限与配合

（1）尺寸极限在零件图中的表示方法有以下三种形式：

1）标注公差带代号。公差带代号标注在基本尺寸的右边，代号的字体与尺寸数字的字体等高，如图9－23（a）所示。此种表示形式多用于大批量生产，由定尺寸量具检验零件的尺寸。

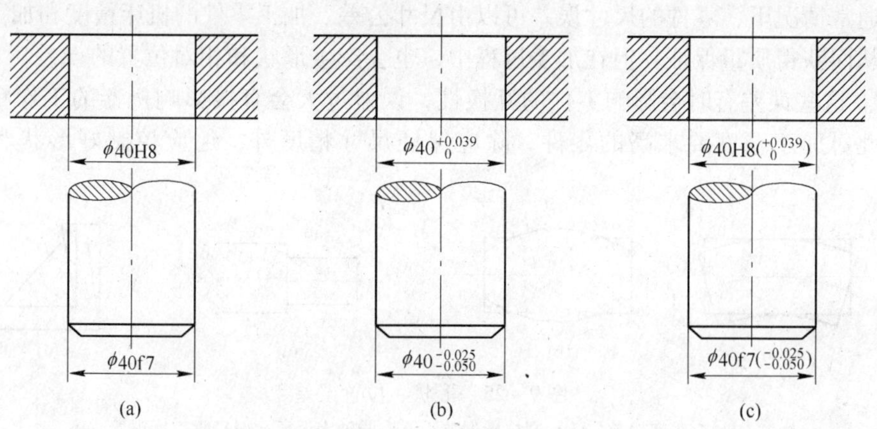

图9－23 极限尺寸在零件图中的标注

2）标注极限偏差数值。极限偏差标注在基本尺寸的右边，上偏极限差标注在基本尺寸的右上方，下偏极限差与基本尺寸在同一底线上。偏差数字的字体比尺寸数字的字体小一号，偏差的小数点必须对齐，小数点的位数必须相同，如图9－23（b）所示。此种表示形式多用于少量或单件生产。

3）综合注法。极限偏差数值标注在公差带代号后面，并加圆括号，如图9－23（c）所示。此种表示形式多用于设计过程中，便于审图。

（2）尺寸极限与配合在装配图中的表示方法。

1）极限与配合代号必须标注在基本尺寸的右边，用分数形式注出，分子为孔的公差带代号，分母为轴的公差带代号。其注写形式如图9－24（a）、（b）所示。

2）当零件与标准件或外购件配合时，因标准件或外购件是基准件，故装配图中仅标注另一零件的公差带代号，如图9－24（c）所示。

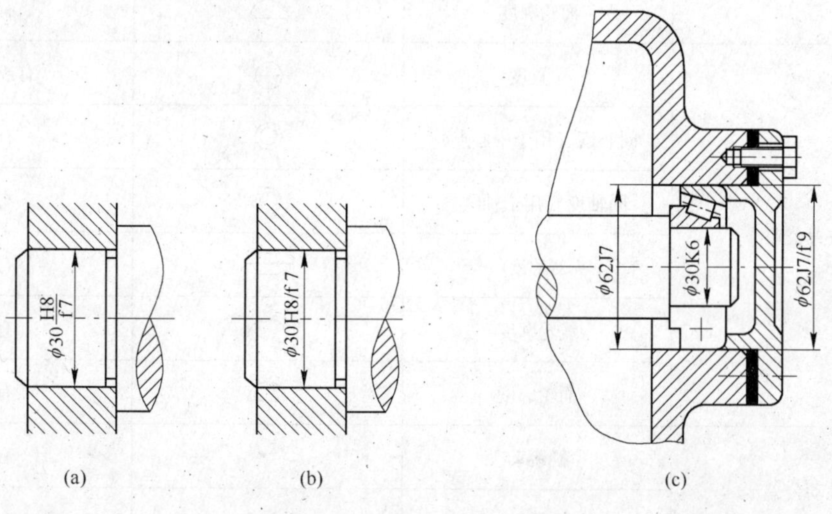

图9－24 极限与配合在装配图中的标注

9.4.3　形状与位置公差

在通常情况下，零件的尺寸误差可以由尺寸公差、加工零件的机床精度和加工工艺来限制，从而获得质量保证。但在加工过程中，也会产生形状和相对位置的误差，如图9－25所示。这些误差有时会影响零件的互换性，误差过大会直接影响机器的工作精度和寿命，因此对加工精度要求高的零件，除应保证尺寸精度外，还应控制好形状和位置的误差。

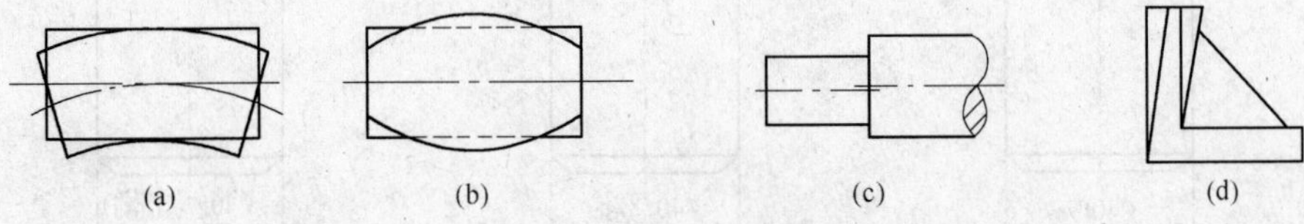

图9－25　形状、位置误差

(a) 直线度误差；(b) 圆柱度误差；(c) 同轴度误差；(d) 垂直度误差

9.4.3.1　形位公差的特征项目及符号

形位公差的特征项目及符号见表9－7。

表9－7　形位公差的特征项目及符号

公差类型	几何特征	符　号	有无基准
	平行度	//	有
	垂直度	⊥	有
方向公差	倾斜度	∠	有
	线轮廓度	⌒	有
	面轮廓度	⌓	有
	位置度	⊕	有或无
	同心度（用于中心点）	◎	有
	同轴度（用于轴线）	◎	有
位置公差	对称度	⌯	有
	线轮廓度	⌒	有
	面轮廓度	⌓	有
跳动公差	圆跳动	↗	有
	全跳动	⌰	有

9.4.3.2 形位公差的标注

（1）形位公差代号和基准符号。GB/T 1182 —2008 中规定，形位公差在图样中应采用代号形式标注。形位公差代号由公差框格和带箭头的指引线组成，如图 9 – 26（a）所示。框格可分为两格或多格，在图样上应水平或垂直放置。公差框格用细实线画出，框格的高度为尺寸数字高度的 2 倍，框格长度可根据需要而定。框格中字母、数字与图中数字高度等高，特征项目符号的线宽为图中数字高度的 1/10。

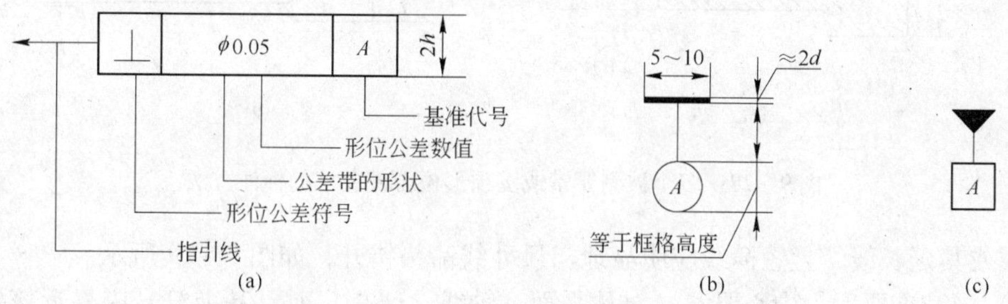

图 9 – 26 形位公差代号和基准符号

基准符号由粗短横线（宽度为粗实线的 2 倍，长度为 5 ~ 10mm）、圆圈、连线和基准字母组成，画法如图 9 – 26（b）所示。目前国际上用得最多的基准符号如图 9 – 26（c）所示。

（2）被测要素的标注。用带箭头的指引线将框格与被测要素相连。按以下方式标注：

1）当被测要素为线或表面时，指引线箭头应垂直指向被测要素的轮廓线或其延长线，并应明显地与该要素的尺寸线错开，如图 9 – 27（a）所示。

2）当被测要素为中心要素（对称平面、轴线、球心）时，指引线箭头应与该要素的尺寸线对齐，如图 9 – 27（b）所示。

3）当被测要素为公共轴线或公共对称平面时，指引线箭头可直接指在轴线或对称线上，如图 9 – 27（c）所示。

4）当多个被测要素有同一形位公差要求时，可从一个框格的同一端引出多个指示箭头，如图 9 – 28（a）所示；对于同一被测要素有多项形位公差要求时，可从一个指引线上画出多个公差框格，如图 9 – 28（b）所示。

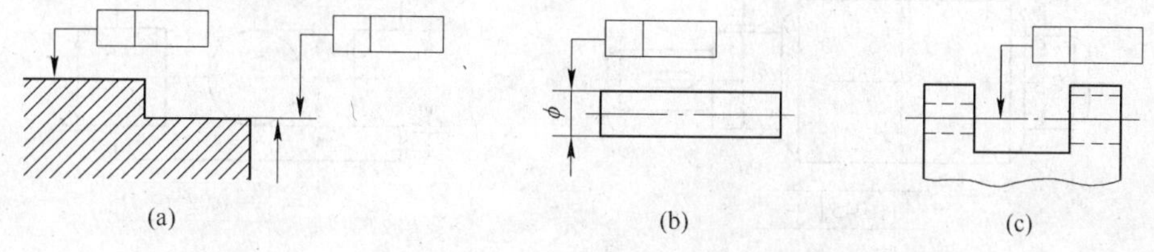

图 9 – 27 被测要素的标注方法

（a）错开；（b）对齐；（c）指在公共轴线上

（3）基准要素的标注。

1）当基准要素为轮廓要素（素线或表面）时，应把基准符号的短横线靠近该要素的

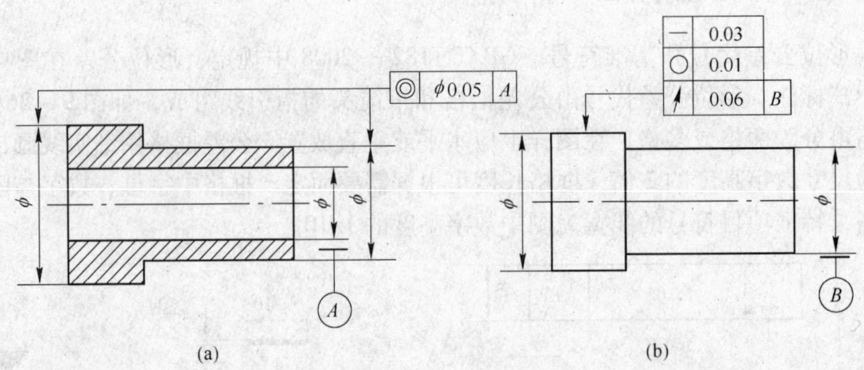

图 9－28　多个被测要素或多项形位公差要求的标注方法

轮廓线或其延长线，且短横线应明显地与尺寸线箭头错开，如图 9－29 所示。

2）当基准要素为中心要素（对称平面、轴线、球心）时，基准符号应靠近该要素的尺寸界线，且应与该要素的尺寸线箭头对齐，如图 9－30 所示。

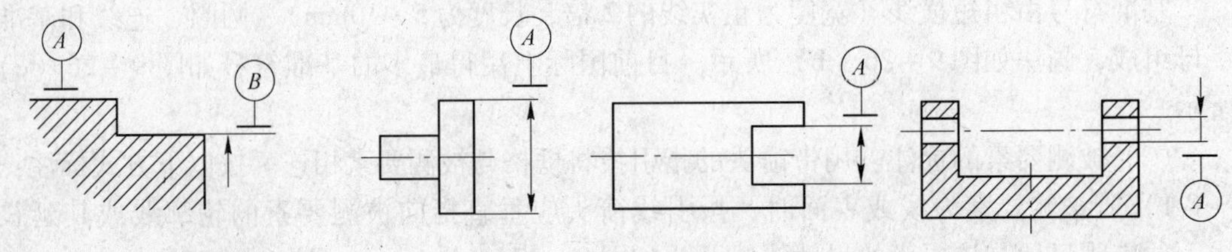

图 9－29　基准要素为轮廓要素时的标注方法

图 9－30　基准要素为中心要素时的标注方法

3）由两个或两个以上被测要素组成的基准称为公共基准，如图 9－31（a）所示的公共轴线及图 9－31（b）所示的公共对称面。公共基准的字母之间应用横线连接起来，并填写在公差框格的同一格子内。

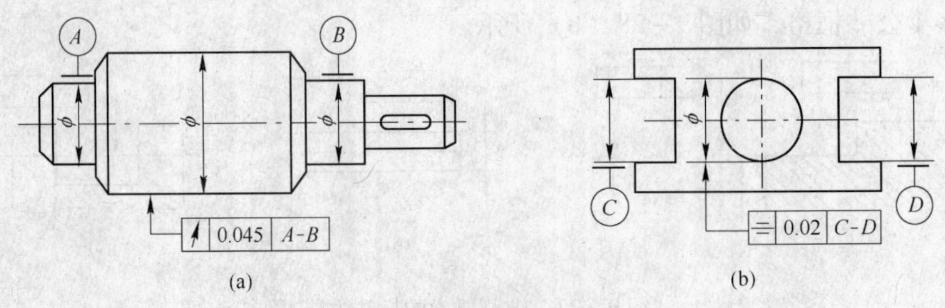

图 9－31　公共基准的标注方法

9.4.3.3　形状与位置公差代号标注示例

常见形位公差的标注形式如图 9－32 所示。

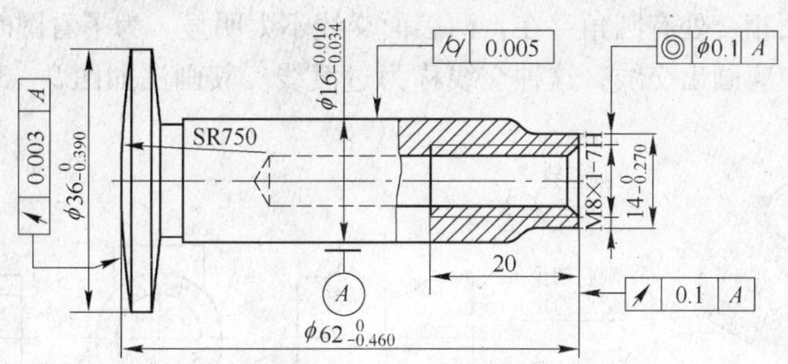

图 9-32　形位公差标注示例

9.5　零件上常见的工艺结构及画法

零件的结构设计既要考虑工业美学的造型，还要着重考虑加工工艺的可能性、方便性，否则将使制造工艺复杂化、零件加工成本提高，甚至无法制造或造成废品。因此，在设计零件的工艺结构时，要考虑同时满足加工制造、装配和测量等工艺的要求。

9.5.1　零件的铸造工艺结构

（1）铸造拔模斜度及铸造圆角。在铸件造型时，为了避免铸模从砂型中取出时破坏砂型及浇注时铁水冲毁砂型转角，防止铸件转角处产生裂纹、组织疏松和缩孔等缺陷，在铸件的拔模方向上做出1∶20的斜度，称为拔模斜度；表面转角处作成圆角，称为铸造圆角，如图9-33和图9-34所示。铸造圆角半径一般取壁后的0.2~0.4，可从有关标准中查出。同一铸件的圆角半径大小尽量相同或接近，如图9-35所示。

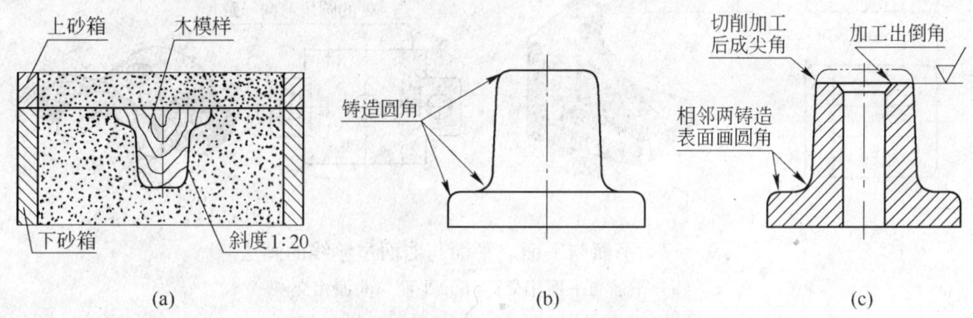

图 9-33　铸造拔模斜度及铸造圆角

（a）拔模斜度；（b）铸造圆角；（c）圆角加工后成尖角

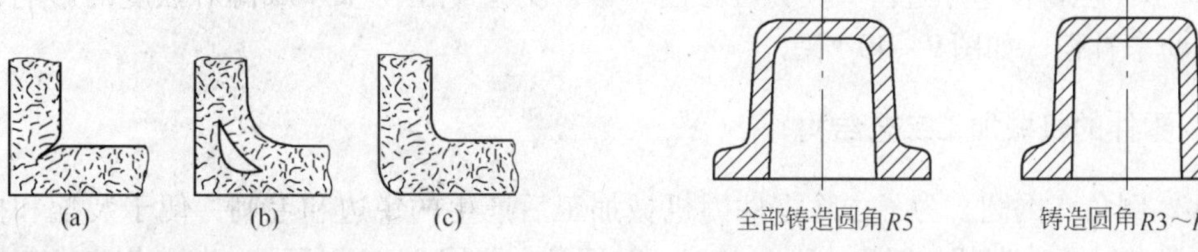

图 9-34　铸造圆角

（a）裂纹；（b）缩孔；（c）好

图 9-35　铸造圆角半径要相同或接近

由于铸件表面相交处有圆角存在，两表面交线不太明显。为了看图时能区分不同表面的界限，在投影中应画出交线，这种交线称为过渡线。其画法如图 9 - 36、图 9 - 37、图 9 - 38 所示。

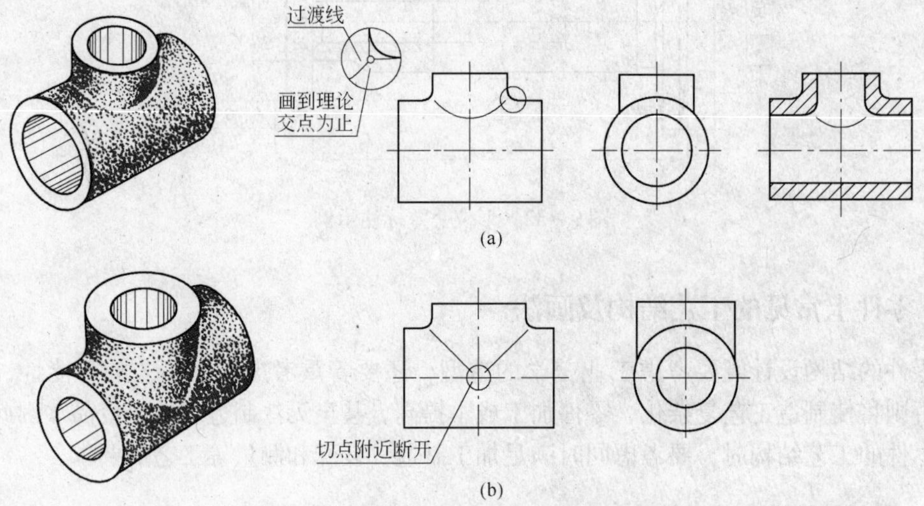

图 9 - 36　两曲面轮廓相贯时过渡线的画法

（a）不等径两圆柱面正交（外、外表面及内、内表面的相交）；
（b）等径两圆柱面正交（外、外表面及内、内表面的相交）

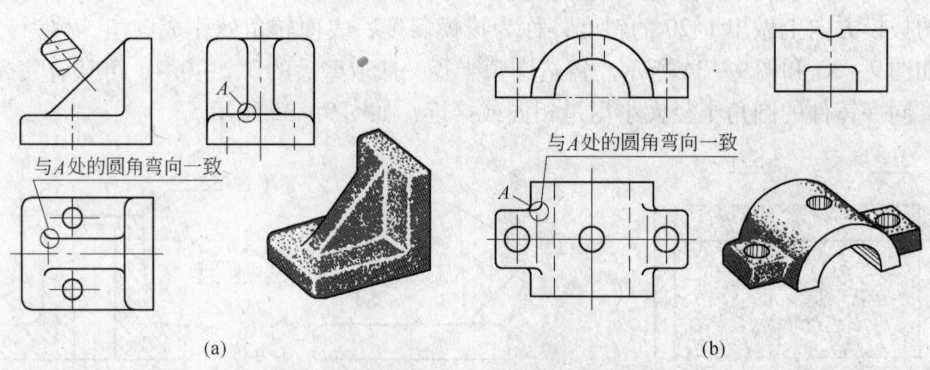

图 9 - 37　平面与平面、平面与曲面过渡线的画法

（a）平面与平面相交；（b）平面与曲面相交

（2）铸件壁厚。铸件壁厚设计的是否合理，对铸件质量有很大的影响。铸件的壁越厚，其冷却速度越慢，越容易产生缩孔；壁厚变化不均，在突变处容易产生裂纹，如图 9 - 39所示。但铸件壁厚过薄又使铸件强度不够。为避免由于壁厚减薄对强度的影响，可用加强肋来补偿，如图 9 - 40 所示。

9.5.2　零件的机械加工工艺结构

（1）倒角、倒圆。为了去除零件因机械加工后产生的锐边和毛刺，便于装配和操作安全，常在轴孔的端部加工出 45°或 30°、60°倒角，如图 9 - 41 所示。为避免应力集中而产生裂纹，常在轴肩处采用圆角过渡，称为倒圆，如图 9 - 42 所示。

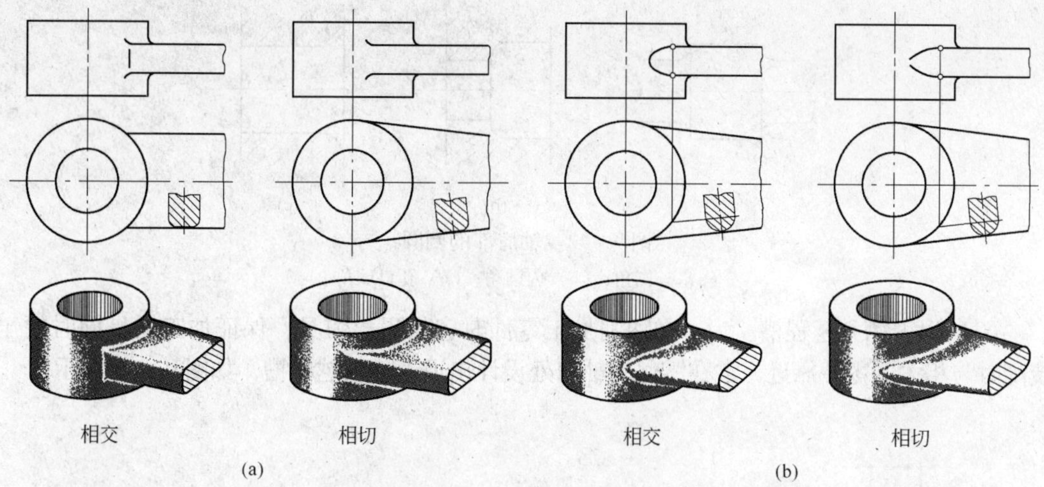

图 9-38 连接板与圆柱相交、相切时过渡线的画法

（a）连接板截断面为长方形；（b）连接板截断面为长圆形

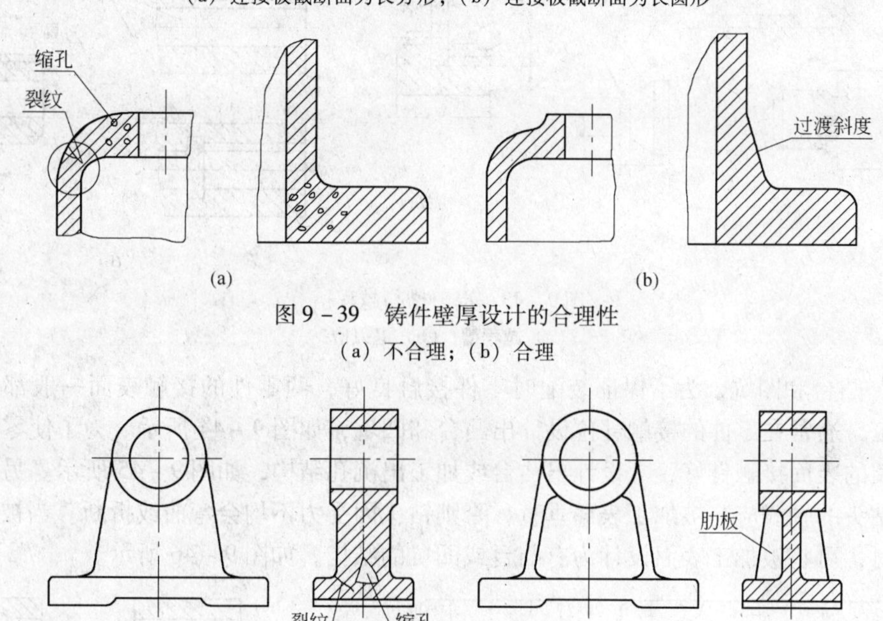

图 9-39 铸件壁厚设计的合理性

（a）不合理；（b）合理

图 9-40 铸件壁厚设计的合理性

（a）不合理；（b）合理

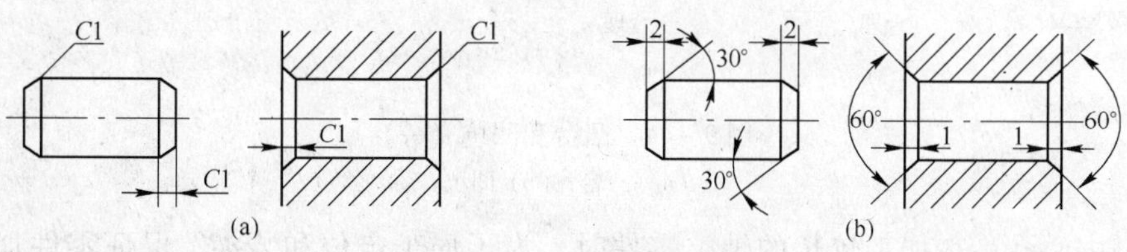

图 9-41 轴孔端部的倒角

（a）45°倒角；（b）30°、60°倒角

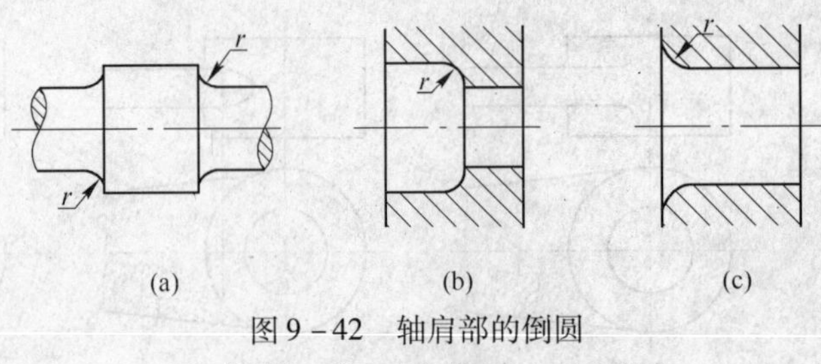

图9－42　轴肩部的倒圆

（a）外圆角；（b）内圆角；（c）孔口倒角

（2）退刀槽和越程槽。为了在切削加工零件时容易退出刀具，保证加工质量同时便于装配时与相关的零件靠近，常在零件的轴肩处设计出退刀槽及越程槽，如图9－43所示。

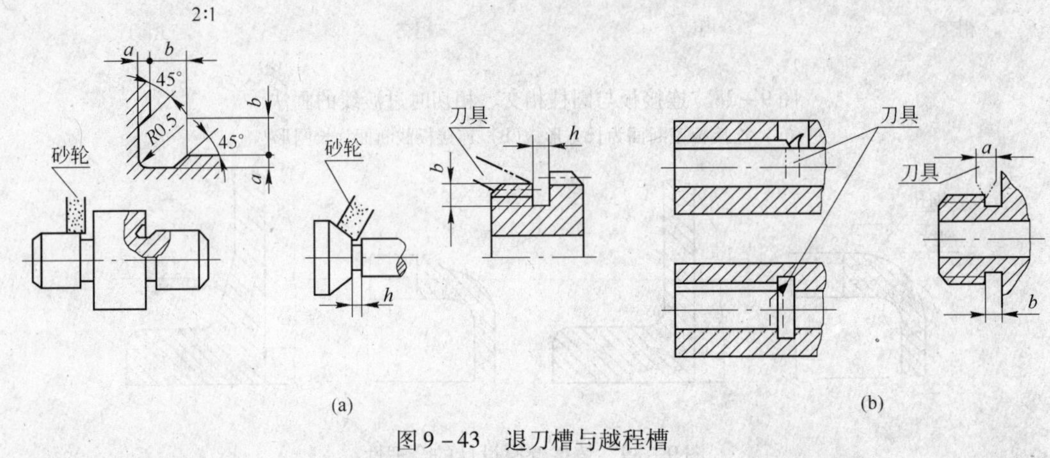

图9－43　退刀槽与越程槽

（a）越程槽；（b）退刀槽

（3）凸台和凹坑。为了保证装配时零件接触良好，两零件的接触表面一般都要进行机械加工，通常在零件的接触部位设计出凸台和凹坑，如图9－44所示。为了使零件与螺母或垫圈的表面接触良好，常设计出凸台或加工出沉孔结构，如图9－45所示。另外，在钻孔时钻头的轴线应与被加工表面垂直，否则钻头因受力不均会弯曲或折断。当被加工表面倾斜时，可将被加工表面设计为有凸台或凹坑的结构，如图9－46所示。

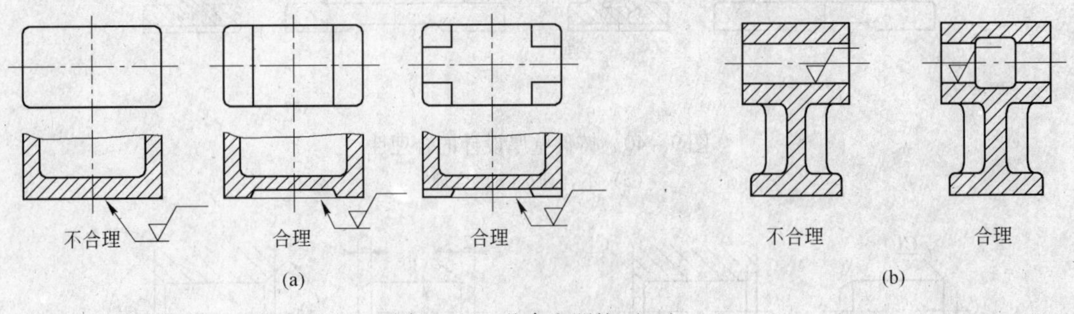

图9－44　凸台和凹坑（一）

（a）凸台；（b）凹坑

（4）中心孔。在加工较长的轴类零件时，为了便于定位和装夹，保证零件加工的质量，常在轴的一端或两端加工出中心孔，其尺寸数据可查阅有关标准手册，结构形式如图9－47所示。

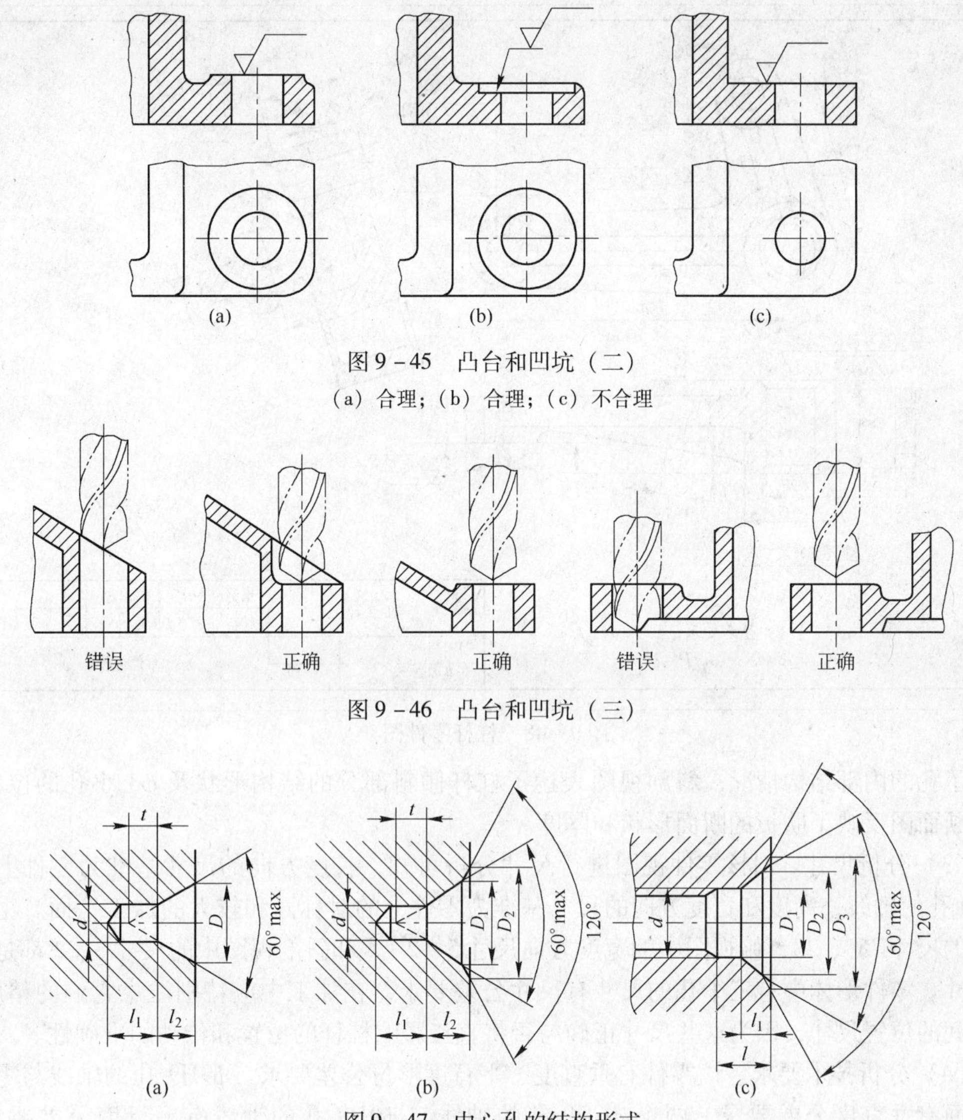

图 9－45　凸台和凹坑（二）

（a）合理；（b）合理；（c）不合理

图 9－46　凸台和凹坑（三）

图 9－47　中心孔的结构形式

（a）A 型；（b）B 型；（c）C 型

9.6　识读零件图的方法和步骤

正确、熟练地识读零件图，是工程技术人员和技术工人必须具备的基本功。识读零件图的目的就是要根据零件图想象出零件的结构形状，同时弄清零件的自然情况、尺寸类别、尺寸基准和技术要求等，以便在制造零件时采用合理的加工方法，保证零件的质量。另外，通过读零件图还可以搞清楚零件在机器和部件中的作用。

以读图 9－48 为例，识读零件图的步骤如下：

（1）读标题栏。从标题栏中了解零件的名称为“杠杆”，属叉架类零件，主要起连接、支承作用，绘图比例为 1∶1，材料为 HT150。

（2）分析视图。该零件选用了两个基本视图：主视图的摆放位置为零件的工作位置（安装时平放的位置），反映了杠杆的主要结构形状和位置特征；俯视图采用局部剖视图，

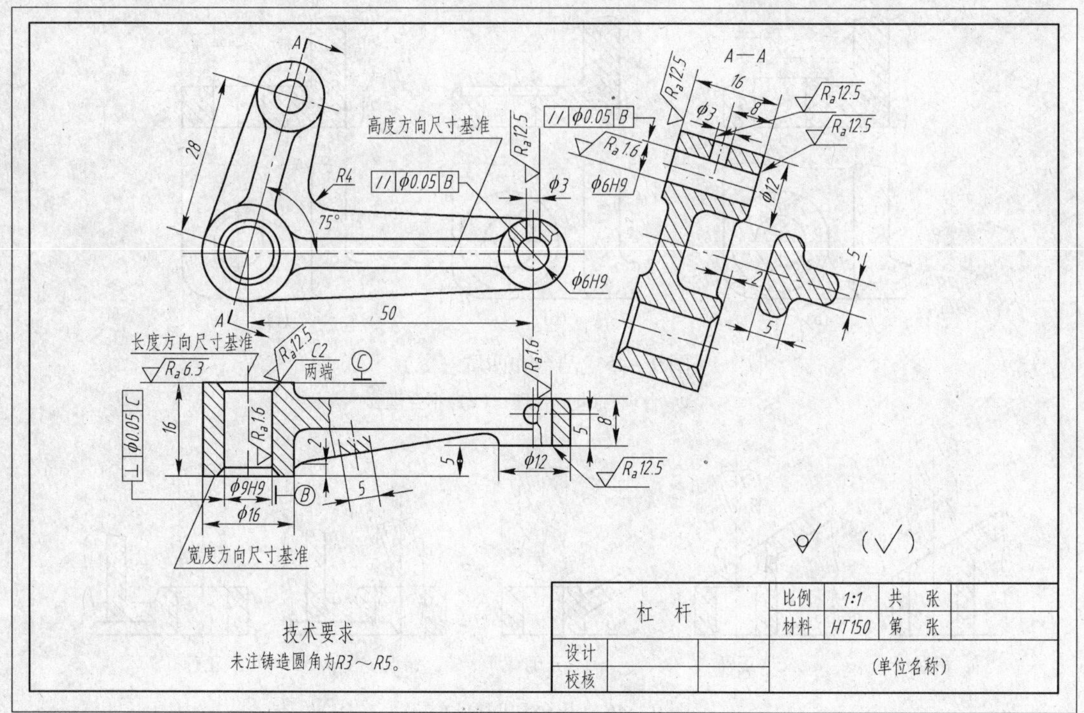

图 9-48　杠杆零件图

表达了孔的内部结构情况；斜剖视图表达了杠杆倾斜部分的结构形状及 $\phi3$ 小孔的位置；移出断面图反映了肋板的断面形状和厚度。

（3）分析尺寸。对该零件视图进行尺寸分析可知，长度方向的尺寸基准为零件上的 ϕ9H9 孔的轴线，高度和宽度方向的尺寸基准为零件上的对称面和较大的加工平面。主视图中的尺寸 75°、28，俯视图中的宽度方向尺寸 5、2、5 和斜剖视图中的尺寸 8、2 都是定位尺寸。零件形体中有三个孔的尺寸有尺寸公差要求，在加工中应特别注意它们的精度、孔之间的位置尺寸，因为这些尺寸正确与否将直接影响杠杆的位置和传动的准确性。

（4）分析技术要求。该零件有垂直度、平行度形位公差要求。ϕ9H9 孔的轴线与零件后端面有垂直度公差要求，两个 ϕ6H9 孔的轴线与 ϕ9H9 孔的轴线有平行度公差要求。ϕ9H9 孔、两个 ϕ6H9 孔的表面粗糙度 R_a 值为 1.6μm。零件后端面的表面粗糙度 R_a 值为 6.3μm。其他加工表面的表面粗糙度 R_a 值为 12.5μm，其余表面应为铸造成形面。技术要求中还指出了“未注铸造圆角为 $R3 \sim R5$”。

（5）综合归纳。通过上述看图分析，对杠杆零件的结构形状、大小有了比较细致的了解，对制造该零件所使用的材料以及所有的技术要求也有了全面的了解，综合归纳就可以得出杠杆零件的总体形状。然后再进一步分析零件结构和工艺是否合理、表达方案是否恰当、尺寸标注是否合理以及在读图过程中有无差错的地方，彻底看懂零件图。

9.7　零件测绘

在仿制、维修机器部件或对机器进行技术改造时，常常要进行零件测绘，这是工程技术人员必备的技能之一。零件测绘是对现有的零件实物进行观察分析、测量、绘制零件草图、制定技术要求，最后完成零件图的全过程。

9.7.1 零件的测绘方法和步骤

（1）了解和分析零件。在进行零件测绘之前，首先要分析零件结构形状的特点，了解零件的名称、用途、材料及在机器中的位置；然后分析该零件与其他零件间的联系和作用，这对磨损或带有缺陷的零件的测绘尤为重要。

（2）确定零件的表达方案。经过对零件的结构形状分析，根据零件的特征，考虑其工作位置或加工位置等情况选择主视图；然后再选择其他视图及各视图的表达方案，要求能完整、清晰地表达零件结构形状。以图9-49阀盖立体图为例，选择其加工位置方向为主视图的投射方向，并作全剖视图，这样既能表达该零件轴向的板厚、圆柱轴向外部结构、通孔内部轴向结构形状，也便于标注轴向尺寸。选择左视图表达阀盖方形端面的形状和4×ϕ14孔的分布等。

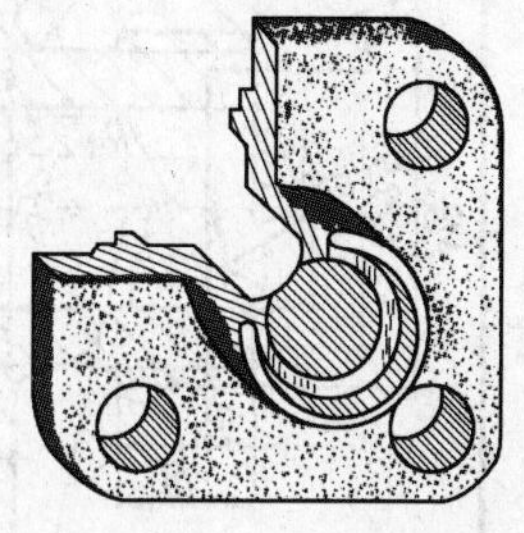

图9-49 阀盖立体图

（3）绘制零件草图。

1）根据已确定的零件表达方案在图纸上定出各视图的位置，画出主、左视图的对称中心线和作图基准线，如图9-50（a）所示。

2）目测比例，徒手画出各基本视图的外形轮廓线及其他辅助视图，如图9-50（b）所示。

3）为表达内部结构采用剖视图，并画出剖面符号及全部细节。画出全部尺寸界线、尺寸线及箭头，如图9-50（c）所示。

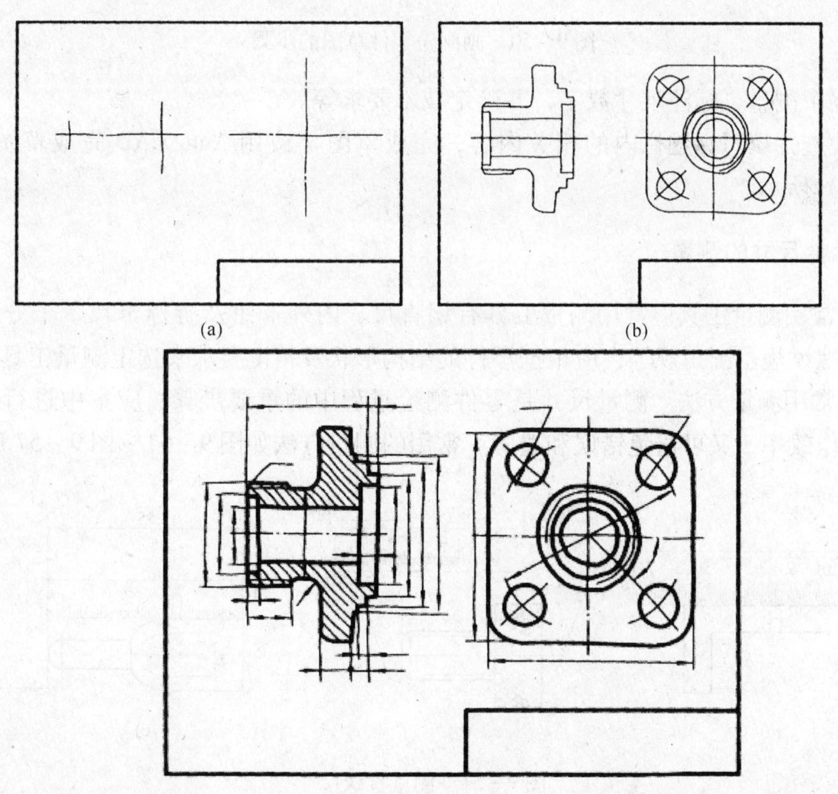

(a) (b)

(c)

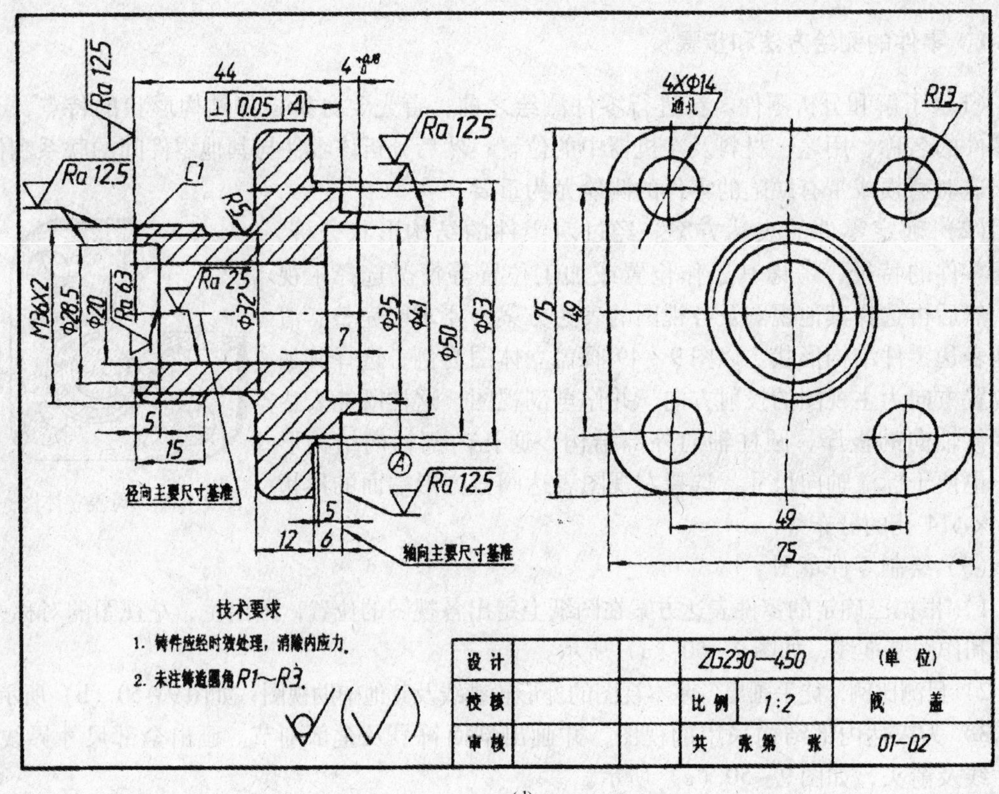

(d)

图 9-50　画阀盖零件草图的步骤

4）逐个测量、标注尺寸数字，并确定技术要求等。

5）检查并填写标题栏内的相关内容，完成草图（或用 Auto CAD 完成草图），如图 9-50（d）所示。

9.7.2　零件尺寸的测量

（1）常用测量工具。常用测量工具有钢直尺、内外卡钳及游标卡尺、千分尺等，专用量具有螺纹规、圆角规等，应根据零件的结构形状及精度要求来选定测量工具。

（2）常用测量方法。测量尺寸是零件测绘过程中的重要步骤，应集中进行，这样既可提高工作效率，又可避免错误和遗漏。常用的测量方法如图 9-51 ~ 图 9-57 所示。

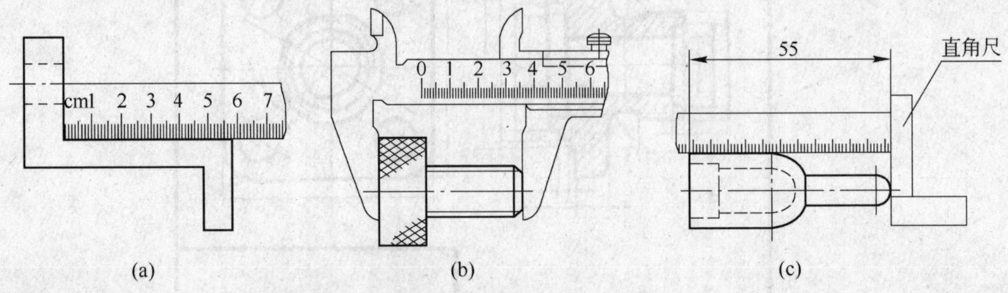

图 9-51　测量直线尺寸

（a）用直尺直接测量；（b）用游标卡尺直接测量；（c）用直尺和直角尺配合测量

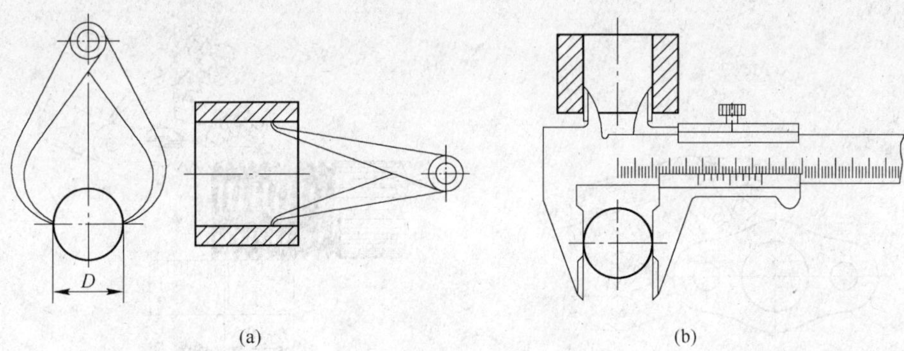

图 9-52 测量直径尺寸
(a) 用内、外卡钳测量；(b) 用游标卡尺测量

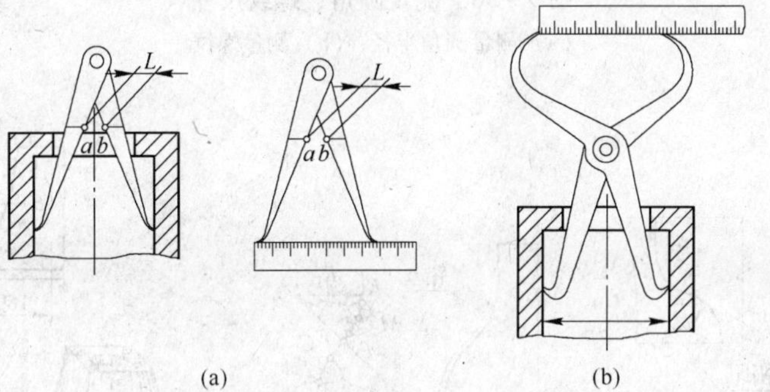

图 9-53 测量阶梯孔的直径尺寸
(a) 用内卡钳测量；(b) 用内外同值卡钳测量

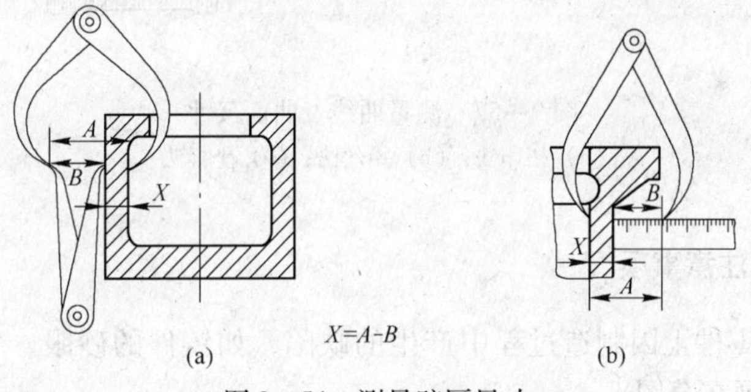

图 9-54 测量壁厚尺寸
(a) 用内、外卡钳测量；(b) 用外卡钳、直尺测量

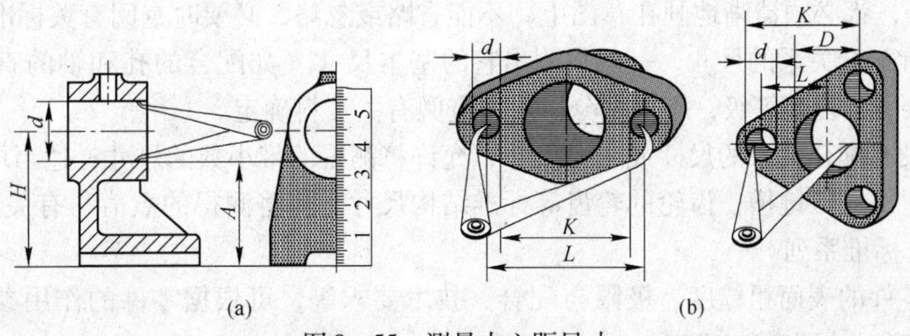

图 9-55 测量中心距尺寸
(a) 测量中心高；(b) 测量孔间距

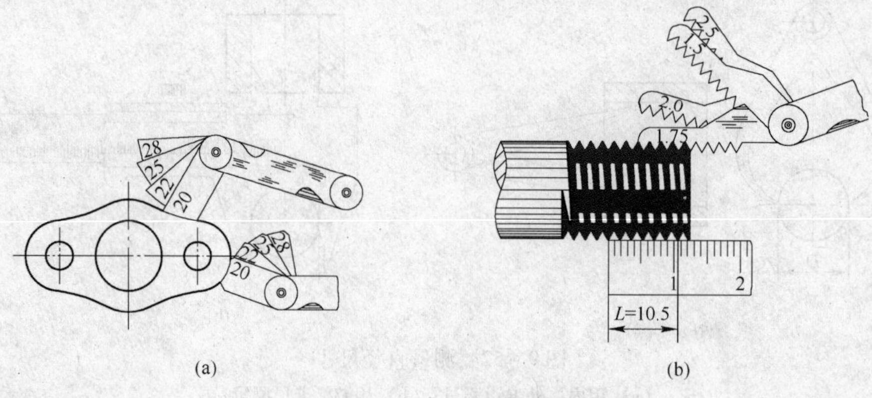

(a)　　(b)

图 9－56　测量圆角、螺纹尺寸

（a）测量圆角半径；（b）测量螺纹

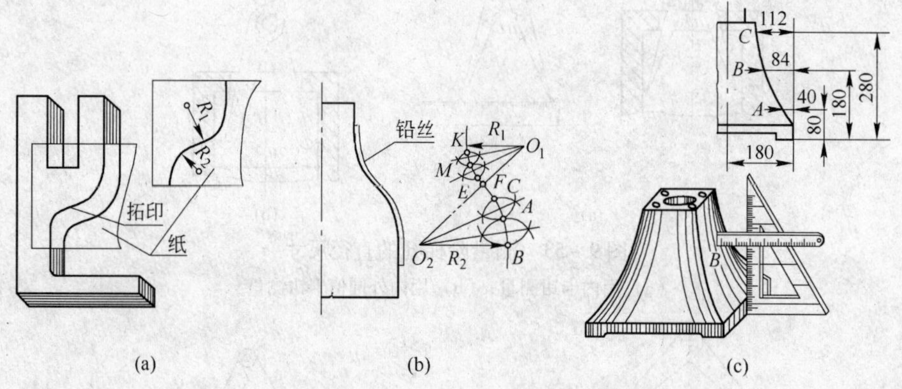

(a)　　(b)　　(c)

图 9－57　测量曲线、曲面尺寸

（a）拓印法；（b）铅丝法；（c）坐标法

9.7.3　零件测绘的注意事项

（1）测绘时，零件上因制造过程中产生的缺陷，如铸件的砂眼、气孔、浇口以及加工刀痕等，都不应画在草图上。

（2）零件因制造和装配的需要而制成的工艺结构，如铸造圆角、倒角、退刀槽、凸台和凹坑等，都必须清晰地画在草图上，不能省略或忽略，必要时查阅有关标准画出。

（3）有配合关系的尺寸，一般只测出它的基本尺寸（如配合的孔和轴的直径尺寸），其配合的性质和公差等级，应根据分析后，查阅有关资料确定。

（4）没有配合关系的尺寸或一般尺寸，允许将测得的带小数的尺寸，适当取成整数。

（5）对螺纹、键槽、齿轮的轮齿等标准结构尺寸，应将测得的数值与有关标准核对，使尺寸符合标准系列。

（6）零件的表面粗糙度、极限与配合、技术要求等，可根据零件的作用参考同类产品的图样或有关规定资料确定。

（7）根据设计要求，参考有关资料确定零件的材料。必要时可以采用火花鉴别、取样分析、测量硬度等方法确定测绘零件的材料。

9.7.4 绘制零件工作图的步骤

（1）检查审核零件草图。在现场绘制的零件草图，由于工作环境限制，在表达方案、尺寸标注及技术要求注写等方面可能存有欠缺，有些问题不一定考虑得周全。因此，还应对零件草图进行校核，必要时参考有关资料，查阅标准，进行认真计算和分析，进一步完善零件草图。

（2）绘制零件工作图。

1）根据零件的草图，确定图样的比例和图幅。

2）用绘图工具和仪器绘制图样底稿。

3）检查底稿，标注尺寸，确定技术要求，清理图面，加深图线。

4）填写标题栏，完成零件工作图，如图9-58所示。

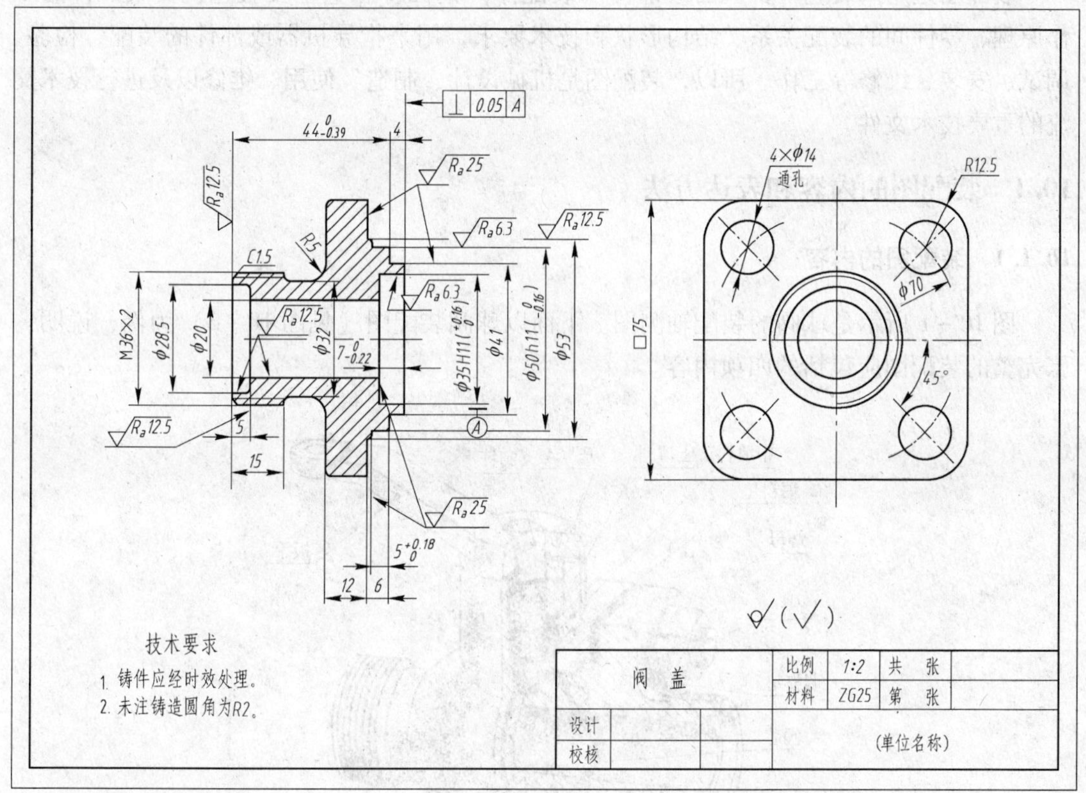

图9-58 阀盖零件的工作图

10 装　配　图

【教学目标】

(1) 了解装配图的作用。

(2) 掌握绘制和识读装配图的方法和步骤，能看懂中等复杂程度的装配图。

(3) 掌握由装配图拆画零件图的方法。

装配图是用来表达一台机器或部件（装配体）的图样。它主要表达机器或部件的工作原理、零件间的装配关系、结构形状和技术要求，用来指导机器或部件的装配、检验、调试、安装、维修等工作。所以，装配图是机械设计、制造、使用、维修以及进行技术交流的重要技术文件。

10.1　装配图的内容和表达方法

10.1.1　装配图的内容

图 10－1 所示是球阀的装配轴测图。下面以球阀装配图（见图 10－2）为例，说明一张完整的装配图应包括的四项内容。

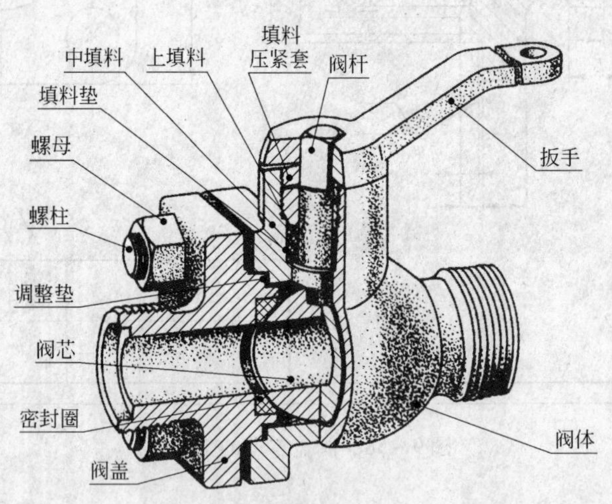

图 10－1　球阀装配轴测图

(1) 一组视图：用来清楚地表达机器或部件的工作原理、零件间的装配关系、连接方式及主要零件的结构形状等。如图 10－2 所示的球阀装配图，采用了局部剖的主视图、局部剖的俯视图和半剖视的左视图，满足了表达要求。

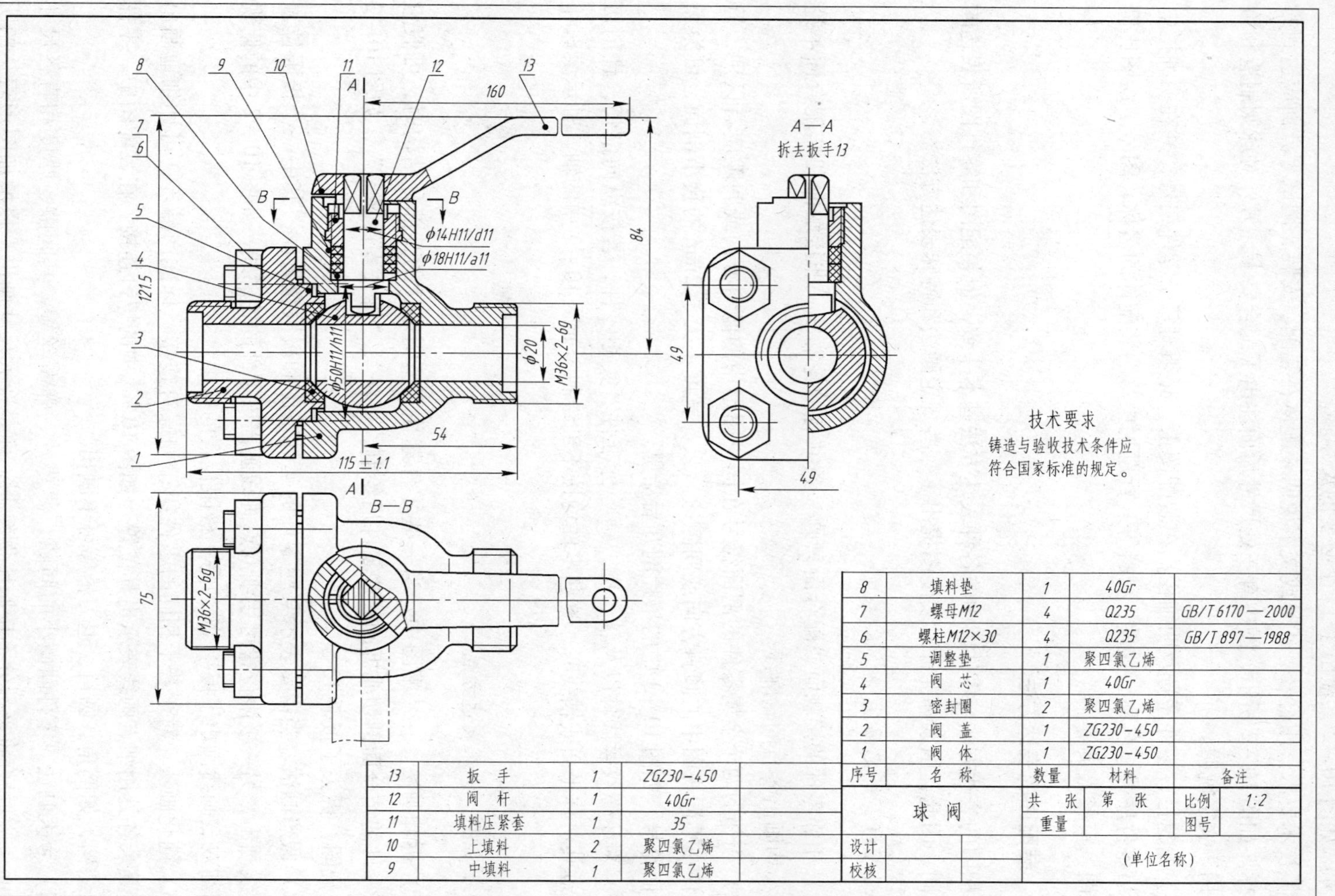
A—A
拆去扳手13
B—B
φ14H11/d11
φ18H11/a11
φ50H11/h11
M36×2-6g
φ20
160
84
54
115±1.1
121.5
75
49
技术要求
铸造与验收技术条件应符合国家标准的规定。
8 填料垫 1 40Gr
7 螺母M12 4 Q235 GB/T 6170—2000
6 螺柱M12×30 4 Q235 GB/T 897—1988
5 调整垫 1 聚四氯乙烯
4 阀芯 1 40Gr
3 密封圈 2 聚四氯乙烯
2 阀盖 1 ZG230-450
1 阀体 1 ZG230-450
13 扳手 1 ZG230-450
12 阀杆 1 40Gr
11 填料压紧套 1 35
10 上填料 2 聚四氯乙烯
9 中填料 1 聚四氯乙烯
序号 名称 数量 材料 备注
球阀
共 张 第 张
比例 1:2
重量
图号
设计
校核
(单位名称)

图 10-2 球阀装配图

（2）必要的尺寸：清晰、合理地标注出与机器或部件的性能（规格）装配和安装有关的尺寸。如图 10－2 共注出了 13 个必要的尺寸。

（3）技术要求：用符号、代号或文字说明装配体在装配、安装、调试等方面应达到的技术指标。如图 10－2 所示，图中有三处尺寸后面注出了配合要求，另外对球阀制造和验收条件用了文字说明。

（4）标题栏、零件序号及明细栏：在装配图上，必须对每个零件编号，并在明细栏中依次列出零件序号、名称、数量、材料等。标题栏中写明装配体的名称、图号、绘图比例以及绘图、审核人员等。

10.1.2　装配图的表达方法

装配图的表达方法与零件图中的各种表达方法基本一致，但装配图和零件图所表达的重点不同，因此，国家标准针对装配图提出了一些规定画法和特殊表达方法。

10.1.2.1　规定画法

（1）相邻零件的接触面或配合面只画一条共有的轮廓线，非接触面和非配合面不论间隙多小均画出各自的轮廓线。

（2）相邻的两个金属零件的剖面符号在同一图形中的倾斜方向或间隙应有区别，但同一零件在不同视图中的倾斜方向或间隙应一致。宽度不大于 2mm 的狭小剖面，可涂黑代替剖面符号，如图 10－3 中的垫片剖开后涂黑。

（3）对于螺纹紧固件以及轴、键、销等标准件、实心零件，若按纵向剖切，且剖切平面通过其对称平面或轴线时，这些零件均按不剖绘制，如图 10－3 中的轴、轴承滚珠和螺钉。

10.1.2.2　特殊表达方法

（1）拆卸画法。在装配图中，当一些零件遮住了所需表达的某部分结构时，可假想沿这些零件的结合面剖切或拆卸一些零件后绘制，并注写“拆去零件××”，如图 10－2 中的左视图，拆去了扳手 13。

（2）假想画法。当需要表示某些零件的运动范围和极限位置时，其中一个极限位置用粗实线画出，另一极限位置可用细双点画线画出该零件的轮廓线，如图 10－2 中的俯视图，用细双点画线画出了扳手 13 的另一极限位置的轮廓。

（3）简化画法。对于若干相同的零件组，如螺钉连接、标准产品等，可详细地画出一处，其余各处用细点画线表示出其位置，如图 10－3 中的螺钉连接。在装配图中，零件的工艺结构，如倒角、圆角、退刀槽等可不画出。

（4）夸大画法。零件间微小的间隙、薄垫片、弹簧丝等，其间隙、厚度和直径尺寸小于 2mm 时，允许将该部分不按原比例绘制，而是夸大尺寸画出，以增加图形表达的明显性，如图 10－3 中的垫片剖开后涂黑夸大画出。

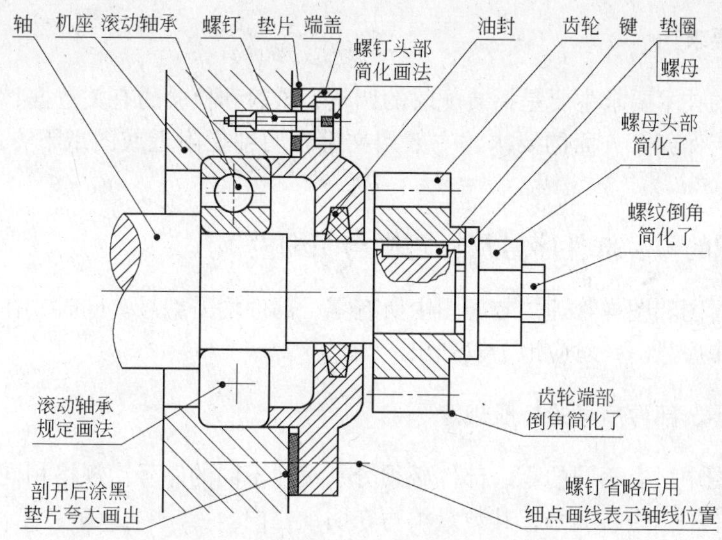

图 10－3　装配图的规定画法和特殊表达方法

10.2　装配图的尺寸和技术要求

10.2.1　装配图的尺寸

装配图的作用是表达零、部件的装配关系，因此不需注出每个零件的全部尺寸，而只需注出下列几种必要的尺寸。

（1）规格（性能）尺寸：说明机器、部件规格或性能的尺寸，如图 10－2 中球阀管口的直径尺寸 $\phi20$。规格（性能）尺寸是设计和选用产品时的主要依据。

（2）装配尺寸：装配尺寸是保证零、部件正确地装配并说明配合性质及装配关系的尺寸，如配合尺寸和重要的相对位置尺寸。如图 10－2 中的尺寸 $\phi14H11/d11$、$\phi18H11/d11$ 和 $\phi50H11/h11$ 为配合尺寸；54 和 160 是装配、调整时的重要相对位置尺寸，它们都属于装配尺寸。

（3）安装尺寸：表示将部件安装到机器上或将整机安装到地基上所需的尺寸，如图 10－2 中的尺寸 M36 ×2－6g。

（4）外形尺寸：表示机器或部件外形的总长、总宽和总高的尺寸。它反映了机器或部件的体积大小，即该机器或部件在包装、运输和安装过程中所占空间的大小。如图 10－2中球阀的总长 115 ±1.1、总宽 75 和总高 121.5 都是外形尺寸。

（5）其他重要尺寸：除了前面的四种尺寸外，有时还有在装配或使用中必须说明的尺寸，如运动零件的极限位置尺寸、主要零件的重要结构尺寸等。如图 10－2 中管口的中心距离扳手的高度尺寸 84 即属于重要尺寸，此类尺寸需根据机器或部件的具体结构情况来分析。

上述五类尺寸之间并不是孤立无关的，有时同一尺寸可能具有多种作用，分属于几类尺寸。如图 10－2 中的尺寸 115 ±1.1 既属于球阀装配时重要的相对位置尺寸（是被连接的两个管口的跨度尺寸），又是外形尺寸。

10.2.2　技术要求

装配图中的技术要求主要是指装配时的调整、试验和检验的有关数据、技术性能指标及使用、维护与保养等方面的要求，一般用文字在明细栏附近或图纸下方的空白处逐条写出。

10.3　装配图的零、部件序号及标题栏与明细栏

为了便于看图和图样管理，装配图中所有零、部件均需编号。同时，在标题栏上方的明细栏中与图中序号一一对应地予以列出。

10.3.1　编注零、部件序号的一般规定

（1）装配图中所有不同的零、部件必须分别编注不同的序号。规格相同的零件和标准化组件只对其中一个进行编号，其数量填写在明细栏内。

（2）装配图中的序号一般由指引线（细实线）、圆点（或箭头）、横线（或圆圈）和序号数字组成。

指引线应从零件的可见轮廓线范围内引出，并在末端画一小黑点，如图 10 – 4（a）所示。若所指的零件很薄或剖面为涂黑者，可用箭头代替小黑点，如图 10 – 4（b）所示。

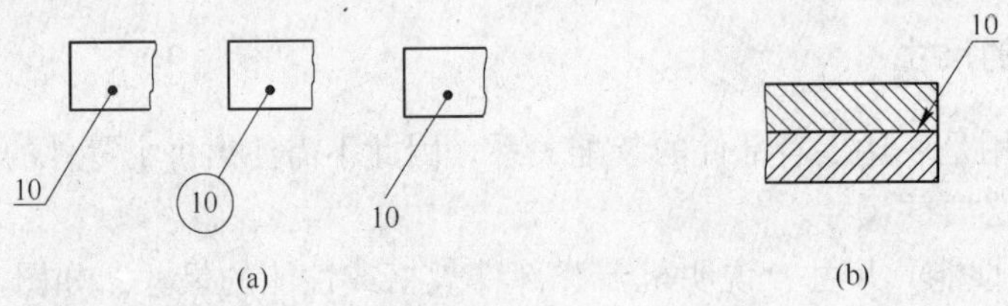

图 10 – 4　装配图中序号的注法

装配图中零件序号的各指引线不能相交，当通过剖面区域时，指引线不能与剖面线平行。指引线可画成折线，但只可打折一次，如图 10 – 5 所示。

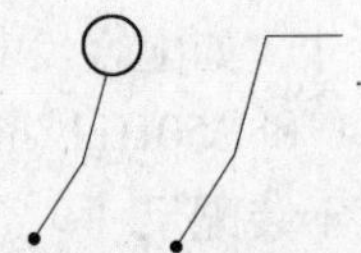

图 10 – 5　指引线只可打折一次

（3）序号应注写在指引线的横线上或圆圈内，序号的字高应比该装配图中所注尺寸数字高度大一号。同一装配图中编注序号的形式应相同。

（4）装配图中零件序号应按顺时针或逆时针顺序编号，按水平和垂直方向排列整齐，放在图形外围，并与明细栏中的序号一致。

（5）一组紧固件或装配关系清楚的零件组，可采用公共的指引线编号，如图 10 – 6 所示。

10.3.2　标题栏及明细栏

GB/T 17825.2—1999 和 JB/T 5054.3—2000 分别规定了标题栏和明细栏的格式，如图 10 – 7 和图 10 – 8 所示。明细栏要紧靠标题栏上方画出，它是装配图中全部零件的详细目录，其内容包括：零件序号、代号、名称、数量、材料。明细栏中“名称”一栏除填写

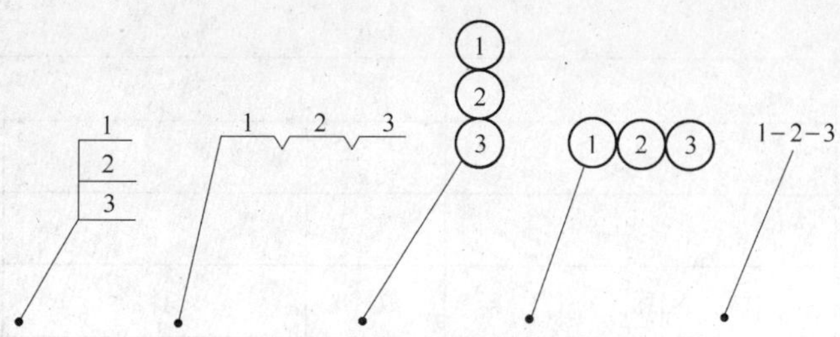

图 10-6　公共指引线

零、部件名称外，对于标准件还要填写其规格。标准件的国标号应填写在“备注”一栏中。学校制图作业的标题栏和明细栏推荐使用如图 10-9 所示的格式。

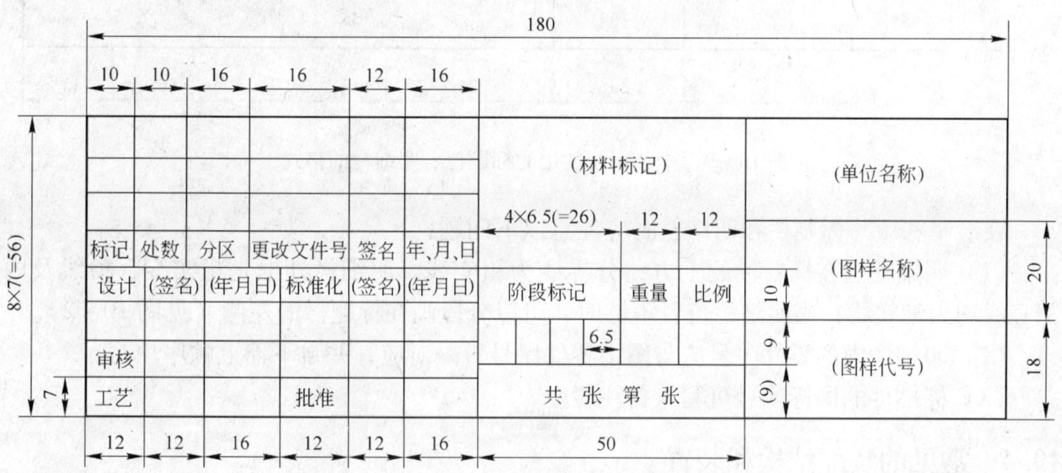

图 10-7　标题栏的格式

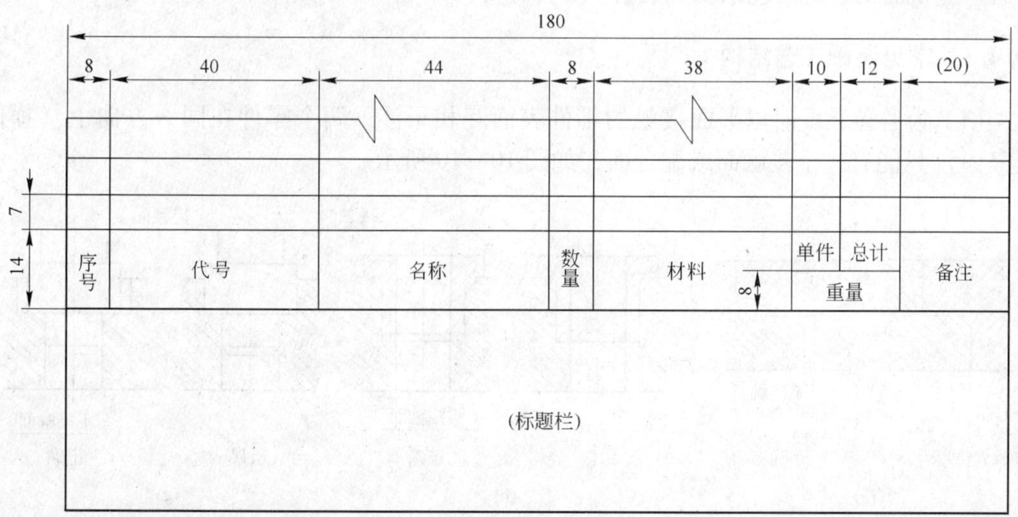

图 10-8　明细栏的格式

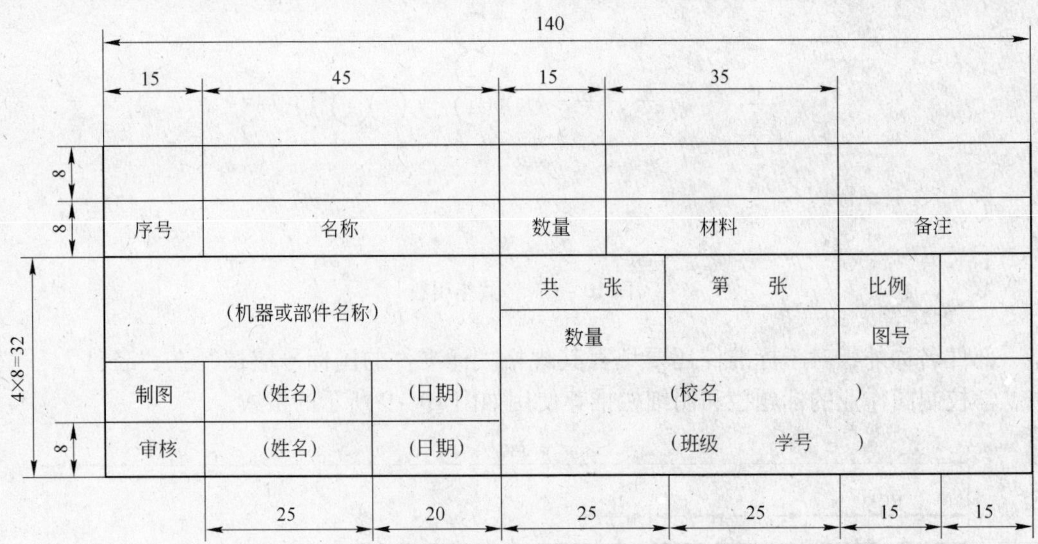

图 10－9　推荐学校使用的标题栏、明细栏的格式

在绘制和填写标题栏和明细栏时应注意以下问题：

（1）明细栏画在标题栏的上方，分界线为粗实线。明细栏外框是粗实线，横线及内部竖线均为细实线；当明细栏位置不够时，可以分段画在标题栏的左侧（见图 10－2）。

（2）明细栏中的零件序号应与图中零件序号一一对应，并自下而上顺序填写。

（3）标准件的国标代号可写入备注栏。

10.4　常见的装配结构和装置

为确保零、部件的装配质量和便于机器零件的装、拆，也为了使图样画得更合理，应了解一些常见的装配工艺结构和装置。

10.4.1　常见装配工艺结构

（1）为避免装配时以平面接触的零件表面互相干涉，两个零件在同一方向上（横向或竖向）只能有一个接触面或配合面，如图 10－10 所示。

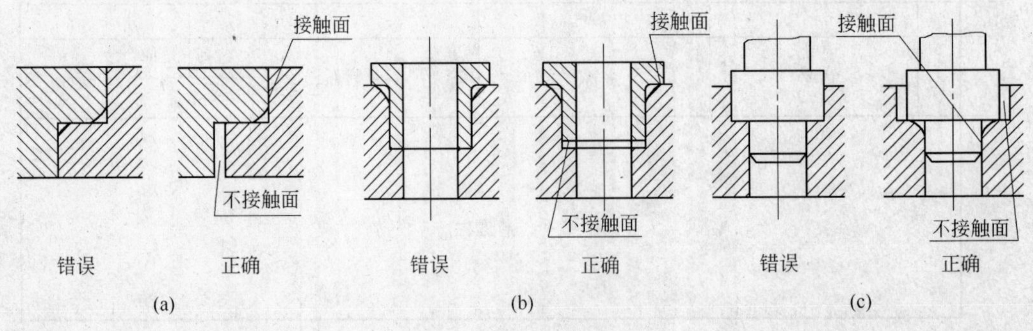

图 10－10　常见装配结构（一）

（2）为保证轴肩端面和孔端面接触良好，可在轴肩处加工出退刀槽，或在孔的端面加工出倒角，如图 10－11 所示。

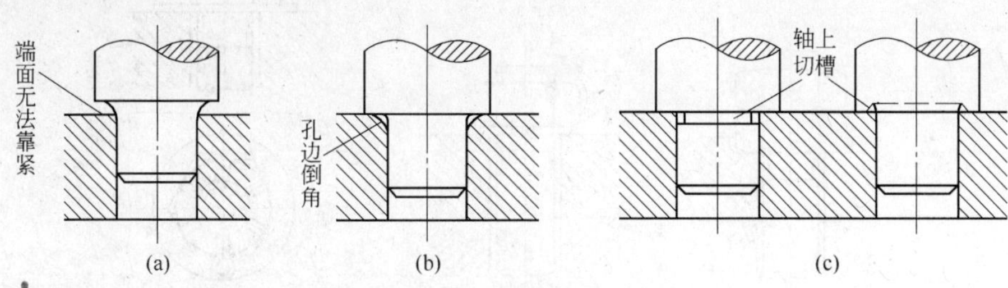

图 10－11　常见装配结构（二）
（a）不合理；（b）合理的孔口倒角；（c）合理的轴肩切槽

（3）零件的结构设计要考虑维修拆卸方便，如图 10－12 所示。

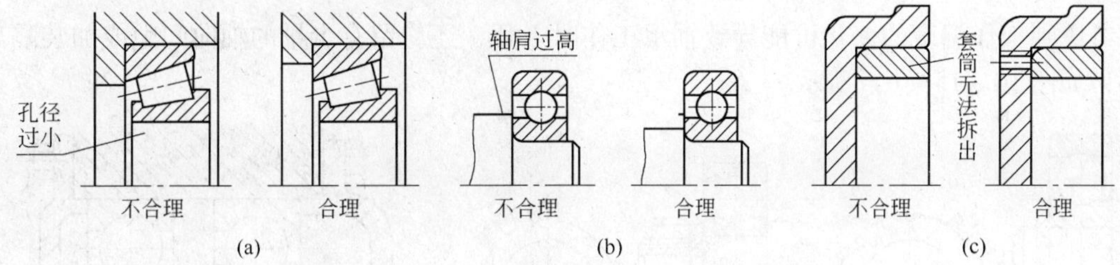

图 10－12　结构设计要考虑维修拆卸方便

（4）用螺栓连接的结构要留足装拆的活动空间，如图 10－13 所示。

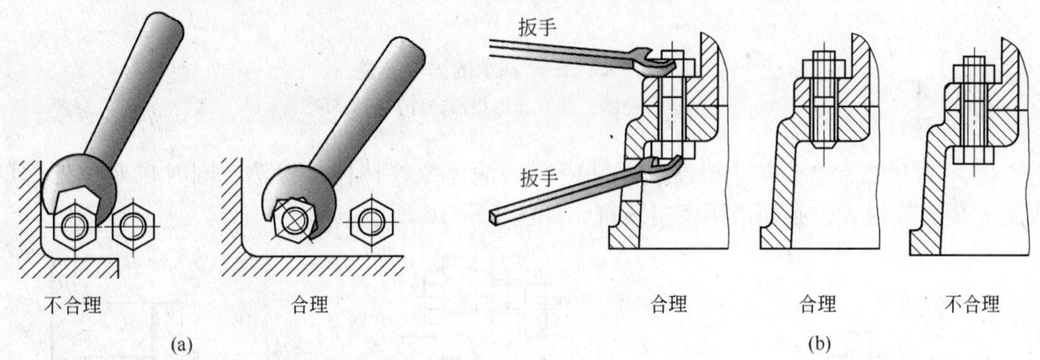

图 10－13　结构设计要留足装拆的活动空间

10.4.2　常见装置

（1）螺纹防松装置。为防止机器在工作中由于振动而将螺纹紧固件松开脱落，常采用双螺母、弹簧垫圈、止动垫圈和开口销等防松装置，如图 10－14 所示。

（2）滚动轴承的固定装置。为了防止滚动轴承产生轴向窜动，装有滚动轴承的地方，必须采用一定的结构来固定其轴圈、座圈。常采用的轴向固定结构形式有轴肩、台肩、弹性挡圈、端盖凸缘、圆螺母和止退垫圈、轴端挡圈等，如图 10－15（a）、（b）所示。此

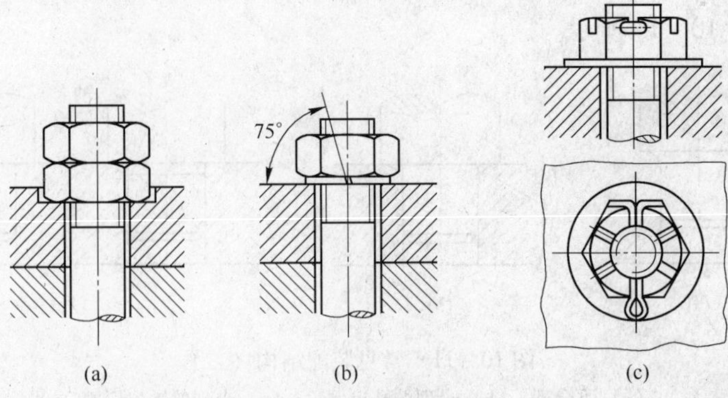

图 10 – 14 螺纹防松装置

（a）双螺母防松；（b）弹簧垫圈防松；（c）开口销防松

外考虑到工作温度的变化可能导致轴承工作时卡死，还应留有少量的轴向间隙或加装隔离环，如图 10 – 15（c）所示。

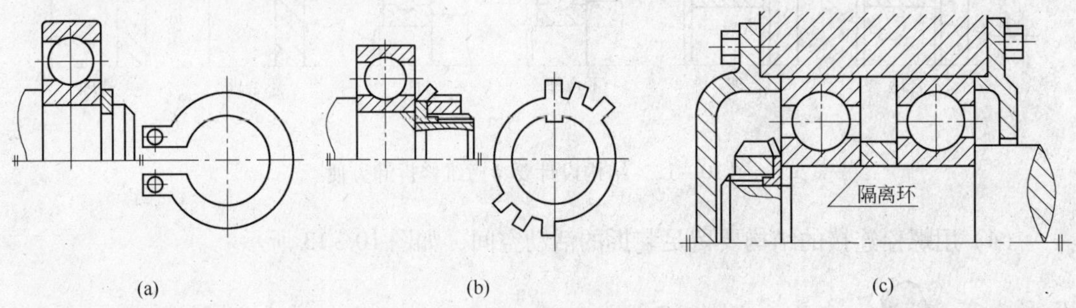

图 10 – 15 滚动轴承的固定装置

（a）弹性挡圈；（b）止退垫圈；（c）隔离环

（3）密封装置。为防止机器或部件内部的液体或气体向外渗透，同时也避免外部的灰尘、杂质等侵入，必须采用密封装置，如图 10 – 16 所示。

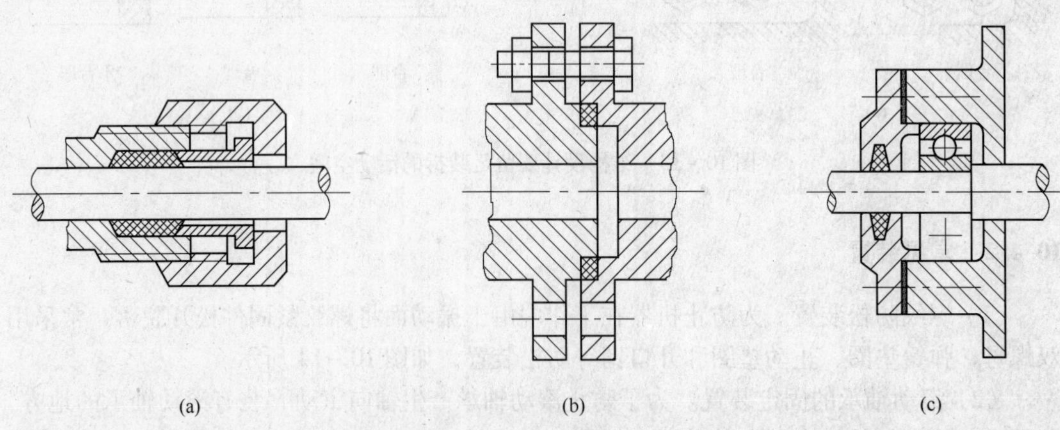

图 10 – 16 密封结构

（a）填料箱密封；（b）O 形密封圈密封；（c）毡圈密封

10.5　读装配图

在工业生产中，无论是设计、制造、安装、使用和维修机器，还是进行技术交流，都需要经常看装配图。因此，工程技术人员必须具备识读装配图的能力。

读装配图的基本要求是：

（1）了解部件的工作原理和使用性能。

（2）弄清各零件在部件中的功能、零件间的装配关系和连接方式。

（3）读懂部件中主要零件的结构形状。

（4）了解装配图中标注的尺寸以及技术要求。

下面以图 10－17 所示阀的装配图为例，说明读图的一般方法和步骤。

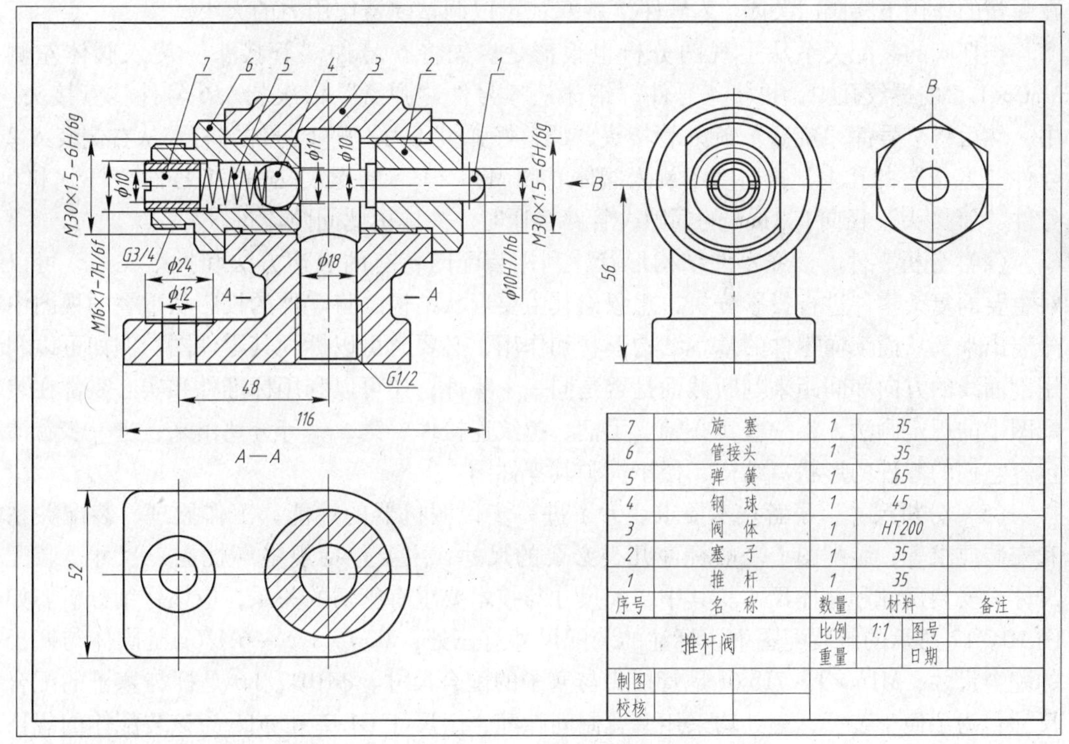

图 10－17　推杆阀装配图

（1）概括了解。从标题栏和有关的说明书中了解机器或部件的名称和大致用途；从明细栏和图中的序号了解机器或部件的组成。由图 10－17 中的标题栏和明细栏可知，该装配体名称为推杆阀，由 7 种零件组成，是较为简单的部件。它是连接在液体管路中用以控制液体管路的“通”与“不通”的部件。

（2）对视图进行初步分析。明确装配图的表达方法、投影关系和剖切位置，结合标注的各类尺寸，想象出主要零件的主要结构形状。由图 10－17 可知，该装配体共用了 4 个图形表达。主视图采用了全剖视，表达了推杆阀中各零件间的装配关系及相对位置，内部情况和工作原理一目了然，且通过主视图可明显地看出推杆阀是通过阀体上的 G1/2 螺纹孔、管接头上的 G3/4 螺纹孔装配在液体管路中的。俯视图采用了 *A*—*A* 全剖视，主要表达阀体底座的形状，为安装、放置推杆阀提供平面大小的信息。左视图主要表达推杆阀中部分零件的外部形状及相对位置。*B* 向视图表达了 2 号件的外部形状（六方形），为装、拆此零件选用工具提供信息。

（3）分析工作原理和装配关系。在概括了解的基础上，应对照各个视图研究机器部件的工作原理和装配关系，这是看懂装配图的一个重要环节。看图时应先从反映工作原理的视图入手，分析机器或部件中零件的运动情况，从而了解工作原理。然后再根据投影规律，从反映装配关系的视图入手，分析各条装配轴线，弄清零件相互间的配合要求、定位和连接方式等。

图 10－17 所示阀的工作原理从主视图能分析得最清楚。即当 1 号件“杆”受外力作用向左运动时，4 号件“钢球”压缩 5 号件“弹簧”，阀门被打开；当取消外力时，钢球在弹簧的作用下将阀门关闭。7 号件“旋塞”可以调整弹簧作用力的大小。

推杆阀的装配关系从主视图分析也很清楚。先将 6 号件“管接头”旋入阀体左侧 M30×1.5 的螺纹孔中，再将 4 号件“钢球”、5 号件“弹簧”依次装入 6 号件“管接头”中，然后将 7 号件“旋塞”旋入管接头，调整好弹簧压力；将 1 号件“杆”从右侧装入 2 号件“塞子”的孔中，再将塞子旋入阀体右侧 M30×1.5 的螺纹孔中。1 号件“杆”和 6 号件“管接头”径向有 1mm 的间隙，管路接通时，液体由此间隙流过。

（4）分析零件，读懂零件结构形状。利用装配图特有的表达方法和投影关系，可以对主要的复杂零件进行投影分析，想象出其主要形状结构，将零件的投影从重叠的视图中分离出来，从而读懂零件的基本结构形状和作用，必要时可以拆画其零件图。例如可以利用剖面线的方向和间距来判断截面是否是同一个零件；还可以利用标准件和实心零件在装配图中的规定画法，将一些实心轴、手柄、螺纹连接件、键、销等分离出来，进一步看清包容它们的零件的形状、结构，便于拆画其零件图。

（5）分析尺寸，了解技术要求。为了进一步说明机器的性能、工作原理、装配关系和安装要求等，装配图上一般标注几类必要的尺寸，主要包括规格（性能）尺寸、装配尺寸、安装尺寸和总体尺寸。其中装配尺寸与技术要求有密切的关系，应该仔细分析。如图 10－17 所示的阀装配图中，标注的装配尺寸有三处：M30×1.5－6H/6g 是阀体与塞子的配合尺寸，M16×1－7H/6f 是管接头与塞子的配合尺寸，ϕ10H7/h6 是杆与塞子的配合尺寸；为了便于装拆，三处均采用基孔制间隙配合。尺寸 G1/2 和 ϕ11 为该装配体的规格尺寸。尺寸 ϕ24、ϕ12、48、M16×1－7H/6f、中心高 56 为安装尺寸。尺寸 116、52 和中心高 56 为外形尺寸。

10.6　由装配图拆画零件图

机器在设计过程中是先画装配图，再由装配图拆画零件图。机器在维修时，如果其中某个零件损坏了，要将该零件拆画出来。在识读装配图的教学过程中，常要求学生拆画其中某个零件以检查其是否真正读懂装配图。这种由装配图画出零件图的过程称为拆画零件图，其方法和步骤如下：

（1）看懂装配图。拆画零件图是在看懂装配图的基础上，将要拆画的零件从整个装配图中分离出来。以图 10－17 的装配图为例，要拆画 3 号件“阀体”，首先应将阀体从主、左视图中分离出来，然后想象其形状。对该零件的大致外形进行想象并不困难，但阀体内型腔的形状，因其左、俯视图没有表达，所以还不能最终确定该零件的完整形状。通过主视图中 G1/2 螺孔上方的相贯线得知，阀体型腔为圆柱形，轴线水平放置，且圆柱孔的直径等于 G1/2 螺孔的直径。

（2）确定视图表达方案。在装配图中看懂要拆画的零件后，再根据零件的结构形状及在装配图中的工作位置或零件的加工位置，重新选择视图，确定表达方案。此时可以参考装配图的表达方案，但要注意不应受原装配图的限制。如图 10－17 所示，在装配图主视图中明显看出阀体是一个包容体，其内腔中装有塞子、推杆、钢球、弹簧、管接头等，同时还反映了进、出油孔位置和方向。因此，画零件图时将这一方向作为阀体主视图的投射方向是合适的。左视图采用半剖视图，主要是对主视图做一补充，使其阀体内腔的形状表达更为完整。俯视图则是表达阀体底部形状的特征视图。

（3）绘制零件图。将阀体从装配图中分离出来的视图如图 10－18 所示。由于阀体在装配图中有一部分可见的投影线被其他零件遮盖，所以是一幅不完整的图形，可按投影关系补齐视图中所缺的图线。此时应按照以上确定的表达方案，把该零件在装配图中没有表达清楚的结构形状，根据其功能要求、装配关系和连接方式加以构思、补充完善，并按照零件图的所具备的内容及画图步骤，完成阀体零件图的绘制，如图 10－19 所示。

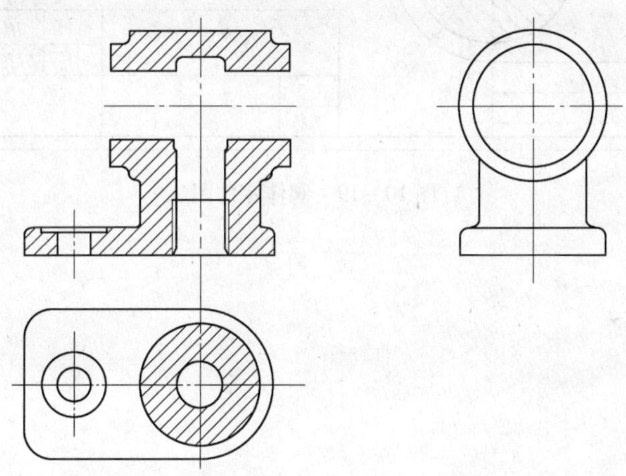

图 10－18　从装配图中分离出来的阀体三视图

（4）标注尺寸。由于装配图上给出的尺寸较少，而在零件图上则需注出零件各组成部分的全部尺寸，所以很多尺寸是在拆画零件图时才确定的，因此应注意以下几点：

1）凡是在装配图上给出的尺寸，在零件图上应直接注出。如图 10－19 中的尺寸 48、56 和中心高 56 等。

2）某些设计时通过计算得到的尺寸（如齿轮啮合的中心距）以及通过查阅标准手册而确定的尺寸（如键槽等尺寸），应按计算所得数据及查表值准确标注，不得圆整。

3）除上述尺寸外，零件的一般结构尺寸，可按比例从装配图上直接量取，并作适当圆整。

4）标注零件的表面结构、形位公差及技术要求时，可根据零件各部分的功能、作用及要求，同时结合设计要求和工艺要求查阅有关手册或参阅同类、相近产品的零件图来确定。

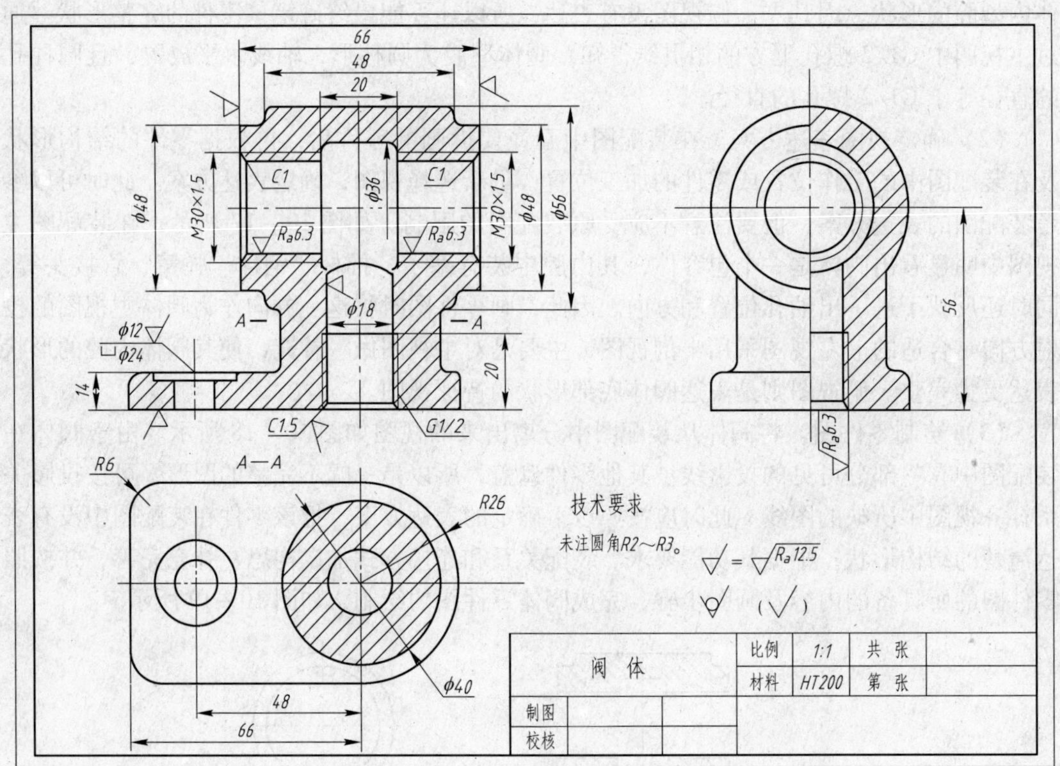
66
48
20
C1
C1
M30×1.5
φ36
M30×1.5
φ48
φ48
φ56
Ra6.3
Ra6.3
φ18
A—
—A
φ12
φ24
14
20
C1.5
G1/2
56
Ra6.3
A—A
R6
R26
φ40
48
66
技术要求
未注圆角R2～R3。
Ra12.5
阀 体
比例
1:1
共 张
材料
HT200
第 张
制图
校核

图 10－19　阀体零件图

11 AutoCAD 2010 简介

【教学目标】

熟悉 AutoCAD 2010 的工作界面，了解其基本的绘图功能，能够初步入门绘制简单的平面图形。

11.1 AutoCAD 2010 的基本操作

11.1.1 AutoCAD 2010 的启动

启动 AutoCAD 2010 应用程序有以下三种方式：

（1）双击 Windows 桌面上的“ ”快捷图标。

（2）选择菜单“开始/程序/ Autodesk”中的“ AutoCAD 2010”选项。

（3）直接双击一个后缀名为（＊.dwg）的图形文件。

初次启动 AutoCAD 2010 应用程序后会出现如图 11－1 所示的“AutoCAD 2010－初始设置”界面。

“AutoCAD 2010－初始设置”对话框包括“图形环境”、“工作空间”及“图形样板文件”设置共 3 页。在对话框的第 1 页选中“机械、电气和给排水”复选框，其他选项可采用默认设置。单击对话框中的 启动 AutoCAD 2010(S) 按钮后便进入图 11－2 所示的用户界面。

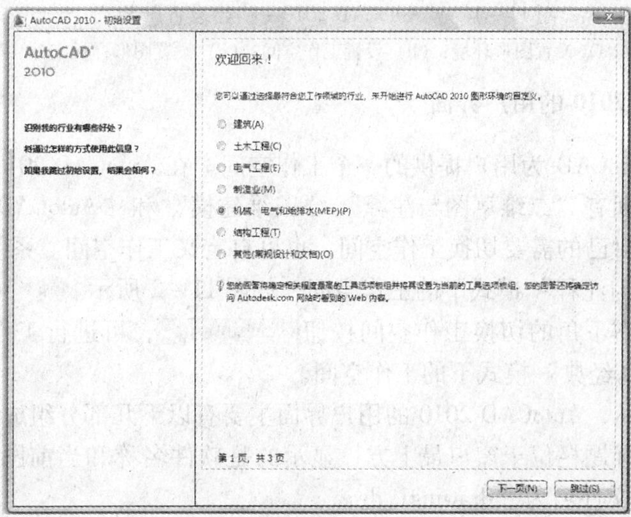

(a)

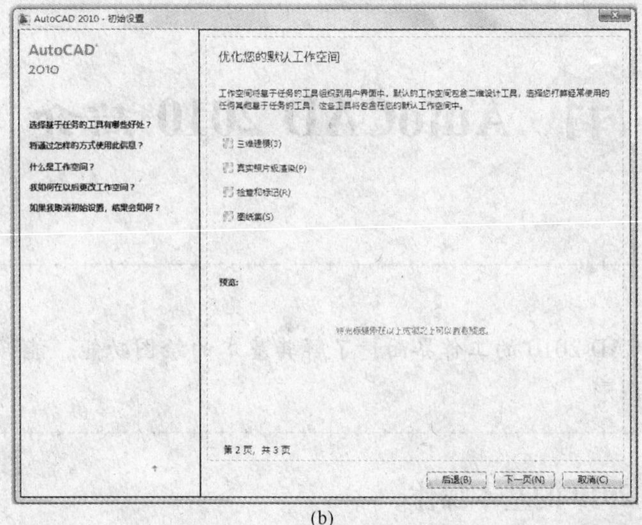

(b)

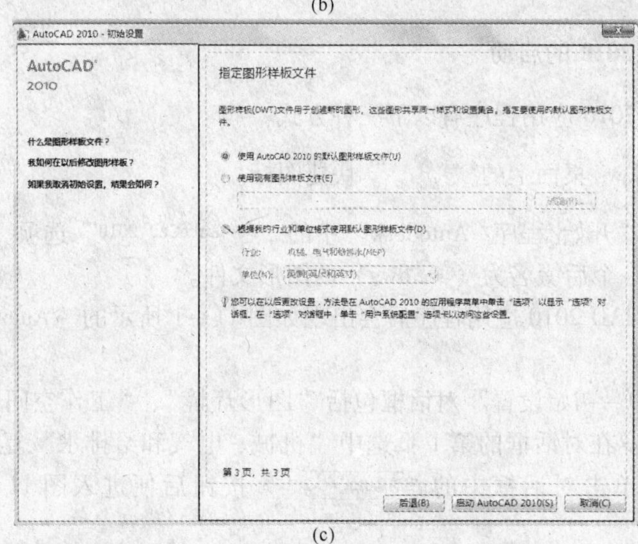

(c)

图 11 - 1　“AutoCAD 2010 - 初始设置” 界面

（a）设置图形环境；（b）设置工作空间；（c）设置图形样板文件

11.1.2　AutoCAD 2010 的用户界面

用户界面是 AutoCAD 为用户提供的一个工作空间。在 AutoCAD 2010 中，系统默认的基于任务的工作空间有“二维草图与注释”、“三维建模” 和 “AutoCAD 经典” 三个工作空间，用户可根据自己的需要切换工作空间，也可自定义工作空间。系统默认的初始工作空间为“二维草图与注释” 模式下的工作空间，如图 11 - 2 所示。

单击用户界面右下角的切换工作空间按钮 二维草图与注释，可进行工作空间的切换。图 11 - 3 为“AutoCAD 经典” 模式下的工作空间。

如图 11 - 2 所示，AutoCAD 2010 的用户界面主要有以下几部分组成：

（1）标题栏。标题栏位于窗口最上方，显示的是软件名称和当前图形文件名称。AutoCAD 2010 的默认文件名为“drawing1. dwg”。

（2）应用程序菜单。应用菜单栏包含“新建”、“打开”、“保存” 等 10 个常用工具按钮。

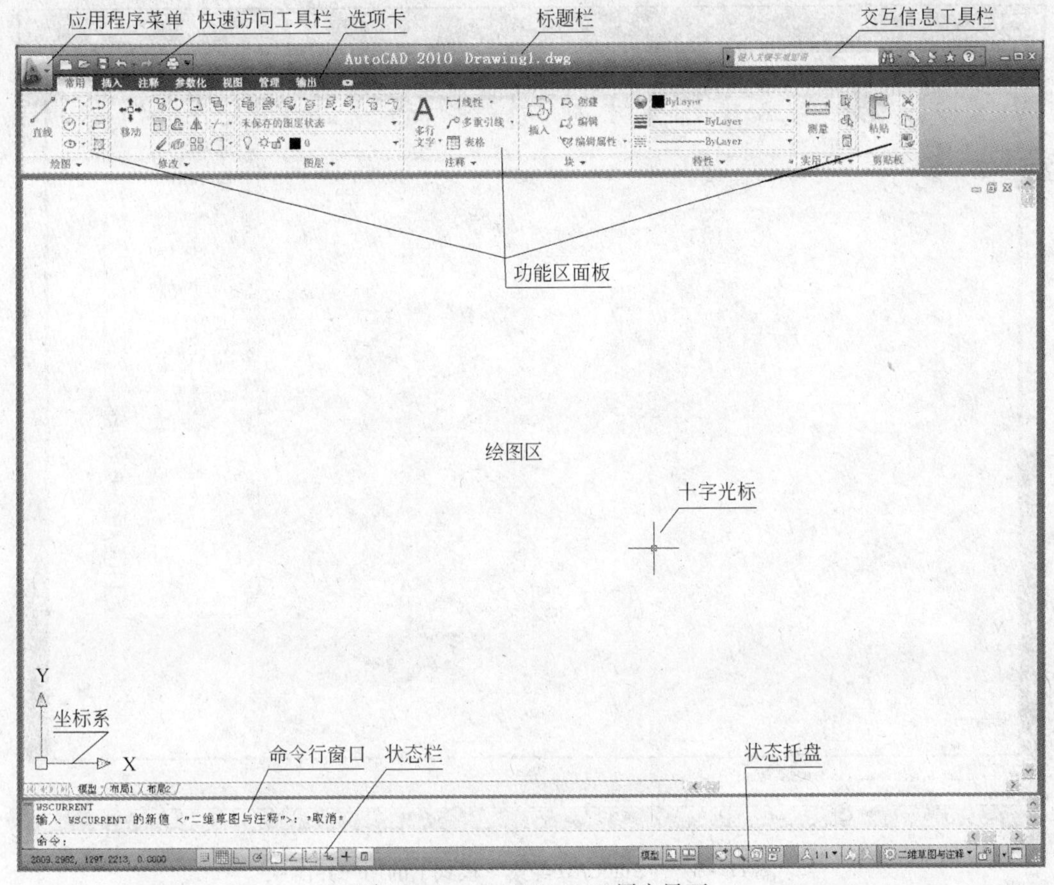

图 11－2　AutoCAD 2010 用户界面

(3) 快速访问工具栏。快速访问工具栏包括“新建”、“打开”、“保存”、“放弃”、“重做”、“打印”6 个常用工具按钮。用户也可单击该工具栏右侧的▼按钮，向快速访问工具栏添加需要的常用工具。

(4) 交互信息工具栏。交互信息工具栏包括“搜索”、“速博应用中心”、“通讯中心”、“收藏夹”和“帮助”5 个常用的数据交互访问工具按钮。

(5) 功能区。在功能区集成了常用的操作工具，包括“常用”、“插入”、“注释”、“参数化”、“视图”、“管理”和“输出”7 个选项卡，每个选项卡下都包含一组选项板，每个选项板上又汇聚了一组工具按钮，方便用户使用。图 11－4 显示的是“常用”选项卡下的“绘图”、“修改”、“图层”、“注释”、“块”、“特性”、“实用工具”、“剪贴板”8 个选项板，图 11－5 为“插入”选项卡下的“块”、“属性”、“参照”、“输入”、“数据”、“链接和提取”选项板。

(6) 绘图区。绘图区用于绘制当前图形。绘图区没有边界，利用视窗缩放功能可无限放大或缩小。绘图区的左下角显示的是当前绘图坐标系。在默认情况下，绘图区是黑色背景，白色线条，用户可根据需要自行修改背景颜色。方法如下：

1) 在绘图区单击鼠标右键，弹出如图 11－6 所示的快捷菜单。选中该菜单中的“选项（O）…”，弹出如图 11－7 所示的“选项”对话框。

2) 在该对话框中单击“显示”选项卡下的 颜色(C)... 按钮，弹出“图形窗口颜

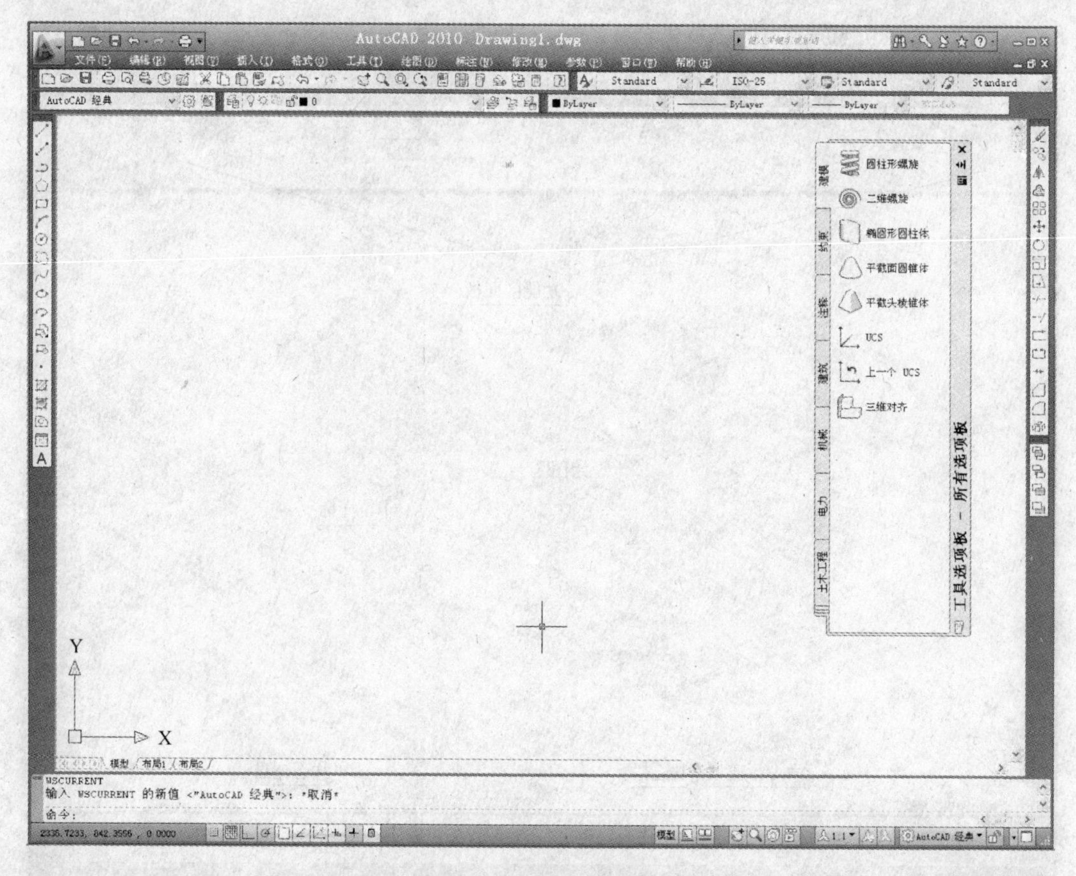

图 11－3　“AutoCAD 经典”模式下的用户界面

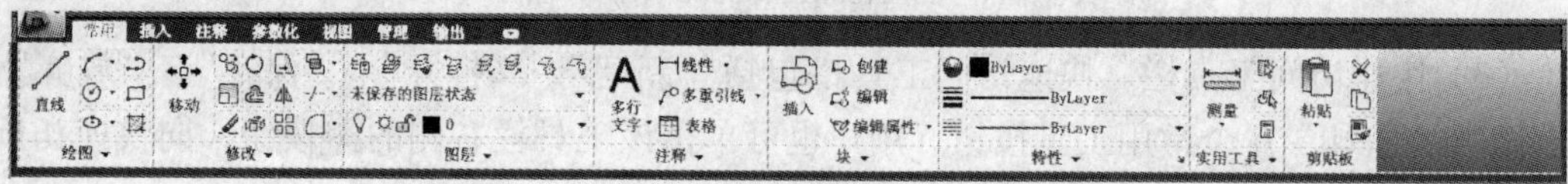

图 11－4　“常用”选项卡下的选项板

图 11－5　“插入”选项卡下的选项板

色”对话框，如图 11－8 所示。

3）在该对话框的“颜色（C）”下拉列表框中选择需要的颜色后单击 应用并关闭(A) 按钮，之后绘图区就变成了选中的背景颜色。为了使图形印制清晰，本书中的背景颜色一律为白色。

（7）命令行窗口。命令行窗口是用户与 AutoCAD 进行对话的窗口。它显示了用户正在执行的命令及系统发出的提示信息。在绘图时应随时注意命令行窗口中的提示信息。

（8）状态栏。状态栏位于工作界面的底部，用来显示当前光标所处的坐标位置及辅助绘图工具按钮的开关状态。单击这些工具按钮，可切换相应工具的“打开”与“关闭”状态。10 个辅助绘图工具按钮的功能如表 11－1 所示。

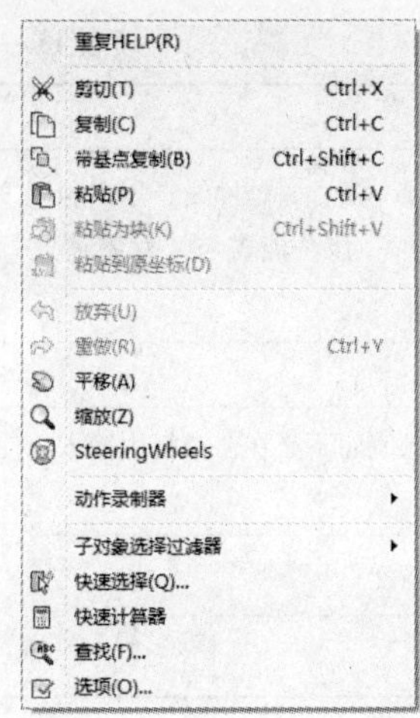

图 11 – 6　右键菜单

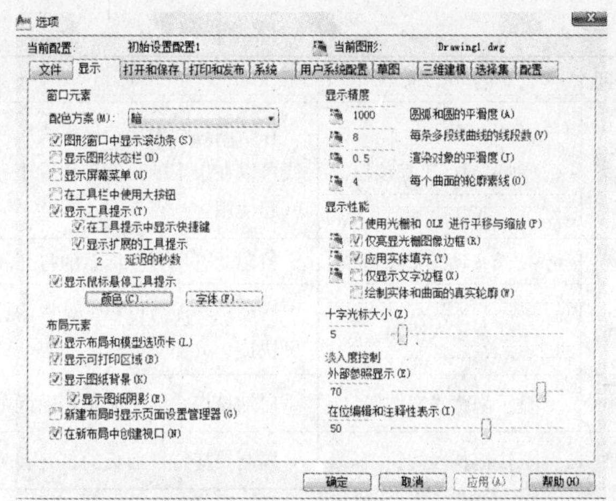

图 11 – 7　“选项”对话框

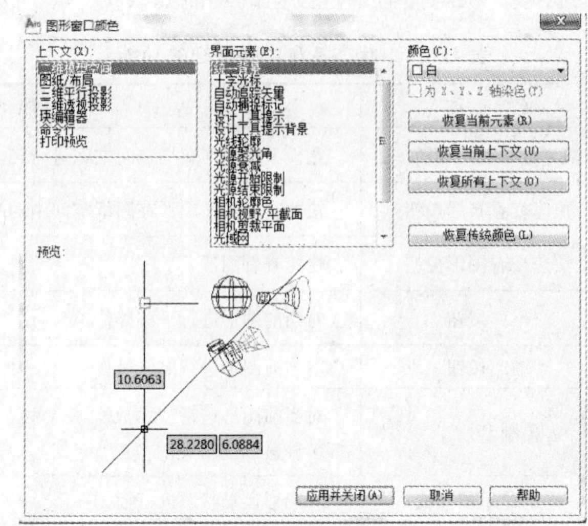

图 11 – 8　“图形窗口颜色”对话框

表 11 – 1　辅助绘图工具按钮的功能

按钮	名　称	功　能
	捕捉模式按钮	启动该模式后，在绘图区会以系统默认的捕捉间距形成捕捉栅格，约束光标移动时只能落在栅格的某一个节点上，从而高精度地捕捉和选择栅格上的点
	栅格显示按钮	启动该模式后，绘图区会显示栅格
	正交模式按钮	用于绘制水平或垂直的直线
	极轴追踪按钮	在绘图过程中启动该模式后，在给定的极角方向上会出现一条临时辅助线，用户利用该辅助线可以在给定的极角方向上精确地绘制图形
	对象捕捉按钮	启动该模式后，在绘图过程中可以迅速、准确地定位于图形对象上的端点、交点等特殊点位置，实现精确绘图

续表 11－1

按钮	名　称	功　能
	对象捕捉追踪按钮	在绘图过程中启动该模式后，屏幕上将出现一条临时辅助线，用户利用该辅助线可以在指定的角度和位置上精确地绘制图形；该功能需与“对象捕捉”功能一起使用
	允许/禁止动态 UCS 按钮	控制动态用户坐标系的打开和关闭
	动态输入按钮	启动该功能可以在工具栏的提示中输入坐标值而不必在命令行中输入，使绘图更快捷、方便
	显示隐藏线宽按钮	启动该模式后，显示绘图区中各种线型的宽度
	快捷特性按钮	控制快捷特性面板的打开和关闭

（9）状态托盘。状态托盘包括一些常见的显示工具和注释工具按钮，通过这些按钮可以控制图形或绘图区的状态。状态托盘中各按钮的功能如表 11－2 所示。

表 11－2　状态托盘中各按钮的功能

按　钮	名　称	功　能
模型	模型与布局空间转换按钮	在模型空间与布局空间之间进行转换
	快速查看布局按钮	快速查看当前图形在图纸空间中的布局
	快速查看图形按钮	快速查看图形
	平移按钮	对当前图形进行平移操作
	缩放按钮	对当前图形进行缩放操作
	控制盘按钮	对当前图形进行“缩放”、“平移”、“动态观察”、“回放”等多种显示控制操作
	运动显示器按钮	对图形运动状态进行控制
1:1	注释比例按钮	单击此按钮可打开注释比例列表，从中选择需要的注释比例
	注释可见性按钮	当此图标亮显时，显示所有比例的注释对象；图标变暗时，仅显示当前比例的注释对象
	自动添加注释按钮	注释比例更改时，自动将比例添加到注释对象中
初始设置工作空间1	切换工作空间按钮	切换工作空间
	锁定按钮	控制是否锁定工具栏或图形窗口在操作界面上的位置
	状态栏菜单下拉按钮	单击该按钮，在弹出的快捷菜单中可选择打开或锁定的相关选项
	全屏显示按钮	全屏显示当前图形

11.1.3　AutoCAD 2010 命令的调用方式

在 AutoCAD 2010 中启动任一命令，通常有以下三种方式：

(1) 由键盘直接键入命令名。

(2) 选择下拉菜单中相应的菜单选项。

(3) 单击相应选项板中的工具按钮。

以上三种命令的调用方式中，键入命令名的方式是最全面的，它可以实现 AutoCAD 2010 中的所有命令；而单击工具按钮的方式是最简便快捷的。

11.1.4 AutoCAD 2010 的图形显示

AutoCAD 2010 提供了多种控制图形显示的方式，以满足用户观察图形的不同要求。打开“视图”选项卡，单击“导航”面板中的按钮，如图 11-9 所示，即可实现相应的功能。

“导航”面板中按钮的功能如下：

(1) 平移 ——平移按钮。单击该按钮后，光标变成“手”的形状，此时按住鼠标左键并拖曳，便可实现实时平移画面；按下 Esc 键或 Enter 键，即可退出该命令状态。

(2) 动态观察 ——动态观察按钮。该按钮中又包含“动态观察”、“自由动态观察”和“连续动态观察”三个嵌套按钮，用以在三维空间中以不同的方式旋转视图，从不同的角度观察视图。

(3) 范围 ——缩放按钮。单击该按钮右侧的“ ▾ ”图标，可以打开其嵌套按钮，如图 11-10 所示。其中包含了 10 个功能按钮，各按钮的功能如表 11-3 所示。

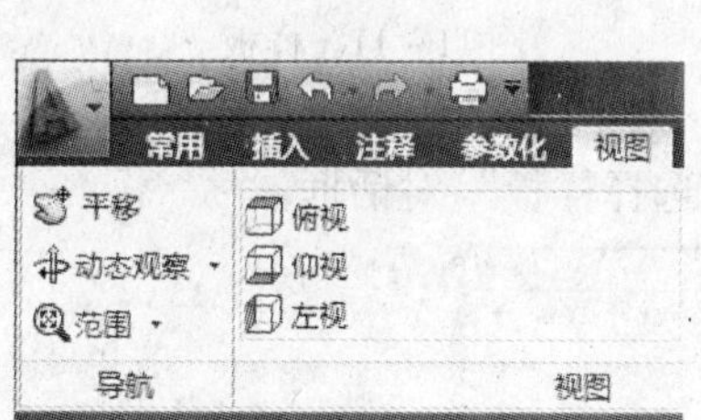

图 11-9 “视图”选项卡下的“导航”面板

常用
平移
动态观察
范围
范围
窗口
上一个
实时
全部
动态
缩放
中心
对象
放大
缩小

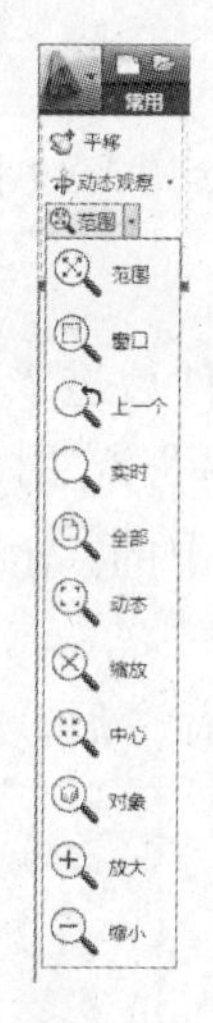

图 11-10 “范围”按钮中的嵌套按钮

表 11-3 缩放按钮下各按钮的功能

按钮	功 能 说 明
范围	根据图形大小调整显示窗口，将当前图形尽可能大地显示在窗口内
窗口	通过指定一个矩形窗口作为缩放区域，将窗口内所有实体全屏显示
上一个	缩放显示上一个视图，最多可恢复此前的 10 个视图

续表 11－3

按钮	功 能 说 明
实时	启动该命令后，光标变成“放大镜”的形状，此时按住鼠标左键向上移动光标则当前视窗中的图形被放大显示；反之，则被缩小显示
全部	全屏显示当前界面上的全部内容
动态	用一方框动态显示缩放范围
缩放	以指定的比例因子缩放显示
中心	以指定的中心点和比例值定义一个新的显示窗口
对象	缩放以便尽可能大地显示一个或多个选定的对象并使其位于视图的中心
放大	执行一次该命令，窗口放大一倍
缩小	执行一次该命令，窗口缩小一半

另外，在“命令”状态下向上或向下滚动鼠标中键的滚轮，可随时放大或缩小窗口内的图形。

11.2　绘图快速入门

11.2.1　绘制平面图形

下面以绘制图 11－11 所示“样板”的平面图形为例，讲解常用的绘图命令及绘制平面图形的具体操作步骤。

11.2.1.1　绘图前的准备

A　创建新图

(1) 启动软件后进入如图 11－2 所示的“二维草图与注释”的用户界面。单击“快速访问”工具栏中的按钮，启动“新建”命令。

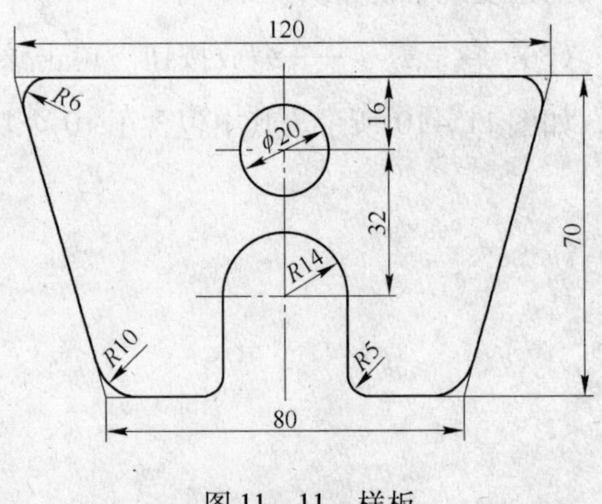

图 11－11　样板

(2) 启动该命令后，弹出如图 11－12 所示的“选择样板”对话框。

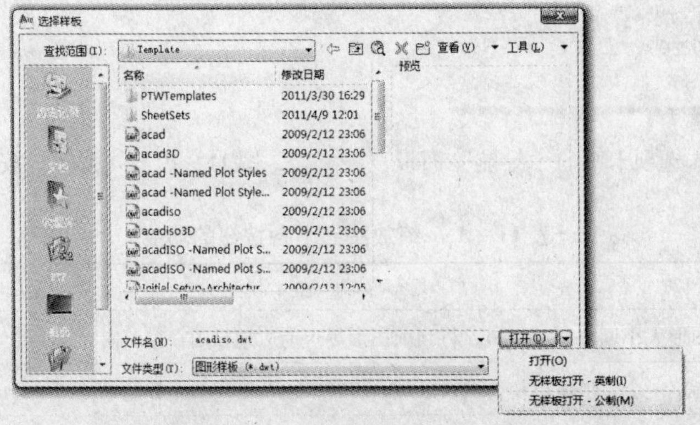

图 11－12　“选择样板”对话框

（3）单击该对话框中“打开”按钮旁的“三角”，在弹出的下拉框中选择“无样板打开 - 公制（M）”，这样便建立了一张空白的新图纸。

B　设置图形界限

图形界限表示绘图区范围的大小，系统默认的图形界限为 A3 图幅，这里我们将其设置为 A4 图幅。

（1）在命令行键入“limits”后回车，启动设置图形界限命令。

（2）启动该命令后，命令行提示及操作步骤如下：

指定左下角点或［开（ON）/关（OFF）］<0.0000，0.0000>：回车，默认左下角点；

指定右上角点<420.0000，297.0000>：键入“297，210”回车。

（3）此时绘图区的大小即为 A4 幅面。

C　设置图层和线型

AutoCAD 是通过图层来管理和控制复杂图形的。一个图层就像一张透明纸，用户可以把不同性质的对象放在不同的图层上，最后将他们叠加在一起显示出来。

（1）打开“常用”选项卡，单击“图层”面板中的按钮，打开如图 11 - 13 所示的“图层特性管理器”对话框。该对话框中显示了系统的默认设置：图层为“0”层，颜色为“白”色，线型为“实线”（continuous）。

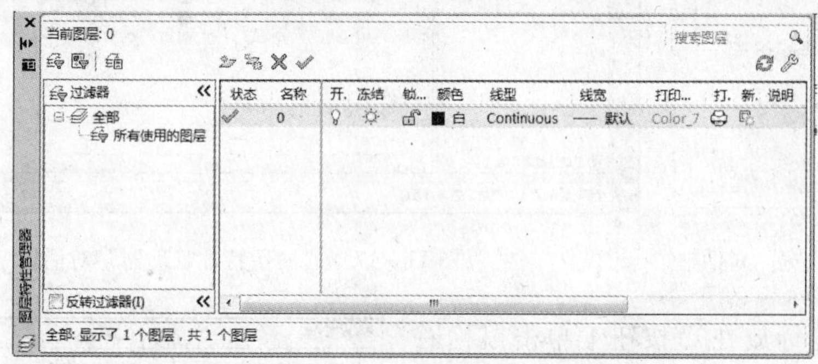

图 11 - 13　“图形特性管理器”对话框

（2）单击该对话框中的按钮，创建新的图层。之后，对话框中增加了“图层 1”。

（3）单击“图层 1”，将层名改为“中心线层”；单击其后“颜色”选项下的“■”图标，弹出“选择颜色”对话框，如图 11 - 14 所示，选择“红”色后单击 确定 按钮进行确认；单击“线型”选项下的 Continuous 图标，弹出“选择线型”对话框，如图 11 - 15所示，单击该对话框中的 加载(L)... 按钮，在弹出的“加载或重载线型”对话框中选择“CENTER”线型，确认后回到“选择线型”对话框，再次选中“CENTER”后单击 确定 按钮；单击“线宽”选项下的 —— 默认 图标，弹出如图 11 - 16 所示的“线宽”对话框，选择“0.25mm”后确认。

（4）同样的方法再创建两个新图层，将层名分别改为“粗实线层”和“细实线层”，颜色都为白色，线型都是“Continuous”，线宽分别为 0.5mm 和 0.25mm。设置好的“图层特性管理器”对话框如图 11 - 17 所示。

D　设置辅助绘图功能

（1）单击绘图区底部状态栏中的和按钮，按钮由灰色变为浅蓝色，打开“正交”和“对象捕捉”功能。

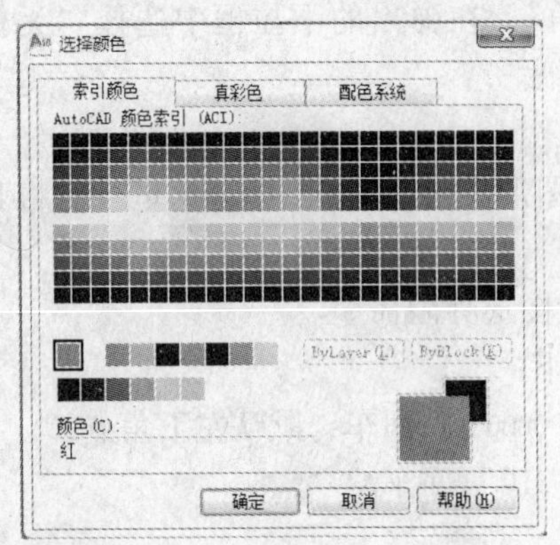

图 11－14　“选择颜色”对话框

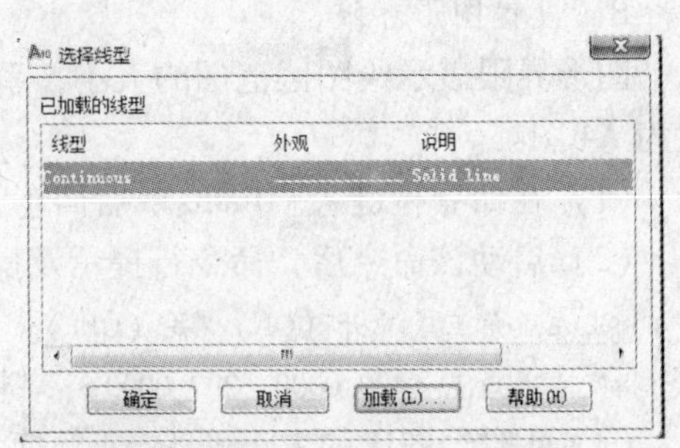

图 11－15　“选择线型”对话框

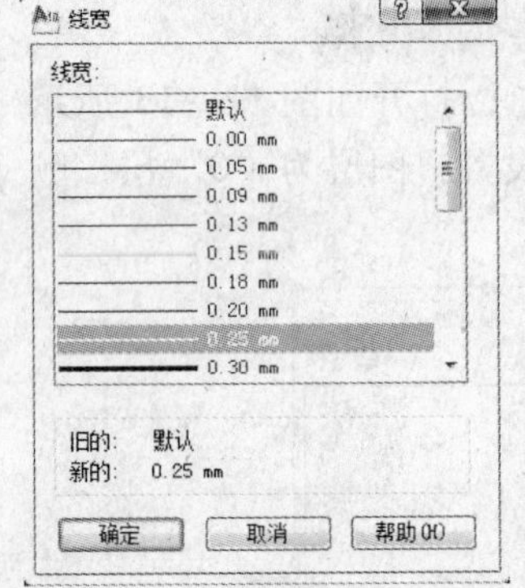

图 11－16　“线宽”对话框

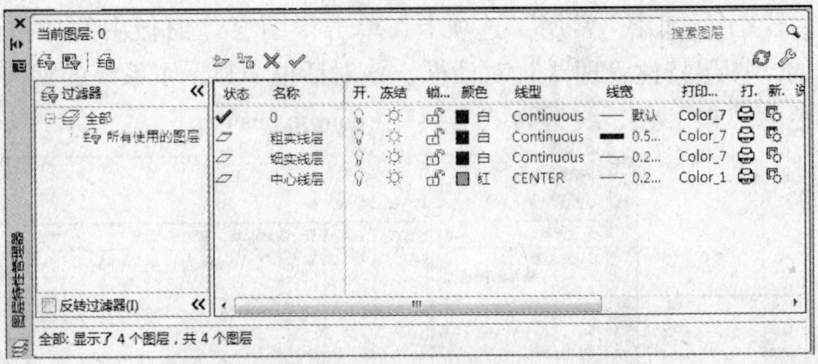

图 11－17　“图层特性管理器”对话框

（2）将光标放在按钮上单击鼠标右键，在弹出的快捷菜单中选择“设置（S）…”。之后，弹出如图 11－18 所示的“草图设置”对话框。在该对话框中单击“端点”、“圆心”和“交点”旁的复选框，选中这三种自动捕捉模式后单击 确定 按钮。

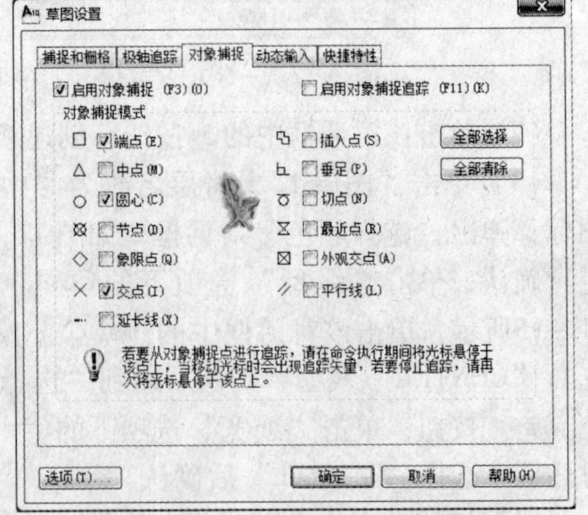

图 11－18　“草图设置”对话框图

11.2.1.2　绘制平面图形

A　绘制直线

（1）单击“图层”面板中 选项栏中的按钮，在其下拉框中选中“中心线层”，将其设置为当前层，如图 11－19 所示。

（2）单击“绘图”面板中的 图标，启动绘制直线命令。启动该命令后，命令行提示及操作步骤如下：

_ line 指定第一点：在绘图区中适当位置单击鼠标左键，确定直线的起点；

指定下一点或［放弃（U）］：移动鼠标至适当长度后再单击鼠标左键，确定直线的终点，右键确认后结束该命令。此时画出一条红色的点画线。

（3）单击“图层”面板中 选项栏中的 按钮，在其下拉框中选中“粗实线层”，将其设置为当前层。

（4）启动绘制直线命令。在绘图区中适当位置绘制一条与中心线垂直的粗实线 L_1，如图 11－20 所示，右键确认后结束该命令。

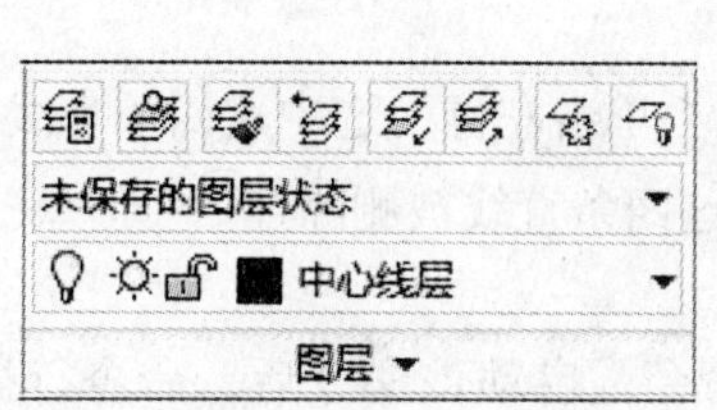

图 11－19 设置当前层

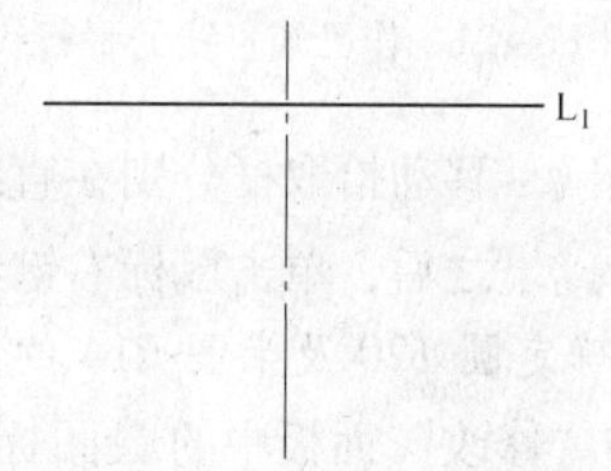

图 11－20 绘制好的两条直线

B 作已知直线的平行线

（1）单击“修改”面板中的 图标，启动“偏移”命令。启动该命令后，命令行提示及操作步骤如下：

指定偏移距离或［通过（T）/删除（E）/图层（L）］<通过>：键入“70”后回车；

选择要偏移的对象，或［退出（E）/放弃（U）］<退出>：移动拾取框到直线 L_1 上单击鼠标左键，直线 L_1 变虚，说明被选中；

指定要偏移的那一侧上的点，或［退出（E）/多个（M）/放弃（U）］<退出>：移动鼠标到直线 L_1 下方任意位置单击左键，便作出了一条与 L_1 平行且距离为 70 的平行线 L_1'。右键确认后结束该命令。

（2）用同样的方法作与对称中心线平行且距离均为 40 的两条平行线 L_2 和 L_2'，以及与对称中心线平行且距离均为 60 的两条平行线 L_3 和 L_3'，如图 11－21 所示。

C 连接两已知点

（1）单击绘图区底部状态栏中的 按钮，关闭“正交”功能。

（2）单击“绘图”面板中的 图标，启动绘制直线命令。启动该命令后，命令行提示及操作步骤如下：

_ line 指定第一点：将十字光标移到直线 L_1 与 L_3 的交点 1 上，出现红色的“×”，此时单击鼠标左键，系统会自动捕捉到点 1；

指定下一点或［放弃（U）］：移动光标到直线 L'_1 与 L_2 的交点 2 上再单击鼠标左键，便完成了直线段 12 的绘制，右键确认后结束该命令。

（3）同样的方法绘制直线段 34，如图 11－22 所示。

D 删除多余直线

单击“修改”面板中的 按钮，启动“删除”命令。启动该命令后，命令行提示及操作步骤如下：

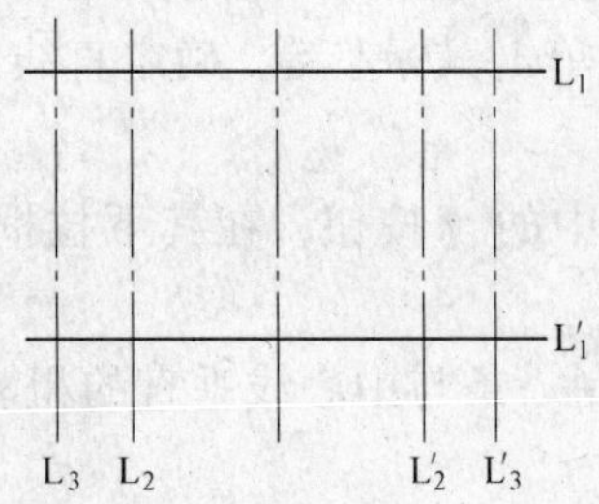

图 11 - 21　作已知直线的平行线

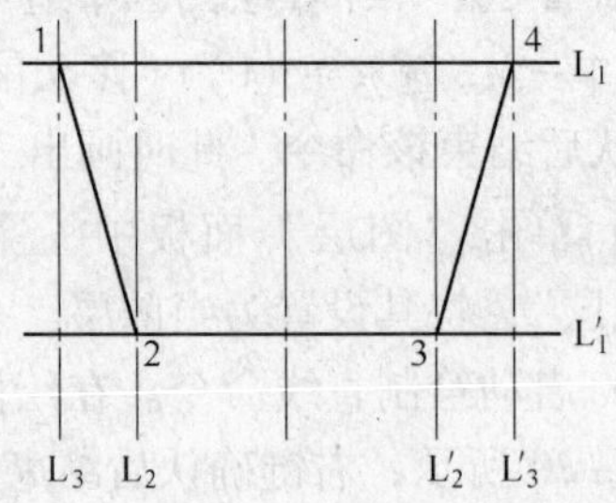

图 11 - 22　绘制直线段 12 和 34

选择对象：移动拾取框分别在直线 L_2、L_2'、L_3、L_3'上单击左键，选中这四条直线；

选择对象：之后，单击鼠标右键结束该命令，同时这四条直线被删除掉。

E　确定圆 ϕ20 及半圆 R14 的圆心

单击“修改”面板中的图标，启动“偏移”命令。启动该命令后，命令行提示及操作步骤如下：

指定偏移距离或［通过（T）/删除（E）/图层（L）］<通过>：键入“16”后回车；

选择要偏移的对象，或［退出（E）/放弃（U）］<退出>：移动拾取框在直线 L_1 上单击鼠标左键，直线 L_1 变虚，说明被选中；

指定要偏移的那一侧上的点，或［退出（E）/多个（M）/放弃（U）］<退出>：移动鼠标在直线 L_1 下方任意位置单击左键，作出圆 ϕ20 的对称中心线；

选择要偏移的对象，或［退出（E）/放弃（U）］<退出>：回车结束命令，再回车重复该命令；

指定偏移距离或［通过（T）/删除（E）/图层（L）］<16.0000>：键入“32”后回车；

选择要偏移的对象，或［退出（E）/放弃（U）］<退出>：移动拾取框在圆 ϕ20 的对称中心线上单击左键；

指定要偏移的那一侧上的点，或［退出（E）/多个（M）/放弃（U）］<退出>：移动鼠标在该中心线下方任意位置单击左键，作出半圆 R14 的对称中心线，如图 11 - 23 所示。

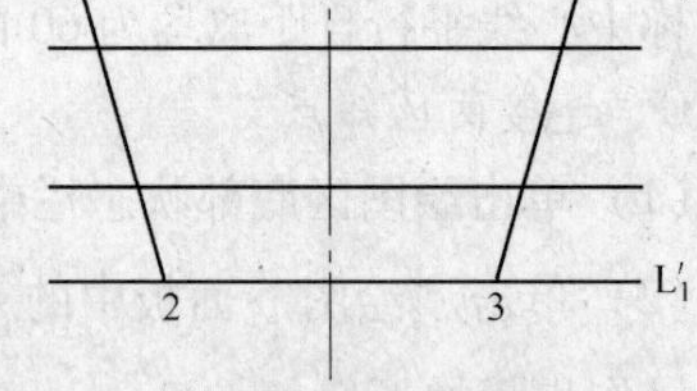

图 11 - 23　确定圆 ϕ20 及半圆 R14 的圆心

F　将圆 ϕ20 及半圆 R14 的对称中心线改为点画线

单击“剪贴板”面板中的按钮，启动“特性匹配”命令。启动该命令后，命令行提示及操作步骤如下：

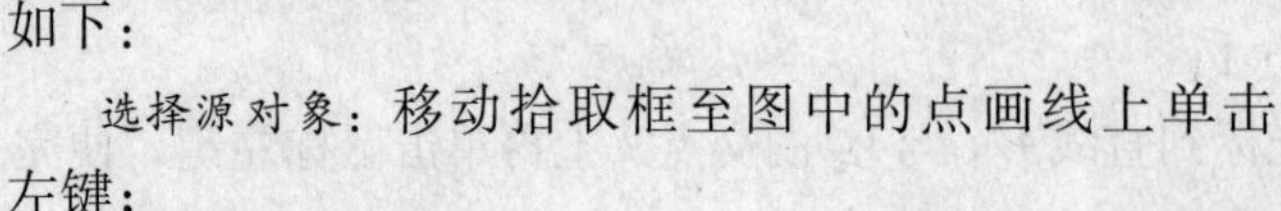

选择源对象：移动拾取框至图中的点画线上单击左键；

选择目标对象或［设置（S）］：移动拾取框分别在刚作的两条平行线上单击左键，则这两条粗实线变成了红色的点画线，如图 11 - 24 所示。右键确认后结束该命令。

G　绘制圆 ϕ20 及半圆弧槽 R14

（1）单击“绘图”面板中的按钮，启动绘制圆的命令。启动该命令后，命令行提示及操作步骤如下：

_ circle 指定圆的圆心或［三点（3P）/两点（2P）/切点、切点、半径（T）］：移动十字光标在点 O_1 处单击左键；

指定圆的半径或［直径（D）］：键入“10”回车，完成圆 $\phi20$ 的绘制。再次回车，重复该命令；

_ circle 指定圆的圆心或［三点（3P）/两点（2P）/切点、切点、半径（T）］：移动十字光标在点 O_2 处单击左键；

指定圆的半径或［直径（D）］：键入“14”回车，画出一个半径为 14 的圆 O_2，如图 11－25 所示。

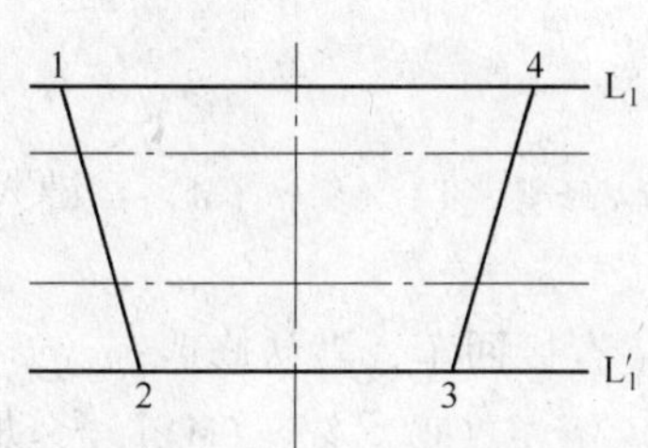

图 11－24　将两条平行线改为点画线

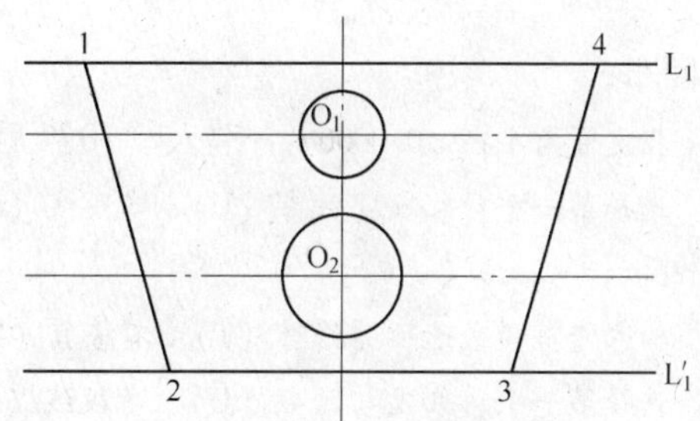

图 11－25　绘制两个圆

（2）单击绘图区底部状态栏中的按钮，打开“正交”功能。

（3）单击“绘图”面板中的按钮，启动绘制直线命令，绘制两条与圆 O_2 相切的直线。启动该命令后，命令行提示及操作步骤如下：

_ line 指定第一点：将十字光标移到点 5 上，当出现“×”时单击鼠标左键；

指定下一点或［放弃（U）］：移动光标到适当长度后单击左键，右键确认结束命令，完成一条直线。

（4）同样的方法，过图中的点 6 再画一条直线，两条直线与直线 23 分别交于 7、8 两点，如图 11－26 所示。

H　修剪多余线段

（1）单击“修改”面板中的按钮，启动“修剪”命令。

（2）启动该命令后，命令行提示及操作步骤如下：

选择剪切边…

选择对象或 <全部选择>：回车，默认全部选择。（这样省去了选择裁剪边界后再裁剪的步骤，可使作图简便）

选择对象或 <全部选择>：

选择要修剪的对象，或按住 Shift 键选择要延伸的对象，或［栏选（F）/窗交（C）/投影（P）/边（E）/删除（R）/放弃（U）］：移动拾取框，在要剪掉的半圆弧及槽中间的线段上单击左键，则这些线段被裁剪掉。右键确认后结束该命令。裁剪后的图形如图 11－27 所示。

I　绘制圆角

（1）单击“修改”面板中的按钮，启动“圆角”命令。启动该命令后，命令行提示及操作步骤如下：

选择第一个对象或［放弃（U）/多段线（P）/半径（R）/修剪（T）/多个（M）］：键入字母 R

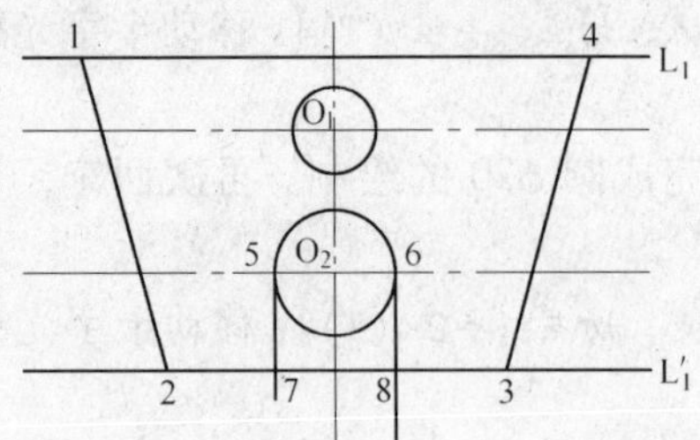

图 11 - 26　绘制两条相切的直线

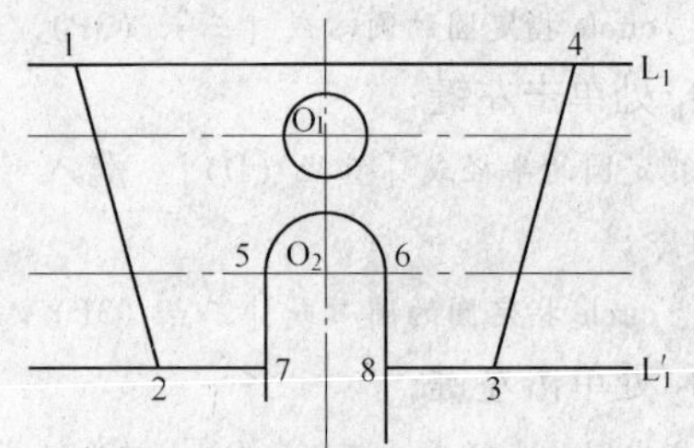

图 11 - 27　裁剪多余图线

后回车；

指定圆角半径<0.0000>：键入“10”后回车；

选择第一个对象或［放弃（U）/多段线（P）/半径（R）/修剪（T）/多个（M）］：键入字母 T 后回车；

输入修剪模式选项［修剪（T）/不修剪（N）］<修剪>：直接回车，默认修剪；

选择第一个对象或［放弃（U）/多段线（P）/半径（R）/修剪（T）/多个（M）］：移动拾取框在直线 12 上单击左键；

选择第二个对象，或按住 Shift 键选择要应用角点的对象：移动拾取框到直线 27 上单击左键，便完成了圆角 *R*10 的绘制，且多余的线段已被剪切掉，如图 11 - 28 所示。

（2）用同样的方法绘制另一个 *R*10 圆角、两个 *R*6 圆角和两个 *R*5 圆角，绘制后的图形如图 11 - 29 所示。

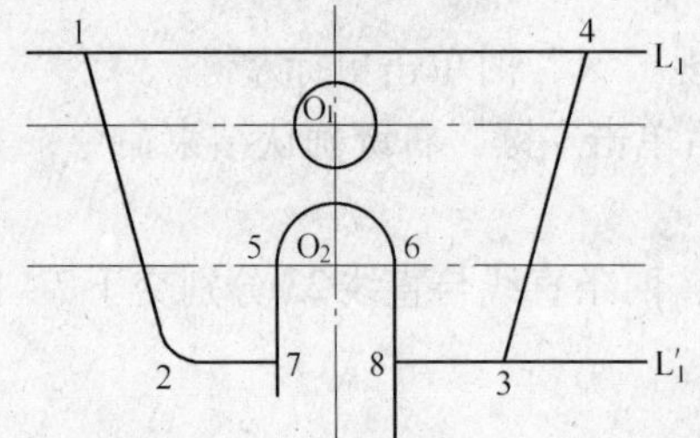

图 11 - 28　绘制圆角 *R*10

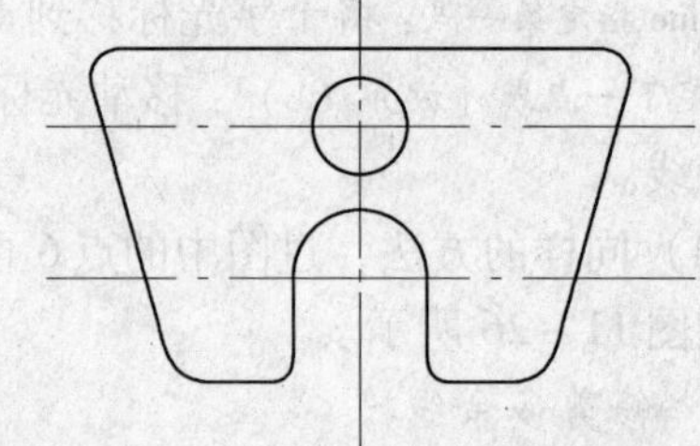

图 11 - 29　绘制所有的圆角

J　整理

从图 11 - 30 中可以看出，作为对称中心线的点画线过长，需要整理。

（1）在结束了上一个命令，命令行没有任何命令的情况下，移动光标到任意一条点画线上单击左键，此点画线上即出现三个蓝色“小方框”（称作“夹持点”），如图 11 - 30 所示。

（2）移动光标到点画线左边的“夹持点”上，按住鼠标左键，可任意拉长或缩短该直线。本例中缩短直线到适当长度（超出轮廓线 3 ~ 5mm）后松开左键即可；同样移动光标到点画线右边的“夹持点”上，按住鼠标左键，将其缩短到适当长度（注意此步操作应打开“正交”功能，关闭“对象捕捉”功能）。

（3）同样的方法，将另外两条点画线调整到适当长度。调整后的图形如图 11 - 31 所示。

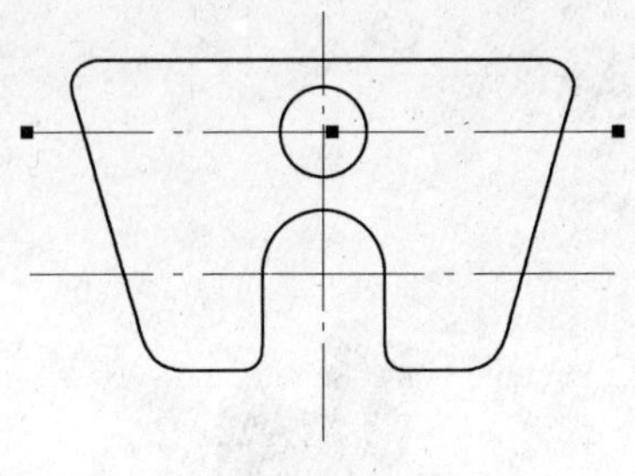

图 11-30　“夹持点”

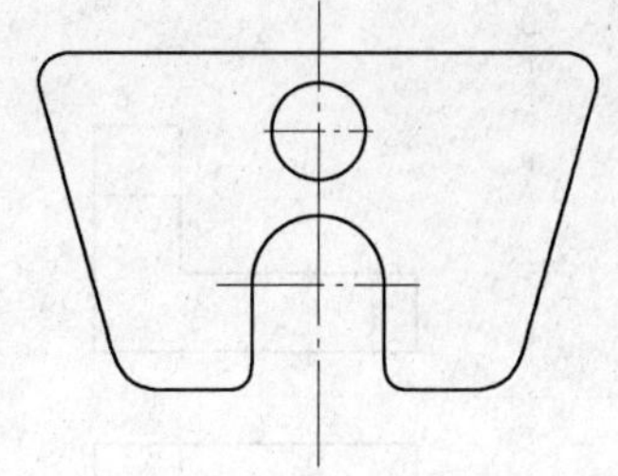

图 11-31　整理后的图形

K　保存

（1）单击取消“快速访问”工具栏中的按钮，启动“保存”命令。

（2）启动该命令后，弹出如图 11-32 所示的“图形另存为”对话框。

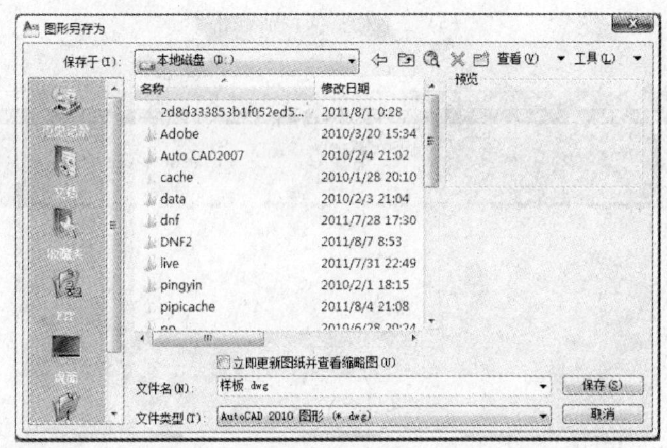

图 11-32　“图形另存为”对话框

（3）设置好存盘路径后，在“文件名”文本框中键入“样板.dwg”后单击 保存(S) 按钮，保存图形。

11.2.2　绘制立体图形

下面以绘制如图 11-33 所示的组合体为例，讲解绘制三维实体的具体操作步骤。

（1）单击用户界面右下角的切换工作空间按钮 二维草图与注释，切换到“三维建模”模式下的工作空间，如图 11-34 所示。

（2）利用“常用”选项卡下“绘图”及“修改”面板中相应的工具按钮，绘制组合体俯视图中的长方形及圆，如图 11-35 所示。

（3）单击“常用”选项卡下“修改”面板中的按钮，启动“编辑多段线”命令，将俯视图中的长方形编辑成多段线。启动该命令后，命令行提示及操作步骤如下：

-pedit 选择多段线或［多条（M）］：移动拾取框，在长方形的任意一条边上单击左键；

选择的对象不是多段线

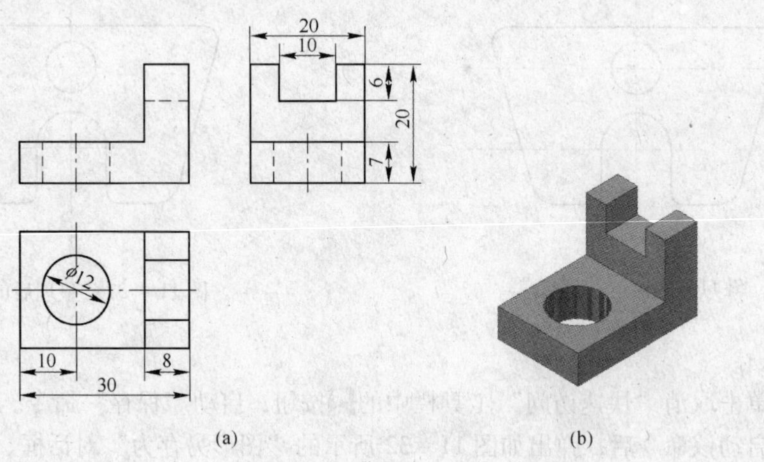

图 11－33　组合体
（a）三视图；（b）轴测图

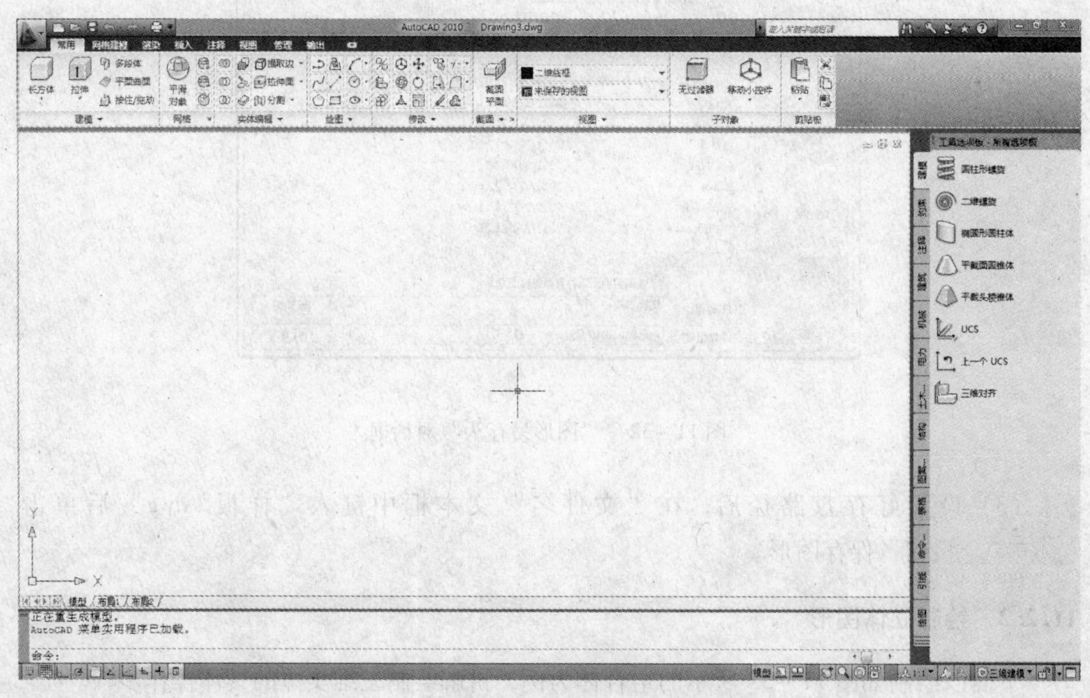

图 11－34　“三维建模”模式下的用户界面

是否将其转化为多段线？<Y> 直接回车，默认“是”；

输入选项［闭合（C）/合并（J）/宽度（W）/编辑顶点（E）/拟合（F）/样条曲线（S）/非曲线化（D）/线性生成（L）/反转（R）/放弃（U）］：键入“J”回车；

选择对象：移动拾取框，依次选中长方形剩余的三条边；

多段线已增加 3 条线段

输入选项［闭合（C）/合并（J）/宽度（W）/编辑顶点（E）/拟合

图 11－35　绘制俯视图中的长方形及圆

(F)/样条曲线(S)/非曲线化(D)/线性生成(L)/反转(R)/放弃(U)]：回车结束命令。此时长方形的四段线已变成一条多段线。

(4) 单击“常用”选项卡下“建模”面板中的按钮，启动“拉伸”命令。将长方形和圆拉伸成长方体和圆柱。启动该命令后，命令行提示及操作步骤如下：

命令：-exturde

当前线框密度：ISOLINES=2000

选择要拉伸的对象：移动拾取框，分别在长方形和圆上单击左键；

选择要拉伸的对象：找到1个，总计2个；

选择要拉伸的对象：右键确认；

指定拉伸的高度或[方向(D)/路径(P)/倾斜角(T)]：键入“7”后回车。

(5) 单击“常用”选项卡下“视图”面板中的二维线框按钮，在弹出的下拉框中单击按钮(此时图中显示的长方体和圆柱仍是平面形式，但实际已变成了实体)。

(6) 单击“视图”选项卡下“视图”面板中的按钮，在弹出的下拉框中选中西南等轴测按钮。此时的界面如图11-36所示。

(7) 单击“常用”选项卡下“实体编辑”面板中的按钮，启动“差集”命令。利用布尔运算法则，挖去长方形底板上的孔。启动该命令后，命令行提示及操作步骤如下：

命令：-subtract 选择要从中减去的实体、曲面和面域…

选择对象：移动拾取框，选中长方体后右键确认；

选择对象：找到1个

选择对象：

选择要减去的实体、曲面和面域…

选择对象：移动拾取框，选中圆柱后右键确认；

选择对象：找到1个

选择对象：回车后结束该命令。此时的底板上已出现圆孔，如图11-37所示。

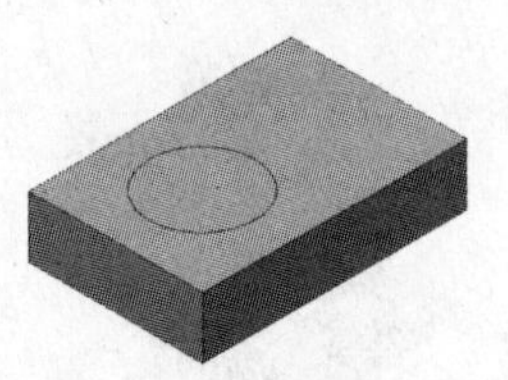

图11-36　选择“西南等轴测”后的长方体及圆柱

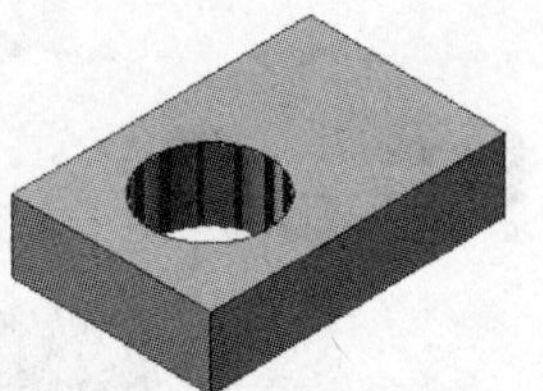

图11-37　长方形底板

(8) 单击“常用”选项卡下“建模”面板中的长方体按钮，启动绘制长方体的命令，再绘制两个长方体。启动该命令后，命令行提示及操作步骤如下：

命令：-box

指定第一个角点或[中心(C)]：在长方形底板旁边任意位置单击左键，确定一个点；

指定其他角点或[立方体(C)/长度(L)]：键入“L”后回车；

指定长度：键入“8”后回车；

指定宽度：键入“20”后回车；

指定高度或 [两点 (2P)] <8.0000>：键入"13"后回车；绘制出一个长 8、宽 20、高 13 的长方体Ⅰ。

(9) 同样的方法再绘制一个长 8、宽 10、高 6 的长方体Ⅱ，如图 11－38 所示。

(10) 单击"常用"选项卡下"修改"面板中的按钮，启动"移动"命令，将长方体Ⅱ移到长方体Ⅰ的中上部。启动该命令后，命令行提示及操作步骤如下：

命令：－move

选择对象：移动拾取框选中长方体Ⅱ后回车；

选择对象：找到 1 个

指定基点或 [位移 (D)] <位移>：(打开对象捕捉功能) 移动拾取框到长方体Ⅱ的 *AB* 边上，当出现"中点"捕捉的"三角"时单击左键；

指定基点或 [位移 (D)] <位移>：指定第二个点或 <使用第一个点作为位移>：移动拾取框到长方体Ⅰ的 *CD* 边上，当出现"中点"捕捉的"三角"时单击左键；此时长方体Ⅱ被移到了长方体Ⅰ的中上部，如图 11－39 所示。

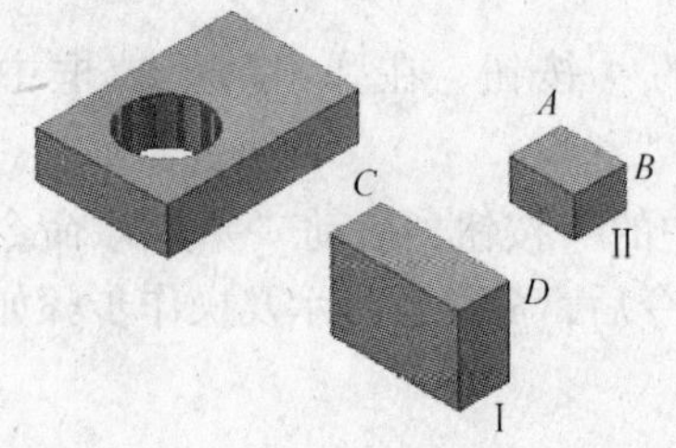

图 11－38　绘制出的另外两个长方体

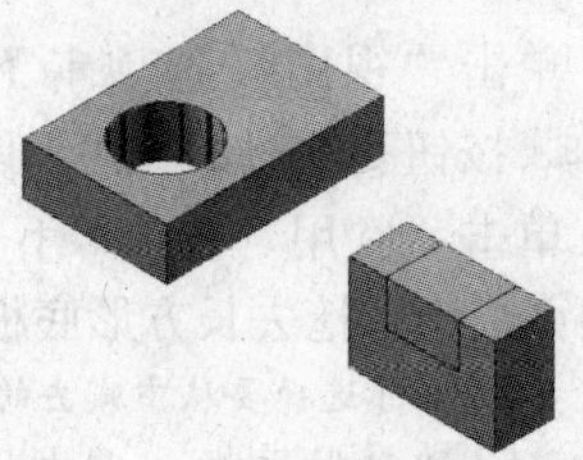

图 11－39　移动后的两个长方体

(11) 单击"常用"选项卡下"实体编辑"面板中的按钮，启动"差集"命令。利用布尔运算法则，挖去长方体Ⅰ上的长方形槽，如图 11－40 所示。

(12) 单击"常用"选项卡下"修改"面板中的按钮，启动"移动"命令。用同样的方法将挖槽后的长方体Ⅰ移到长方形底板的相应位置上，如图 11－41 所示。

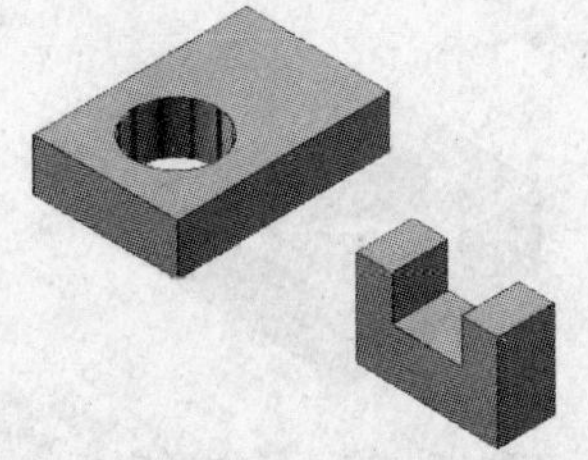

图 11－40　挖槽后的长方体Ⅰ

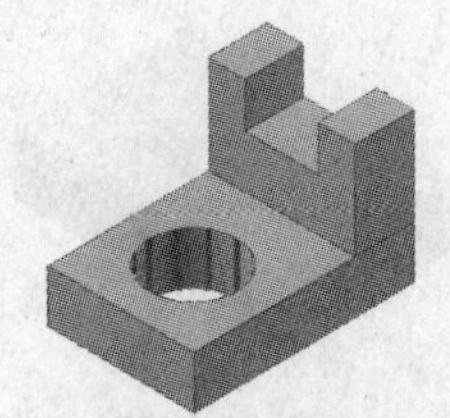

图 11－41　将挖槽后的长方体Ⅰ移到长方形底板的相应位置上

(13) 单击"常用"选项卡下"实体编辑"面板中的按钮，启动"并集"命令。利用布尔运算法则，将长方形底板和挖槽后的长方体Ⅰ合并为组合体。启动该命令后命令行提示及操作步骤如下：

命令：－union

选择对象：移动拾取框分别选中长方形底板和挖槽后的长方体Ⅰ，右键确认后结束该命令。此时的长方形底板和挖槽后的长方体Ⅰ合并为一个组合体，如图 11－33 (b) 所示。

附　　录

附录1　螺　　纹

附表1　普通螺纹的直径与螺距（摘自 GB/T 193—2003、GB/T 196—2003）　　mm

D—内螺纹大径；d—外螺纹大径；D_2—内螺纹中径；d_2—外螺纹中径；D_1—内螺纹小径；d_1—外螺纹小径；P—螺距；H—原始三角形高度

标注示例：

公称直径为24mm的粗牙普通螺纹，标记为：M24

公称直径为24mm，螺距为1.5mm的细牙普通螺纹，标记为：M24×1.5

公称直径为24mm，螺距为1.5mm，旋向为左旋的细牙普通螺纹，标记为：M24×1.5—LH

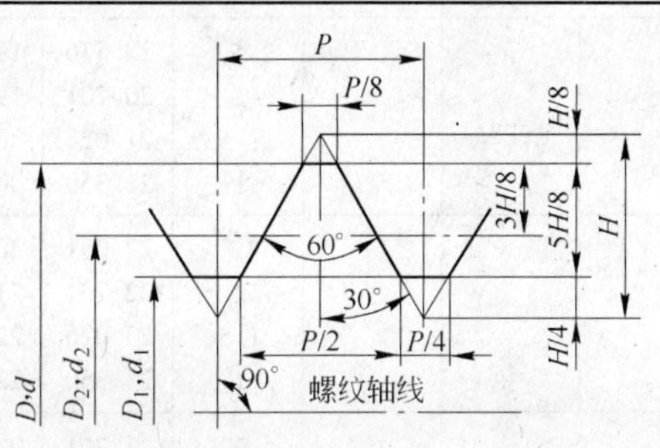

公称直径 D、d			螺距	中径	小径
第一系列	第二系列	第三系列	P	D_2 或 d_2	D_1 或 d_1
1			0.25①	0.838	0.729
			0.2	0.870	0.783
	1.1		0.25①	0.938	0.829
			0.2	0.970	0.883
1.2			0.25①	1.038	0.929
			0.2	1.070	0.983
	1.4		0.3①	1.205	1.075
			0.2	1.270	1.183
1.6			0.35①	1.373	1.221
			0.2	1.470	1.383
	1.8		0.35①	1.573	1.421
			0.2	1.670	1.583
2			0.4①	1.740	1.567
			0.25	1.838	1.729
	2.2		0.45①	1.908	1.713
			0.25	2.038	1.929
2.5			0.45①	2.208	2.013
			0.35	2.273	2.121
3			0.5①	2.675	2.459
			0.35	2.773	2.621
	3.5		0.6①	3.110	2.850
			0.35	3.273	3.121
4			0.7①	3.545	3.242
			0.5	3.675	3.459
	4.5		0.75①	4.013	3.688
			0.5	4.175	3.959
5			0.8①	4.480	4.134
			0.5	4.675	4.459
		5.5	0.5	5.175	4.959
6			1①	5.350	4.917
			0.75	5.513	5.188

公称直径 D、d			螺距	中径	小径
第一系列	第二系列	第三系列	P	D_2 或 d_2	D_1 或 d_1
		7	1①	6.350	5.917
			0.75	6.513	6.188
8			1.25①	7.188	6.647
			1	7.350	6.917
			0.75	7.513	7.188
		9	1.25①	8.188	7.647
			1	8.350	7.917
			0.75	8.513	8.188
10			1.5①	9.026	8.376
			1.25	9.188	8.647
			1	9.350	8.917
			0.75	9.513	9.188
		11	1.5①	10.026	9.376
			1	10.350	9.917
			0.75	10.513	10.188
12			1.75①	10.863	10.106
			1.5	11.026	10.376
			1.25	11.188	10.647
			1	11.350	10.917
	14		2①	12.701	11.835
			1.5	13.026	12.376
			1.25	13.188	12.647
			1	13.350	12.917
		15	1.5	14.026	13.376
			1	14.350	13.917
16			2①	14.701	13.835
			1.5	15.026	14.376
			1	15.350	14.917
		17	1.5	16.026	15.376
			1	16.350	15.917

续附表 1

公称直径 D、d			螺距	中径	小径
第一系列	第二系列	第三系列	P	D_2 或 d_2	D_1 或 d_1
	18		2.5①	16.376	15.294
			2	16.701	15.835
			1.5	17.026	16.376
			1	17.350	16.917
20			2.5①	18.376	17.294
			2	18.701	17.835
			1.5	19.026	18.376
			1	19.350	18.917
	22		2.5①	20.376	19.294
			2	20.701	19.835
			1.5	21.026	20.376
			1	21.350	20.917
24			3①	22.051	20.752
			2	22.701	21.835
			1.5	23.026	22.376
			1	23.350	22.917
		25	2	23.701	22.835
			1.5	24.026	23.376
			1	24.350	23.917
		26	1.5	25.026	24.376
	27		3①	25.051	23.752
			2	25.701	24.835
			1.5	26.026	25.376
			1	26.350	25.917
		28	2	26.701	25.835
			1.5	27.026	26.376
			1	27.350	26.917
30			3.5①	27.727	26.211
			3	28.051	26.752
			2	28.701	27.835
			1.5	29.026	28.376
			1	29.350	28.917
		32	2	30.701	29.835
			1.5	31.026	30.376
	33		3.5①	30.727	29.211
			3	31.051	29.752
			2	31.701	30.835
			1.5	32.026	31.376
		35	1.5	34.026	33.376
36			4①	33.402	31.670
			3	34.051	32.752
			2	34.701	33.835
			1.5	35.026	34.376
		38	1.5	37.026	36.376
	39		4①	36.402	34.670
			3	37.051	35.752
			2	37.701	36.835
			1.5	38.026	37.376
		40	3	38.051	36.752
			2	38.701	37.835
			1.5	39.026	38.376
42			4.5①	39.077	37.129
			4	39.402	37.670
			3	40.051	38.752
			2	40.701	39.835
			1.5	41.026	40.376
	45		4.5①	42.077	40.129
			4	42.402	40.670
			3	43.051	41.752
			2	43.701	42.835
			1.5	44.026	43.376
48			5①	44.752	42.587
			4	45.402	43.670
			3	46.051	44.752
			2	46.701	45.835
			1.5	47.026	46.376
		50	3	48.051	46.752
			2	48.701	47.835
			1.5	49.026	48.376
	52		5①	48.752	46.587
			4	49.402	47.670
			3	50.051	48.752
			2	50.701	49.835
			1.5	51.026	50.376
		55	4	52.402	50.670
			3	53.051	51.752
			2	53.701	52.835
			1.5	54.026	53.376
56			5.5①	52.428	50.046
			4	53.402	51.670
			3	54.051	52.752
			2	54.701	53.835
			1.5	55.026	54.376
		58	4	55.402	53.670
			3	56.051	54.752
			2	56.701	55.835
			1.5	57.026	56.376

续附表1

公称直径 D、d			螺距	中径	小径
第一系列	第二系列	第三系列	P	D_2 或 d_2	D_1 或 d_1
	60		5.5①	56.428	54.046
			4	57.402	55.670
			3	58.051	56.752
			2	58.701	57.835
			1.5	59.026	58.376
		62	4	59.402	57.670
			3	60.051	58.752
			2	60.701	59.835
			1.5	61.026	60.376
64			6①	60.103	57.505
			4	61.402	59.670
			3	62.051	60.752
			2	62.701	61.835
			1.5	63.026	62.376
		65	4	62.402	60.670
			3	63.051	61.752
			2	63.701	62.835
			1.5	64.026	63.376
	68		6①	64.103	61.505
			4	65.402	63.670
			3	66.051	64.752
			2	66.701	65.835
			1.5	67.026	66.376
		70	6	66.103	63.505
			4	67.402	65.670
			3	68.051	66.752
			2	68.701	67.835
			1.5	69.026	68.376
72			6	68.103	65.505
			4	69.402	67.670
			3	70.051	68.752
			2	70.701	69.835
			1.5	71.026	70.376
		75	4	72.402	70.670
			3	73.051	71.752
			2	73.701	72.835
			1.5	74.026	73.376
	76		6	72.103	69.505
			4	73.402	71.670
			3	74.051	72.752
			2	74.701	73.835
			1.5	75.026	74.376
		78	2	76.701	75.835
80			6	76.103	73.505
			4	77.402	75.670
			3	78.051	76.752
			2	78.701	77.835
			1.5	79.026	78.376
		82	2	80.701	79.835
	85		6	81.103	78.505
			4	82.402	80.670
			3	83.051	81.752
			2	83.701	82.835
90			6	86.103	83.505
			4	87.402	85.670
			3	88.051	86.752
			2	88.701	87.835
	95		6	91.103	88.505
			4	92.402	90.670
			3	93.051	91.752
			2	93.701	92.835
100			6	96.103	93.505
			4	97.402	95.670
			3	98.051	96.752
			2	98.701	97.835
	105		6	101.103	98.505
			4	102.402	100.670
			3	103.051	101.752
			2	103.701	102.835
110			6	106.103	103.505
			4	107.402	105.670
			3	108.051	106.752
			2	108.701	107.835

注：1. 直径优先选用第一系列，其次第二系列，第三系列尽可能不用。

2. M14×1.25 仅用于火花塞，M35×1.5 仅用于滚动轴承锁紧螺母。

① 为粗牙螺距，其余为细牙螺距。

附表 2　梯形螺纹（摘自 GB/T 5796—2005）　　mm

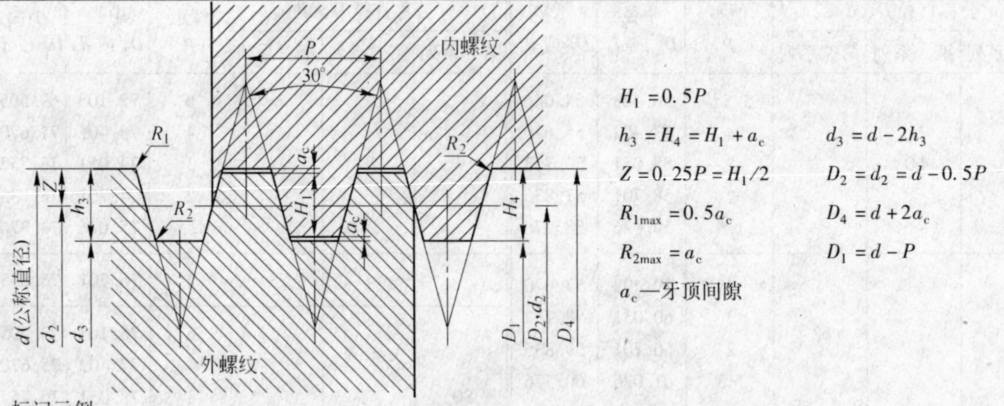

$H_1=0.5P$

$h_3=H_4=H_1+a_c$　　$d_3=d-2h_3$

$Z=0.25P=H_1/2$　　$D_2=d_2=d-0.5P$

$R_{1max}=0.5a_c$　　$D_4=d+2a_c$

$R_{2max}=a_c$　　$D_1=d-P$

a_c—牙顶间隙

标记示例：

公称直径 30mm，导程 14mm，螺距 7mm，左旋的双线梯形螺纹，标记为：Tr30×14(P7)LH

公称直径 30mm，螺距 7mm 的单线梯形螺纹，标记为：Tr30×7

公称直径			螺距 P	公称直径			螺距 P
第一系列	第二系列	第三系列		第一系列	第二系列	第三系列	
8			1.5	120	130	115，125	6，14，22
10	9		1.5，2	140		135，145	6，14，24
12	11，14		2，3		150	155	6，16，24
16，20	18		2，4	160	170	165	6，16，28
24，28	22，26		3，5，8			175	8，16，28
32，36	30，34		3，6，10	180			8，18，28
40	38，42		3，7，10	200	190	185，195	8，18，32
44			3，7，12	220	210，230		8，20，36
48，52	46，50		3，8，12	240			8，22，36
60	55		3，9，14	260	250		12，22，40
70，80	65，75		4，10，16	280	270		12，24，40
90	85，95		4，12，18	300	290		12，24，44
100	110	105	4，12，20	—	—	—	—

附表 3　锯齿形（3°、30°）螺纹（摘自 GB/T 13576—1992）　　mm

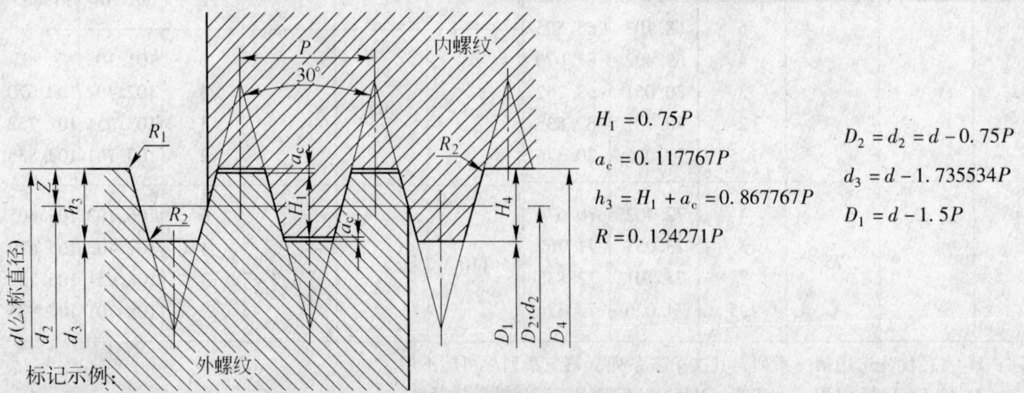

$H_1=0.75P$

$a_c=0.117767P$

$h_3=H_1+a_c=0.867767P$

$R=0.124271P$

$D_2=d_2=d-0.75P$

$d_3=d-1.735534P$

$D_1=d-1.5P$

标记示例：

大径 32mm，螺距 6mm，右旋，中径公差带 7A，中等旋合长度的单线锯齿形螺纹，标记为：B32×6－7A

大径 30mm，导程 14mm，螺距 7mm，中径公差带 7A，中等旋合长度的双线锯齿形螺纹，标记为：B30×14（P7）－7A

续附表3

公称直径 d		螺距 P	公称直径 d		螺距 P	公称直径 d		螺距 P
第一系列	第二系列		第一系列	第二系列		第一系列	第二系列	
10		2	60	55	14，9，3	200	190	32，18，8
12	14	3，2	70，80	65，75	16，10，4	220	210，230	36，20，8
16，20	18	4，2	90	85，95	18，12，4	240		36，22，8
24，28	22，26	8，5，3	100	110	20，12，4	260	250	40，22，12
32，36	30，34	10，6，3	120	130	22，14，6	280	270	40，24，12
40	38，42	10，7，3	140		24，14，6	300	290	44，24，12
44		12，7，3	160	170	28，16，6	340	320	44，12
48，52	46，50	12，8，3	180		28，18，8	380	360，400	12

附表4 55°非密封管螺纹（摘自 GB/T 7307—2001）

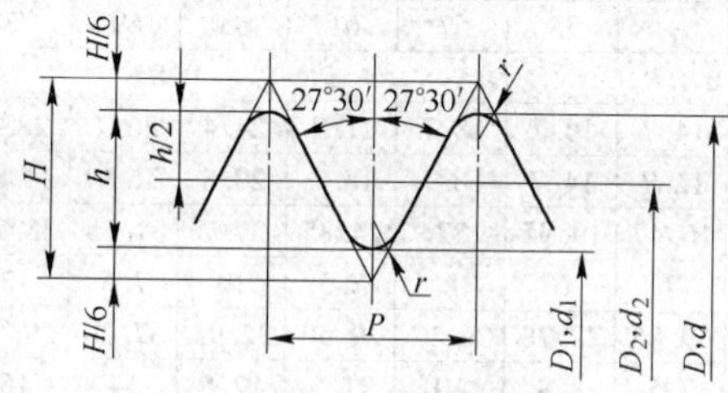

标记示例：

内螺纹： G1½

A 级外螺纹： G1½A

B 级外螺纹： G1½B

左旋内螺纹： G1½—LH

左旋 A 级外螺纹： G1½—LH

尺寸代号	每25.4mm内的牙数 n	螺距 P/mm	牙高 h/mm	圆弧半径 r/mm(≈)	基本直径/mm		
					大径 $d=D$	中径 $d_2=D_2$	小径 $d_1=D_1$
1/16	28	0.907	0.581	0.125	7.723	7.142	6.561
1/8	28	0.907	0.581	0.125	9.728	9.147	8.566
1/4	19	1.337	0.856	0.184	13.157	12.301	11.445
3/8	19	1.337	0.856	0.184	16.662	15.806	14.950
1/2	14	1.814	1.162	0.249	20.955	19.793	18.631
5/8	14	1.814	1.162	0.249	22.911	21.749	20.587
3/4	14	1.814	1.162	0.249	26.441	25.279	24.117
7/8	14	1.814	1.162	0.249	30.201	29.039	27.877
1	11	2.309	1.479	0.317	33.249	31.770	30.291
1⅛	11	2.309	1.479	0.317	37.897	36.418	34.939
1¼	11	2.309	1.479	0.317	41.910	40.431	38.952
1½	11	2.309	1.479	0.317	47.803	46.324	44.845
1¾	11	2.309	1.479	0.317	53.746	52.267	50.788
2	11	2.309	1.479	0.317	59.614	58.135	56.656
2¼	11	2.309	1.479	0.317	65.710	64.231	62.752
2½	11	2.309	1.479	0.317	75.184	73.705	72.226
2¾	11	2.309	1.479	0.317	81.534	80.055	78.576
3	11	2.309	1.479	0.317	87.884	86.405	84.926
3½	11	2.309	1.479	0.317	100.330	98.851	97.372
4	11	2.309	1.479	0.317	113.030	111.551	110.072
4½	11	2.309	1.479	0.317	125.730	124.251	122.772
5	11	2.309	1.479	0.317	138.430	136.951	135.472
5½	11	2.309	1.479	0.317	151.130	149.651	148.172
6	11	2.309	1.479	0.317	163.830	162.351	160.872

附录 2 螺纹紧固件

附表 5 六角头螺栓 mm

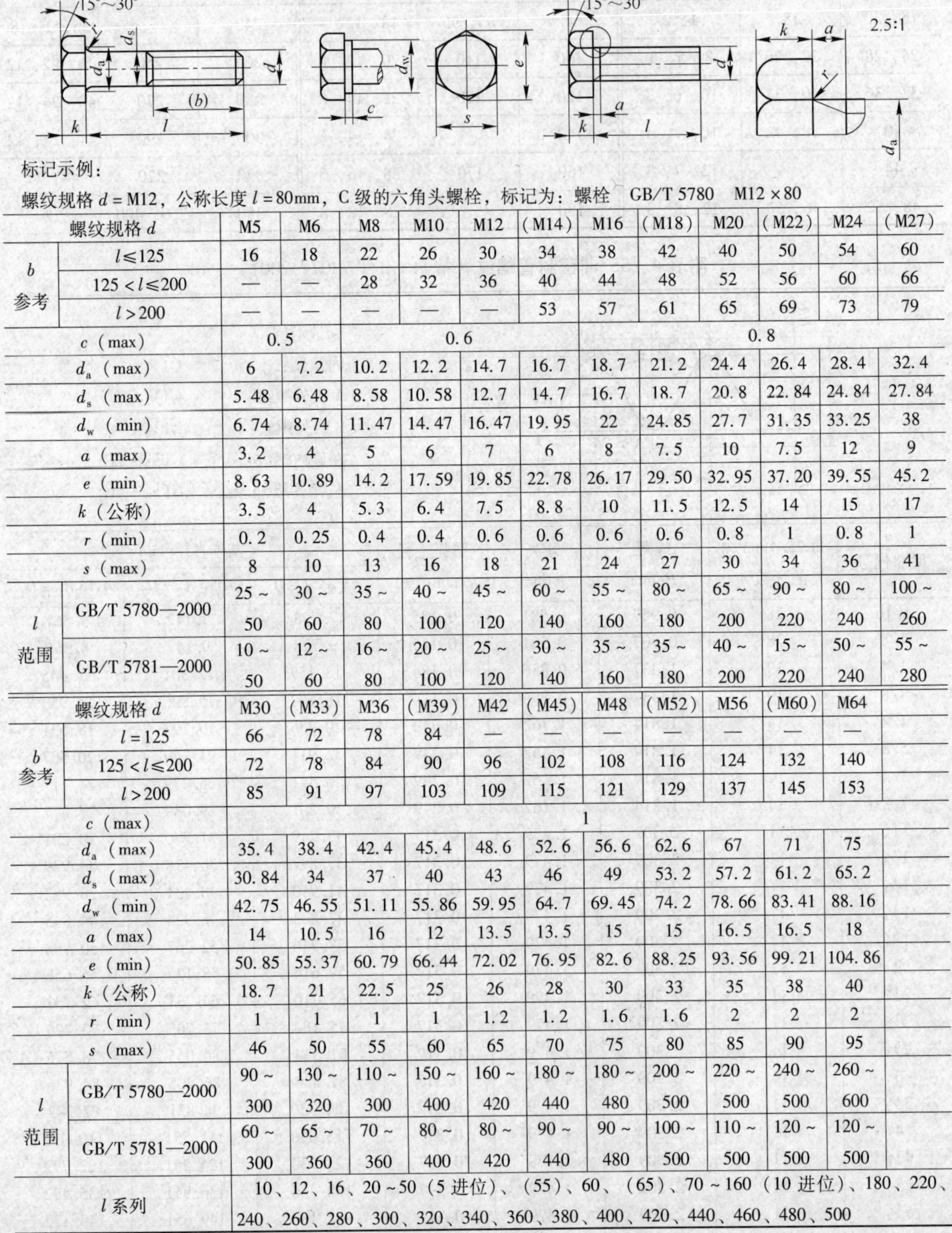

标记示例：

螺纹规格 d = M12，公称长度 l = 80mm，C 级的六角头螺栓，标记为：螺栓 GB/T 5780 M12 × 80

螺纹规格 d		M5	M6	M8	M10	M12	(M14)	M16	(M18)	M20	(M22)	M24	(M27)
b 参考	l≤125	16	18	22	26	30	34	38	42	40	50	54	60
	125 < l≤200	—	—	28	32	36	40	44	48	52	56	60	66
	l > 200	—	—	—	—	—	53	57	61	65	69	73	79
c (max)		0.5		0.6				0.8					
d_a (max)		6	7.2	10.2	12.2	14.7	16.7	18.7	21.2	24.4	26.4	28.4	32.4
d_s (max)		5.48	6.48	8.58	10.58	12.7	14.7	16.7	18.7	20.8	22.84	24.84	27.84
d_w (min)		6.74	8.74	11.47	14.47	16.47	19.95	22	24.85	27.7	31.35	33.25	38
a (max)		3.2	4	5	6	7	6	8	7.5	10	7.5	12	9
e (min)		8.63	10.89	14.2	17.59	19.85	22.78	26.17	29.50	32.95	37.20	39.55	45.2
k (公称)		3.5	4	5.3	6.4	7.5	8.8	10	11.5	12.5	14	15	17
r (min)		0.2	0.25	0.4	0.4	0.6	0.6	0.6	0.6	0.8	1	0.8	1
s (max)		8	10	13	16	18	21	24	27	30	34	36	41
l 范围	GB/T 5780—2000	25～50	30～60	35～80	40～100	45～120	60～140	55～160	80～180	65～200	90～220	80～240	100～260
	GB/T 5781—2000	10～50	12～60	16～80	20～100	25～120	30～140	35～160	35～180	40～200	15～220	50～240	55～280
螺纹规格 d		M30	(M33)	M36	(M39)	M42	(M45)	M48	(M52)	M56	(M60)	M64	
b 参考	l = 125	66	72	78	84	—	—	—	—	—	—	—	
	125 < l≤200	72	78	84	90	96	102	108	116	124	132	140	
	l > 200	85	91	97	103	109	115	121	129	137	145	153	
c (max)		1											
d_a (max)		35.4	38.4	42.4	45.4	48.6	52.6	56.6	62.6	67	71	75	
d_s (max)		30.84	34	37	40	43	46	49	53.2	57.2	61.2	65.2	
d_w (min)		42.75	46.55	51.11	55.86	59.95	64.7	69.45	74.2	78.66	83.41	88.16	
a (max)		14	10.5	16	12	13.5	13.5	15	15	16.5	16.5	18	
e (min)		50.85	55.37	60.79	66.44	72.02	76.95	82.6	88.25	93.56	99.21	104.86	
k (公称)		18.7	21	22.5	25	26	28	30	33	35	38	40	
r (min)		1	1	1	1	1.2	1.2	1.6	1.6	2	2	2	
s (max)		46	50	55	60	65	70	75	80	85	90	95	
l 范围	GB/T 5780—2000	90～300	130～320	110～300	150～400	160～420	180～440	180～480	200～500	220～500	240～500	260～600	
	GB/T 5781—2000	60～300	65～360	70～360	80～400	80～420	90～440	90～480	100～500	110～500	120～500	120～500	
l 系列		10、12、16、20～50（5 进位）、（55）、60、（65）、70～160（10 进位）、180、220、240、260、280、300、320、340、360、380、400、420、440、460、480、500											

注：尽可能不采用括号内的规格，C 级为产品等级。

附表6　双头螺柱　mm

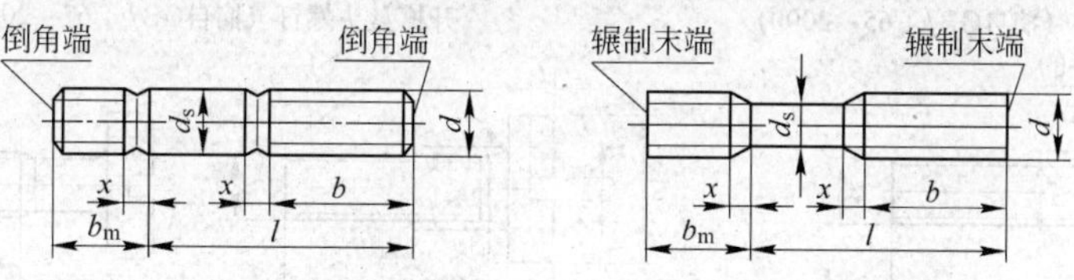

$b_m=1d$（GB/T 897—1988），$b_m=1.25d$（GB/T 898—1988）

$b_m=1.5d$（GB/T 899—1988），$b_m=2d$（GB/T 900—1988）

标记示例：

两端均为粗牙普通螺纹，$d=10$mm，$l=50$mm，性能等级为4.8级，不经热处理及表面处理，B型，$b_m=1d$ 的双头螺柱，标记为：螺柱　GB/T 897　M10×50

旋入机体一端为粗牙普通螺纹，旋螺母一端为螺距 $P=1$mm 的细牙螺纹，$d=10$mm，$l=50$mm，性能等级为4.8级，不经表面处理，A型，$b_m=1d$ 的双头螺柱，标记为：螺柱　GB/T 897　AM10—M10×1×50

两端均为粗牙普通螺纹，$d=10$mm，$l=50$mm，性能等级为4.8级，不经表面处理，B型，$b_m=1.25d$ 的双头螺柱，标记为：螺柱　GB/T 898　M10×50

螺纹规格 d		M5	M6	M8	M10	M12	M16	M20	M24	M30	M36	M42
b_m	GB/T 897	5	6	8	10	12	16	20	24	30	36	42
	GB/T 898	6	8	10	12	15	20	25	30	38	45	52
	GB/T 899	8	10	12	15	18	24	30	36	45	54	65
	GB/T 900	10	12	16	20	24	32	40	48	60	72	84
d_s		5	6	8	10	12	16	20	24	30	36	42
x		1.5P	1.5P	1.5P	1.5P	1.5P	1.5P	1.5P	1.5P	1.5P	1.5P	1.5P
$\frac{l}{b}$		$\frac{12\sim22}{22}$	$\frac{20\sim22}{10}$	$\frac{20\sim22}{12}$	$\frac{25\sim28}{14}$	$\frac{25\sim30}{16}$	$\frac{30\sim38}{20}$	$\frac{35\sim40}{25}$	$\frac{45\sim50}{30}$	$\frac{60\sim65}{40}$	$\frac{65\sim75}{45}$	$\frac{65\sim80}{50}$
		$\frac{25\sim50}{16}$	$\frac{25\sim30}{14}$	$\frac{25\sim30}{16}$	$\frac{30\sim38}{16}$	$\frac{32\sim40}{20}$	$\frac{40\sim55}{30}$	$\frac{45\sim65}{35}$	$\frac{55\sim75}{45}$	$\frac{70\sim90}{50}$	$\frac{80\sim110}{60}$	$\frac{85\sim110}{70}$
			$\frac{32\sim75}{18}$	$\frac{32\sim90}{22}$	$\frac{40\sim120}{26}$	$\frac{45\sim120}{30}$	$\frac{60\sim120}{38}$	$\frac{70\sim120}{46}$	$\frac{80\sim120}{54}$	$\frac{95\sim120}{60}$	$\frac{120}{78}$	$\frac{120}{90}$
					$\frac{130}{32}$	$\frac{130\sim180}{36}$	$\frac{130\sim200}{44}$	$\frac{130\sim200}{52}$	$\frac{130\sim200}{60}$	$\frac{130\sim200}{72}$	$\frac{130\sim200}{84}$	$\frac{130\sim200}{90}$
										$\frac{210\sim250}{85}$	$\frac{210\sim300}{91}$	$\frac{210\sim300}{109}$
l 系列		16，（18），20，（22），25，（28），30，（32），35，（38），40，45，50，（55），60，（65），70，（75），80，（85），90，（95），100，110，120，130，140，150，160，170，180，190，200，210，220，230，240，250，260，280，300										

注：P 是粗牙螺纹的螺距。螺柱的长度 l 系列尽可能不采用括号内的规格。

附表 7　螺钉

mm

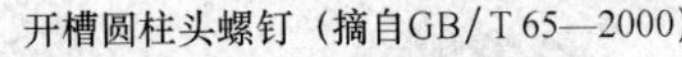

开槽圆柱头螺钉（摘自GB/T 65—2000）

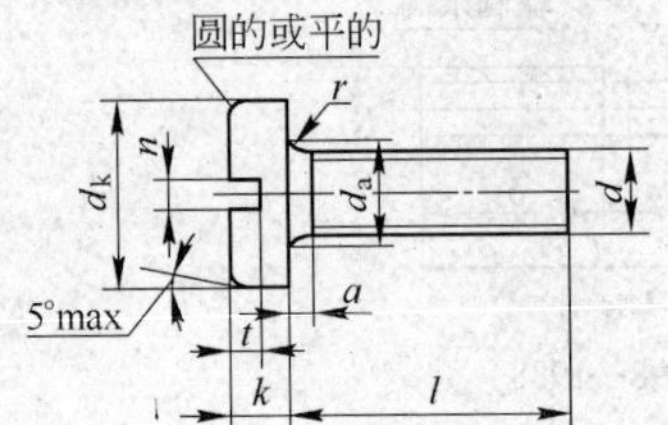

开槽盘头螺钉（摘自GB/T 67—2000）

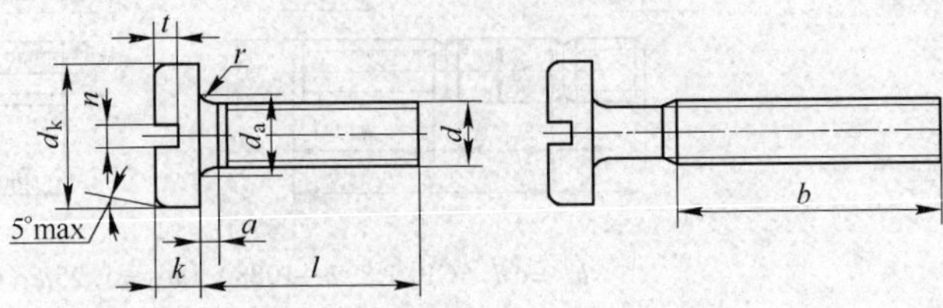

开槽沉头螺钉（摘自GB/T 68—2000）

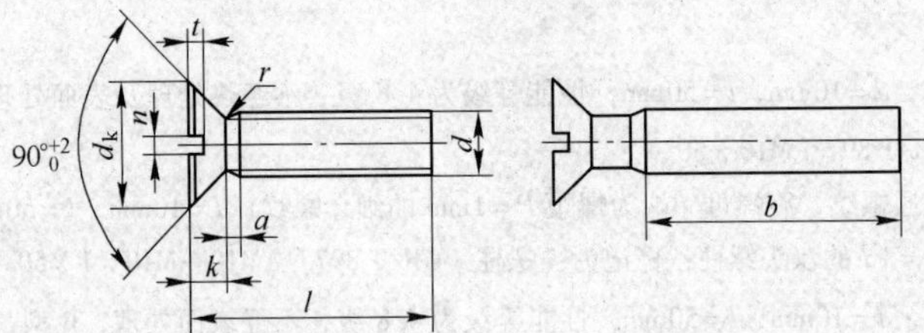

标记示例：

螺纹规格 d = M5、公称长度 l = 20mm、性能等级为 4.8 级、不经表面处理的开槽圆柱头螺钉，标记为：

螺钉　GB/T 65—2000　M5 × 20

螺纹规格 d		M1.6	M2	M2.5	M3	（M3.5）	M4	M5	M6	M8	M10
a_{max}		0.7	0.8	0.9	1	1.2	1.4	1.6	2	2.5	3
b_{min}		25					38				
n（公称）		0.4	0.5	0.6	0.8	1	1.2		1.6	2	2.5
GB/T 65	d_{kmax}	3	3.8	4.5	5.5	6	7	8.5	10	13	16
	k_{max}	1.1	1.4	1.8	2	2.4	2.6	3.3	3.9	5	6
	t_{min}	0.45	0.6	0.7	0.85	1	1.1	1.3	1.6	2	2.4
	d_{amax}	2	2.6	3.1	3.6	4.1	4.7	5.7	6.8	9.2	11.2
	r_{min}	0.1					0.2		0.25	0.4	
	公称长度 l	2 ~ 16	3 ~ 20	3 ~ 25	4 ~ 30	5 ~ 35	5 ~ 40	6 ~ 50	8 ~ 60	10 ~ 80	12 ~ 80
	全螺纹长度 l	2 ~ 30	3 ~ 30	3 ~ 30	4 ~ 30	5 ~ 40	5 ~ 40	6 ~ 40	8 ~ 40	10 ~ 40	12 ~ 40
GB/T 67	d_{kmax}	3.2	4	5	5.6	7	8	9.5	1.2	16	20
	k_{max}	1	1.3	1.5	1.8	2.1	2.4	3	3.6	4.8	6
	t_{min}	0.35	0.5	0.6	0.7	0.8	1	1.2	1.4	1.9	2.4
	d_{amax}	2	2.6	3.1	3.6	4.1	4.7	5.7	6.8	9.2	11.2
	r_{min}	0.1					0.2		0.25	0.4	
	公称长度 l	2 ~ 16	2.5 ~ 20	3 ~ 25	4 ~ 30	5 ~ 35	5 ~ 40	6 ~ 50	8 ~ 60	10 ~ 80	12 ~ 80
	全螺纹长度 l	2 ~ 30	25 ~ 30	3 ~ 30	4 ~ 30	5 ~ 40	5 ~ 40	6 ~ 40	8 ~ 40	10 ~ 40	12 ~ 40
GB/T 68	d_{kmax}	3	3.8	4.7	5.5	7.3	8.4	9.3	11.3	15.8	18.3
	k_{max}	1	1.2	1.5	1.65	2.35	2.7	2.7	3.3	4.65	5
	t_{min}	0.32	0.4	0.5	0.6	0.9	1	1.1	1.2	1.8	2
	r_{max}	0.4	0.5	0.6	0.8	0.9	1	1.3	1.5	2	2.5
	公称长度 l	2.5 ~ 16	3 ~ 20	4 ~ 25	5 ~ 30	6 ~ 35	6 ~ 40	8 ~ 50	8 ~ 60	10 ~ 80	12 ~ 80
	全螺纹长度 l	2.5 ~ 30	3 ~ 30	4 ~ 30	5 ~ 30	6 ~ 45	6 ~ 45	8 ~ 45	8 ~ 45	10 ~ 45	12 ~ 45
l 系列		2、2.5、3、4、5、6、8、10、12、（14）、16、20、25、30、35、40、45、50、（55）、60、（65）、70、（75）、80									

注：1. 括号内的规格尽可能不采用。

2. M1.6 ~ M3 的螺钉，公称长度在 30mm 以内的制出全螺纹；M4 ~ M10 的螺钉，公称长度在 40mm 以内的制出全螺纹。

附表 8 内六角圆柱头螺钉（摘自 GB/T 70.1—2000） mm

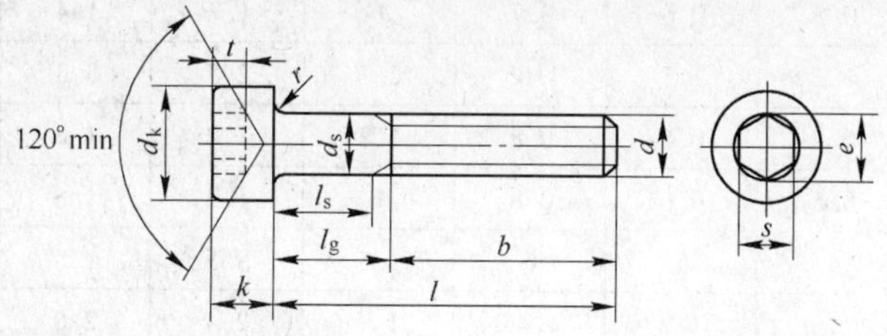

标记示例：

螺纹规格 d = M5，公称长度 l = 20mm，性能等级为 8.8 级，表面氧化的 A 级内六角圆柱头螺钉，标记为：

螺钉 GB/T 70.1 M5×20

螺纹规格 d	M3	M4	M5	M6	M8	M10	M12	M16	M20
螺距 P	0.5	0.7	0.8	1	1.25	1.5	1.75	2	2.5
b 参考	18	20	22	24	28	32	36	44	52
d_{kmax}	5.5	7	8.5	10	13	16	18	24	30
d_{smax}	3	4	5	6	8	10	12	16	20
e_{min}	2.87	3.44	4.58	5.72	6.86	9.15	11.43	16	19.44
k_{max}	3	4	5	6	8	10	12	16	20
r_{min}	0.1	0.2	0.2	0.25	0.4	0.4	0.6	0.6	0.8
s（公称）	2.5	3	4	5	6	8	10	14	17
t_{min}	1.3	2	2.5	3	4	5	6	8	10
l 范围	5~30	6~40	8~50	10~60	12~80	16~100	20~120	25~160	30~200
全螺纹长度	20	25	25	30	35	40	50	60	70
l 系列	5、6、8、10、12、16、20、25、30、35、40、45、50、55、60、65、70~160（10 进制）、180、200								

附表 9 开槽半沉头螺钉（摘自 GB/T 69—2000） mm

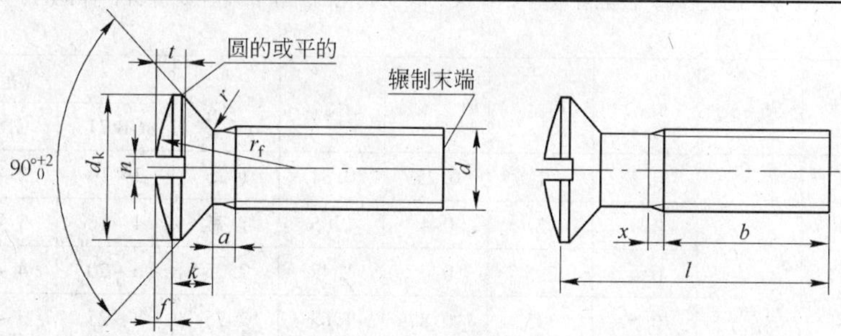

标记示例：

螺纹规格 d = M5，公称长度 l = 20mm，标记为：螺钉 GB/T 69 M5×20

螺纹规格 d	M1.6	M2	M2.5	M3	M4	M5	M6	M8	M10
螺距 P	0.35	0.4	0.45	0.5	0.7	0.8	1	1.25	1.5
a_{max}	0.7	0.8	0.9	1	1.4	1.6	2	2.5	3
b_{min}	25	25	25	25	38	38	38	38	38
d_{kmax}	3	3.8	4.7	5.5	8.4	9.3	11.3	15.8	18.3

续附表 9

f（≈）	0.4	0.5	0.6	0.7	1	1.2	1.4	2	2.3
k_{max}	1	1.2	1.5	1.65	2.7	2.7	3.3	4.65	5
n(公称)	0.4	0.5	0.6	0.8	1.2	1.2	1.6	2	2.5
r_{max}	0.4	0.5	0.6	0.8	1	1.3	1.5	2	2.5
r_f（≈）	3	4	5	6	9.5	9.5	12	16.5	19.5
t_{max}	0.8	1	1.2	1.45	1.9	2.4	2.8	3.7	4.4
x_{max}	0.9	1	1.1	1.25	1.75	2	2.5	3.2	3.8
公称长度 l	2.5 ~ 16	3 ~ 20	4 ~ 25	5 ~ 30	6 ~ 40	8 ~ 50	8 ~ 60	10 ~ 80	12 ~ 80
l 系列	2.5、3、4、5、6、8、10、12、（14）、16、20、25、30、35、40、45、50、（55）、60、（65）、70、（75）、80								

注：1. 括号内规格尽可能不用。

2. M1.6 ~ M3 的螺钉，在公称长度 30mm 以内的制出全螺纹；M4 ~ M10 的螺钉，在公称长度 45mm 以内的制出全螺纹。

附表 10　紧定螺钉

mm

开槽锥端紧定螺钉（摘自 GB/T 71—2000）

开槽平端紧定螺钉（摘自 GB/T 73—2000）

开槽长圆柱端紧定螺钉（摘自 GB/T 75—2000）

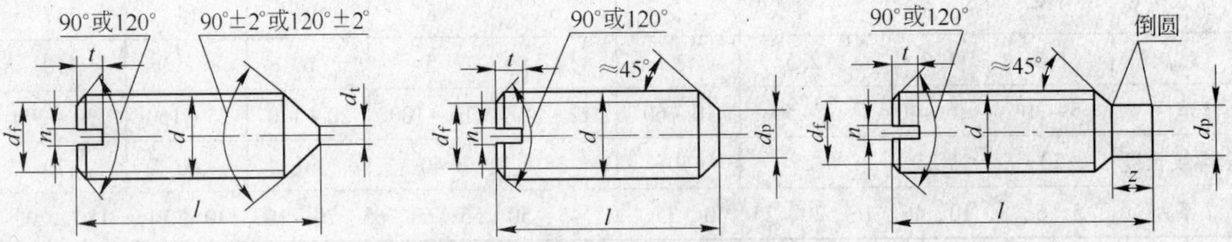

标记示例：

螺纹规格 d = M5，公称长度 l = 20，性能等级为 14H 级，表面氧化的开槽锥端紧定螺钉，标记为：

螺钉　GB/T 71　M5 × 20

螺纹规格 d	P	d_f	d_{tmax}	d_{pmax}	n(公称)	t_{max}	z_{max}	l 范围		
								GB 71	GB 73	GB 75
M2	0.4	螺纹小径	0.2	1	0.25	0.84	1.25	3 ~ 10	2 ~ 10	3 ~ 10
M3	0.5		0.3	2	0.4	1.05	1.75	4 ~ 16	3 ~ 16	5 ~ 16
M4	0.7		0.4	2.5	0.6	1.42	2.25	6 ~ 20	4 ~ 20	6 ~ 20
M5	0.8		0.5	3.5	0.8	1.63	2.75	8 ~ 25	5 ~ 25	8 ~ 25
M6	1		1.5	4	1	2	3.25	8 ~ 30	6 ~ 30	8 ~ 30
M8	1.25		2	5.5	1.2	2.5	4.3	10 ~ 40	8 ~ 40	10 ~ 40
M10	1.5		2.5	7	1.6	3	5.3	12 ~ 50	10 ~ 50	12 ~ 50
M12	1.75		3	8.5	2	3.6	6.3	14 ~ 60	12 ~ 60	14 ~ 60
l 系列	2、2.5、3、4、5、6、8、10、12、(14)、16、20、25、30、35、40、45、50、(55)、60									

注：1. 螺纹公差 6g；机械性能等级 14H、22H；产品等级 A。

2. P 为螺距。

附表11　螺母

mm

1型六角螺母—A级和B级　GB/T 6170—2000

2型六角螺母—A级和B级　GB/T 6175—2000

六角薄螺母—A级和B级—倒角　GB/T 6172.1—2000

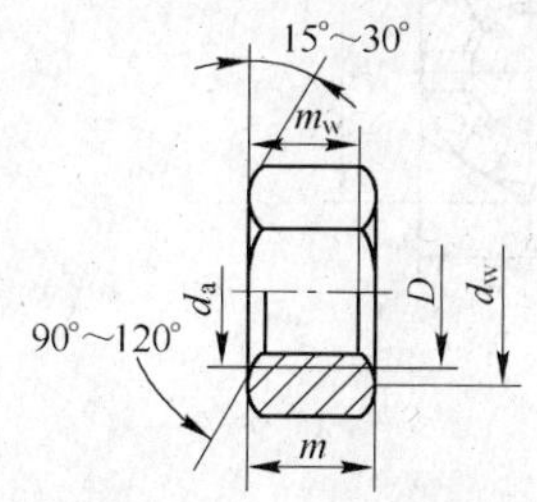

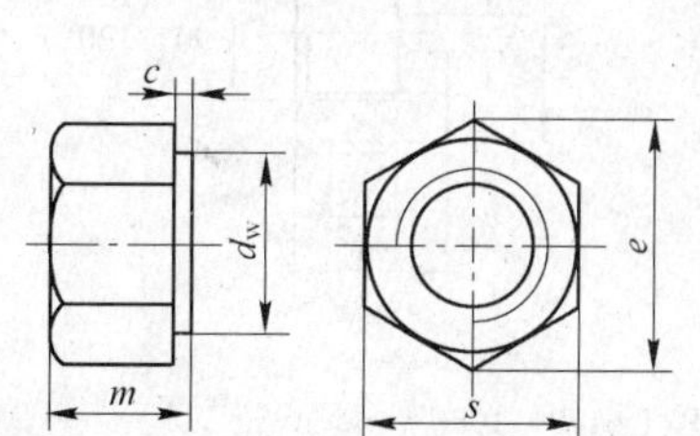

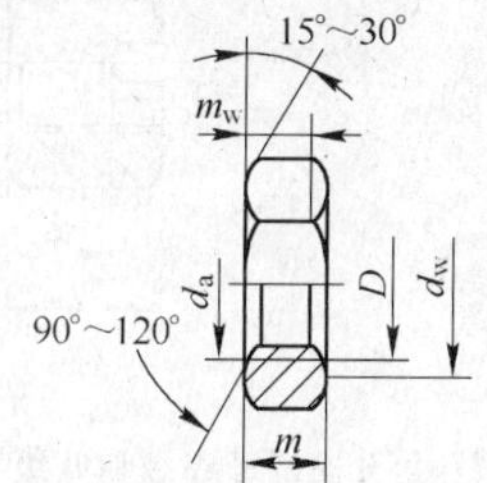

标记示例

螺纹规格 D = M12，A级的六角螺母

性能等级为8级，1型，标记为：

螺母　GB/T 6170　M12

性能等级为9级，2型，标记为：

螺母　GB/T 6175　M12

性能等级为04级，薄螺母，标记为：

螺母　GB/T 6172.1　M12

螺纹规格 D		M3①	M4①	M5	M6	M8	M10	M12	M16	M20	M24	M30	M36
e_{min}		6.01	7.66	8.79	11.05	14.38	17.77	20.03	26.75	32.95	39.55	50.85	60.79
s	公称 max	5.5	7	8	10	13	16	18	24	30	36	46	55
	min	5.32	6.78	7.78	9.78	12.73	15.73	17.73	23.67	29.16	35	45	53.8
c_{max}②		0.4	0.4	0.5	0.5	0.6	0.6	0.6	0.8	0.8	0.8	0.8	0.8
d_{wmin}		4.6	5.9	6.9	8.9	11.6	14.6	16.6	22.5	27.7	33.2	42.8③	51.1
d_{amax}		3.45	4.6	5.75	6.75	8.75	10.8	13	17.3	21.6	25.9	32.4	38.9
m (GB/T 6170—2000)	max	2.4	3.2	4.7	5.2	6.8	8.4	10.8	14.8	18	21.5	25.6	31
	min	2.15	2.9	4.4	4.9	6.44	8.04	10.37	14.1	16.9	20.2	24.3	29.4
m (GB/T 6172.1—2000)	max	1.8	2.2	2.7	3.2	4	5	6	8	10	12	15	18
	min	1.55	1.95	2.45	2.9	3.7	4.7	5.7	7.42	9.10	10.9	13.9	16.9
m (GB/T 6175—2000)	max	—	—	5.1	5.7	7.5	9.3	12	16.4	20.3	23.9	28.6	34.7
	min	—	—	4.8	5.4	7.14	8.94	11.57	15.7	19	22.6	27.3	33.1

① GB/T 6175—2000的螺纹规格 D 系列值中无M3、M4规格。

② GB/T 6172.1—2000中无 c 值。

③ GB/T 6175—2000中此值为42.7。

附表 12　六角开槽螺母　　mm

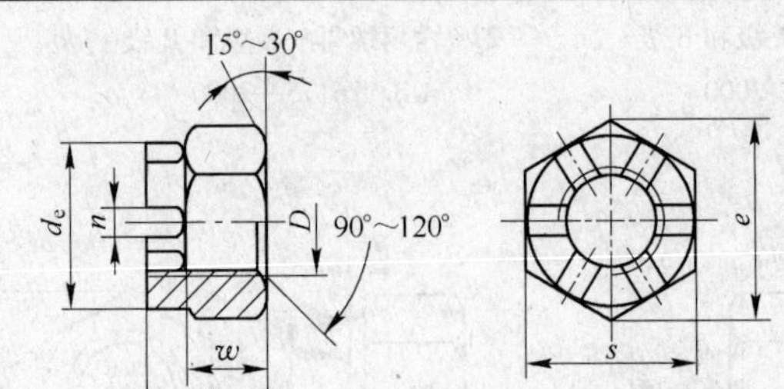

1 型六角开槽螺母 A 级和 B 级（GB/T 6178—1986）

标记示例：

螺纹规格 D = M5，A 级 1 型六角开槽螺母，标记为：螺母　GB/T 6178　M5

螺纹规格 D	M4	M5	M6	M8	M10	M12	M(14)	M16	M20	M24	M30	M38
d_e（max）									28	34	42	50
e	7.66	8.79	11.05	14.38	17.77	20.03	23.35	25.75	32.95	39.55	50.85	60.79
m	5	6.7	7.7	9.8	12.4	15.8	17.8	20.5	24	29.5	34.6	40
n	1.2	1.4	2	2.5	2.8	3.5	3.5	4.5	4.5	5.5	7	7
s	7	8	10	13	16	18	21	24	30	36	46	55
w	3.2	4.7	5.2	4.8	8.4	10.8	12.8	14.8	18	21.5	25.6	31
开口销	1×10	1.2×12	1.6×14	2×16	2.5×20	3.2×22	3.2×25	4×28	4×36	5×40	6.3×30	6.3×63

注：1. 括号内规格尽可能不采用。

2. A 级用于 $D \leqslant 15$，B 级用于 $D > 16$。

附表 13　平垫圈　　mm

小垫圈—A 级　GB/T 848—2002　　平垫圈—A 级　GB/T 97.1—2002　　平垫圈倒角型—A 级　GB/T 97.2—2002

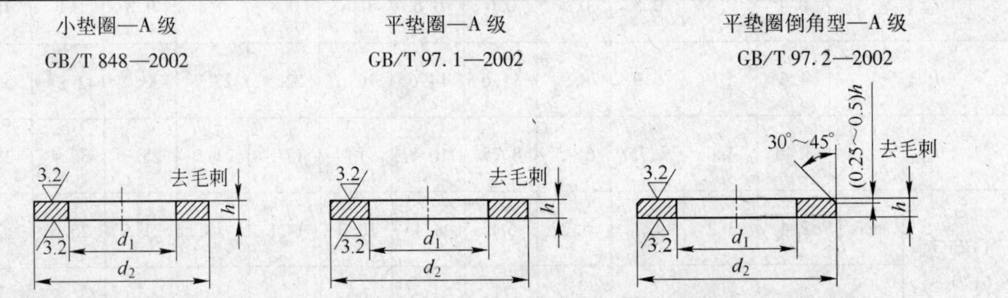

标记示例：

公称尺寸 d = 8mm，性能等级为 140HV 级，倒角型，不经表面处理的平垫圈，标记为：垫圈　GB/T 97.2—2002　8

公称尺寸（螺纹规格 d）			3	4	5	6	8	10	12	14	16	20	24	30	36
内径 d_1	产品等级	A	3.2	4.3	53	6.4	8.4	10.5	13	15	17	21	25	31	37
		C			5.5	6.6	9	11	13.5	15.5	17.5	22	26	33	39
GB/T 848—2002	外径 d_2		6	8	9	11	15	18	20	24	28	34	39	50	60
	厚度 h		0.5	0.5	1	1.6	1.6	1.6	2	2.5	2.5	3	4	4	5
GB/T 97.1—2002 GB/T 97.2—2002①	外径 d_2		7	9	10	12	16	20	24	28	30	37	44	56	66
	厚度 h		0.5	0.8	1	1.6	1.6	2	2.5	2.5	3	3	4	4	5

注：性能等级 140HV 表示材料的硬度，HV 表示维氏硬度，140 为硬度值。有 140HV、200HV 和 300HV 等三种。

① 主要用于规格 M3 ~ M36 的标准六角螺栓、螺钉和螺母。

附表14　标准型弹簧垫圈（摘自 GB/T 93—1987）　mm

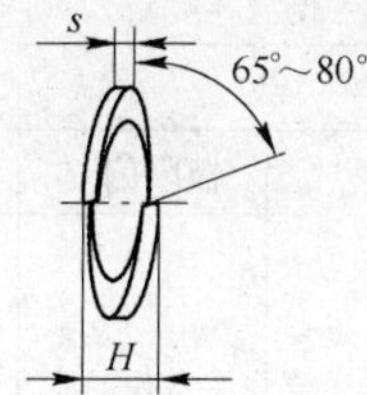

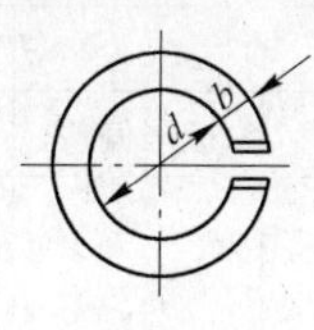

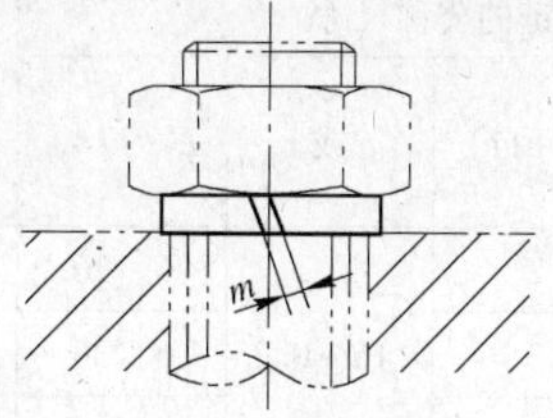

标记示例：

规格16mm，材料为65Mn，表面氧化的标准型弹簧垫圈，标记为：垫圈　GB/T 93—1987　16

规格（螺纹大径）		4	5	6	8	10	12	16	20	24	30
d	min	4.1	5.1	6.1	8.1	10.2	12.2	16.2	20.2	24.5	30.5
	max	4.4	5.4	6.68	8.68	10.9	12.9	16.9	21.04	25.5	31.5
s，*b*	公称	1.1	1.3	1.6	2.1	2.6	3.1	4.1	5	6	7.5
	min	1	1.2	1.5	2	2.45	2.95	3.9	4.8	5.8	7.2
	max	1.2	1.4	1.7	2.2	2.75	3.25	4.3	5.2	6.2	7.8
H	min	2.2	2.6	3.2	4.2	5.2	6.2	8.2	10	12	15
	max	2.75	3.25	4	5.25	6.5	7.75	10.25	12.5	15	18.75
m(≤)		0.55	0.65	0.8	1.05	1.3	1.55	2.05	2.5	3	3.75

附录3　键

附表15　普通平键及键槽尺寸、标记和类型（摘自 GB/T 1095—2003、GB/T 1096—2003）

mm

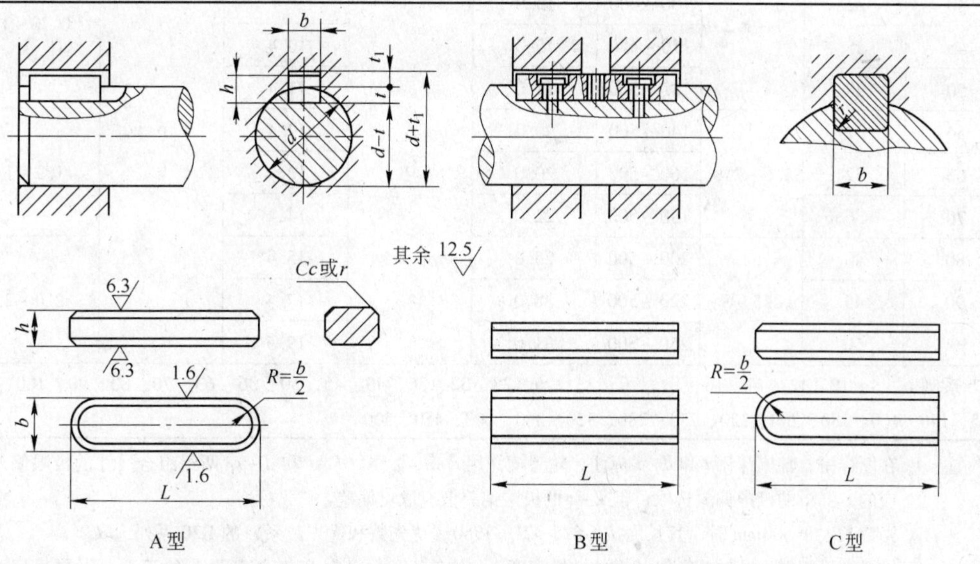

标记示例：

宽度 $b=16$mm、高度 $h=10$mm、长度 $L=100$mm 的普通 A 型平键的标记为：GB/T 1096　键　16×10×100

宽度 $b=16$mm、高度 $h=10$mm、长度 $L=100$mm 的普通 B 型平键的标记为：GB/T 1096　键　B16×10×100

宽度 $b=16$mm、高度 $h=10$mm、长度 $L=100$mm 的普通 C 型平键的标记为：GB/T 1096　键　C16×10×100

续附表 15

键的公称尺寸				键槽				
				轴		毂		半径 r
b（h8）	h（h11）	c 或 r	L（h14）	t	极限偏差	t_1	极限偏差	
2	2		6 ~ 20	1.2		1		
3	3	0.16 ~ 0.25	6 ~ 36	1.8		1.4		0.08 ~ 0.16
4	4		8 ~ 45	2.5	+0.1 0	1.8	+0.1 0	
5	5		10 ~ 56	3.0		2.3		
6	6	0.25 ~ 0.4	14 ~ 70	3.5		2.8		0.16 ~ 0.25
8	7		18 ~ 90	4.0		3.3		
10	8		22 ~ 110	5.0		3.3		
12	8		28 ~ 140	5.0		3.3		
14	9	0.4 ~ 0.6	36 ~ 160	5.5		3.8		0.25 ~ 0.40
16	10		45 ~ 180	6.0		4.3		
18	11		50 ~ 200	7.0	+0.2 0	4.4	+0.2 0	
20	12		56 ~ 220	7.5		4.9		
22	14		63 ~ 250	9.0		5.4		
25	14	0.6 ~ 0.8	70 ~ 280	9.0		5.4		0.40 ~ 0.60
28	16		80 ~ 320	10.0		6.4		
32	18		90 ~ 360	11.0		7.4		
36	20		100 ~ 400	12.0		8.4		
40	22		100 ~ 400	13.0		9.4		
45	25	1 ~ 1.2	110 ~ 450	15.0		10.4		0.70 ~ 1.0
50	28		125 ~ 500	17.0		11.4		
56	32		140 ~ 500	20.0	+0.3 0	12.4	+0.3 0	
63	32	1.6 ~ 2.0	160 ~ 500	20.0		12.4		1.2 ~ 1.6
70	36		180 ~ 500	22.0		14.4		
80	40		200 ~ 500	25.0		15.4		
90	45	2.5 ~ 3	220 ~ 500	28.0		17.4		2.0 ~ 2.5
100	50		250 ~ 500	31.0		19.5		

L 系列 6、8、10、12、14、16、18、20、22、25、28、32、36、40、45、50、56、63、70、80、90、100、110、125、140、160、180、200、220、250、280、320、360、400、450、500

注：1. 在图样中，轴槽深用 t 和 $d-t$ 标注，轮毂槽深用 $d+t_1$ 标注。$d-t$ 和 $d+t_1$ 两组组合尺寸的极限偏差按相应的 t 和 t_1 的极限偏差选取，但 $d-t$ 的极限偏差值应取负偏差。

2. 当键长大于500mm 时，其长度按 GB/T 321—1980《优先数和优先数系》的 R20 系列选取。

3. 键槽表面粗糙度，轴槽、轮毂槽的键槽宽度 b 两侧的表面粗糙度 R_a 值推荐为 1.6 ~ 3.2μm，轴槽底面、轮毂槽底面表面粗糙度参数 R_a 值推荐为 6.3μm。

4. 轴槽和轮毂槽对轴线对称度公差等级根据不同工作要求参照键连接的配合按 7 ~ 9 级选取（GB/T 1184—1997），对称度公差的公称尺寸是指键宽 b。当同时采用平键与过盈配合连接，特别是过盈量较大时，则应严格控制键槽的对称度公差，以免装配困难。

附表 16　薄型平键及键槽尺寸、标记和类型（摘自 GB/T 1566—2003、GB/T 1567—2003）　　mm

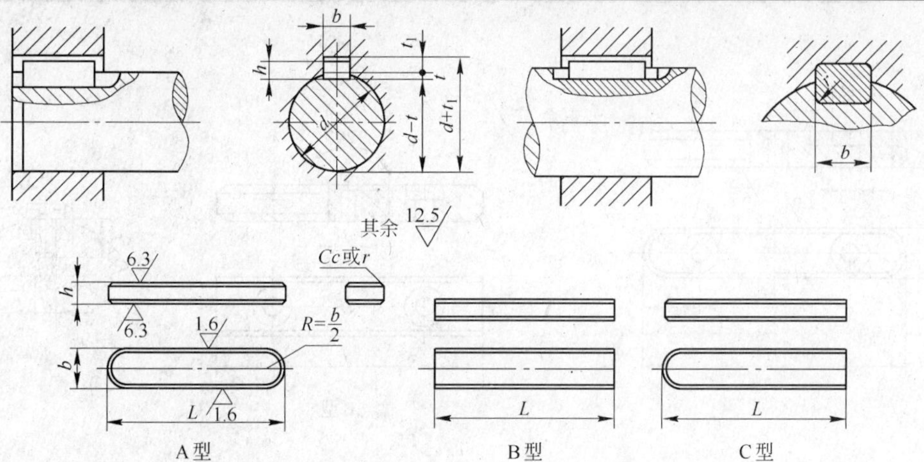

标记示例：

宽度 $b=16$mm、高度 $h=7$mm、长度 $L=100$mm 的薄 A 型平键的标记为：GB/T 1567　键　16×7×100

宽度 $b=16$mm、高度 $h=7$mm、长度 $L=100$mm 的薄 B 型平键的标记为：GB/T 1567　键　B16×7×100

宽度 $b=16$mm、高度 $h=7$mm、长度 $L=100$mm 的薄 C 型平键的标记为：GB/T 1567　键　C16×7×100

键的公称尺寸				键槽				
				轴		毂		半径 r
b（h8）	h（h11）	c 或 r	L（h14）	t	极限偏差	t_1	极限偏差	
5	3	0.25~0.4	10~56	1.8	+0.1 0	1.4	+0.1 0	0.16~0.25
6	4		14~70	2.5		1.8		
8	5		18~90	3.0		2.3		
10	6	0.4~0.6	22~110	3.5		2.8		0.25~0.40
12	6		28~140	3.5		2.8		
14	6		36~160	3.5		2.8		
16	7		45~180	4	0.2 0	3.3	0.2 0	
18	7		50~200	4		3.3		
20	8	0.6~0.8	56~220	5		3.3		0.40~0.60
22	9		63~250	5.5		3.8		
25	9		70~280	5.5		3.8		
28	10		80~320	6		4.3		
32	11		90~360	7		4.4		
36	12	1.0~1.2	100~400	7.5		4.9		0.70~1.0

L 系列 10、12、14、16、18、20、22、25、28、32、36、40、45、50、56、63、70、80、90、100、110、125、140、160、180、200、220、250、280、320、360、400

注：1. 在图样中，轴槽深用 t 和 $d-t$ 标注，轮毂槽深用 $d+t_1$ 标注。$d-t$ 和 $d+t_1$ 两组组合尺寸的极限偏差按相应的 t 和 t_1 的极限偏差选取，但 $d-t$ 的极限偏差值应取负值。

2. 当键长 L 与键宽 b 之比 $L/b \geqslant 8$ 时，键的两工作面在长度方向的平行度应符合《形状与位置公差　未注公差》（GB/T 1184—1997）的规定。当 $b \leqslant 6$mm 时，按 7 级；$b \geqslant 8$~36mm 时，按 6 级；$b \geqslant 40$mm 时，按 5 级。

3. 轴槽和轮毂槽对轴线对称度公差等级根据不同工作要求参照键连接的配合按 7~9 级选取（GB/T 1184—1997），对称度公差的公称尺寸是指键宽 b。当同时采用平键与过盈配合连接，特别是过盈量较大时，则应严格控制键槽的对称度公差，以免装配困难。

附表 17　导向型平键（摘自 GB/T 1097—2003）　　mm

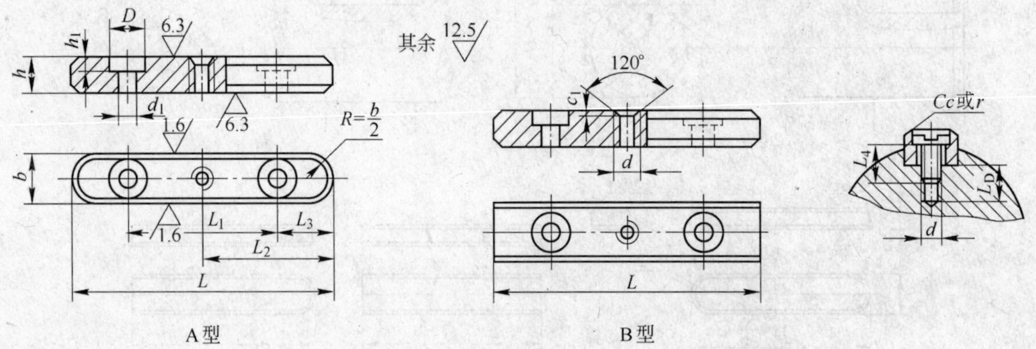

A型　　B型

标记示例：

宽度 $b=16$mm、高度 $h=10$mm、长度 $L=100$mm 的导向 A 型平键的标记为：GB/T 1097　键　16×100

宽度 $b=16$mm、高度 $h=10$mm、长度 $L=100$mm 的导向 B 型平键的标记为：GB/T 1097　键　B16×100

b（h8）	8	10	12	14	16	18	20	22	25	28	32	36	40	45
h（h11）	7	8	8	9	10	11	12	14	14	16	18	20	22	25
c 或 r	0.25 ~ 0.40	0.40 ~ 0.60					0.6 ~ 0.8					1.0 ~ 1.2		
h_1	2.4		3.0	3.5		4.5			6		7	8		
d	M3		M4	M5		M6			M8		M10	M12		
d_1	3.4		4.5	5.5		6.6			9		11	14		
D	6		8.5	10		12			15		18	22		
c_1	0.3		0.5									1.0		
L_D	7	8	10			12			15		18	22		
螺钉（$d \times L_4$）	M3×8	M3×10	M4×10	M5×10		M6×12		M6×16	M8×16		M10×20	M12×25		
L	25 ~ 90	25 ~ 110	28 ~ 140	36 ~ 160	45 ~ 180	50 ~ 200	56 ~ 220	63 ~ 250	70 ~ 280	80 ~ 320	90 ~ 360	100 ~ 400	100 ~ 400	110 ~ 450

L 与 L_1、L_2、L_3 的对应长度系列

L	25、28、32、36、40、45、50、56、63、70、80、90、100、110、125、140、160、180、200、220、250、280、320、360、400、450
L_1	13、14、16、18、20、23、26、30、35、40、48、54、60、66、75、80、90、100、110、120、140、160、180、200、220、250
L_2	12.5、14、16、18、20、22.5、25、28、31.5、35、40、45、50、55、62、70、80、90、100、110、125、140、160、180、200、220、225
L_3	6、7、8、9、10、11、12、13、14、15、16、18、20、22、25、30、35、40、45、50、55、60、70、80、90、100

注：1. 当键长大于450mm 时，其长度按《优先数和优先数系》（GB/T 321—1980）的 R20 系列选取。

2. 轴槽和轮毂槽对轴线对称度公差等级根据不同工作要求参照键连接的配合按 7 ~ 9 级选取（GB/T 1184—1997）。对称度公差的公称尺寸是指键宽 b。当同时采用平键与过盈配合连接，特别是过盈量较大时，应严格控制键槽的对称度公差，以免装配困难。

附表 18　半圆键及键槽尺寸、标记（摘自 GB/T 1098—2003、GB/T 1099.1—2003）　mm

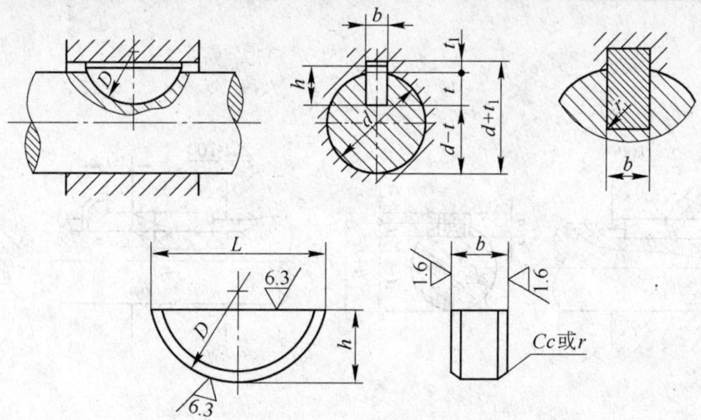

标记示例：

宽度 $b=6$mm、高度 $h=10$mm、直径 $D=25$mm 的普通型半圆键的标记为：GB/T 1099.1　键　6×10×25

<table>
<tr><th colspan="4">键　尺　寸</th><th colspan="5">键　　槽</th></tr>
<tr><th rowspan="2">b</th><th rowspan="2">h（h11）</th><th rowspan="2">D（h12）</th><th rowspan="2">c</th><th colspan="2">轴</th><th colspan="2">轮毂 t_1</th><th rowspan="2">半径 r</th></tr>
<tr><th>t</th><th>极限偏差</th><th>t_1</th><th>极限偏差</th></tr>
<tr><td>1.0</td><td>1.4</td><td>4</td><td rowspan="7">0.16～0.25</td><td>1.0</td><td rowspan="5">+0.1
0</td><td>0.6</td><td rowspan="13">+0.1
0</td><td rowspan="7">0.16～0.25</td></tr>
<tr><td>1.5</td><td>2.6</td><td>7</td><td>2.0</td><td>0.8</td></tr>
<tr><td>2.0</td><td>2.6</td><td>7</td><td>1.8</td><td>1.0</td></tr>
<tr><td>2.0</td><td>3.7</td><td>10</td><td>2.9</td><td>1.0</td></tr>
<tr><td>2.5</td><td>3.7</td><td>10</td><td>2.7</td><td>1.2</td></tr>
<tr><td>3.0</td><td>5.0</td><td>13</td><td>3.8</td><td rowspan="7">+0.2
0</td><td>1.4</td></tr>
<tr><td>3.0</td><td>6.5</td><td>16</td><td>5.3</td><td>1.4</td></tr>
<tr><td>4.0</td><td>6.5</td><td>16</td><td rowspan="7">0.25～0.40</td><td>5.0</td><td>1.8</td><td rowspan="7">0.25～0.40</td></tr>
<tr><td>4.0</td><td>7.5</td><td>19</td><td>6.0</td><td>1.8</td></tr>
<tr><td>5.0</td><td>6.5</td><td>16</td><td>4.5</td><td>2.3</td></tr>
<tr><td>5.0</td><td>7.5</td><td>19</td><td>5.5</td><td>2.3</td></tr>
<tr><td>5.0</td><td>9.0</td><td>22</td><td>7.0</td><td>2.3</td></tr>
<tr><td>6.0</td><td>9.0</td><td>22</td><td>6.5</td><td rowspan="4">+0.3
0</td><td>2.8</td></tr>
<tr><td>6.0</td><td>10.0</td><td>25</td><td>7.5</td><td>2.8</td><td rowspan="3">+0.2
0</td></tr>
<tr><td>8.0</td><td>11.0</td><td>28</td><td rowspan="2">0.40～0.60</td><td>8.0</td><td>3.3</td><td rowspan="2">0.40～0.60</td></tr>
<tr><td>10.0</td><td>13.0</td><td>32</td><td>10.0</td><td>3.3</td></tr>
</table>

注：1. 在图样中，轴槽深用 t 和 $d-t$ 标注，轮毂槽深用 $d+t_1$ 标注。$d-t$ 和 $d+t_1$ 两组组合尺寸的极限偏差按相应的 t 和 t_1 的极限偏差选取，但 $d-t$ 的极限偏差值应取负偏差。

2. 键长 L 的两端允许倒成圆角，圆角半径 $r=0.5\sim1.5$mm。

3. 键宽 b 的下偏差统一为“－0.025mm”。

4. 键槽表面粗糙度，轴槽、轮毂槽的键槽宽度 b 两侧的表面粗糙度 R_a 值推荐为 1.6～3.2μm。轴槽底面、轮毂槽底面表面粗糙度参数 R_a 值推荐为 6.3μm。

5. 轴槽和轮毂槽对轴线对称度公差等级根据不同工作要求参照键连接的配合按 7～9 级选取（GB/T 1184—1997），对称度公差的公称尺寸是指键宽 b。当同时采用平键与过盈配合连接，特别是过盈量较大时，则应严格控制键槽的对称度公差，以免装配困难。

附表 19　楔键及键槽的类型及标记示例（摘自 GB/T 1564—2003、GB/T 1565—2003）　mm

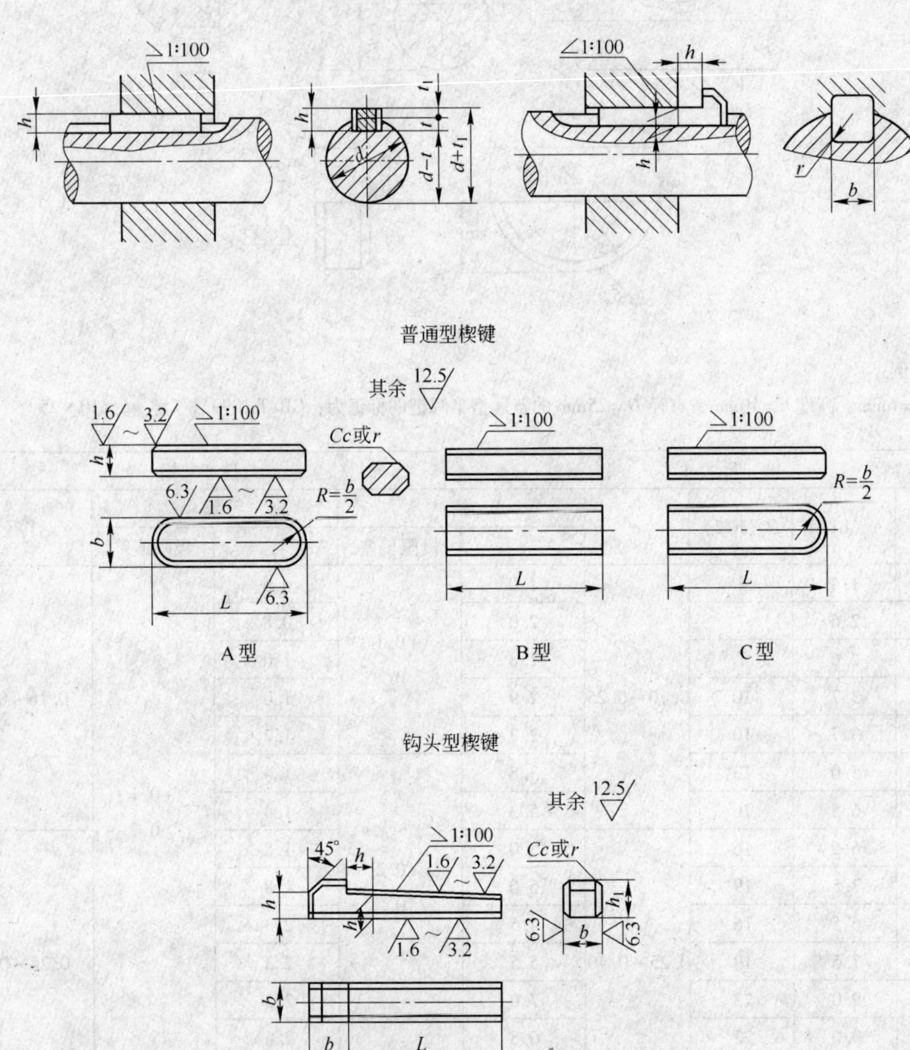

标记示例：

宽度 $b=16$mm、高度 $h=10$mm、长度 $L=100$mm 的普通 A 型楔键的标记为：GB/T 1564　键　16×100

宽度 $b=16$mm、高度 $h=10$mm、长度 $L=100$mm 的普通 B 型楔键的标记为：GB/T 1564　键　B16×100

宽度 $b=16$mm、高度 $h=10$mm、长度 $L=100$mm 的普通 C 型楔键的标记为：GB/T 1564　键　C16×100

宽度 $b=16$mm、高度 $h=10$mm、长度 $L=100$mm 的钩头型楔键的标记为：GB/T 1565　键　16×100

续附表 19

键的公称尺寸						键槽				
b① (h8)	h① (h11)	c 或 r	h_1	L(h14) GB/T 1564—2003	L(h14) GB/T 1565—2003	轴 t	轴 极限偏差	毂 t_1	毂 极限偏差	半径 r
2	2	0.16 ~ 0.25		6 ~ 20	—	1.2	+0.1 0	1.0	+0.1 0	0.08 ~ 0.16
3	3			6 ~ 36	—	1.8		1.4		
4	4		7	8 ~ 45	14 ~ 45	2.5		1.8		
5	5	0.25 ~ 0.4	8	10 ~ 56	14 ~ 56	3.0		2.3		0.16 ~ 0.25
6	6		10	14 ~ 70		3.5		2.8		
8	7		11	18 ~ 90		4.0		3.3		
10	8	0.4 ~ 0.6	12	22 ~ 110		5.0	+0.2 0	3.3	+0.2 0	0.25 ~ 0.40
12	8		12	28 ~ 140		5.0		3.3		
14	9		14	36 ~ 160		5.5		3.8		
16	10		16	45 ~ 180		6.0		4.3		
18	11		18	50 ~ 200		7.0		4.4		
20	12	0.6 ~ 0.8	20	56 ~ 220		7.5		4.9		0.40 ~ 0.60
22	14		22	63 ~ 250		9.0		5.4		
25	14		22	70 ~ 280		9.0		5.4		
28	16		25	80 ~ 320		10.0		6.4		
32	18		28	90 ~ 360		11.0		7.4		
36	20	1 ~ 1.2	32	100 ~ 400		12.0		8.4		0.70 ~ 1.0
40	22		36	100 ~ 400		13.0		9.4		
45	25		40	110 ~ 450	110 ~ 400	15.0		10.4		
50	28		45	125 ~ 500		17.0		11.4		
56	32	1.6 ~ 2.0	50	140 ~ 500		20.0	+0.3 0	12.4	+0.3 0	1.2 ~ 1.6
63	32		50	160 ~ 500		20.0		12.4		
70	36		56	180 ~ 500		22.0		14.4		
80	40	2.5 ~ 3.0	63	200 ~ 500		25.0		15.4		2.0 ~ 2.5
90	45		70	220 ~ 500		28.0		17.4		
100	50		80	250 ~ 500		31.0		19.4		

注：1. 在图样中，轴槽深用 t 和 $d-t$ 标注，轮毂槽深用 $d+t_1$ 标注。$d-t$ 和 $d+t_1$ 两组组合尺寸的极限偏差按相应的 t 和 t_1 的极限偏差选取，但 $d-t$ 的极限偏差值应取负偏差。

2. 当键长大于 500mm 时，其长度按《优先数和优先数系》（GB/T 321—1980）的 R20 系列选取。

3. GB/T 1563 的键槽宽度 b 尺寸的极限偏差 D10，其两侧面的表面粗糙度 R_a 值推荐为 6.3μm，轴槽底面、轮毂槽底面表面粗糙度 R_a 值推荐为 1.6 ~ 3.2μm。

4. 当键长 L 与键宽 b 之比 $L/b \geqslant 8$ 时，键的两工作面在长度方向的平行度应符合《形状与位置公差　未注公差》（GB/T 1184—1997）的规定。当 $b \leqslant 6$mm 时，按 7 级；$b \geqslant 8 \sim 36$mm 时，按 6 级；$b \geqslant 40$mm 时，按 5 级。

① GB/T 1565 只适用于键的截面尺寸。

附录4　销

附表 20　圆柱销　不淬硬钢和奥氏体不锈钢（摘自 GB/T 119.1—2000）
淬硬钢和马氏体不锈钢（摘自 GB/T 119.2—2000）　　mm

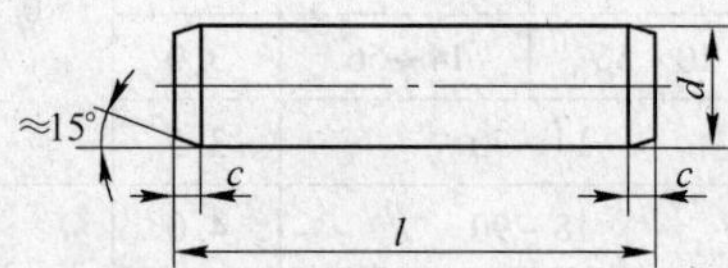

标记示例：

公称直径 d = 8mm，公差为 m6，公称长度 l = 30，材料为钢，不经淬火，不经表面处理的圆柱销标记为：

销　GB/T 119.1—2000　8m6 × 30

尺寸公差同上，材料为钢，普通淬火（A 型），表面氧化处理的圆柱销标记为：销　GB/T 119.2—2000　8 × 30

尺寸公差同上，材料为 C1 组马氏体不锈钢，表面氧化处理的圆柱销标记为：销　GB/T 119.2—2000　8 × 30—C1

GB/T 119.1

d（公称）	0.6	0.8	1	1.2	1.5	2	2.5	3	4	5
c（≈）	0.12	0.16	0.20	0.25	0.30	0.35	0.40	0.50	0.63	0.80
l	2 ~ 6	2 ~ 8	4 ~ 10	4 ~ 12	4 ~ 16	5 ~ 20	5 ~ 24	6 ~ 30	6 ~ 40	10 ~ 15
d（公称）	6	8	10	12	16	20	25	30	40	50
c（≈）	1.2	1.6	2.0	2.5	3.0	3.5	4.0	5.0	6.3	8.0
l	12 ~ 16	14 ~ 80	18 ~ 95	22 ~ 140	26 ~ 180	35 ~ 200	50 ~ 200	60 ~ 200	80 ~ 200	95 ~ 200
长度 l 的系列	2、3、4、5、6、8、10、12、14、16、18、20、22、24、26、28、30、32、35、40、45、50、55、60、65、70、75、80、85、90、95、100、120、140、160、180、200									

GB/T 119.2

d	1	1.5	2	2.5	3	4	5	6	8	10	12	16	20
c	0.2	0.3	0.35	0.4	0.5	0.63	0.8	1.2	1.6	2	2.5	3	3.5
l	3 ~ 10	4 ~ 16	5 ~ 20	6 ~ 24	8 ~ 30	10 ~ 40	12 ~ 50	14 ~ 60	18 ~ 80	22 ~ 100	26 ~ 100	40 ~ 100	50 ~ 100
长度 l 的系列	2、3、4、5、6、8、10、12、14、16、18、20、22、24、26、28、30、32、35、40、45、50、55、60、65、70、75、80、85、90、95、100、120、140、160、180、200												

注：1. 在 GB/T 119.1 中，钢硬度 125 ~ 245HV30，奥氏体不锈钢 Al 硬度 210 ~ 280HV30。表面粗糙度：公差为 m6 时，$R_a \leq 0.8\mu m$；公差为 h8 时，$R_a \leq 1.6\mu m$。

2. 在 GB/T 119.2 中，表面粗糙度 $R_a \leq 0.8\mu m$。A 型普通淬火，硬度 550 ~ 650HV30；B 型表面淬火，硬度 600 ~ 700HV1；渗碳深度 0.25 ~ 0.4mm，硬度 550HV1；马氏体不锈钢 C1 淬火并回火，硬度 460 ~ 560HV30。

附表 21 圆锥销（摘自 GB/T 117—2000） mm

A 型（磨削）：锥表面粗糙度 $R_a=0.8\mu m$

B 型（切削或冷墩）：锥表面粗糙度 $R_a=3.2\mu m$

A型

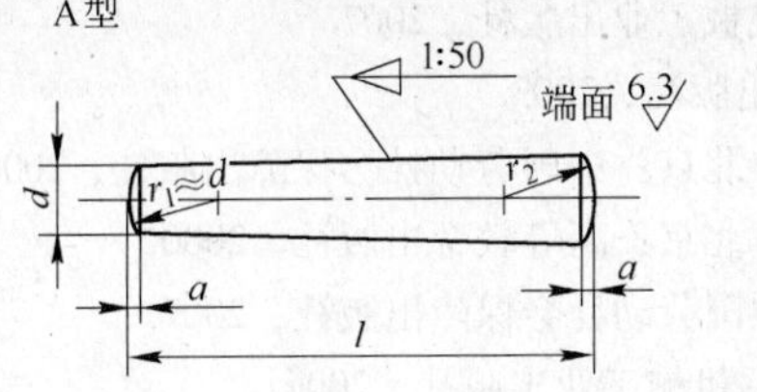

$$r_2 \approx \frac{a}{2}+d+\frac{0.021^2}{8a}$$

标记示例：

公称直径 $d=10$mm、公称长度 $l=60$mm、材料 35 钢、热处理硬度 28 ~ 38HRC、表面氧化处理的 A 型圆锥销标记为：

销 GB/T 117—2000 10 × 60

d（公称）h10	0.6	0.8	1	1.2	1.5	2	2.5	3	4	5
a（≈）	0.08	0.1	0.12	0.16	0.2	0.25	0.3	0.4	0.5	0.63
l（公称）	4 ~ 8	5 ~ 12	6 ~ 16	6 ~ 20	8 ~ 24	10 ~ 35	10 ~ 35	12 ~ 45	14 ~ 60	22 ~ 90
d（公称）	6	8	10	12	16	20	25	30	40	50
a（≈）	0.8	1	1.2	1.6	2	2.5	3	4	5	6.3
l（公称）	22 ~ 90	22 ~ 120	26 ~ 160	32 ~ 180	40 ~ 200	45 ~ 200	50 ~ 200	55 ~ 200	60 ~ 200	65 ~ 200
长度 l 的系列	2、3、4、5、6、8、10、12、14、16、18、20、22、24、26、28、30、32、35、40、45、50、55、60、65、70、75、80、85、90、95、100、120、140、160、180、200									

注：销的材料为 35、45、Y12、Y15、30CrMnSiA 以及 1Cr13、2Cr13 等。B 型销与 A 型销尺寸相同，只是表面粗糙度不同。

附表 22 开口销（摘自 GB/T 91—2000） mm

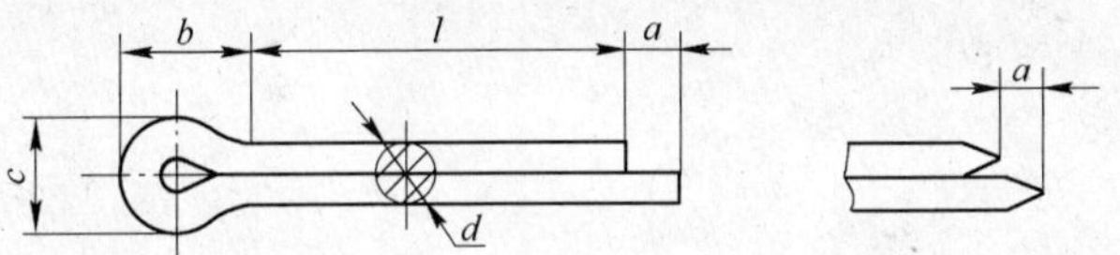

标记示例：

公称直径 $d=5$mm、长度 $l=50$mm，材料为低碳钢，不经表面处理的开口销标记为：销 GB/T 91—2000 5 × 50

销孔直径 d	0.6	0.8	1	1.2	1.6	2	2.5	3.2	4	5	6.3	8	10	13
c	1	1.4	1.8	2	2.8	3.6	4.6	5.8	7.4	9.2	11.8	15	19	24.8
b（≈）	2	2.4	3		3.2	4	5	6.4	8	10	12.6	16	20	26
a	1.6			2.5				3.2	4				6.3	
l	4 ~ 12	5 ~ 16	6 ~ 20	8 ~ 26	8 ~ 32	10 ~ 40	12 ~ 50	14 ~ 65	18 ~ 80	22 ~ 100	30 ~ 120	40 ~ 160	45 ~ 200	70 ~ 200
l 系列	4、5、6、8、10、12、14、16、18、20、22、25、28、32、36、40、45、50、56、63、71、80、90、100、112、125、140、160、180、200、224、250、280													

注：开口销的材料为 Q215、Q235、H63、1Cr17Ni7、0Cr18Ni9Ti 等。

参考文献

[1] 杨老记，李俊武．简明机械制图手册［M］．北京：机械工业出版社，2008.
[2] 金大鹰．机械制图［M］．7 版．北京：机械工业出版社，2007.
[3] 朱强．机械制图［M］．北京：人民邮电出版社，2009.
[4] 王希波．机械制图与电制图［M］．3 版．北京：中国劳动社会保障出版社，2006.
[5] 周鹏翔，刘振魁．工程制图［M］．2 版．北京：高等教育出版社，2000.
[6] 钱可强．机械制图［M］．5 版．北京：中国劳动社会保障出版社，2007.
[7] 刘小年，郭克希．机械制图［M］．北京：机械工业出版社，2006.
[8] 邱龙辉，叶琳．画法几何与机械制图［M］．西安：西安电子科技大学出版社，2008.

冶金工业出版社部分图书推荐

书　　名	作　者	定价(元)
Pro/Engineer Wildfire 4.0(中文版)钣金设计与焊接设计教程(高职高专教材)	王新江	40.00
Pro/Engineer Wildfire 4.0(中文版)钣金设计与焊接设计教程实训指导(高职高专教材)	王新江	25.00
建筑 CAD(高职高专教材)	田春德	28.00
冶金制图(高职高专教材)	牛海云	32.00
冶金制图习题集(高职高专教材)	牛海云	20.00
矿山提升与运输(第 2 版)(高职高专教材)	陈国山	39.00
机械设备维修基础(高职高专教材)	闫嘉琪	28.00
采掘机械(高职高专教材)	苑忠国	38.00
金属热处理生产技术(高职高专教材)	张文莉	35.00
机械工程控制基础(高职高专教材)	刘玉山	23.00
数控技术及应用(高职高专教材)	胡运林	32.00
机械制造工艺与实施(高职高专教材)	胡运林	39.00
工程材料及热处理(高职高专教材)	孙　刚	29.00
高职院校学生职业安全教育(高职高专教材)	邹红艳	22.00
环境监测分析(高职高专教材)	黄兰粉	32.00
洁净煤技术(高职高专教材)	李桂芬	30.00
煤矿安全监测监控技术实训指导(高职高专教材)	姚向荣	22.00
冶金企业安全生产与环境保护(高职高专教材)	贾继华	29.00
心理健康教育(中职教材)	郭兴民	22.00
机械设计基础(高等学校教材)	王健民	40.00
起重运输机械(高等学校教材)	纪　宏	35.00
冶金设备及自动化(高等学校教材)	王立萍	29.00
机械优化设计方法(第 3 版)(本科教材)	陈立周	29.00
金属压力加工原理及工艺实验教程(本科教材)	魏立群	28.00
金属材料工程实习实训教程(本科教材)	范培耕	33.00
机械工程材料(本科教材)	王廷和	22.00
材料科学基础(本科教材)	王亚男	33.00
固体废物处置与处理(本科教材)	王　黎	34.00
环境工程学(本科教材)	罗　琳	39.00